U0350337

"十二五"普通高等教育本科国家级规划教材

普通高等教育"十二五"规划教材

机械工程测试技术

主 编　谢里阳　孙红春　林贵瑜

参 编　李　佳　李　沈　赵　飞

主 审　张洪亭

机械工业出版社

本书是"十二五"普通高等教育本科国家级规划教材,是为适应机械工程及自动化学科高等教育改革之需而编写的。

　　本书包括上、下两篇。上篇为测试基础,内容有绪论、信号的分类与描述、测试系统的特性、信号的分析与处理、常用传感器的变换原理、电信号的调理与记录、计算机数据采集与分析系统、测量误差的分析与处理;下篇为实用测试技术,内容有力及其导出量的测量、振动的测量、噪声的测量、位移与厚度测量、温度的测量、流体参数的测量。

　　本书适合高校机械工程及自动化专业的教学,也可供工程技术人员参考。

图书在版编目(CIP)数据

机械工程测试技术/谢里阳,孙红春,林贵瑜主编. —北京:机械工业出版社,2012.8(2019.8 重印)

普通高等教育"十二五"规划教材

ISBN 978-7-111-39170-8

Ⅰ.①机…　Ⅱ.①谢…②孙…③林…　Ⅲ.①机械工程—测试技术—高等学校—教材　Ⅳ.①TG806

中国版本图书馆 CIP 数据核字(2012)第 162884 号

机械工业出版社(北京市百万庄大街 22 号　邮政编码 100037)

策划编辑:刘小慧　责任编辑:刘小慧　王　荣　卢若薇

版式设计:纪　敬　责任校对:申春香

封面设计:张　静　责任印制:李　洋

三河市国英印务有限公司印刷

2019 年 8 月第 1 版第 6 次印刷

184mm×260mm・23.75 印张・585 千字

标准书号:ISBN 978-7-111-39170-8

定价:43.00 元

前　　言

在总结多年的教学经验和工程实践的基础上，参考同类教材的优点编写而成的。教材力图体现测试技术的基本理论，反映测试技术的工程应用。

《机械工程测试技术》是为适应机械工程及自动化学科高等教育改革的需要，该课程需40~60学时，实验课需10学时。

本书在论述上力求由浅入深，从实践到理论，从数学逻辑式到物理概念，简明易懂，重点突出，难点分段，以对实际例子的讨论引导学生和读者钻研，便于自学。

本书以传感器测试原理及变换、信号分析与处理及测试系统特性为主线，着重介绍测试中的基本内容及在机械工程中的应用实例。全书分上、下两篇，共有14章。第1章介绍了测试的基本内容和任务，测试的信息及信号的概念、测试方法及系统的组成和应用，以及测试技术的发展概况；第2章和第4章是测试信号的描述、分析和处理方法；第3章对测试系统的特性进行了分析讨论；第5章、第6章是信号的获取与变换、调理与记录的工作原理和特性；第7章介绍了信号数字化处理中的主要问题、快速傅里叶变换原理、数据采集元件、虚拟仪器及应用；第8章是测量误差的分析与处理的基本知识；第9章对应力、扭矩测量及应用进行了分析讨论；第10章是机械振动的测量，它是动态测试理论在实践中的具体应用；第11章分析讨论了评价噪声的主要参数、噪声测量仪器及技术和噪声测量实例；第12章是位移与厚度测量，介绍了常用位移与厚度测量的传感技术与测量方法；第13章分析讨论了温度标准与测量方法、接触与非接触测温传感器和测温法及测量实例；第14章分析讨论了压力、流量、流速及液位的测量原理和测量方法。由于目前大多数软件中的运算放大器使用国际流行符号，为便于交流，本书中运算放大器的图形符号采用国际流行符号。

参加本书编写工作的有谢里阳、李佳、林贵瑜、孙红春、李沈、赵飞。其中谢里阳编写了第1章、第8章，李佳编写了第2章、第3章、第11章、第13章，林贵瑜编写了第4章、第14章，孙红春编写了第5章、第6章、第7章，李沈编写了第9章、第10章，赵飞编写了第12章。本书由谢里阳、孙红春和林贵瑜担任主编并负责全书的修改和统稿。

本书由张洪亭教授担任主审，他对初稿提出了许多宝贵意见，谨致以衷心的感谢。

本书在编写过程中，参考了大量资料和参考书，感谢书后所列参考文献的作者，有漏登之处，深表歉意。

由于编者水平所限，书中疏漏和欠妥之处在所难免，敬请读者批评指正。

编　者

目 录

上篇 测试基础

第1章 绪 论

测试技术（technique of measurement and test）是科学研究和技术评价的基本方法之一，它是具有试验性质的测量技术，是测量和试验的综合。测量是确定被测对象属性量值的过程，所做的是将被测量与一个预定的标准尺度的量值比较；试验是对研究对象或系统进行试验性研究的过程。

1.1 测试技术的任务

在科学研究和工程实践中，测试技术的应用十分广泛。随着测试技术的发展，该技术越来越多地应用于认识自然界和工程实际中的各种现象、了解研究对象的状态及其变化规律等。工程实际中的机械装备，结构形式繁多、运动规律各异、工作环境多种多样。为了掌握机械装备及其零部件的运动学、动力学以及受力和变形状态，理论分析方法有时难以应用或无法满足工程需求，在这种情况下，通常需要借助测试技术，检测、分析和研究有关现象及其规律。

例如，为了获得汽车的载荷谱、评价车架的强度与寿命，需要测定汽车所承受的随机载荷和车架的应力、应变分布；为了研究飞机发动机零部件的服役安全性，首先需要对其动负荷及温度、压力等参数进行测试；为了消除机床刀架系统的颤振以保证加工精度，需要测定机床的振动速度、加速度以及机械阻抗等动态特性参数；为了确定轧钢机的真实载荷水平和应力状态，评价设备的服役安全性和可靠性、改进工艺和提高设备的生产能力，需要测定轧制力、传动轴扭矩等；设备振动和噪声会严重降低工作效率并危害健康，因此需要现场实测各种设备的振动和噪声，分析振源和振动传播的路径，以便采取减振、隔振等措施。

测试技术在机械工程等领域的功能包括：

1）产品开发和性能试验。在装备设计及改造过程中，通过模型试验或现场实测，可以获得设备及其零部件的载荷、应力、变形以及工艺参数和力能参数等，实现对产品质量和性能的客观评价，为产品技术参数优化提供基础数据。例如，对齿轮传动系统，要做承载能力、传动精确度、运行噪声、振动机械效率和寿命等性能试验。

2）质量控制和生产监督。测试技术是质量控制和生产监督的基本手段。在设备运行和环境监测中，经常需要测量设备的振动和噪声，分析振源及其传播途径，进行有效的生产监督，以便采取有效的减振、防噪措施；在工业自动化生产中，通过对有关工艺参数的测试和数据采集，可以实现对产品的质量控制和生产监督。

3）设备的状态监测和故障诊断。利用机器在运行或试验过程中出现的诸多现象，如温升、振动、噪声、应力变化、润滑油状态来分析、推测和判断，结合其他综合监测信息，如温度、压力、流量等，运用故障诊断技术可以实现故障的精确定位和故障分析。

1.2 测试技术的主要内容

测试过程是借助专门设备，通过合适的试验和必要的数据处理，从研究对象中获得有关信息的认识过程。通常，测试技术的主要内容包括测量原理、测量方法、测量系统和数据处理 4 个方面。

测量原理是指实现测量所依据的物理、化学、生物等现象及有关定律的总体。例如，利用压电晶体测振动加速度依据的是压电效应；利用电涡流位移传感器测静态位移和振动位移依据的是电磁效应；利用热电偶测量温度依据的是热电效应。不同性质的被测量依据不同的原理测量，同一性质的被测量也可通过不同的原理去测量。

测量原理确定后，根据对测量任务的具体要求和现场实际情况，需要采用不同的测量方法，如直接测量法或间接测量法、电测法或非电测法、模拟量测量法或数字量测量法、等精度测量法或不等精度测量法等。

确定了被测量的测量原理和测量方法以后，需要设计或选用合适的装置组成测量系统。

最后，通过对测试数据的分析、处理，获得所需要的信息，实现测试目标。

信息是事物状态和特征的表征。信息的载体就是信号。表征无用信息的信号统称噪声。通常测得的信号中包含有用信号和噪声。测试技术最终目标就是从测得的复杂信号中提取有用信号，排除噪声。

本书主要介绍非电量电测技术。非电量电测技术的原理是把非电物理量转换成电流、电压等电量，根据待测量与电流、电压等电量之间的关系，通过测试电量获取待测量的信息。

作为机械工程测试技术，本书讨论如下几方面参数的测量：
1）运动参数。包括固体的位移、速度、加速度，流体的流量、流速等。
2）力能参数。包括应力、应变、力、扭矩和流体压力等。
3）动力学参数。包括弹性体的固有频率、阻尼比、振型等。
4）其他与设备状态直接相关的参数。例如温度、噪声等。

1.3 测试系统的组成

测试系统一般由激励装置、传感器、信号调理、信号处理和显示记录等几大部分组成，如图 1-1 所示。

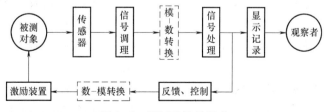

图 1-1 测试系统的组成

测试对象的信息，即测试对象存在方式和运动状态的特征，需要通过一定的物理量表现出来，这些物理量就是信号。信号需要通过不同的系统或环节传输。有些信息在测试对象处于自然状态时就能显现出来，有些信息则需要在被测对象受到激励后才能产生便于测量的输出信号。

传感器是对被测量敏感、并能将其转换成电信号的器件，包括敏感器和转换器两部分。敏感器把温度、压力、位移、振动、噪声和流量等被测量转换成某种容易变换成电量的物理量，然后通过转换器把这些物理量转换成容易检测的电量，例如电阻、电容、电感的变化。本书中关于信号的概念指的是这些转换成电量的物理量。

信号的调理环节把传感器的输出信号转换成适合于进一步传输和处理的形式。这种信号的转换多数是电信号之间的转换，例如把阻抗变化转换成电压变化，还有滤波、幅值放大或者把幅值的变化转换成频率的变化等。

信号处理环节是对来自信号调理环节的信号进行各种运算、滤波和分析。

图 1-1 中虚线框的模-数（A-D）转换和数-模（D-A）转换环节是在采用计算机、PLC 等测试、控制系统时，进行模拟信号与数字信号相互转换的环节。

信号显示、记录环节则是将来自信号处理环节的信号——测试的结果以易于观察的形式显示或存储。

需要指出的是，任何测量结果都存在误差，因而必须把误差限制在允许范围内。为了准确获得被测对象的信息，要求测试系统中每一个环节的输出量与输入量之间必须具有一一对应的关系，并且其输出的变化在给定的误差范围内反映其输入的变化，即实现不失真的测试。

1.4 测试技术的发展

测试技术是科学技术发展水平的综合体现。随着传感器技术、计算机技术、通信技术和自动控制技术的发展，测试技术也在不断应用新的测量原理和测试方法，提出新的信号分析理论，开发新型、高性能的测量仪器和设备。测试技术及系统的发展趋势是：

1）传感器趋向微型化、智能化、集成化和网络化。

2）测试仪器向高精度、多功能方向发展。

3）参数测量与数据处理以计算机为核心，参数测量、信号分析、数据处理、状态显示及故障预报的自动化程度越来越高。

另一方面，机械科学与技术的发展也对测试技术提出了新要求：

1）多传感器融合技术。多传感器融合是测量过程中获取信息的新方法，它可以提高测量信息的准确性。由于多传感器是以不同的方法或从不同的角度获取信息的，因此可以通过它们之间的信息融合去伪存真，提高测量精度。

2）柔性测试系统。采用积木式、组合式测量方法，实现不同层次不同目标的测试目的。

3）虚拟仪器。虚拟仪器是虚拟现实技术在精密测试领域的应用，一种是将多种数字化的测试仪器虚拟成一台以计算机为硬件支撑的数字式的智能化测试仪器；另一种是研究虚拟制造中的虚拟测量，如虚拟量块、虚拟坐标测量机等。

4）智能结构。智能结构是融合智能技术、传感技术、信息技术、仿生技术、材料科学等的一门交叉学科，使监测的概念过渡到在线、动态、主动的实时监测与控制。

5）视觉测试技术。视觉测试技术是建立在计算机视觉基础上的新兴测试技术。与计算机视觉研究的视觉模式识别、视觉理解等内容不同，重点研究物体的几何尺寸及物体的位置测量，如三维面形的快速测量、大型工件同轴度测量、共面性测量等。视觉测试技术可以广泛应用于在线测量、逆向工程等主动、实时测量过程。

6）大型设备测试。例如飞机外形的测量、大型设备关键部件测量、高层建筑电梯导轨的校准测量、油罐车的现场校准等都要求能进行大尺寸测量。为此，需要开发便携式测量仪器用于解决现场大尺寸的测量问题，例如便携式光纤干涉测量仪、便携式大量程三维测量系统等。

7）微观系统测试。近年来，微电子技术、生物技术的快速发展对探索物质微观世界提出了新要求，为了提高测量精度，需要进行微米、纳米级的测试。

8）无损检测。为了保证产品质量、保障设备服役安全，或为了给设备或设施的维护、维修提供支持，需要在不破坏观测对象的条件下检测其可能存在的缺陷、损伤等。

1.5 测试技术课程的学习要求

测试技术是一门综合性技术。现代测试系统通常是集机电于一体，软硬件相结合的自动化、智能化系统。它涉及传感技术、微电子技术、控制技术、计算机技术、信号处理技术和精密机械设计理论等众多技术领域。因此，要求测试工作者具有深厚的多学科知识背景，如力学、机械学、电学、信号处理、自动控制、机械振动、计算机和数学等。测试技术也是实验科学的分支，学习中必须把理论学习与实验密切结合，进行必要的实验，得到基本实验技能的训练。

课程学习要求如下：

1）掌握测试基本理论，包括信号的时域和频域描述方法、频谱分析和相关分析原理及应用，信号调理和信号处理基本概念和方法。

2）熟练掌握常用传感器、记录仪器的基本原理及适用范围。

3）掌握常用机械参量的测量原理和方法，具有一定的测试系统机、电及计算机方面的设计能力。

4）具有实验数据处理和误差分析能力。

第2章 信号的分类与描述

在工程实践和科学研究中，存在着各种各样的物理量（如机械振动、噪声、切削力、温度和变形等），并且经常由于科学研究或工程技术的需要，要求人们对由物理对象所产生的这些量进行测量，被测的物理量以及由其转换所得的量统称为信号。信号是传载信息的物理量函数，信号中包含着某些反映被测物理系统或过程的状态和特性等方面的有用信息，是人们认识客观事物内在规律、研究事物之间相互关系、预测事物未来发展的重要依据。由于信号中蕴涵着分析、解决问题所需的信息，要获得有用信息，就需要测试信号。由于信号本身的特性对测试工作有着直接的重要影响，因此，对信号的研究具有十分重要的意义。研究测试技术必须从信号入手，通过对信号的描述与分析，了解信号的频域构成以及时域与频域特性的内在联系。

2.1 信号的分类及描述方法

2.1.1 信号的分类

为了深入了解信号的物理实质，需要将其分类加以研究。根据考虑问题的角度可以按不同的方式对信号进行分类。

1. 确定性信号和非确定性信号

信号按其随时间变化的规律可以分为确定性信号（deterministic signal）和非确定性信号（nondeterministic signal）两大类，如下所示：

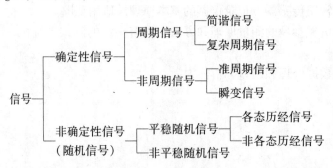

可以用明确的时间函数表示的信号称为确定性信号。例如集中质量的单自由度振动系统作无阻尼自由振动时的位移就是确定性信号。确定性信号又分为周期信号和非周期信号。

周期信号（periodic signal）是其振幅按一定时间间隔 T（周期）做有规则的连续变化的信号，可表示为

$$x(t) = x(t + nT) \tag{2-1}$$

式中，n 为正整数；T 为周期。

　　周期信号分为简谐信号（simple harmonic signal）和复杂周期信号（complicated period-ic signal）。在周期信号中，按正弦或余弦规律变化的信号称为简谐信号。复杂周期信号是由两个以上的频率比为有理数的简谐信号合成的，例如周期方波、周期三角波、周期锯齿波等。

　　非周期信号（aperiodic signal）分为准周期信号（quasi – periodic signal）和瞬变信号（transient signal）。准周期信号也是由两个以上的简谐信号合成的，但是其频率比为无理数，在其组成分量之间无法找到公共周期，所以无法按某一周期重复出现。瞬变信号是在一定时间区间内存在或者随着时间的增长而衰减至零的信号，其时间历程较短。例如有阻尼的集中质量的单自由度振动系统的位移是一种瞬变信号。

　　非确定性信号又称为随机信号（random signal），是指不能用准确的数学关系式来描述，只能用概率统计方法进行描述的信号，例如机加工车间内的噪声、汽车行驶中的振动等。

　　2. 连续信号和离散信号

　　按信号的取值特征，即根据信号的幅值及其自变量（即时间 t）是连续的还是离散的可将信号分成连续信号（continuous signal）和离散信号（discrete signal）两大类。

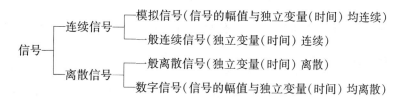

　　连续信号是指在某一时间间隔内，除若干点外，对任意时间都具有确定函数值的信号，若信号的独立变量取值是连续的，则称该信号为连续信号，如图 2 - 1 所示。连续信号的幅值可以是连续的，也可以是离散的（只取某些规定值）。自变量（即时间 t）和幅值均为连续的信号称为模拟信号（analog signal），在实际应用中，模拟信号与连续信号两个名词往往不予以区分。离散信号是指只在某些离散的瞬时才具有确定的函数值的信号，若信号的独立变量取值是离散的，则称为离散信号，如图 2 - 2 所示。若信号幅值和独立变量均离散，则称为数字信号（digital signal）。计算机所使用的信号都是数字信号。

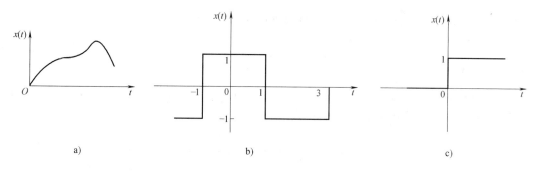

图 2 - 1　连续信号

a）模拟信号　b）矩形信号　c）单位阶跃信号

3. 能量信号和功率信号

根据信号用能量或功率表示，可分为能量信号（energy signal）和功率信号（power signal）。在非电量测量中，常将被测信号转换为电压或电流信号来处理。显然，电压信号 $x(t)$ 加在单位电阻（$R = 1\Omega$ 时）上的瞬时功率为 $P(t) = x^2(t)/R = x^2(t)$。瞬时功率对时间积分即是信号在该时间内的能量。通常不考虑量纲，而直接把信号的二次方及其对时间的积分分别称为信号的功率和能量。当 $x(t)$ 满足

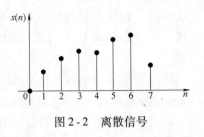

图 2-2　离散信号

$$\int_{-\infty}^{\infty} x^2(t)\,dt < \infty \qquad (2-2)$$

时，则信号的能量有限，称为能量有限信号，简称为能量信号，如各类瞬变信号。满足能量有限条件，实际上就满足了绝对可积条件。

若 $x(t)$ 在区间 $(-\infty, \infty)$ 的能量无限，不满足式（2-2）的条件，但在有限区间 $(-T/2, T/2)$ 内满足平均功率有限的条件，即

$$\lim_{T \to \infty} \frac{1}{T} \int_{-T/2}^{T/2} x^2(t)\,dt < \infty \qquad (2-3)$$

则称为功率信号，如各种周期信号、常值信号、阶跃信号等。

2.1.2　信号的描述方法

信号可以用时域表示也可以用频域描述。在时域描述（describe by domain of time）中，信号的自变量为时间，信号的历程随时间而展开。信号的时域描述主要反映信号的幅值随时间的变化规律。频域描述（describe by domain of frequency）以频率为自变量，描述信号中所含频率成分的幅值和相位。频域描述的结果是以频率为横坐标的各种物理量的谱线或曲线，从频率分布的角度出发研究信号的结构及各种频率成分的幅值和相位关系，如幅值谱、相位谱、功率谱和谱密度等。时域描述和频域描述为从不同的角度观察、分析信号提供了方便。运用傅里叶级数、傅里叶变换及其逆变换，可以方便地实现信号的时域、频域转换。

2.2　周期信号的频谱——傅里叶级数

2.2.1　三角函数展开式

对于满足狄利赫利条件，即在区间 $(-T/2, T/2)$ 连续或只有有限个第一类间断点，且只有有限个极值点的周期信号，均可展开为

$$x(t) = a_0 + \sum_{n=1}^{\infty} (a_n \cos n\omega_0 t + b_n \sin n\omega_0 t) \qquad (2-4)$$

式中，常值分量

$$a_0 = \frac{1}{T_0} \int_{-T_0/2}^{T_0/2} x(t)\,dt \qquad (2-5)$$

余弦分量的幅值

$$a_n = \frac{2}{T_0} \int_{-T_0/2}^{T_0/2} x(t) \cos n\omega_0 t \mathrm{d}t \qquad (2-6)$$

正弦分量的幅值

$$b_n = \frac{2}{T_0} \int_{-T_0/2}^{T_0/2} x(t) \sin n\omega_0 t \mathrm{d}t \qquad (2-7)$$

式中，a_0、a_n、b_n 分别为傅里叶系数；T_0 为信号的周期，$T_0 = 2\pi/\omega_0$；ω_0 为信号的基频，用圆频率或角频率表示；$n\omega_0$ 为 n 次谐波；n 为正整数。

由式（2-6）和式（2-7）可知，a_n 是 n 或 $n\omega_0$ 的偶函数；b_n 是 n 或 $n\omega_0$ 的奇函数。

应用三角函数变换，可将式（2-4）正、余弦函数的同频率项合并、整理，可得信号 $x(t)$ 另一种形式的傅里叶级数表达式

$$x(t) = A_0 + \sum_{n=1}^{\infty} A_n \sin(n\omega_0 t + \varphi_n) \qquad (2-8)$$

式中，常值分量

$$A_0 = a_0 = \frac{1}{T_0} \int_{-T_0/2}^{T_0/2} x(t) \mathrm{d}t$$

各次谐波分量频率成分的幅值

$$A_n = \sqrt{a_n^2 + b_n^2} \qquad (2-9)$$

各次谐波分量频率成分的初相角

$$\varphi_n = \arctan\left(\frac{a_n}{b_n}\right) \qquad (2-10)$$

从式（2-4）和式（2-8）可知，周期信号可分解成众多具有不同频率的正、余弦（即谐波）分量。式中，第一项 A_0 为周期信号中的常值或直流分量，从第二项依次向下分别称为信号的基波或一次谐波、二次谐波、三次谐波、……、n 次谐波，即当 $n=1$ 时的谐波称为基波（fundamental wave），n 次倍频成分 $A_n \sin(n\omega_0 t + \varphi_n)$ 称为 n 次谐波（harmonic）。A_n 为 n 次谐波的幅值，φ_n 为其初相角。

为直观地表示出一个信号的频率成分结构，以 ω 为横坐标，以 A_n 和 φ_n 为纵坐标所作的图称为频谱（spectrum）图。$A_n - \omega$ 图称为幅值谱（amplitude spectrum）图，$\varphi_n - \omega$ 图称为相位谱（phase spectrum）图。

由于 n 是整数序列，相邻频率的间隔为 $\Delta\omega = \omega_0 = 2\pi/T_0$，即各频率成分都是 ω_0 的整数倍，因此谱线是离散的。频谱中的每一根谱线对应其中一个谐波，频谱比较形象地反映了周期信号的频率结构及其特征。

【例 2-1】 求周期方波（见图 2-3a）的频谱，并作出频谱图。

解：周期方波 $x(t)$ 在一个周期内表示为

$$x(t) = \begin{cases} A & 0 \leqslant t < T_0/2 \\ -A & -T_0/2 \leqslant t < 0 \end{cases}$$

因 $x(t)$ 是奇函数，所以有

$$a_0 = 0$$

...

$$a_n = 0$$

$$b_n = \frac{2}{T_0}\int_{-T_0/2}^{T_0/2} x(t)\sin n\omega_0 t\mathrm{d}t = \frac{4}{T_0}\int_0^{T_0/2} A\sin n\omega_0 t\mathrm{d}t$$

$$= -\frac{4A}{T_0}\frac{\cos n\omega_0 t}{n\omega_0}\Big|_0^{T_0/2}$$

$$= -\frac{2A}{\pi n}(\cos\pi n - 1)$$

$$= \begin{cases} \dfrac{4A}{\pi n} & n = 1,3,5,\cdots \\ 0 & n = 2,4,6,\cdots \end{cases}$$

于是，有

$$x(t) = \frac{4A}{\pi}\Big(\sin\omega_0 t + \frac{1}{3}\sin 3\omega_0 t + \frac{1}{5}\sin 5\omega_0 t + \cdots\Big)$$

$$\varphi_n = \arctan\Big(\frac{a_n}{b_n}\Big) = \arctan\Big(\frac{0}{b_n}\Big) = 0$$

幅值谱和相位谱分别如图 2-3b、c 所示。幅值谱只包含基波和奇次谐波的频率分量，且谐波幅值以 $1/n$ 的倍数衰减；相位谱中各次谐波的相角均为零。

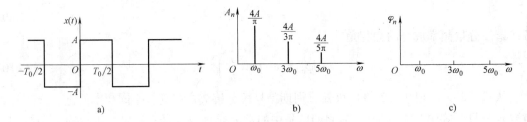

图 2-3　周期方波的频谱图

a) 周期方波　b) 幅值谱　c) 相位谱

基波波形如图 2-4a 所示；若将第 1、3 次谐波叠加，图形如图 2-4b 所示；若将第 1、3、5 次谐波叠加，则图形如图 2-4c 所示。显然，叠加项越多，叠加后越接近周期方波，当叠加项无穷多时，则叠加成周期方波。

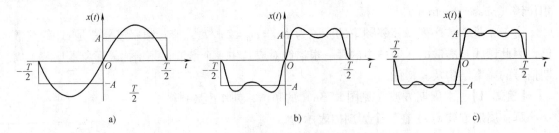

图 2-4　周期方波谐波成分的叠加

a) 基波波形　b) 第 1、3 次谐波叠加　c) 第 1、3、5 次谐波叠加

图 2-5 采用波形分解方式形象地说明了周期方波信号的时域表示和频域表示及其相互关系。

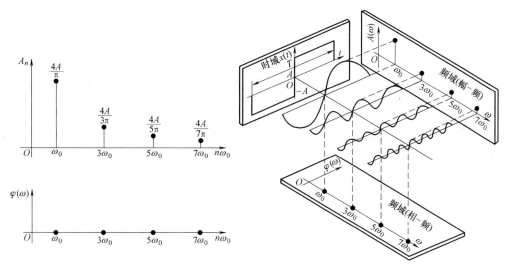

图 2-5　周期方波信号的时域和频域表示及其相互关系

2.2.2　傅里叶级数的复指数展开式

由欧拉公式

$$e^{\pm jn\omega_0 t} = \cos n\omega_0 t \pm j\sin n\omega_0 t \tag{2-11}$$

或

$$\begin{cases} \cos n\omega_0 t = \dfrac{1}{2}(e^{-jn\omega_0 t} + e^{jn\omega_0 t}) \\[2mm] \sin n\omega_0 t = \dfrac{j}{2}(e^{-jn\omega_0 t} - e^{jn\omega_0 t}) \end{cases} \tag{2-12}$$

式（2-4）可改写为

$$x(t) = a_0 + \sum_{n=1}^{\infty}\left[\frac{1}{2}(a_n + jb_n)e^{-jn\omega_0 t} + \frac{1}{2}(a_n - jb_n)e^{jn\omega_0 t}\right] \tag{2-13}$$

令 $c_0 = a_0$，$c_n = \dfrac{1}{2}(a_n - jb_n)$，$c_{-n} = \dfrac{1}{2}(a_n + jb_n)$

则有

$$x(t) = c_0 + \sum_{n=1}^{\infty}(c_{-n}e^{-jn\omega_0 t} + c_n e^{jn\omega_0 t}) \tag{2-14}$$

即

$$x(t) = \sum_{n=-\infty}^{\infty} c_n e^{jn\omega_0 t} \quad n = 0, \pm 1, \pm 2, \cdots \tag{2-15}$$

式中，$c_n = \dfrac{1}{T_0}\displaystyle\int_{-T_0/2}^{T_0/2} x(t)e^{-jn\omega_0 t}dt$。

一般情况下，c_n 是复变函数，可以写成

$$c_n = \mathrm{Re}\, c_n + j\mathrm{Im}\, c_n = |c_n|e^{j\varphi_n} \tag{2-16}$$

其中，$\mathrm{Re}\, c_n$、$\mathrm{Im}\, c_n$ 分别称为实频谱和虚频谱；$|c_n|$、φ_n 分别称为幅值谱和相位谱。它们之间的关系为

$$|c_n| = \sqrt{(\operatorname{Re} c_n)^2 + (\operatorname{Im} c_n)^2} \qquad (2-17)$$

$$\varphi_n = \arctan \frac{\operatorname{Im} c_n}{\operatorname{Re} c_n} \qquad (2-18)$$

【例2-2】 对图2-3a所示周期方波，以复指数展开形式求频谱，并作频谱图。

解：

$$c_0 = \frac{1}{T_0} \int_{-T_0/2}^{T_0/2} x(t)\,\mathrm{d}t = 0$$

$$c_n = \frac{1}{T_0} \int_{-T_0/2}^{T_0/2} x(t)\,\mathrm{e}^{-\mathrm{j}n\omega_0 t} = \frac{1}{T_0} \int_{-T_0/2}^{T_0/2} x(t)(\cos n\omega_0 t - \mathrm{j}\sin n\omega_0 t)\,\mathrm{d}t$$

$$= -\mathrm{j}\frac{2}{T_0} \int_{0}^{T_0/2} A\sin n\omega_0 t\,\mathrm{d}t$$

$$= \begin{cases} -\mathrm{j}\dfrac{2A}{\pi n} & n = \pm 1, \pm 3, \pm 5, \cdots \\ 0 & n = \pm 2, \pm 4, \pm 6, \cdots \end{cases}$$

于是，幅值谱
$$c_n = \begin{cases} \dfrac{2A}{\pi n} & n = \pm 1, \pm 3, \pm 5, \cdots \\ 0 & n = \pm 2, \pm 4, \pm 6, \cdots \end{cases}$$

相位谱

$$\varphi_n = \arctan \frac{-\dfrac{2A}{\pi n}}{0} = \begin{cases} -\dfrac{\pi}{2} & n > 0, n = 1, 3, 5, \cdots \\ \dfrac{\pi}{2} & n < 0, n = -1, -3, -5, \cdots \end{cases}$$

幅值谱和相位谱如图2-6所示。三角函数展开形式的频谱是单边谱（ω从$0 \sim \infty$），复指数展开形式的频谱是双边谱（ω从$-\infty \sim \infty$），两种幅值谱的关系为

$$|c_0| = A_0 = a_0, \quad |c_n| = \frac{1}{2}\sqrt{a_n^2 + b_n^2} = \frac{A_n}{2}$$

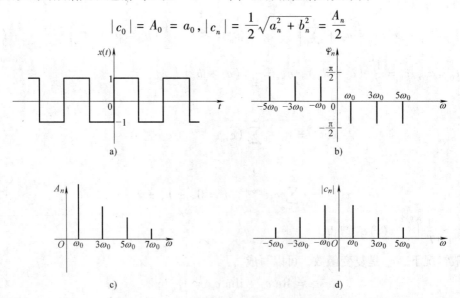

图2-6 周期方波的单、双边幅值谱和相位谱

a) 周期方波波形 b) 相位谱图 c) 单边幅值谱 d) 双边幅值谱

c_n 与 c_{-n} 共轭，即 $c_n = c_{-n}^*$，且 $\varphi_{-n} = -\varphi_n$，双边幅值谱为偶函数，双边相位谱为奇函数。

周期信号频谱，无论是用三角函数展开式还是用复指数函数展开式求得，其特点是：

1）周期信号的频谱是离散的，每条谱线表示一个正弦分量的幅值。

2）每条谱线只出现在基频整数倍的频率上。

3）各频率分量的谱线高度与对应谐波的振幅成正比，一般谐波幅值总的趋势是随谐波次数的增高而减小，因此，在频谱分析中不必取那些次数过高的谐波分量。

2.3　非周期信号的频谱

2.3.1　概述

两个或两个以上的正、余弦信号叠加，如果任意两个分量的频率比不是有理数，或者说各分量的周期没有公倍数，那么合成的结果就不是周期信号，例如，下式所表达的信号：

$$x(t) = A_1\sin(\sqrt{2}t + \theta_1) + A_2\sin(3t + \theta_2) + A_3\sin(2\sqrt{7}t + \theta_3)$$

这种由没有公共整数倍周期的各个分量合成的信号是一种非周期信号，但是，这种信号的频谱图仍然是离散的，保持着周期信号的特点，人们称这种信号为准周期信号。在工程技术领域内，多个独立振源共同作用所引起的振动往往属于这类信号。

除了准周期信号以外的非周期信号称为瞬变信号。因此，非周期信号就进一步分为准周期信号和瞬变信号两种。通常习惯上所称的非周期信号是指瞬变信号。

瞬变信号在工程中有广泛的应用，例如，如图 2-7 所示，其中图 2-7a 为电容放电时其两端电压的变化曲线，图 2-7b 为初始位移为 A 的质量块的阻尼自由振动曲线，图 2-7c 为一根受拉的弦突然被拉断的曲线。

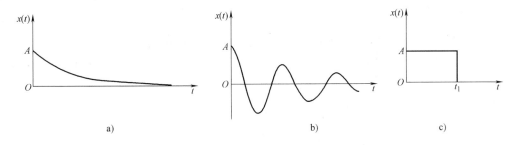

图 2-7　瞬变信号的波形

a）电容放电时电压的变化曲线　b）初始位移为 A 的质量块的阻尼自由振动曲线　c）受拉的弦突然被拉断的曲线

2.3.2　瞬变信号的频谱——傅里叶变换

周期信号的频谱是离散的，谱线的角频率间隔 $\Delta\omega = \omega_0 = 2\pi/T_0$。当 $T_0 \to \infty$ 时，谱线间隔 $\Delta\omega \to 0$，于是周期信号的离散频谱就变成了非周期信号的连续频谱。

由式（2-15）可知，周期信号 $x(t)$ 在区间（$-T_0/2$，$T_0/2$）的傅里叶级数的复指数形式为

$$x(t) = \sum_{n=-\infty}^{\infty} c_n e^{jn\omega_0 t} = \sum_{n=-\infty}^{\infty} \left(\frac{1}{T_0} \int_{-T_0/2}^{T_0/2} x(t) e^{-jn\omega_0 t} dt \right) e^{jn\omega_0 t} \qquad (2\text{-}19)$$

当周期 $T_0 \to \infty$ 时，频率间隔 $\Delta\omega \to d\omega$，离散频谱中相邻的谱线无限接近，离散变量 $n\omega_0 \to \omega$，求和运算就变成了求积分运算，于是有

$$x(t) = \frac{1}{2\pi} \int_{-\infty}^{\infty} \left[\int_{-\infty}^{\infty} x(t) e^{-j\omega t} dt \right] e^{j\omega t} d\omega \qquad (2\text{-}20)$$

这就是傅里叶积分式，由于中括号内时间 t 是积分变量，所以积分后仅是 ω 的函数，记作 $X(\omega)$，即

$$X(\omega) = \int_{-\infty}^{\infty} x(t) e^{-j\omega t} dt \qquad (2\text{-}21)$$

于是

$$x(t) = \frac{1}{2\pi} \int_{-\infty}^{\infty} X(\omega) e^{j\omega t} d\omega \qquad (2\text{-}22)$$

称式（2-21）中的 $X(\omega)$ 为 $x(t)$ 的傅里叶变换，表示为 $F[x(t)] = X(\omega)$；称式（2-22）中的 $x(t)$ 为 $X(\omega)$ 的傅里叶逆变换，表示为 $F^{-1}[X(\omega)] = x(t)$。$x(t)$ 和 $X(\omega)$ 称为傅里叶变换（fourier transform）对，表示为 $x(t) \Leftrightarrow X(\omega)$。

把 $\omega = 2\pi f$ 代入式（2-21）和式（2-22），有

$$X(f) = \int_{-\infty}^{\infty} x(t) e^{-j2\pi ft} dt \qquad (2\text{-}23)$$

$$x(t) = \int_{-\infty}^{\infty} X(f) e^{j2\pi ft} df \qquad (2\text{-}24)$$

一般情况下，$X(f)$ 是实变量 f 的复函数，可以写成

$$X(f) = X_R(f) + jX_I(f) \qquad (2\text{-}25)$$

或

$$X(f) = |X(f)| e^{j\varphi(f)} \qquad (2\text{-}26)$$

式中，$|X(f)|$ 为幅值谱，简称为频谱；$\varphi(f)$ 为相位谱。它们都是连续的。

$|X(f)|$ 的量纲是单位频宽上的幅值，也称做频谱密度或谱密度。而周期信号的幅值谱 $|c_n|$ 是离散的，且量纲与信号幅值的量纲相同，这是瞬变信号与周期信号频谱的主要区别。

【例 2-3】 求图 2-8 所示矩形窗函数 $w_R(t)$ 的频谱，并作频谱图。

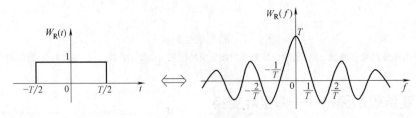

图 2-8 矩形窗函数及其频谱

解： 矩形窗函数 $W_R(t)$ 的表达式为

$$W_R(t) = \begin{cases} 1 & |t| \leqslant T/2 \\ 0 & |t| > T/2 \end{cases}$$

取傅里叶变换，有

$$W_{\mathrm{R}}(f) = \int_{-\infty}^{\infty} w_{\mathrm{R}}(t)\,e^{-j2\pi ft}\,dt = \int_{-T/2}^{T/2} \left[\cos(2\pi ft) - j\sin(2\pi ft)\right]dt$$

$$= 2\int_{0}^{T/2}\cos(2\pi ft)\,dt = T\frac{\sin(\pi fT)}{\pi fT}$$

$$= T\mathrm{sinc}(\pi fT)$$

$$|W_{\mathrm{R}}(f)| = T\,|\mathrm{sinc}(\pi fT)|$$

$$\varphi(f) = \begin{cases} 0 & \mathrm{sinc}(\pi f) > 0 \\ \pi & \mathrm{sinc}(\pi f) < 0 \end{cases}$$

这里定义森克函数 $\mathrm{sinc}(x) = \dfrac{\sin x}{x}$。该函数是偶函数，并且随 x 增加作以 2π 为周期的衰减振荡，函数在 $x = \pi n(n = \pm1, \pm2, \pm3, \cdots)$ 时，幅值为零，如图 2-9 所示。

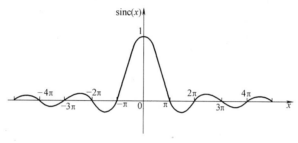

图 2-9 $\mathrm{sinc}(x)$ 的图形

2.3.3 傅里叶变换的主要性质

傅里叶变换是信号分析与处理中，时域与频域之间转换的基本数学工具。掌握傅里叶变换的主要性质，有助于了解信号在某一域中变化时，在另一域中相应的变化规律，从而使复杂信号的计算分析得以简化。表 2-1 中列出的各项性质均可用定义公式推导证明，以下对主要性质进行必要证明和解释。

表 2-1 傅里叶变换的主要性质

性 质	时 域	频 域	性 质	时 域	频 域
函数的奇偶虚实性	实偶函数	实偶函数	频移	$x(t)e^{\mp j2\pi f_0 t}$	$X(f \pm f_0)$
	实奇函数	虚奇函数	翻转	$x(-t)$	$X(-f)$
	虚偶函数	虚偶函数	共轭	$x^*(t)$	$X^*(-f)$
	虚奇函数	实奇函数	时域卷积	$x_1(t) * x_2(t)$	$X_1(f)X_2(f)$
线性叠加	$ax(t) + by(t)$	$ax(f) + by(f)$	频域卷积	$x_1(t)x_2(t)$	$X_1(f) * X_2(f)$
对称	$X(\pm t)$	$X(mf)$	时域微分	$\dfrac{d^n x(t)}{dt^n}$	$(j2\pi f)^n X(f)$
尺度改变	$x(kt)$	$\dfrac{1}{k}X\left(\dfrac{f}{k}\right)$	频域微分	$(-j2\pi t)^n x(t)$	$\dfrac{d^n X(f)}{df^n}$
时移	$x(t \pm t_0)$	$X(f)e^{\pm j2\pi ft_0}$	积分	$\displaystyle\int_{-\infty}^{t} x(t)\,dt$	$\dfrac{1}{j2\pi f}X(f)$

1. 奇偶虚实性质

一般 $X(f)$ 是实变量 f 的复变函数。由欧拉公式,有

$$
\begin{aligned}
X(f) &= \int_{-\infty}^{\infty} x(t)\,\mathrm{e}^{-\mathrm{j}2\pi ft}\mathrm{d}t \\
&= \int_{-\infty}^{\infty} x(t)\cos(2\pi ft)\mathrm{d}t - \mathrm{j}\int_{-\infty}^{\infty} x(t)\sin(2\pi ft)\mathrm{d}t \\
&= X_{\mathrm{R}}(f) - \mathrm{j}X_{\mathrm{I}}(f)
\end{aligned} \tag{2-27}
$$

显然,根据时域函数的奇偶性,容易判断其实频谱和虚频谱的奇偶性。

2. 线性叠加性质

由傅里叶变换的定义容易证明,若 $x(t)\Leftrightarrow X(f)$,$y(t)\Leftrightarrow Y(f)$,有

$$
ax(t) + by(t)\Leftrightarrow aX(f) + bY(f) \tag{2-28}
$$

式中,a,b 为常数。

3. 对称性质

若 $x(t)\Leftrightarrow X(f)$,则有

$$
X(t)\Leftrightarrow x(-f) \tag{2-29}
$$

证明:

$$
x(t) = \int_{-\infty}^{\infty} X(f)\,\mathrm{e}^{\mathrm{j}2\pi ft}\mathrm{d}f
$$

以 $-t$ 替换 t,有

$$
x(-t) = \int_{-\infty}^{\infty} X(f)\,\mathrm{e}^{-\mathrm{j}2\pi ft}\mathrm{d}f
$$

将 t 与 f 互换,得 $X(t)$ 的傅里叶变换

$$
x(-f) = \int_{-\infty}^{\infty} X(t)\,\mathrm{e}^{-\mathrm{j}2\pi ft}\mathrm{d}t
$$

即

$$
X(t)\Leftrightarrow x(-f)
$$

该性质表明傅里叶变换与傅里叶逆变换之间存在对称关系,即信号的波形与信号频谱函数的波形有互相置换的关系。利用这个性质,可以根据已知的傅里叶变换得出相应的变换对。图 2-10 是对称性应用举例。

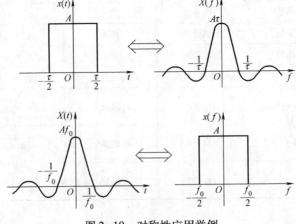

图 2-10　对称性应用举例

4. 时间尺度改变性质

若 $x(t) \Leftrightarrow X(f)$ ，则有

$$x(kt) \Leftrightarrow \frac{1}{k} X\left(\frac{f}{k}\right) \quad (k > 0) \tag{2-30}$$

证明：当信号 $x(t)$ 的时间尺度变为 kt 时

$$\int_{-\infty}^{\infty} x(kt) \mathrm{e}^{-\mathrm{j}2\pi ft} \mathrm{d}t = \frac{1}{k} \int_{-\infty}^{\infty} x(kt) \mathrm{e}^{-\mathrm{j}2\pi \frac{f}{k}(kt)} \mathrm{d}(kt) = \frac{1}{k} X\left(\frac{f}{k}\right)$$

图 2-11 为时间尺度改变性质的例子。对比图 2-11a 和图 2-11b 可以看出，当时间尺度扩展（$k<1$）时，其频谱的频带变窄，幅值增高；对比图 2-11a 和图 2-11c 可以看出，当时间尺度压缩（$k>1$）时，频谱的频带变宽，幅值变低。

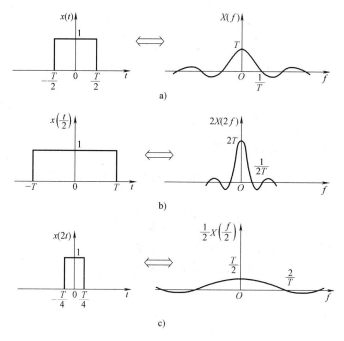

图 2-11　时间尺度改变性质举例
a）$k=1$　b）$k=0.5$　c）$k=2$

5. 时移和频移性质

设 $x(t) \Leftrightarrow X(f)$ ，若把信号在时域沿时间轴平移一常值 t_0，则在其频域引起相应的相移 $2\pi f t_0$，即

$$x(t \pm t_0) \Leftrightarrow X(f) \mathrm{e}^{\pm \mathrm{j}2\pi f t_0} \tag{2-31}$$

证明：

$$\int_{-\infty}^{\infty} x(t \pm t_0) \mathrm{e}^{-\mathrm{j}2\pi ft} \mathrm{d}t = \int_{-\infty}^{\infty} x(t \pm t_0) \mathrm{e}^{-\mathrm{j}2\pi f(t \pm t_0)} \mathrm{e}^{\pm \mathrm{j}2\pi f t_0} \mathrm{d}(t \pm t_0)$$

$$= x(f) \mathrm{e}^{\pm \mathrm{j}2\pi f t_0}$$

同理，在频域中将频谱沿频率轴向右平移常值 f_0，则相当于在对应时域中将信号乘以因子 $\mathrm{e}^{\mathrm{j}2\pi f_0 t}$，即

$$x(t) \mathrm{e}^{\pm \mathrm{j}2\pi f_0 t} \Leftrightarrow X(f \mp f_0) \tag{2-32}$$

6. 微分和积分特性

若 $x(t) \Leftrightarrow X(f)$，则对式（2-24）两边取时间微分，可得

$$\frac{\mathrm{d}x(t)}{\mathrm{d}t} \Leftrightarrow \mathrm{j}2\pi f X(f) \tag{2-33}$$

这说明一个函数求导后取傅里叶变换等于其傅里叶变换乘以因子 $\mathrm{j}2\pi f$。一般有

$$\frac{\mathrm{d}^n x(t)}{\mathrm{d}t^n} \Leftrightarrow (\mathrm{j}2\pi f)^n X(f) \tag{2-34}$$

同样，将式（2-23）对频率 f 微分，可得频域微分特性表达式为

$$\frac{\mathrm{d}^n X(f)}{\mathrm{d}f^n} \Leftrightarrow (-\mathrm{j}2\pi t)^n x(t) \tag{2-35}$$

积分特性表达式为

$$\int_{-\infty}^{t} x(t)\mathrm{d}t \Leftrightarrow \frac{1}{\mathrm{j}2\pi f} X(f) \tag{2-36}$$

这说明一个函数积分后取傅里叶变换等于其傅里叶变换除以因子 $\mathrm{j}2\pi f$。

证明：因为

$$\frac{\mathrm{d}}{\mathrm{d}t} \int_{-\infty}^{t} x(t)\mathrm{d}t = x(t)$$

又根据式（2-35）的频域微分特性，有

$$F\left[\frac{\mathrm{d}}{\mathrm{d}t} \int_{-\infty}^{t} x(t)\mathrm{d}t\right] = \mathrm{j}2\pi f F\left[\int_{-\infty}^{t} x(t)\mathrm{d}t\right]$$

所以

$$\int_{-\infty}^{t} x(t)\mathrm{d}t \Leftrightarrow \frac{1}{\mathrm{j}2\pi f} X(f)$$

以上微分与积分特性在信号处理中很有用。在振动测试中，如果测得位移、速度或加速度中任一参数，便可用傅里叶变换的微分或积分特性求其他参数的频谱。

7. 卷积性质

定义 $\int_{-\infty}^{\infty} x_1(t)x_2(t-\tau)\mathrm{d}\tau$ 为函数 $x_1(t)$ 与 $x_2(t)$ 的卷积，记作 $x_1(t) * x_2(t)$。

若 $x_1(t) \Leftrightarrow X_1(f)$，$x_2(t) \Leftrightarrow X_2(f)$，则有

$$x_1(t) * x_2(t) \Leftrightarrow X_1(f)X_2(f) \tag{2-37}$$

式（2-37）说明两个时间函数卷积的傅里叶变换等于它们各自傅里叶变换的乘积。

证明：

$$
\begin{aligned}
F[x_1(t) * x_2(t)] &= \int_{-\infty}^{\infty}\left[\int_{-\infty}^{\infty} x_1(\tau)x_2(t-\tau)\mathrm{d}\tau\right]\mathrm{e}^{-\mathrm{j}2\pi ft}\mathrm{d}t \\
&= \int_{-\infty}^{\infty} x_1(\tau)\mathrm{e}^{-\mathrm{j}2\pi f\tau}\left[\int_{-\infty}^{\infty} x_2(t-\tau)\mathrm{e}^{-\mathrm{j}2\pi f(t-\tau)}\mathrm{d}(t-\tau)\right]\mathrm{d}\tau \\
&= \int_{-\infty}^{\infty} x_1(\tau)\mathrm{e}^{-\mathrm{j}2\pi f\tau}X_2(f)\mathrm{d}\tau \\
&= X_2(f)\int_{-\infty}^{\infty} x_1(\tau)\mathrm{e}^{-\mathrm{j}2\pi ft}\mathrm{d}\tau \\
&= X_1(f)X_2(f)
\end{aligned}
$$

同理

$$x_1(t)x_2(t) \Leftrightarrow X_1(f) * X_2(f) \tag{2-38}$$

式（2-38）说明两个时间函数乘积的傅里叶变换等于它们各自傅里叶变换的卷积。

2.4　几种典型信号的频谱

非周期信号的连续频谱可采用傅里叶变换的方法求得。周期信号的离散频谱，既可利用傅里叶级数法求得（幅值谱），又可采用傅里叶变换法间接求得（谱密度）。下面以几个典型信号为例加以说明。

2.4.1　单位脉冲函数信号及其频谱

1. 单位脉冲函数的定义

在 τ 时间内激发一个宽度为 τ，高度为 $1/\tau$ 的矩形脉冲 $S_\tau(t)$。定义单位脉冲函数为

$$\delta(t) = \lim_{\tau \to 0} S_\tau(t) \tag{2-39}$$

也可写成

$$\delta(t) = \begin{cases} \infty & t = 0 \\ 0 & t \neq 0 \end{cases} \tag{2-40}$$

若延迟到 t_0 时刻，有

$$\delta(t - t_0) = \begin{cases} \infty & t = t_0 \\ 0 & t \neq t_0 \end{cases} \tag{2-41}$$

单位脉冲函数又称为 δ - 函数，用一个单位长的箭头表示，如图 2-12 所示。δ - 函数下的面积

$$\int_{-\infty}^{\infty} \delta(t)\,\mathrm{d}t = \lim_{\tau \to 0} \int_{-\infty}^{\infty} S_\tau(t)\,\mathrm{d}t = 1 \tag{2-42}$$

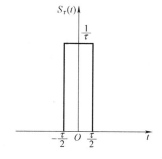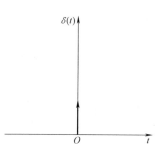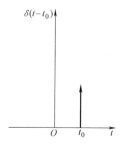

图 2-12　矩形脉冲与 δ - 函数

2. δ - 函数的采样性质

如果 δ - 函数与一个连续的函数 $x(t)$ 相乘，其乘积仅在 $t = 0$ 处有 $x(0)\delta(t)$，其余各点之乘积均为零，可得

$$\int_{-\infty}^{\infty} \delta(t)x(t)\,\mathrm{d}t = \int_{-\infty}^{\infty} \delta(t)x(0)\,\mathrm{d}t$$

$$= x(0) \int_{-\infty}^{\infty} \delta(t)\,\mathrm{d}t = x(0) \tag{2-43}$$

同理，有

$$\int_{-\infty}^{\infty} \delta(t - t_0) x(t) \mathrm{d}t = \int_{-\infty}^{\infty} \delta(t - t_0) x(t_0) \mathrm{d}t$$
$$= x(t_0) \tag{2-44}$$

3. δ-函数与其他函数的卷积

函数 $\delta(t)$ 与任意函数 $x(t)$ 的卷积是一种最简单的卷积运算，即

$$x(t) * \delta(t) = \int_{-\infty}^{\infty} x(\tau) \delta(t - \tau) \mathrm{d}\tau$$
$$= \int_{-\infty}^{\infty} x(\tau) \delta(\tau - t) \mathrm{d}\tau = x(t) \tag{2-45}$$

同理，有

$$x(t) * \delta(t \pm t_0) = \int_{-\infty}^{\infty} x(\tau) \delta(t \pm t_0 - \tau) \mathrm{d}\tau = x(t \pm t_0) \tag{2-46}$$

由式（2-45）和式（2-46）可知：函数 $x(t)$ 与 $\delta(t)$ 卷积的结果相当于把函数 $x(t)$ 平移到脉冲函数发生的坐标位置，如图 2-13 所示。

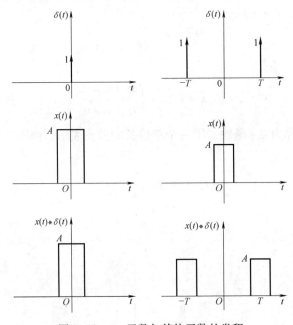

图 2-13　δ-函数与其他函数的卷积

4. δ-函数的频谱

对 δ-函数取傅里叶变换，得其频谱

$$\Delta(f) = \int_{-\infty}^{\infty} \delta(t) \mathrm{e}^{-\mathrm{j}2\pi ft} \mathrm{d}t = \mathrm{e}^0 = 1 \tag{2-47}$$

$\delta(t)$ 的频谱如图 2-14 所示，其傅里叶逆变换为

$$\delta(t) = \int_{-\infty}^{\infty} 1 \cdot \mathrm{e}^{\mathrm{j}2\pi ft} \mathrm{d}f \tag{2-48}$$

由此可知，时域脉冲函数具有无限宽广的频谱，且在所有的频段上都是等强度的。这种频谱常常称做"均匀谱"或"白色谱"。$\delta(t)$ 是理想的白噪声信号。

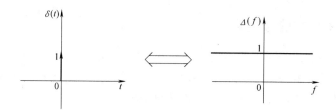

图 2-14 δ-函数及其频谱

根据傅里叶变换的对称性及时移、频移特性，可得到下列傅里叶变换对：

$$
\begin{cases}
\qquad\qquad\delta(t) \Leftrightarrow 1 \\
\qquad\qquad 1 \Leftrightarrow \delta(-f) = \delta(f) \\
\delta(t - t_0) \Leftrightarrow e^{-j2\pi f t_0} \\
\qquad e^{j2\pi f t_0} \Leftrightarrow \delta(f - f_0)
\end{cases}
\tag{2-49}
$$

时域　　频域

2.4.2　单边指数函数信号的频谱

单边指数函数的表达式为

$$
x(t) = \begin{cases} e^{-at} & t \geqslant 0, a > 0 \\ 0 & t < 0 \end{cases}
\tag{2-50}
$$

由式（2-23），其傅里叶变换为

$$
X(f) = \int_{-\infty}^{\infty} x(t) e^{-j2\pi f t} dt = \int_{0}^{\infty} e^{-at} e^{-j2\pi f t} dt = \int_{0}^{\infty} e^{-(a+j2\pi f)t} dt
$$

$$
= \frac{1}{a + j2\pi f} = \frac{a}{a^2 + (2\pi f)^2} - j\frac{2\pi f}{a^2 + (2\pi f)^2}
\tag{2-51}
$$

于是，有

$$
|X(f)| = \frac{1}{\sqrt{a^2 + (2\pi f)^2}}
\tag{2-52}
$$

$$
\varphi(f) = -\arctan\left(\frac{2\pi f}{a}\right)
\tag{2-53}
$$

如图 2-15 所示，图 2-15a 为单边指数函数时域表示，图 2-15b 为其幅值谱，图 2-15c 为其相位谱。

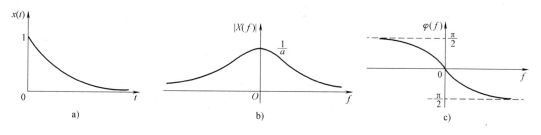

图 2-15　单边指数函数的频谱图

a）时域表示　b）幅值谱　c）相位谱

2.4.3　正、余弦函数信号的频谱

由于周期函数不满足绝对可积的条件，不能直接应用式（2-21）或式（2-23）进行傅里叶变换，进行傅里叶变换时可引用 δ - 函数。用傅里叶级数法求得周期函数的频谱是离散的，用傅里叶变换法求得的频谱（密度）亦是离散的。

根据欧拉公式，正、余弦函数可写为

$$\sin(2\pi f_0 t) = j\frac{1}{2}(e^{-j2\pi f_0 t} - e^{j2\pi f_0 t}) \tag{2-54}$$

$$\cos(2\pi f_0 t) = \frac{1}{2}(e^{-j2\pi f_0 t} + e^{j2\pi f_0 t}) \tag{2-55}$$

应用式（2-49），可得正、余弦函数的傅里叶变换为

$$\sin(2\pi f_0 t) \Leftrightarrow j\frac{1}{2}\left[\delta(f + f_0) - \delta(f - f_0)\right] \tag{2-56}$$

$$\cos(2\pi f_0 t) \Leftrightarrow \frac{1}{2}\left[\delta(f + f_0) + \delta(f - f_0)\right] \tag{2-57}$$

其频谱如图 2-16 所示。

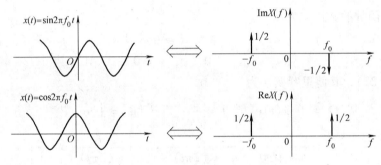

图 2-16　正、余弦函数及其频谱

2.4.4　周期矩形脉冲函数信号的频谱

周期矩形脉冲函数如图 2-17 所示，其中周期矩形脉冲的周期为 T，脉冲宽度为 τ，在一个周期内函数表达式为

$$x(t) = \begin{cases} 0 & -\dfrac{T}{2} \leq t < -\dfrac{\tau}{2} \\ 1 & -\dfrac{\tau}{2} \leq t < \dfrac{\tau}{2} \\ 0 & \dfrac{\tau}{2} \leq t < \dfrac{T}{2} \end{cases} \tag{2-58}$$

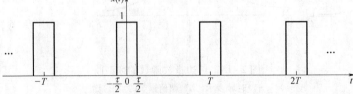

图 2-17　周期矩形脉冲函数

根据式 (2-15)，有

$$C_n = \frac{1}{T}\int_{-T/2}^{T/2} x(t)\mathrm{e}^{-\mathrm{j}n\omega_0 t}\mathrm{d}t$$

$$= \frac{1}{T}\int_{-\tau/2}^{\tau/2} \mathrm{e}^{-\mathrm{j}n\omega_0 t}\mathrm{d}t$$

$$= \frac{1}{T}\frac{\mathrm{e}^{-\mathrm{j}n\omega_0 t}}{-\mathrm{j}n\omega_0}\bigg|_{-\tau/2}^{\tau/2}$$

$$= \frac{2}{T}\frac{\sin\left(\dfrac{n\omega_0\tau}{2}\right)}{n\omega_0}$$

$$= \frac{\tau}{T}\mathrm{sinc}\left(\frac{n\omega_0\tau}{2}\right) \quad n = 0, \pm 1, \pm 2, \cdots \tag{2-59}$$

由于 $\omega_0 = \dfrac{2\pi}{T}$，代入式 (2-59)，得

$$C_n = \frac{\tau}{T}\mathrm{sinc}\left(\frac{n\pi\tau}{T}\right) \quad n = 0, \pm 1, \pm 2, \cdots \tag{2-60}$$

周期矩形脉冲函数的傅里叶级数展开式为

$$x(t) = \sum_{n=-\infty}^{\infty} C_n \mathrm{e}^{\mathrm{j}n\omega_0 t} = \frac{\tau}{T}\sum_{n=-\infty}^{\infty}\mathrm{sinc}\left(\frac{n\pi\tau}{T}\right)\mathrm{e}^{\mathrm{j}n\omega_0 t} \quad n = 0, \pm 1, \pm 2, \cdots \tag{2-61}$$

若设 $T = 4\tau$，周期矩形脉冲函数的频谱如图 2-18 所示。与一般的周期信号频谱特点相同，周期矩形脉冲信号的频谱也是离散的，它仅含 $\omega = n\omega_0$ 的主频率分量。显然，当周期 T 变大时，谱线间隔 ω_0 变小，频谱变得稠密，反之则变稀疏。但不管谱线变稠还是变稀，频谱的形状亦即其包络不随 T 的变化而变化。

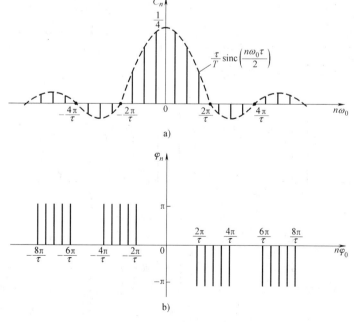

图 2-18 周期矩形脉冲信号的频谱（$T = 4\tau$）

a）幅值频谱 b）相位频谱

图 2-19 所示为信号周期相同、脉宽不同的频谱。可以看到，由于信号的周期相同，因而信号的谱线间隔相同。如果信号的周期不变而脉冲宽度变小时，由式（2-61）可知，信号的频谱幅值也变小。

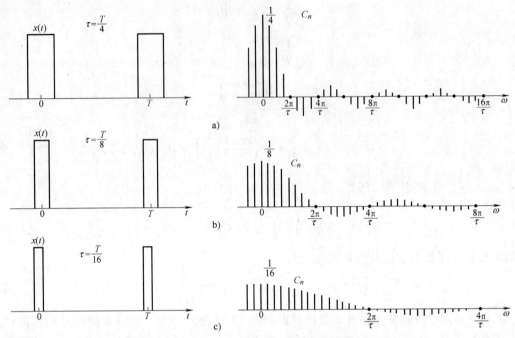

图 2-19   周期矩形脉冲信号脉冲宽度与频谱的关系

a) $\tau = T/4$ b) $\tau = T/8$ c) $\tau = T/16$

当信号的脉冲宽度相同而周期不同时，其频谱变化如图 2-20 所示。由于脉冲宽度相同，因而信号的带宽相同。当周期变大时，信号谱线的间隔便减小。若周期无限增大，亦即当 $T \to \infty$ 时，原来的周期信号便变成非周期信号，此时，谱线变得越来越密集，最终谱线间隔趋近于零，整个谱线便成为一条连续的频谱。同样，由式（2-61）可知，当周期增大而脉冲宽度不变时，各频率分量幅值相应变小。

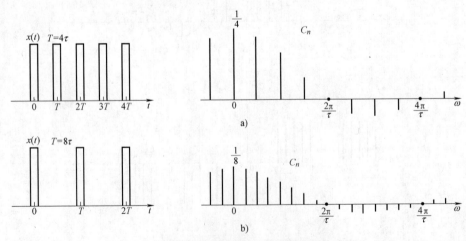

图 2-20   周期矩形脉冲信号周期与频谱的关系

a) $T = 4\tau$ b) $T = 8\tau$

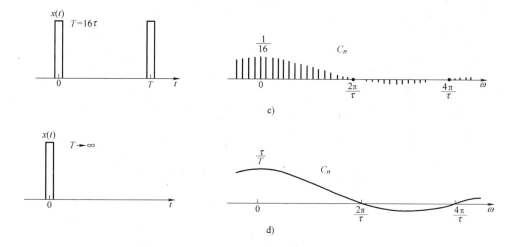

图 2 - 20　周期矩形脉冲信号周期与频谱的关系（续）

c）$T = 16\tau$　d）$T \rightarrow \infty$

2.4.5　符号函数信号的频谱

根据符号函数信号的数学表达式，有

$$x(t) = \text{sgn}(t) = \begin{cases} -1 & t < 0 \\ 0 & t = 0 \\ 1 & t > 0 \end{cases} \tag{2-62}$$

求 $\text{sgn}(t)$ 的频谱时，可利用傅里叶变换的微分性质。如果 $x(t) \Leftrightarrow X(f)$，则

$$\frac{\mathrm{d}x(t)}{\mathrm{d}t} \Leftrightarrow \mathrm{j}2\pi f X(f)$$

对符号函数微分，有

$$\frac{\mathrm{d}}{\mathrm{d}t}\text{sgn}(t) = 2\delta(t)$$

对 $\frac{\mathrm{d}}{\mathrm{d}t}\text{sgn}(t)$ 的傅里叶变换为

$$\frac{\mathrm{d}}{\mathrm{d}t}\text{sgn}(t) \Leftrightarrow F[2\delta(t)] = 2$$

而

$$F\left[\frac{\mathrm{d}}{\mathrm{d}t}\text{sgn}(t)\right] = \mathrm{j}2\pi f F[\text{sgn}(t)]$$

$$F[\text{sgn}(t)] = \frac{F\left[\frac{\mathrm{d}}{\mathrm{d}t}\text{sgn}(t)\right]}{\mathrm{j}2\pi f} = \frac{F[2\delta(t)]}{\mathrm{j}2\pi f} = \frac{2}{\mathrm{j}2\pi f} = \frac{1}{\mathrm{j}\pi f} \tag{2-63}$$

所以

$$\text{sgn}(t) \Leftrightarrow \frac{2}{\mathrm{j}\omega} = \frac{1}{\mathrm{j}\pi f}$$

单位符号函数及其信号频谱如图 2 - 21 所示。

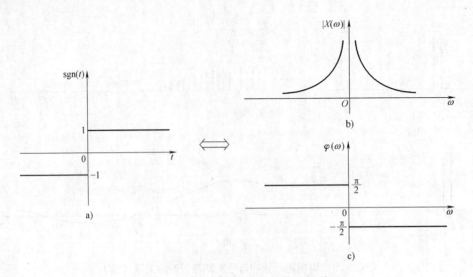

图 2-21　单位符号函数及其信号频谱图

a）单位符号信号　b）单位符号信号的幅值谱　c）单位符号信号的相位谱

2.4.6　阶跃函数信号的频谱

阶跃信号的数学表达式为

$$x(t) = u(t) = \begin{cases} 1 & t \geqslant 0 \\ 0 & t > 0 \end{cases} \qquad (2-64)$$

任意信号的表示式可写成

$$\begin{aligned} x(t) &= (1/2)[x(t) + x(-t) - x(-t) + x(t)] \\ &= (1/2)[x(t) + x(-t)] + [x(t) - x(-t)] \\ &= x_e(t) + x_o(t) \end{aligned}$$

式中，$x_e(t) = (1/2)[x(t) + x(-t)]$，表示偶信号（即 $x(t)$ 与其自身偶函数之和）；$x_o(t) = (1/2)[x(t) - x(-t)]$，表示奇信号（即 $x(t)$ 与其自身奇函数之和）。

任何信号都可以按上式分解为偶信号与奇信号之和。根据式（2-64），单位阶跃信号可分解为

$$x_e(t) = \frac{1}{2}[u(t) + u(-t)] = \frac{1}{2}, \ x_o(t) = \frac{1}{2}[u(t) - u(-t)] = \frac{1}{2}\mathrm{sgn}(t)$$

所以

$$u(t) = x_e(t) + x_o(t) = \frac{1}{2}[1 + \mathrm{sgn}(t)]$$

$$F[u(t)] = \frac{1}{2}\left[\delta(f) + \frac{1}{\mathrm{j}\pi f}\right]$$

$$x(t) = u(t) \Leftrightarrow \frac{1}{2}\left[\delta(f) + \frac{1}{\mathrm{j}\pi f}\right] \qquad (2-65)$$

单位阶跃信号及其频谱如图 2-22 所示。单位阶跃信号的幅频特性在 $f = 0$ 时有个冲激，说明主要成分为直流。另外，由于 $t = 0$ 有突跳，所以在 $f \neq 0$ 时还存在其他频率成分，不过随着频率的增加而较快地衰减。相频特性：当 $f > 0$ 时，$\varphi(f) = -\pi/2$；当 $f < 0$ 时，$\varphi(f) = \pi/2$。

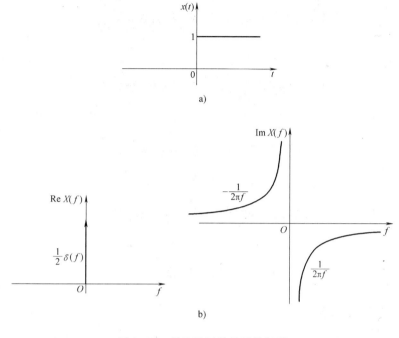

图 2 - 22　单位阶跃信号及其频谱

a）单位阶跃信号　b）单位阶跃信号的频谱

2.5　随机信号的概念及分类

2.5.1　随机信号的概念

随机信号是工程中经常遇到的一种信号，其特点为：

1）时间函数不能用精确的数学关系式来描述。

2）不能预测它未来任何时刻的准确值。

3）对这种信号的每次观测结果都不同，但通过大量的重复试验可以看到它具有统计规律，因而可用概率统计方法来描述和研究。

在工程实际中，随机信号随处可见，如气温的变化、机器振动的变化等，即使同一机床同一工人加工相同零部件，其尺寸也不尽相同。产生随机信号的物理现象称为随机现象。表示随机信号的单个时间历程 $x_i(t)$ 称为样本函数，随机现象可能产生的全部样本函数的集合（ensemble，也称为总体（population））$\{x(t)\}$ 称为随机过程（random process）。在有限时间区间上观测得到的样本函数称为样本记录。

图 2 - 23 是汽车在水平柏油路上行驶时，车架主梁上一点的应变时间历程，可以看到在工况完全相同（车速、路面、驾驶条件等）的情况下，各时间历程的样本记录是不同的，这种信号就是随机信号。

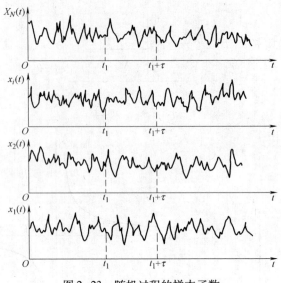

图 2 - 23　随机过程的样本函数

2.5.2　随机信号的分类

如果随机过程 $\{x(t)\}$ 对于任意的 $t_i \in T$ ，$\{x(t_i)\}$ 都是连续随机变量，称此随机过程为连续随机过程，其中 T 为 t 的变化范围。与之相反，如果随机过程 $\{x(t)\}$ 对于任意的 $t_i \in T$ ，$\{x(t_i)\}$ 都是离散随机变量，称此随机过程为离散随机过程。

随机过程可分为平稳过程和非平稳过程。平稳过程又分为各态历经（又称为遍历性）过程和非各态历经过程。

随机过程在任何时刻 t_k 的各统计特性采用集合平均方法来描述。所谓集合平均就是对全部样本函数在某时刻之值 $x_i(t)$ 求平均。例如，图 2 - 23 中时刻 t_1 的均值为

$$\mu_x(t_1) = \lim_{N \to \infty} \frac{1}{N} \sum_{k=1}^{N} x_k(t_1) \qquad (2 - 66)$$

随机过程在 t_1 和 $t_1 + \tau$ 两个不同时刻的相关性可用相关函数表示为

$$R_x(t_1, t_1 + \tau) = \lim_{N \to \infty} \frac{1}{N} \sum_{k=1}^{N} x_k(t_1) x_k(t_1 + \tau) \qquad (2 - 67)$$

一般情况下，$\mu_x(t_1)$ 和 $R_x(t_1, t_1 + \tau)$ 都随 t_1 的改变而变化，这种随机过程为非平稳过程。若随机过程的统计特征不随时间变化，则称之为平稳过程（stationary process）。如果平稳随机过程的每个时间历程的平均统计特征均相同，且等于总体统计特征，则该过程称为各态历经过程（ergodic process），如图 2 - 23 中第 i 个样本的时间平均为

$$\mu_{xi} = \lim_{T \to \infty} \frac{1}{T} \int_0^T x_i(t) \, dt = \mu_x \qquad (2 - 68)$$

$$R_{xi}(\tau) = \lim_{T \to \infty} \frac{1}{T} \int_0^T x_i(t) x_i(t + \tau) \, dt = R_x(\tau) \qquad (2 - 69)$$

在工程中所遇到的多数随机信号具有各态历经性，有的虽不算严格的各态历经过程，但也可当做各态历经随机过程来处理。从理论上说，求随机过程的统计参量需要无限多个样本，这是难以办到的。实际测试工作常把随机信号按各态历经过程来处理，以测得的有限个

函数的时间平均值来估计整个随机过程的集合平均值。

习 题

2-1 求图 2-24 双边指数函数的傅里叶变换，双边指数函数的数学表达式为

$$x(t) = \begin{cases} e^{at} & -\infty < t < 0 \\ e^{-at} & 0 \le t < \infty \end{cases} \quad (a > 0)$$

2-2 求图 2-25 中周期三角波的傅里叶级数（三角函数形式和复指数形式），并画出频谱图。周期三角波在一个周期内的数学表达式为

$$x(t) = \begin{cases} A + \dfrac{2A}{T}t & -\dfrac{T}{2} \le t < 0 \\ A - \dfrac{2A}{T}t & 0 \le t < \dfrac{T}{2} \end{cases}$$

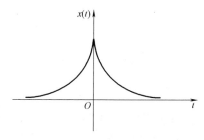

图 2-24 双边指数函数波形

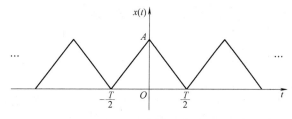

图 2-25 周期三角波

2-3 求正弦信号 $x(t) = A\sin(\omega t + \varphi)$ 的绝对均值 $|\mu_x|$、均方根值 x_{rms} 及概率密度函数 $p(x)$。

2-4 求被时宽为 T 的矩形窗函数截断的余弦函数 $\cos\omega_0 t$（见图 2-26）的频谱，并作频谱图。

$$x(t) = \begin{cases} \cos\omega_0 t & |t| < T \\ 0 & |t| \ge T \end{cases}$$

2-5 单边指数函数 $x(t) = Ae^{-at}(A > 0, a > 0, t \ge 0)$ 与余弦振荡信号 $y(t) = \cos\omega_0 t$ 的乘积为 $z(t) = x(t)y(t)$，在信号调制中，$x(t)$ 叫做调制信号，$y(t)$ 叫做载波，$z(t)$ 便是

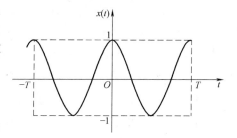

图 2-26 余弦函数

调幅信号，且 ω_0 值足够大，满足当 $|f| > f_0 = \dfrac{\omega_0}{2\pi}$ 时，$X(f) = 0$。若把 $z(t)$ 再与 $y(t)$ 相乘得解调信号 $w(t) = x(t)y(t)y(t)$。求调幅信号 $z(t)$ 及解调信号 $w(t)$ 的傅里叶变换并画出它们的信号波形及其频谱。

第 3 章   测试系统的特性

被测试信号经过各种测量装置以及由它们组成的测试系统后，得到测试结果，其测试结果必然受到系统的影响。由于测量系统特性的影响，信号经过测量系统传递与转换后，输出信号与输入信号会有所不同，有时会出现测量失真的情况。为掌握测量系统哪些环节能够产生测量误差，如何减小以至消除，经过测试系统后输出信号与输入信号的转换关系，如何正确设计与选择测量系统的各个环节等，必须了解测试系统的基本特性。本章主要介绍测量系统的静态、动态的特性及其与输入、输出的关系。

3.1   测试系统及其主要性质

3.1.1   测试系统概述

在科学实验和工程测试中经常会遇到正确选择测试系统的问题。测试系统一般由传感器、中间变换电路、记录和显示装置等组成。实际的测试系统在组成的繁简程度和中间环节上差别很大，有时可能是一个完整的、简单的仪表（如数字温度计）；有时则可能是一个由多路传感器和数据采集系统组成的庞大系统。它们都被称为测试系统，也可称为测试装置。

在选用测试系统时，要综合考虑多种因素，如被测物理量变化的特点、精度要求、测量范围和性价比等。其中，最主要的一个因素是测试系统的基本特性是否能使其输入的被测物理量在精度要求范围内被反映出来。作用于系统，激起系统出现某种响应的外力或其他输入被称为激励（excitation，stimulus）；系统受外力或其他输入作用时的输出称为响应（response）。测试系统的框图如图 3 - 1 所示，图中，$x(t)$ 表示测试系统的输入信号，$y(t)$ 表示输出信号。

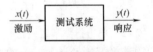

图 3 - 1   测试系统的框图

测试系统的特性指的是传输特性，即系统的激励与响应之间的关系。系统特性可分为静态特性和动态特性，这是因为被测量的变化特点大致可分为两种情况，一种是被测量不变或变化极缓慢的情况，此时可用一系列静态参数来表征测试系统的特性；另一种是被测量变化极迅速的情况，它要求测试系统的响应也必须极迅速，此时可用一系列动态参数表征测量系统的特性。一般情况下，测试系统的静态特性与动态特性并不是互不相关的，静态特性也会影响到动态条件下的测试。例如，如果考虑死区、滞后等静态参数的影响，列出的动态微分方程就是非线性的，求解就复杂化了。为了便于分析，通常把静态特性与动态特性分开，把造成非线性的因素作为静态特性处理，在列运动方程时，忽略非线性因素，简化为线性微分方程。这样虽然会有一定误差，但这个误差在多数工程测试问题中是可以忽略的。

本章所述测试系统的特性也适用于组成测试系统的各个环节，如传感器、信号调理器、显示器和记录器等。

3.1.2　线性系统的主要性质

1. 线性系统

理想的测试系统应有单值的、确定的输入—输出关系，即对应于每一输入量，都只有单一的输出量与之对应。其中以输出与输入呈线性关系为最佳。实际测试系统往往无法在较大范围内满足这种要求，只能在较小的工作范围内和在一定误差允许范围内满足这项要求。

如果系统的输入 $x(t)$ 和输出 $y(t)$ 之间的关系可用线性微分方程，即不包含变量及其各阶导数的非一次幂项的方程描述，则称为线性系统（linear system），其方程可以写成

$$a_n \frac{\mathrm{d}^n y(t)}{\mathrm{d}t^n} + a_{n-1} \frac{\mathrm{d}^{n-1} y(t)}{\mathrm{d}t^{n-1}} + \cdots + a_1 \frac{\mathrm{d}y(t)}{\mathrm{d}t} + a_0 y(t)$$

$$= b_m \frac{\mathrm{d}^m x(t)}{\mathrm{d}t^m} + b_{m-1} \frac{\mathrm{d}^{m-1} x(t)}{\mathrm{d}t^{m-1}} + \cdots + b_1 \frac{\mathrm{d}x(t)}{\mathrm{d}t} + b_0 x(t) \tag{3-1}$$

式中，a_n、a_{n-1}、$\cdots$、a_0 和 b_m、b_{m-1}、$\cdots$、b_0 分别为系统的结构特性参数。

测试系统的结构参数决定了系数 a_n，a_{n-1}，$\cdots$，a_0 和 b_m，b_{m-1}，$\cdots$，b_0 的大小及其量纲。如果线性系统方程中各系数 a_n，a_{n-1}，$\cdots$，a_0 和 b_m，b_{m-1}，$\cdots$，b_0 在工作过程中不随时间和输入量的变化而变化，该系统就称为线性时不变系统。实际的物理系统由于其组成的各元器件的物理参数并不能保持常数，如电子元件中的电阻、电容、半导体器件的特性等都会受温度的影响，这些都会导致系统微分方程参数 a_n，a_{n-1}，$\cdots$，a_0 和 b_m，b_{m-1}，$\cdots$，b_0 的时变性，所以理想的线性时不变系统是不存在的。在工程实际中，常以足够的精确度忽略非线性和时变因素，认为多数物理系统的参数 a_n，a_{n-1}，$\cdots$，a_0 和 b_m，b_{m-1}，$\cdots$，b_0 是常数，而把一些时变线性系统当做时不变线性系统来处理。本书以下的讨论仅限于线性时不变系统。

输出量最高微分阶 n 称为测试系统的阶。

2. 线性系统的主要性质

以 $x(t) \rightarrow y(t)$ 表示输入与输出的对应关系，线性系统具有以下主要性质。

（1）叠加性质　几个输入同时作用时，其响应等于各个输入单独作用于该系统的响应之和。即，若 $x_1(t) \rightarrow y_1(t)$，$x_2(t) \rightarrow y_2(t)$，则有

$$[x_1(t) \pm x_2(t)] \rightarrow [y_1(t) \pm y_2(t)] \tag{3-2}$$

叠加性质表明，对于线性系统，各个输入产生的响应是互不影响的。因此，可以将一个复杂的输入分解成一系列简单的输入之和，系统对复杂激励的响应便等于这些简单输入的响应之和。

（2）比例性质　若线性系统的输入扩大 k 倍，其响应也将扩大 k 倍，即对于任意常数 k，必有

$$kx(t) \rightarrow ky(t) \tag{3-3}$$

（3）微分性质　线性系统对输入导数的响应等于对该输入响应的导数，即

$$\frac{\mathrm{d}x(t)}{\mathrm{d}t} \rightarrow \frac{\mathrm{d}y(t)}{\mathrm{d}t} \tag{3-4}$$

（4）积分性质　若线性系统的初始状态为零（即当输入为零时，其响应也为零），对输

入积分的响应等于对该输入响应的积分，即

$$\int_0^t x(t)\,\mathrm{d}t \rightarrow \int_0^t y(t)\,\mathrm{d}t \tag{3-5}$$

（5）频率保持性　若线性系统的输入为某一频率的简谐信号，则其稳态响应必是同一频率的简谐信号。证明如下：

若 $x(t) \rightarrow y(t)$，ω 为输入角频率，则根据线性系统的比例性和微分性，有

$$\omega^2 x(t) \rightarrow \omega^2 y(t)$$

$$\frac{\mathrm{d}^2 x(t)}{\mathrm{d}t^2} \rightarrow \frac{\mathrm{d}^2 y(t)}{\mathrm{d}t^2}$$

由线性系统的叠加性质，有

$$\frac{\mathrm{d}^2 x(t)}{\mathrm{d}t^2} + \omega^2 x(t) \rightarrow \frac{\mathrm{d}^2 y(t)}{\mathrm{d}t^2} + \omega^2 y(t)$$

设输入信号为 $x(t)$，$x(t) = x_0\sin\omega t$，则有

$$\frac{\mathrm{d}^2 x(t)}{\mathrm{d}t^2} = -\omega^2 x(t)$$

于是，有

$$\frac{\mathrm{d}^2 x(t)}{\mathrm{d}t^2} + \omega^2 x(t) = 0$$

对相应的输出应有

$$\frac{\mathrm{d}^2 y(t)}{\mathrm{d}t^2} + \omega^2 y(t) = 0$$

那么输出 $y(t)$ 的唯一可能的解是

$$y(t) = y_0\sin(\omega t + \varphi) \tag{3-6}$$

频率保持性具有非常重要的作用。因为在实际测试中，测得的信号常常会受到其他信号或噪声的干扰，依据频率保持性可以认定测得信号中只有与输入信号相同的频率成分才是真正由输入引起的输出。同样，在故障诊断中，根据测试信号的主要频率成分，在排除干扰的基础上，依据频率保持性可知输入信号也应包含该频率成分。找到产生该频率成分的原因，就可以诊断出故障的原因。

3.2　测试系统的静态特性

在线性系统中，若输入信号的幅值不随时间变化或其随时间变化的周期远远大于测试时间，则式（3-1）中输入和输出的各阶导数均等于零，于是有

$$y = \frac{b_0}{a_0}x = Sx \tag{3-7}$$

在这一关系的基础上所确定的测试系统的特性称为静态特性。但是实际测试系统并非是理想的线性时不变系统，输入—输出曲线不是理想的直线，测试系统的静态特性就是在静态测量情况下描述实际测试装置与理想线性时不变系统的接近程度。表示静态特性的参数主要有非线性度、灵敏度、分辨力、滞后和重复性等。

3.2.1　线性度

线性度（linearity）是指测试系统的输入、输出保持线性关系的程度。在静态测量中，通常用实验的方法测定系统的输入—输出关系曲线，称之为标定曲线。标定曲线偏离其拟合直线的程度即为线性度（见图 3-2），常用百分数表示，即线性度

$$\delta_1 = \frac{\Delta l_{\max}}{Y_{\mathrm{FS}}} \times 100\% \qquad (3-8)$$

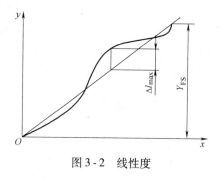

图 3-2　线性度

式中，$\Delta l_{\max}$ 为标定曲线与拟合直线之间的最大偏差；Y_{FS} 为信号的满量程输出值。

推荐使用最小二乘法确定拟合直线，拟合原理是使标定曲线上的所有点与拟合直线的偏差之和最小。

3.2.2　灵敏度

若系统的输入有增量 Δx，引起输出产生相应增量 Δy，则定义灵敏度（sensitivity）

$$S = \lim_{\Delta x \to 0} \frac{\Delta y}{\Delta x} = \frac{\mathrm{d}y}{\mathrm{d}x} \qquad (3-9)$$

灵敏度的几何意义是输入—输出曲线上指定点的斜率。若标定曲线为一直线，则灵敏度为常数，实际的测量系统存在非线性，所以输入—输出曲线各点的斜率可能有所不同。灵敏度的量纲取决于输入和输出的量纲。当输入与输出的量纲相同时，灵敏度是一个无量纲的数，常称之为"放大倍数"或"增益"。

如果测量系统由多个环节串联组成，那么总的灵敏度等于各个环节灵敏度的乘积。

应该指出，灵敏度越高，测量范围越窄，系统稳定性越差。因此应合理选择灵敏度，不是越高越好。

3.2.3　分辨率（分辨力）

分辨率（分辨力）（resolution）是指测试系统能测量到最小输入量变化的能力，是指能引起输出量发生变化的最小输入变化量，用 Δx 来表示。分辨率与灵敏度有密切的关系，是灵敏度的倒数。

一个测试系统的分辨率越高，表示它所能检测出的输入量的最小变化量值越小。对于数字测量系统，用其输出显示的最后一位所代表的输入量表示系统的分辨率；对于模拟测量系统，用其输出指示标尺最小分度值的一半所代表的输入量表示其分辨率。分辨率也称为灵敏阈或灵敏限。

3.2.4　滞后

滞后（hysteresis）也称回程误差，表示在规定的同一校准条件下，测试中输入量递增过程的标定曲线与输入量递减过程（正—反行程）的标定曲线不重合的程度，如图 3-3 所示。回程误差为使用同一输入量的正—反行程曲线之差的最大值 $\Delta H_{\max}$ 与满量程理想输出值 Y_{FS}

之比的百分率 δ_h 表示，即

$$\delta_h = \frac{\Delta H_{max}}{Y_{FS}} \times 100\% \tag{3-10}$$

产生滞后的原因是测试系统中运动部分的外摩擦、变形材料的内摩擦以及磁性材料的磁滞等。对于测量系统来说，希望滞后越小越好。为了减少滞后，应尽量减少摩擦面，并对变形零件进行热处理和稳定化处理。

3.2.5 重复性误差

重复性误差（repeatability error）是指在规定的同一标定条件下，测量系统的输入按同一方向变化时，在全程内连续进行重复测量所得各标定曲线的重复程度，如图 3-4 所示，用正—反行程最大偏差 Δ_{max} 与满量程理想输出值 Y_{FS} 之比的百分率 η 表示，即

$$\eta = \frac{\Delta_{max}}{Y_{FS}} \times 100\% \tag{3-11}$$

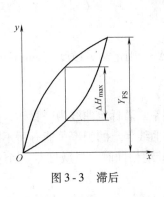

图 3-3 滞后

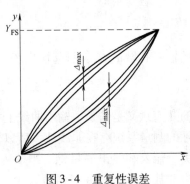

图 3-4 重复性误差

3.2.6 其他特性

1. 准确度（accuracy）

一般指针式仪表的准确度等级分为 0.1、0.2、0.5、1.0、1.5、2.5 和 5.0 共 7 级。例如，0.5 级表示该仪表的引用误差不大于 0.5%。由于引用误差以测量上限为基准，故测量时应使读数尽量在量程的 1/3 以上。若使用不当，会使测量值的相对误差大于表的级别。如表的量程为 10A，级别为 1.0 级，当测量 1.0A 电流时，则测量值的相对误差可达到

$$r = \frac{1.0\% \times 10}{1} \times 100\% = 10\%$$

2. 测量范围

测量范围是指仪器的输入、输出保持线性关系的最大范围，也叫做量程（span）。超范围使用时，仪器的灵敏度下降，性能变坏。

3. 负载阻抗

对于电流输出的仪表，负载阻抗指的是满足最大功率输出条件时的负载阻抗值，即与电路内阻抗匹配的负载阻抗值。阻抗匹配时，不仅输出功率大，而且系统特性好。

4. 漂移

漂移（drift）是指测量系统在输入不变的条件下，输出随时间变化的现象。在测量范围

最低值处的漂移称为零点漂移（zero drift），简称零漂。

产生漂移的原因有两个方面：一是仪器自身结构参数的变化，另一个是周围环境的变化（如温度、湿度等）对输出的影响。最常见的漂移是温漂，即由于周围的温度变化引起输出的变化，进一步引起测试系统的灵敏度和零位发生漂移，即灵敏度漂移和零点漂移。

3.3　测试系统的动态特性

测试系统的动态特性是指输入量随时间变化时，其输出随输入而变化的关系。线性系统的动态特性有许多描述方法。测试系统在所考虑的测量范围内一般可以认为是线性系统，因此可以用线性时不变系统微分方程（式（3-1））描述测试系统输入 $x(t)$、输出 $y(t)$ 之间的关系。本节介绍的传递函数、频率响应函数和脉冲响应函数是在不同的域描述线性系统传输特性的方法，其中频率响应函数是系统动态特性的频域描述，脉冲响应函数是系统动态特性的时域描述。

3.3.1　传递函数

1. 传递函数的定义

如前文所述，线性系统输入、输出的关系可用式（3-1）描述。在输入 $x(t)$、输出 $y(t)$ 及其各阶导数的初始条件为零的情况下，对式（3-1）取拉普拉斯变换（简称拉氏变换），有

$$(a_n s^n + a_{n-1} s^{n-1} + \cdots + a_1 s + a_0) Y(s) = (b_m s^m + b_{m-1} s^{m-1} + \cdots + b_1 s + b_0) X(s)$$

$$(3-12)$$

系统的传递函数（transfer function）定义为

$$H(s) = \frac{Y(s)}{X(s)} = \frac{b_m s^m + b_{m-1} s^{m-1} + \cdots + b_1 s + b_0}{a_n s^n + a_{n-1} s^{n-1} + \cdots + a_1 s + a_0} \tag{3-13}$$

它是在初始条件全为零的条件下输出信号与输入信号的拉氏变换之比，是在复数域系统输入与输出之间关系的描述。

传递函数是对系统特性的解析描述，包含了瞬态、稳态时间响应和频率响应的全部信息。传递函数有以下几个特点：

1）描述系统本身的动态特性，与输入量 $x(t)$ 及系统的初始状态无关。

2）传递函数是对物理系统特性的数学描述，与具体的物理结构无关。$H(s)$ 是通过对实际的物理系统抽象成数学模型式（3-1）后，经过拉氏变换后所得出的，所以同一传递函数可以表征具有相同传输特性的不同物理系统。

3）传递函数中的分母取决于系统的结构，分子表示系统同外界之间的联系，如输入点的位置、输入方式、被测量以及测点布置情况等。分母中 s 的幂 n 代表系统微分方程的阶数，例如当 $n=1$ 或 $n=2$ 时，分别称为一阶系统（first-order system）或二阶系统（second-order system）。

4）一般测试系统是稳定系统，其分母中 s 的幂总是大于分子中 s 的幂（$n>m$）。

2. 一阶系统的传递函数

图3-5所示为忽略质量的单自由度振动系统。如果系统的变形与力的关系在线性范围

内并且在时间上是连续的，则根据力平衡理论有

$$c \frac{\mathrm{d}y(t)}{\mathrm{d}t} + ky(t) = x(t) \tag{3-14}$$

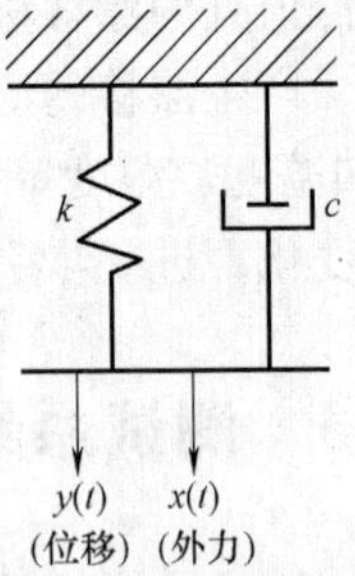

式中，k 为弹簧的刚度（stiffness）；c 为阻尼器的阻尼系数（damping coefficient）；$x(t)$ 为输入力；$y(t)$ 为输出位移。

因为输入—输出之间呈一阶线性微分方程的关系，所以该系统是一阶系统。当初始条件全为零时，对式（3-14）两边取拉氏变换，有

$$(cs + k)Y(s) = X(s) \tag{3-15}$$

由传递函数的定义，有

$$H(s) = \frac{Y(s)}{X(s)} = \frac{A_0}{\tau s + 1} \tag{3-16}$$

式中，τ 为时间常数（time constant），$\tau = c/k$；A_0 为灵敏度，$A_0 = 1/k$。

图3-6示出另外两个一阶系统的实例，图3-6a 为 RC 电路，图3-6b 为液柱式温度计，分别属于电学和热力学范畴的装置，它们都属于一阶系统，都具有与图3-5所示的忽略质量单自由度振动系统相同的传递函数。

3. 二阶系统的传递函数

图3-7所示为集中质量的弹簧阻尼振动系统，由图可列出质量块的力平衡微分方程

$$m \frac{\mathrm{d}y^2(t)}{\mathrm{d}t^2} + c \frac{\mathrm{d}y(t)}{\mathrm{d}t} + ky(t) = f(t) \tag{3-17}$$

当初始条件全为零时，对两边取拉氏变换，有

$$(ms^2 + cs + k)Y(s) = F(s) \tag{3-18}$$

图3-5 忽略质量的单自由度振动系统

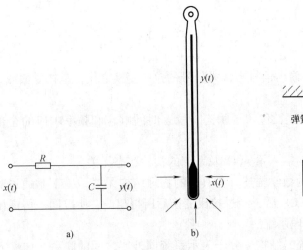

图3-6 一阶系统实例

a) RC 电路 b) 液柱式温度计

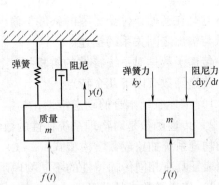

图3-7 集中质量的弹簧阻尼振动系统

于是，传递函数为

$$H(s) = \frac{Y(s)}{F(s)} = \frac{1}{ms^2 + cs + k} = \frac{A_0}{\dfrac{s^2}{\omega_n^2} + 2\zeta \dfrac{s}{\omega_n} + 1} \tag{3-19}$$

式中，A_0 为系统的灵敏度，$A_0 = \dfrac{1}{k}$；ω_n 为系统的固有圆频率（natural frequency），也称为无阻尼固有圆频率，$\omega_n = \sqrt{\dfrac{k}{m}}$；$\zeta$ 为系统的阻尼比（damping ratio）$\zeta = \dfrac{c}{2\sqrt{mk}}$。

图 3-8 示出另外两个二阶系统的实例，图 3-8a 为 RLC 电路，图 3-8b 为动圈式仪表振子，分别属于电学和力学范畴的装置，它们都属于二阶系统，都具有与图 3-7 所示的集中质量弹簧阻尼振动系统相同的传递函数。

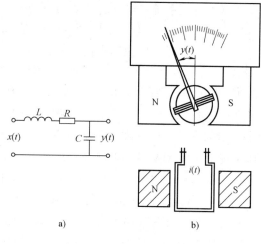

图 3-8　二阶系统实例

a）RLC 电路　b）动圈式仪表振子

3.3.2 脉冲响应函数

1. 脉冲响应函数的定义

在 $t = 0$ 时刻给测试系统施加一单位脉冲 $\delta(t)$，如果测试系统是稳定的，它在经过一段时间后就会恢复到原来的平衡位置，如图 3-9 所示。测试系统对单位脉冲输入的响应称为脉冲响应函数（impulse response function），也称为权函数，用 $h(t)$ 表示。脉冲响应函数是对测试系统动态响应特性的时域描述。

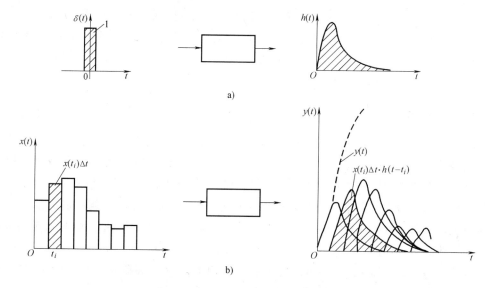

图 3-9　单位脉冲响应和任意输入的响应

a）单位脉冲响应　b）任意输入的响应

2. 测试系统对任意输入的响应

若已知测试系统的脉冲响应函数 $h(t)$，可以通过卷积 $y(t) = x(t) * h(t)$ 求得系统对任意输入信号 $x(t)$ 的响应 $y(t)$，讨论如下。

为求解测试系统对输入信号 $x(t)$ 的响应，先将输入信号 $x(t)$ 按时间轴分割，令每个小间隔等于 Δt，分别位于时间坐标轴的不同位置 t_i 上。假定时间间隔 Δt 足够小，那么，每个小窄条都相当于一个脉冲，其面积近似为 $x(t_i)\Delta t$，如图 3 - 10 所示。如果能求出系统对各小窄条输入的响应，那么把各个小窄条输入的响应叠加起来就可以近似地求出该系统对输入信号 $x(t)$ 的总响应 $y(t)$。

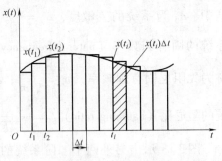

图 3 - 10　信号的分解

为求系统对小窄条输入的响应，回顾一下单位脉冲 $\delta(t)$。$\delta(t)$ 是在时间轴坐标原点的一个脉冲，其面积是 1（见图 3 - 9a）。它输入到系统后，在初始条件为零的情况下引起单位脉冲响应 $h(t)$。根据 $\delta(t)$ 的性质，位于原点的面积为 $x(0)\Delta t$ 的窄条信号（脉冲）输入系统后所引起的响应就应该是 $x(0)\Delta t \cdot h(t)$；同理，位置偏离原点 t_i 的面积为 $x(t_i)\Delta t$ 的窄条信号（脉冲）输入系统后所引起的响应为 $x(t_i)\Delta t \cdot h(t-t_i)$。这样由许多窄条叠加而成的 $x(t)$ 所引起的总响应 $y(t)$ 应为各窄条分别的响应之和（见图 3 - 9b）。

$$y(t) \approx \sum_{i=0}^{n} \left[x(t_i)\Delta t \right] h(t-t_i) \tag{3-20}$$

若将小窄条的间隔无限缩小，即 $\Delta t \to 0$，各窄条响应总和的极限就是该系统原输入 $x(t)$ 所引起的系统输出

$$y(t) = \int_{0}^{t} x(t_i) h(t-t_i)\,\mathrm{d}t = x(t) * h(t) \tag{3-21}$$

式（3 - 21）说明：测试系统对任意输入信号 $x(t)$ 的响应 $y(t)$，是输入信号与系统的单位脉冲响应函数的卷积。也就是说，只要知道系统的单位脉冲响应函数 $h(t)$，就可以通过卷积计算出任意输入信号 $x(t)$ 的响应 $y(t)$。所以单位脉冲响应函数对一个系统来说，在传输信号的特性上具有决定性的意义。

3.3.3　频率响应函数

传递函数 $H(s)$ 是在复数域中描述和考察系统的特性，与在时域中用微分方程来描述和考察系统的特性相比有许多优点。频率响应函数则是在频域中描述和考察系统特性。因为简谐信号是最基本的典型信号，为便于研究测试系统的动态特性，经常以信号作为输入求测试系统的。频率响应函数（frequency response function）是测试系统稳态响应输出信号的傅里叶变换与输入简谐信号的傅里叶变换之比。与传递函数相比，频率响应函数易通过实验来建立，且其物理概念清楚。

在系统传递函数 $H(s)$ 已经知道的情况下，令 $H(s)$ 中 s 的实部为零，即 $s = \mathrm{j}\omega$ 便可以求得频率响应函数 $H(\mathrm{j}\omega)$。对于线性时不变系统，频率响应函数为

$$H(\mathrm{j}\omega) = \frac{b_m(\mathrm{j}\omega)^m + b_{m-1}(\mathrm{j}\omega)^{m-1} + \cdots + b_1(\mathrm{j}\omega) + b_0}{a_n(\mathrm{j}\omega)^n + a_{n-1}(\mathrm{j}\omega)^{n-1} + \cdots + a_1(\mathrm{j}\omega) + a_0} \tag{3-22}$$

在 $t = 0$ 时刻将输入信号接入线性时不变系统就是把 $s = \mathrm{j}\omega$ 代入拉氏变换，实际上是将拉氏变换变成傅里叶变换。由于系统的初始条件为零，所以系统的频率响应函数 $H(\mathrm{j}\omega)$ 就成为输出 $y(t)$、输入 $x(t)$ 的傅里叶变换 $Y(\omega)$、$X(\omega)$ 之比，即

$$H(j\omega) = \frac{Y(\omega)}{X(\omega)} \tag{3-23}$$

需要注意的是，频率响应函数是描述系统的简谐输入和其稳态输出的关系，在测量系统的频率响应函数时，必须在系统响应达到稳态阶段时才测量。

频率响应函数是复数，因此可以改写为

$$H(j\omega) = A(\omega)e^{j\varphi(\omega)} \tag{3-24}$$

式中，$A(\omega)$ 为系统的幅频特性；$\varphi(\omega)$ 为系统的相频特性。

由此可见，系统的频率响应函数 $H(j\omega)$ 或其幅频特性 $A(\omega)$、相频特性 $\varphi(\omega)$，都是简谐输入信号角频率 ω 的函数。

为研究问题方便，常用曲线描述系统的传输特性。$A(\omega) - \omega$ 曲线和 $\varphi(\omega) - \omega$ 曲线分别称为系统的幅频特性曲线和相频特性曲线。实际作图时，常对自变量取对数标尺，幅值坐标取分贝数，即作 $20\lg A(\omega) - \lg(\omega)$ 和 $\varphi(\omega) - \lg(\omega)$ 曲线，两者分别称为对数幅频特性曲线和对数相频特性曲线，总称为博德（Bode）图。

如果将 $H(j\omega)$ 按实部和虚部改写为

$$H(j\omega) = P(\omega) + jQ(\omega) \tag{3-25}$$

则 $P(\omega)$ 和 $Q(\omega)$ 都是 ω 的实函数，曲线 $P(\omega) - \omega$ 和 $Q(\omega) - \omega$ 分别称为系统的实频特性和虚频特性曲线。如果把 $H(\omega)$ 的虚部和实部分别作为纵、横坐标，则曲线 $P(\omega) - Q(\omega)$ 称为奈奎斯特（Nyquist）图。显然有

$$A(\omega) = \sqrt{P^2(\omega) + Q^2(\omega)} \tag{3-26}$$

$$\varphi(\omega) = \arctan\frac{Q(\omega)}{P(\omega)} \tag{3-27}$$

3.3.4　一阶系统和二阶系统的动态特性

1. 一阶系统的动态特性

如图 3-5 所示的一阶系统，当输入为正弦函数时，由式（3-16）很容易从传递函数得到频率响应函数，进而得到幅频特性和相频特性。其频率响应函数为

$$H(j\omega) = A_0\frac{1}{j\tau\omega + 1} = A_0\left[\frac{1}{1 + (\tau\omega)^2} - j\frac{\tau\omega}{1 + (\tau\omega)^2}\right] \tag{3-28}$$

当 $A_0 = 1$ 时，幅频特性为

$$A(\omega) = \frac{1}{\sqrt{1 + (\tau\omega)^2}} \tag{3-29}$$

相频特性为

$$\varphi(\omega) = -\arctan(\tau\omega) \tag{3-30}$$

式中，负号表示输出信号滞后于输入信号。

一阶系统的脉冲响应函数为

$$h(t) = \frac{1}{\tau}e^{-t/\tau} \qquad (t \geq 0) \tag{3-31}$$

图 3-11 ~ 图 3-14 分别为 $A_0 = 1$ 时，一阶系统的博德图、奈奎斯特图、幅频特性、相频特性曲线和脉冲响应函数。

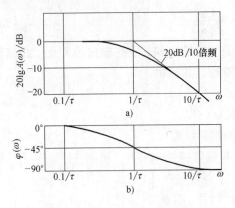

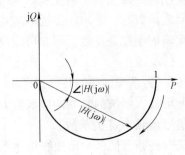

图 3-11　一阶系统的博德图

a）幅频特性曲线　b）相频特性曲线

图 3-12　一阶系统的
奈魁斯特（Nyquist）图

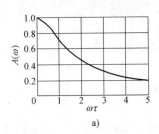

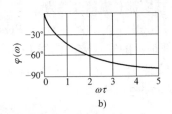

图 3-13　一阶系统的幅频特性和相频特性曲线

a）幅频特性曲线　b）相频特性曲线

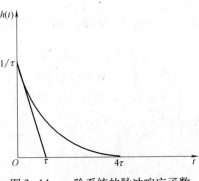

图 3-14　一阶系统的脉冲响应函数

从图 3-11~图 3-14 可知，一阶系统有如下特点：

1）当激励频率 ω 远小于 $1/\tau$ 时（约 $\omega < 1/(5\tau)$），其 $A(\omega)$ 值接近 1（误差不超过 2%），输出、输入幅值几乎相等。当 $\omega > (2\sim 3)/\tau$ 即 $\omega\tau \gg 1$ 时，$H(\omega) \approx 1/(j\omega\tau)$，与之相应的微分方程为

$$y(t) = \frac{1}{\tau}\int_0^t x(t)\,\mathrm{d}t \qquad (3-32)$$

即输出和输入的积分成正比，系统相当于一个积分器。其中 $A(\omega)$ 几乎与激励频率成反比，相位滞后 90°。故一阶测量装置适用于测量缓变或低频的被测量。

2）时间常数是反映一阶系统特性的重要参数，实际上决定了该装置适用的频率范围。在图 3-11b 中，当 $\omega = 1/\tau$ 时，$A(\omega)$ 为 0.707（$20\lg A(\omega) = -3\mathrm{dB}$），相角滞后 45°。

一阶系统的博德图可以用一条折线来近似描述。该折线在 $\omega < 1/\tau$ 段为 $A(\omega) = 1$ 的水平线，在 $\omega > 1/\tau$ 段为 $-20\mathrm{dB}/10$ 倍频斜率的直线。$1/\tau$ 点称转折频率，在该点折线偏离实际曲线的误差最大（为 $-3\mathrm{dB}$）。所谓" $-20\mathrm{dB}/10$ 倍频"是指频率每增加 10 倍，$A(\omega)$ 下降 20dB。如图 3-11 中，ω 在 $1/\tau\sim 10/\tau$ 之间，斜直线通过纵坐标相差 20dB 的两点。

2. 二阶系统的动态特性

二阶系统（见图 3-7 和图 3-8）是一个振荡环节，由式（3-19）可得二阶系统的频率

响应函数

$$H(\mathrm{j}\omega) = \frac{A_0}{\left[1 - \left(\dfrac{\omega}{\omega_n}\right)^2\right] + \mathrm{j}2\zeta\dfrac{\omega}{\omega_n}} \tag{3-33}$$

进而得到幅频特性

$$A(\omega) = \frac{A_0}{\sqrt{(1 - \eta^2)^2 + (2\zeta\eta)^2}} \tag{3-34}$$

式中，η 为频率比，$\eta = \omega / \omega_n$。

相频特性

$$\varphi(\omega) = -\arctan\frac{2\zeta\eta}{1 - \eta^2} \tag{3-35}$$

脉冲响应函数

$$h(t) = \frac{A_0\omega_n}{\sqrt{1 - \zeta^2}}\mathrm{e}^{-\zeta\omega_n t}\sin\left(\sqrt{1 - \zeta^2}\,\omega_n t\right) \tag{3-36}$$

图 3 - 15 ~ 图 3 - 18 分别为 $A_0 = 1$ 时二阶系统的博德图、奈奎斯特图、幅频特性曲线、相频特性曲线和脉冲响应函数曲线。

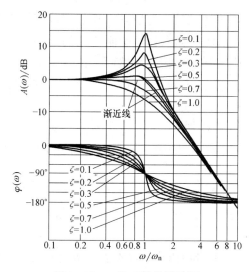

图 3 - 15　二阶系统的博德图

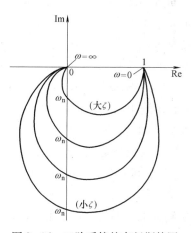

图 3 - 16　二阶系统的奈奎斯特图

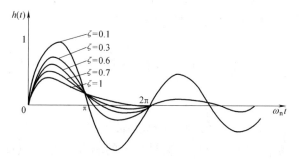

图 3 - 17　二阶系统的脉冲响应函数

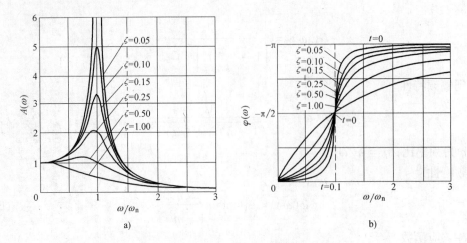

图 3-18　二阶系统的幅频特性、相频特性曲线

a）幅频特性曲线　b）相频特性曲线

从图形可知，二阶系统有如下特点：

1）如图 3-18a 所示，当 $\omega \ll \omega_n$ 时，$A(\omega) \approx 1$；当 $\omega \gg \omega_n$ 时，$A(\omega) \to 0$。

2）影响二阶系统动态特性的参数是固有频率和阻尼比。应以其工作频率范围为依据选择二阶系统的固有圆频率 ω_n。在 $\omega = \omega_n$ 附近，系统的幅频特性受阻尼比的影响极大。当 $\omega \approx \omega_n$ 时，系统将发生共振，作为实用装置，应避开这种情况。然而，在测定系统本身的参数时却可以利用这个特点。这时，$A(\omega) = 1/(2\zeta)$，$\varphi(\omega) = -90°$，且不因阻尼比之不同而改变。

3）当 $\omega \ll \omega_n$ 时，$\varphi(\omega)$ 甚小并且与频率成正比增加。当 $\omega \gg \omega_n$ 时，$\varphi(\omega)$ 趋近于 $-180°$，即输出与输入相位相反。在靠近 ω_n 区间，$\varphi(\omega)$ 随频率的变化而剧烈变化，并且 ζ 越小变化越剧烈。

二阶系统的博德图可用折线来近似。在 $\omega < 0.5\omega_n$ 段，$A(\omega)$ 可用 0dB 水平线近似；在 $\omega > 2\omega_n$ 段，可用斜率 $-40\text{dB}/10$ 倍频的直线来近似。在 $\omega \approx (0.5 \sim 2)\omega_n$ 区间，因共振现象，近似折线偏离实际曲线甚大。

从测试工作的角度总是希望测试装置在宽广的频带内由于特性不理想所引起的误差尽可能小。为此，要选择适当的固有频率和阻尼比的组合，以便获得较小的误差。

3.4　测试系统在典型输入下的响应

因为测试系统的输入、输出与传递函数之间的关系为 $Y(s) = H(s)X(s)$，所以由拉氏变换的卷积特性，有

$$y(t) = x(t) * h(t) \tag{3-37}$$

即在时域，系统的输出就是输入与系统脉冲响应函数的卷积。

也可从频率响应函数的角度研究信号通过系统的响应。因为 $X(\omega)$、$H(j\omega)$ 一般均为复数，皆可表达为 $|X(\omega)|\mathrm{e}^{\mathrm{j}\varphi_x(\omega)}$、$|H(\omega)|\mathrm{e}^{\mathrm{j}\varphi(\omega)}$，于是有

$$|Y(\omega)||e^{j\varphi_y(\omega)} = |X(\omega)||e^{j\varphi_x(\omega)} \cdot |H(\omega)||e^{j\varphi(\omega)}$$
$$= |X(\omega)| \cdot |H(j\omega)||e^{j[\varphi_x(\omega) + \varphi(\omega)]} \qquad (3\text{-}38)$$

把幅频和相频分开，有

$$|Y(\omega)| = |X(\omega)| \cdot |H(j\omega)| \qquad (3\text{-}39)$$
$$\varphi_y(\omega) = \varphi_x(\omega) + \varphi(\omega) \qquad (3\text{-}40)$$

　　显然，系统输出的幅值谱是输入的幅值谱与系统的幅频特性之积，输出的相位谱是输入的相位谱与系统的相频特性之和。

　　下面将讨论测量系统在单位阶跃输入和单位正弦输入下的响应，并假设系统的灵敏度 $A_0 = 1$，即进行归一化处理。

3.4.1　测试系统在单位阶跃输入下的响应

　　单位阶跃（unit step）输入（见图 2-22）的定义为

$$x(t) = \begin{cases} 0 & t < 0 \\ 1 & t \geqslant 0 \end{cases} \qquad (3\text{-}41)$$

其拉氏变换为

$$X(s) = \frac{1}{s} \qquad (3\text{-}42)$$

一阶系统的单位阶跃响应（见图 3-19）

$$y(t) = A_0(1 - e^{-t/\tau}) \qquad (3\text{-}43)$$

当令一阶系统的灵敏度 $A_0 = 1$ 时

$$y(t) = 1 - e^{-t/\tau}$$

二阶系统的单位阶跃响应（见图 3-20）

$$y(t) = A_0\left[1 - \frac{e^{-\zeta\omega_n t}}{\sqrt{1 - \zeta^2}}\sin(\omega_d t + \varphi_2)\right] \qquad (3\text{-}44)$$

当令二阶系统的灵敏度 $A_0 = 1$ 时

$$y(t) = 1 - \frac{e^{-\zeta\omega_n t}}{\sqrt{1 - \zeta^2}}\sin(\omega_d t + \varphi_2)$$

式中，$\omega_d = \omega_n\sqrt{1 - \zeta^2}$；$\varphi_2 = \arctan\dfrac{\sqrt{1 - \zeta^2}}{\zeta}$（$\zeta < 1$）。

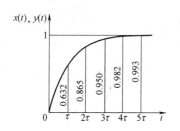

图 3-19　一阶系统的单位阶跃响应

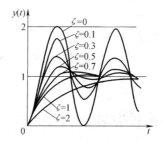

图 3-20　二阶系阶的单位阶跃响应

　　由图 3-19 可见，一阶系统在单位阶跃激励下的稳态输出误差为零，并且进入稳态的时

间 $t \to \infty$ 。但是，当 $t = 4\tau$ 时，$y(4\tau) = 0.982$，误差小于 2%；当 $t = 5\tau$ 时，$y(5\tau) = 0.993$，误差小于 1%。所以对于一阶系统来说，时间常数 τ 越小越好。

二阶系统在单位阶跃激励下的稳态输出误差也为零。进入稳态的时间取决于系统的固有圆频率 ω_n 和阻尼比 ζ。ω_n 越高，系统响应越快。阻尼比主要影响超调量和振荡次数。当 $\zeta = 0$ 时，超调量为 100%，且振荡持续不息，永无休止；当 $\zeta \geq 1$ 时，实质为两个一阶系统的串联，虽无振荡，但达到稳态的时间较长；通常取 $\zeta = 0.6 \sim 0.8$，此时最大超调量在 2.5% ~ 10% 之间，达到稳态的时间最短，约为 $(5 \sim 7) / \omega_n$，稳态误差在 2% ~5% 之间。

在工程中，把对系统的突然加载或者突然卸载视为施加阶跃输入。因为施加这种输入既简单易行又可以反映出系统的动态特性，所以常用于系统的动态标定。

3.4.2 测试系统在正弦输入下的响应

单位正弦输入信号 $x(t) = \sin\omega t (t > 0)$（见图 3-21）的拉氏变换为

$$X(s) = \frac{\omega}{s^2 + \omega^2} \tag{3-45}$$

一阶系统的正弦响应（见图 3-22）为

$$y(t) = \frac{1}{\sqrt{1 + (\omega\tau)^2}} \left[\sin(\omega t + \varphi) - e^{-t/\tau}\cos\varphi \right] \tag{3-46}$$

式中，$\varphi = -\arctan\omega\tau$。

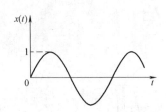

图 3-21 单位正弦输入信号

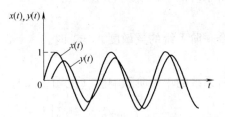

图 3-22 一阶系统的正弦响应

二阶系统的正弦响应（见图 3-23）为

$$y(t) = A(\omega)\sin\left[(\omega t + \varphi(\omega)) \right] - e^{-\zeta\omega_n t}(K_1\cos\omega_d t + K_2\sin\omega_d t) \tag{3-47}$$

式中，K_1、K_2 是与 ω_n 和 ξ 有关的系数；$A(\omega)$、$\varphi(\omega)$ 分别为二阶系统的幅频和相频特性。

可见，正弦输入的稳态输出也是同频率的正弦信号，不同的是在不同频率下，其幅值响应和相位滞后都不相同，它们都是输入频率的函数。因此，可以用不同频率的正弦信号去激励测试系统，观察其输出响应的幅值变化和相位滞后，从而得到系统的动态特性。这是系统动态标定常用的方法之一。

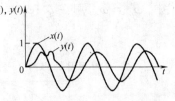

图 3-23 二阶系统的正弦响应

3.5 实现不失真测试的条件

测试的目的是获得被测对象的原始信息。这就要求在测试过程中采取相应的技术手段，使测试系统的输出信号能够真实、准确地反映出被测对象的信息。这种测试称为不失真测试。

在时域，测试系统的输入信号 $x(t)$ 和输出信号 $y(t)$ 如果满足如下关系就被认为是不失真测试：

$$y(t) = Ax(t - t_0) \tag{3-48}$$

式中，t_0 为滞后时间；A 为信号增益。

如图 3-24 所示，式（3-48）的含义是：

1）输出信号与输入信号的幅值比为常数。

2）输出信号处处滞后于输入信号的同一时值。

根据上述时域关系，可导出不失真测试的频域表达式。对式（3-48）两边取傅里叶变换，有

$$Y(\omega) = AX(\omega)e^{-j\omega t_0} \tag{3-49}$$

其频率响应函数为

$$H(j\omega) = \frac{Y(\omega)}{X(\omega)} = Ae^{-j\omega t_0} \tag{3-50}$$

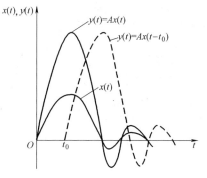

图 3-24 不失真测试的时域条件

从而得到系统的幅频特性

$$|H(j\omega)| = A \tag{3-51}$$

相频特性

$$\varphi(\omega) = -\omega t_0 \tag{3-52}$$

这就是实现不失真测试对测试系统应提出的动态特性要求，其要点是：

1）输入信号中所含各频率成分的幅值通过系统时的增益是常数，即幅频特性曲线是一条与横坐标平行的直线，如图 3-25a 所示。

2）输入信号中所含各频率成分的相角在通过系统时产生与频率成正比的滞后，即相频特性曲线是一条通过原点并具有负斜率的直线，如图 3-25b 所示。

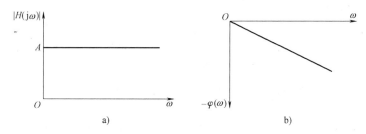

图 3-25 不失真测试的频响特性

a）幅频特性曲线 b）相频特性曲线

系统不失真测试条件的频域表达式中的幅频特性较易理解，因为它可以与时域的响应要求对应地作解释，但相频特性条件不易理解。相频特性条件可从傅里叶变换性质的时移性质找到根据。函数在时域上延时 t_0，对应的频谱则是未时移的函数频谱乘以因子 $e^{-j\omega t_0}$，也就是说在频域上各频率成分要作与频率成分成比例的相移。为了形象地说明这一问题，下面特举一例。

输入信号 $x(t)$ 由频率为 ω_0 和 $2\omega_0$ 的两个正弦合成（见图 3-26a），要使输出信号 $y(t)$ 相对于 $x(t)$ 不失真，除了两者各对应点的幅值比值处处相同外，还须使其所含的两个频率成分皆具有相同的时移 t_0（见图 3-26b）。这个时移折算成为相移是 $\varphi = \omega t_0$，它是频率 ω 的

直线函数，所以时移虽是常值，但相应的相移却是与频率成正比的变值。如图 3-26b 所示，代表 ω_0 频率成分的曲线①和代表 $2\omega_0$ 频率成分的曲线②虽然都作了同样的时移 t_0，但是如果曲线①对应于 t_0 的相移是 $\pi/2$，曲线②却产生了相移 π。对于不同频率成分有不同的相移，关键在于坐标轴上衡量相角的尺度随频率而成反比变化，同样是时间长度 t_0，低频成分所代表的相角小，高频成分所代表的相角大，放大的倍数就是频率的倍数。

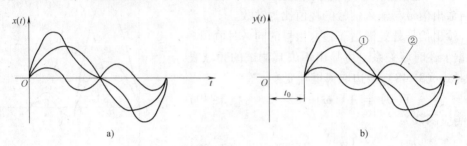

图 3-26　信号通过系统的时移

a）频率为 ω_0 和 $2\omega_0$ 的两个正弦信号合成　b）合成正弦信号时移 t_0

由于测试系统通常由若干个测试装置组成，因此，只有保证每一个测试装置都满足不失真的测试条件才能使最终的输出波形不失真。

实际的测试系统往往很难做到无限带宽上完全符合不失真测试条件，只能在一定的频段按一定的精度要求近似满足不失真测试条件。保证实际的与理想的频响特性之差不超过允许误差的频率区域，称为测试系统的工作频率范围，这一指标广泛地来评价测试系统的动态特性。

3.6　测试系统特性参数的测定

为了保证测试结果的精度可靠，测试系统在出厂前或使用前需要进行标定或定期校准。测试系统特性的测定应该包括静态特性和动态特性的测定。

3.6.1　测试系统静态特性参数的测定

测试系统的静态特性测定是一种特殊的测试，它是选择经过校准的"标准"静态量作为测试系统的输入，求出其输入、输出特性曲线。所采用的"标准"输入量误差应当是所要求测试结果误差的 1/3~1/5 或更小。具体的标定过程如下：

1. 作输入—输出特性曲线

将"标准"输入量在满量程的测量范围内均匀地等分成 n 个输入点 x_i（$i=1,2,\cdots,n$），按正反行程进行相同的 m 次测量（一次测量包括一个正行程和一个反行程），得到 $2m$ 条输入、输出特性曲线，如图 3-27 所示。

2. 求重复性误差 H_1 和 H_2

正行程的重复性误差 H_1 为

$$H_1 = \frac{\{H_{1i}\}_{\max}}{A} \times 100\% \qquad (3-53)$$

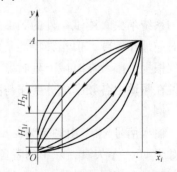

图 3-27　正反行程的输入—输出曲线

式中，H_{1i} 为输入量 x_i 所对应正行程的重复性误差（$i=1，2，\cdots，n$）；A 为测试系统的满量程值；$\{H_{1i}\}_{\max}$ 为满量程 A 内正行程中各点重复性误差的最大值。

反行程的重复性误差 H_2 为

$$H_2 = \frac{\{H_{2i}\}_{\max}}{A} \times 100\% \tag{3-54}$$

式中，H_{2i} 为输入量 x_i 所对应反行程的重复性误差（$i=1，2，\cdots，n$）；A 为测试系统的满量程值；$\{H_{2i}\}_{\max}$ 为满量程 A 内反行程中各点重复性误差的最大值。

3. 求作正反行程的平均输入—输出曲线

正行程曲线 $\bar{y}_{1i}$ 和反行程曲线 $\bar{y}_{2i}$ 分别为

$$\bar{y}_{1i} = \frac{1}{m} \sum_{j=1}^{m} (y_{1ij}) \tag{3-55}$$

$$\bar{y}_{2i} = \frac{1}{m} \sum_{j=1}^{m} (y_{2ij}) \tag{3-56}$$

式中，y_{1ij} 和 y_{2ij} 分别为第 j 次正行程曲线和反行程曲线，$j=1，2，\cdots，m$。

4. 求滞后性

滞后性方程为

$$h = \frac{|\bar{y}_{2i} - \bar{y}_{1i}|_{\max}}{A} \times 100\% \tag{3-57}$$

5. 作标定曲线

标定曲线方程为

$$y_i = \frac{1}{2} (\bar{y}_{1i} + \bar{y}_{2i}) \tag{3-58}$$

将标定曲线作为测试系统的实际输入—输出特性曲线可以消除各种误差的影响，使其更接近实际输入—输出曲线。

6. 作拟合直线，计算非线性误差和灵敏度

根据标定曲线，用最小二乘法作拟合直线，然后求非线性误差。拟合直线的斜率即为灵敏度。

3.6.2 测试系统动态特性参数的测定

系统动态特性是其内在的一种属性，这种属性只有系统受到激励之后才能显现出来，并隐含在系统的响应之中。因此，研究测试系统动态特性的标定，应首先研究采用何种的输入信号作为系统的激励，其次要研究如何从系统的输出响应中提取出系统的动态特性参数。

常用的动态标定方法有阶跃响应法和频率响应法，而对于二阶的振动测试系统常用的方法还有共振法。

阶跃响应法是以阶跃信号作为测试系统的输入，通过对系统输出响应的测试，从中计算出系统的动态特性参数。这种方法实质上是一种瞬态响应法，即通过对输出响应的过渡过程来标定系统的动态特性。

频率响应法是以一组频率可调的标准正弦信号作为系统的输入，通过对系统输出幅值和相位的测试，获得系统的动态特性参数。这种方法实质上是一种稳态响应法，即通过输出的

稳态响应来标定系统的动态特性。

1. 一阶系统动态特性参数的测定

（1）阶跃响应法　对于一阶系统来说，时间常数 τ 是唯一表征系统动态特性的参数，由图 3-19 可见，当输出响应达到稳态值的 63.2% 时，所需要的时间就是一阶系统的时间常数。显然，这种方法很难做到精确的测试。同时，又没涉及测试的全过程，所以求解的结果精度较低。

为获得较高精度的测试结果，一阶系统的响应式（3-41）可以改写成

$$Z = \ln[1 - y(t)] = -\frac{1}{\tau}t \qquad (3-59)$$

通过求直线 $\ln[1 - y(t)] = -\frac{1}{\tau}t$ 的斜率，即可求出时间常数 τ，如图 3-28 所示。

（2）频率响应法　对于一阶系统直接利用式（3-60）和式（3-61）求取时间常数 τ：

$$A(\omega) = \frac{1}{\sqrt{1 + (\omega\tau)^2}} \qquad (3-60)$$

$$\varphi(\omega) = -\arctan(\tau\omega) \qquad (3-61)$$

2. 二阶系统动态特性参数的测定

（1）阶跃响应法　由式（3-44）可知二阶系统的阶跃响应以 $\omega_d = \omega_n\sqrt{1 - \zeta^2}$ 的圆频率作衰减振荡，ω_d 称为阻尼振荡频率，其各峰值所对应的时间 $t_p = 0$，π/ω_d，$2\pi/\omega_d$，…。显然，当 $t_p =$

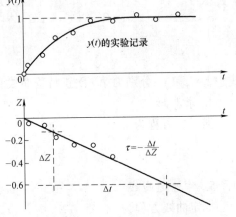

图 3-28　一阶系统的阶跃试验

π/ω_d 时，$y(t)$ 取最大值，最大超过冲（overshoot）M 与阻尼比 ζ 的关系式为

$$M = y(t)_{\max} - 1 = e^{-\left(\frac{\zeta\pi}{\sqrt{1-\zeta^2}}\right)} \qquad (3-62)$$

$$\zeta = \sqrt{\frac{1}{\left(\frac{\pi}{\ln M}\right)^2 + 1}} \qquad (3-63)$$

因此，当从输出曲线（见图 3-29）上测出 M 后，由式（3-60）或式（3-61）即可求出阻尼比 ζ，或从图 3-30 所示曲线上求出阻尼比 ζ。

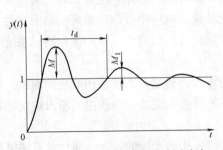

图 3-29　欠阻尼二阶系统的阶跃响应

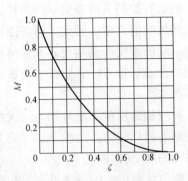

图 3-30　欠阻尼二阶系统的 $M-\zeta$ 关系

如果测得响应的较长瞬变过程，则可以利用任意两个相隔 n 个周期数的过冲量 M_i 和 M_{i+n} 求取阻尼比 ζ。设 M_i 和 M_{i+n} 对应的时间分别为 t_i 和 t_{i+n}，则

$$t_{i+n} = t_i + \frac{2n\pi}{\omega_n \sqrt{1-\zeta^2}} \tag{3-64}$$

代入二阶系统的阶跃响应式（3-44），有

$$\ln \frac{M_i}{M_{i+n}} = \frac{2n\pi\zeta}{\sqrt{1-\zeta^2}} \tag{3-65}$$

整理后可得

$$\zeta = \sqrt{\frac{\delta_n^2}{\delta_n^2 + 4\pi^2 n^2}} \tag{3-66}$$

式中，$\delta_n = \ln \dfrac{M_i}{M_{i+n}}$。

固有圆频率 ω_n 可由式（3-67）求得

$$\omega_n = \frac{\omega_d}{\sqrt{1-\zeta^2}} = \frac{2\pi}{t_d \sqrt{1-\zeta^2}} \tag{3-67}$$

式中，振荡周期 t_d 可从图3-29直接测得。

（2）频率响应法　频率响应法简单易行，但是精度较差，所以该方法只适于对固有圆频率 ω_n 和阻尼比的估算：

1）在相频特性 $\varphi(\omega) - \omega$ 曲线上，当 $\omega = \omega_n$ 时，$\varphi(\omega) = -90°$，由此可求固有频率 ω_n。

2）由于 $\varphi'(\omega_n) = -\dfrac{1}{\zeta}$，所以，作出 $\varphi(\omega) - \omega$ 曲线 ω_n 处的切线，便可求出阻尼比 ζ。

较为精确的求解方法如下：

1）求出 $A(\omega)$ 的最大值及所对应的频率 ω_r。

2）由 $\dfrac{A(\omega_r)}{A(0)} = \dfrac{1}{2\zeta\sqrt{1-\zeta^2}}$ 求阻尼比 ζ。

3）根据 $\omega_n = \dfrac{\omega_r}{\sqrt{1-2\zeta^2}}$ 求固有频率 ω_n。

由于这种方法中 $A(\omega_r)$ 和 ω_r 的测量可以达到一定的精度，所以由此求解出的固有圆频率 ω_n 和阻尼比 ζ 具有较高的精度。

（3）共振法　二阶系统在受迫振动过程中，当激振频率接近于系统的固有频率时，其振动幅值会急剧增大，幅频和相频响应曲线如图3-18所示。根据所用的测试手段和所得记录，可以用下述方法求出系统的固有频率和阻尼比。

1）总幅值法。对单自由度系统进行正弦扫描激励，振幅可以用位移、速度或加速度计中的任何一种测量，改变扫描激励频率可以得到响应曲线如图3-18所示。在小阻尼时，可以直接用共振峰对应的频率 ω_r 来近似地估计固有圆频率 ω_n。

当系统的阻尼较小时，可以从幅频特性曲线估计阻尼比。在 $\omega = \omega_n$ 时，$A(\omega_n) = \dfrac{1}{2\zeta}$。当 ζ 很小时，$A(\omega_n)$ 非常接近峰值，且幅频曲线在 ω_n 的两侧可以认为是对称的。把 $\omega_1 =$

$(1-\zeta)\omega_n$，$\omega_2 = (1+\zeta)\omega_n$ 分别代入式（3-33）并在式中取 $A_0 = 1$，有

$$A(\omega_1) \approx \frac{1}{2\sqrt{2}\zeta} \approx A(\omega_2) \qquad (3\text{-}68)$$

因此，可以在幅频曲线峰值的 $\dfrac{1}{\sqrt{2}}$ 处作水平

线，交幅频曲线于 a、b 两点，如图 3-31 所示。它们对应的频率为 ω_1、ω_2，其阻尼比可以估计为

$$\zeta = \frac{\omega_2 - \omega_1}{2\omega_r} \qquad (3\text{-}69)$$

a、b 两点称为"半功率点"，因此这种估计方法又称为半功率点法。

2）分量法。受迫振动的频率响应函数为

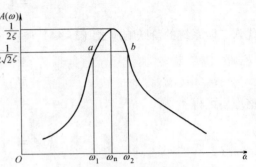

图 3-31　阻尼比的估计

$$H(j\omega) = \frac{1}{(1-\eta^2) + j2\zeta\eta} \qquad (3\text{-}70)$$

式中，$\eta = \dfrac{\omega}{\omega_n}$。

将其虚、实部分分开，有

$$\mathrm{Re}H(\omega) = \frac{1-\eta^2}{(1-\eta^2)^2 + 4\zeta^2\eta^2} \qquad (3\text{-}71)$$

$$\mathrm{Im}H(\omega) = \frac{-2\zeta\eta}{(1-\eta^2)^2 + (2\zeta\eta)^2} \qquad (3\text{-}72)$$

其图形分别示于图 3-32 和图 3-33。

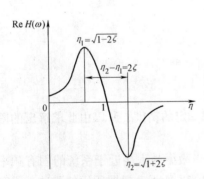

图 3-32　实频特性曲线

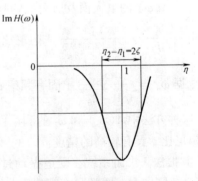

图 3-33　虚频特性曲线

由实、虚部的表达式及其图像可知：

1）在 $\eta = 1$，即 $\omega = \omega_n$ 处，实部为零；虚部为 $-\dfrac{1}{2\zeta}$，接近极小值。可以依此来确定系统的固有圆频率 ω_n。

2）实频特性曲线在 $\eta_1 = \sqrt{1-2\zeta} \approx 1 - \zeta$ 处有最大值，而在 $\eta_2 = \sqrt{1+2\zeta} \approx 1 + \zeta$ 处有最小值。因而不难从曲线的两个峰值间隔距离来确定系统的阻尼比，即

$$\zeta = \frac{\eta_2 - \eta_1}{2} = \frac{\omega_2 - \omega_1}{2\omega_n} \tag{3-73}$$

3）虚频特性曲线对应 η_1 和 η_2 点的值十分接近于 $\frac{-1}{4\zeta}$。因此，在虚频特性曲线上峰值 $\frac{1}{2\zeta}$ 的一半处作水平线，截得曲线横坐标间距约为 2ζ，可近似估计系统的阻尼比。

虽然实、虚部曲线都包含有幅频、相频信息，但虚部曲线具有窄尖、陡峭的特点，在研究多自由度系统时，虚部曲线可以提供较精确的结果。

习　题

3-1　说明线性系统的频率保持性在测量中的作用。

3-2　在使用灵敏度为 80nC/MPa 的压电式力传感器进行压力测量时，首先将它与增益为 5mV/nC 的电荷放大器相连，电荷放大器接到灵敏度为 25mm/V 的笔式记录仪上，试求该压力测试系统的灵敏度。当记录仪的输出变化 30mm 时，压力变化为多少？

3-3　把灵敏度为 404×10^{-4} pC/Pa 的压电式力传感器与一台灵敏度调到 0.226mV/pC 的电荷放大器相接，求其总灵敏度。若要将总灵敏度调到 10×10^{-6} mV/Pa，电荷放大器的灵敏度应作如何调整？

3-4　用一时间常数为 2s 的温度计测量炉温时，当炉温在 200 ~ 400℃ 之间，以 150s 为周期，按正弦规律变化时，温度计输出的变化范围是多少？

3-5　已知一测试系统是二阶线性系统，其频率响应函数为

$$H(j\omega) = \frac{1}{1 - (\omega/\omega_n)^2 + 0.5j(\omega/\omega_n)}$$

今有一信号

$$x(t) = \cos\left(\omega_0 t + \frac{\pi}{2}\right) + 0.5\cos(2\omega_0 t + \pi) + 0.2\cos\left(4\omega_0 t + \frac{\pi}{6}\right)$$

输入此系统，$\omega_0 = 0.5\omega_n$，求输出信号 $y(t)$。

3-6　用一阶系统对 100Hz 的正弦信号进行测量时，如果要求振幅误差在 10% 以内，时间常数应为多少？如果用该系统对 50Hz 的正弦信号进行测试时，则此时的幅值误差和相位误差是多少？

3-7　某一阶测量装置的传递函数为 $1/(0.04s + 1)$，若用它测量频率为 0.5Hz、1Hz、2Hz 的正弦信号，试求其幅度误差。

3-8　用传递函数为 $1/(0.0025s + 1)$ 的一阶测量装置进行周期信号测量。若将幅度误差限制在 5% 以下，试求所能测量的最高频率成分。此时的相位差是多少？

3-9　设一力传感器作为二阶系统处理。已知传感器的固有频率为 800Hz，阻尼比为 0.14，问使用该传感器作频率为 400Hz 正弦变化的外力测试时，其振幅和相位角各为多少？

3-10　对一个二阶系统输入单位阶跃信号后，测得响应中产生的第一个过冲量 M 的数值为 1.5，同时测得其周期为 6.28s。设已知装置的静态增益为 3，试求该装置的传递函数和装置在无阻尼固有频率处的频率响应。

第4章 信号的分析与处理

在测试中获得的各种动态信号包含着丰富的有用信息，同时，由于测试系统内部和外部各种因素的影响，必然在输出信号中混有噪声；有时，由于干扰信号的作用，使有用信息甚至难于识别和利用，必须对所得的信号进行必要地处理和分析，才能准确地提取它所包含的有用信息。信号分析与处理是测试工作的重要组成部分，其目的是：剔除信号中的噪声和干扰，即提高信噪比；消除测量系统误差，修正畸变的波形；强化、突出有用信息，削弱信号中的无用部分；将信号加工、处理、变换，以便更容易识别和分析信号的特征，解释被测对象所表现的各种物理现象。

信号分析与信号处理是密切相关的，两者并没有明确的界限。通常，把能够简单、直观、迅速地研究信号的构成和特征值分析的过程称为信号分析，如信号的时域分析、幅值域分析、相关分析等；把经过必要的变换、处理、加工才能获得有用信息的过程称为信号处理，如对信号的功率谱分析、系统响应分析、相干分析、倒谱分析及时频分析等。

4.1 信号的时域分析

对于各态历经随机信号和确定性信号，主要统计参数有：均值、方差、均方值、概率密度函数、相关函数和功率谱密度函数等。

4.1.1 信号的时域统计参数

1. 连续信号主要统计参数的计算

(1) 均值　各态历经随机信号 $x(t)$ 的均值 μ_x 反映信号的稳态分量，即常值分量

$$\mu_x = \lim_{T \to \infty} \frac{1}{T} \int_0^T x(t)\,\mathrm{d}t \tag{4-1}$$

式中，T 为样本长度；t 为观测时间。

实际上，样本长度只能取有限长时间 T 作估计

$$\hat{\mu}_x = \frac{1}{T} \int_0^T x(t)\,\mathrm{d}t \tag{4-2}$$

当然，这一有限长时间 T 应能使估计均值 $\hat{\mu}_x$ 足够精确地逼近 μ_x。

(2) 均方值　各态历经信号的均方值 ψ_x^2 及其估计 $\hat{\psi}_x^2$ 反映信号的能量或强度，表示为

$$\psi_x^2 = \lim_{T \to \infty} \frac{1}{T} \int_0^T x^2(t)\,\mathrm{d}t \tag{4-3}$$

$$\hat{\psi}_x^2 = \frac{1}{T} \int_0^T x^2(t)\,\mathrm{d}t \tag{4-4}$$

(3) 方均根值　方均根值为 ψ_x^2 的正二次方根 x_{rms}，又称为有效值，即

$$x_{\mathrm{rms}} = \sqrt{\psi_x^2} \tag{4-5}$$

它也是信号的平均能量的一种表达方式。

可以将随机信号的均值、均方值和方均根值的概念推广至周期信号，只要将公式中的 T 仅取为一个周期的长度进行计算就可以反映周期信号的有关信息。

（4）方差　方差 σ_x^2 描述随机信号的动态分量，反映 $x(t)$ 偏离均值的波动情况，表示为

$$\sigma_x^2 = \lim_{T \to \infty} \frac{1}{T} \int_0^T [x(t) - \mu_x]^2 \mathrm{d}t = \psi_x^2 - \mu_x^2 \tag{4-6}$$

（5）标准差　标准差 σ_x 为方差的正二次方根，即

$$\sigma_x = \sqrt{\sigma_x^2} = \sqrt{\psi_x^2 - \mu_x^2} \tag{4-7}$$

2. 离散时间序列主要统计参数的计算

计算机进行数据处理时，首先需要将测试得到的模拟信号经过 A－D 转换，变为离散的时间序列。因此，对于离散时间序列的特征值统计是很有必要的。

（1）离散信号的均值 μ_x　对于离散信号，若 $x(t)$ 在 $0 \sim T$ 时间内，离散点数为 N，离散值为 x_n，则均值 μ_x 表示为

$$\mu_x = \lim_{N \to \infty} \frac{1}{N} \sum_{n=1}^{N} x_n \tag{4-8}$$

（2）离散信号的绝对平均值 $|\mu_x|$

$$|\mu_x| = \lim_{N \to \infty} \frac{1}{N} \sum_{n=1}^{N} |x_n| \tag{4-9}$$

（3）离散信号的均方值 ψ_x^2

$$\psi_x^2 = \lim_{N \to \infty} \frac{1}{N} \sum_{n=1}^{N} x_n^2 \tag{4-10}$$

信号的方均根值 x_{rms} 即为有效值，其表达式为 $x_{\mathrm{rms}} = \sqrt{\psi_x^2}$。

（4）离散信号的方差 σ_x^2

$$\sigma_x^2 = \lim_{N \to \infty} \frac{1}{N} \sum_{n=1}^{n} (x_n - \mu_x)^2 \tag{4-11}$$

σ_x^2 的二次方根称为方均根差，又叫做标准差，表示为 $\sigma_x = \sqrt{\psi_x^2 - \mu_x^2}$。

在统计参数计算时，为防止计算机溢出和随时知道计算结果，常采用递推算法。N 项序列 $\{x_n\}$ 前 n 项的均值 μ_{xn} 的计算公式如下：

$$\mu_{xn} = \frac{n-1}{n} \mu_{x(n-1)} + \frac{1}{n} x_n \tag{4-12}$$

式中，μ_{xn}、$\mu_{x(n-1)}$ 分别为第 n 次计算和第 $n-1$ 次计算的均值。

N 项序列 $\{x_n\}$ 前 n 项的均方值 ψ_n^2 的递推算法公式如下：

$$\psi_n^2 = \frac{n-1}{n} \psi_{n-1}^2 + \frac{1}{n} x_n^2 \tag{4-13}$$

N 项序列 $\{x_n\}$ 前 n 项的方差 σ_n^2 的递推算法公式如下：

$$\sigma_n^2 = \frac{n-1}{n} \left\{ \sigma_{n-1}^2 + \frac{1}{n} [x_n - \mu_{x(n-1)}]^2 \right\} \tag{4-14}$$

3. 时域统计参数的应用

（1）方均根值诊断法　利用系统上某些特征点振动响应的方均根值作为判断故障的依

据，是最简单、最常用的一种方法。例如，我国汽轮发电机组以前规定轴承座上垂直方向振动位移振幅不得超过 0.05mm，如果超过就应该停机检修。

方均根值诊断法适用于作简谐振动的设备、作周期振动的设备，也可用于作随机振动的设备。测量的参数选取如下：低频（几十赫）时宜测量位移；中频（1000Hz 左右）时宜测量速度；高频时宜测量加速度。

国际标准协会的 ISO2372、ISO2373 对回转机械允许的振动级别规定见表 4-1。

表 4-1　回转机械允许的振动级别　　　　　　（单位：mm/s）

限值 设备级别	正常限	偏高限	警告限	停车限
小型机械	0.28~0.71	1.80	4.50	7.10~71.0
中型机械	0.28~1.12	2.80	7.10	11.2~71.0
大型机械	0.28~1.80	4.50	11.2	18.0~71.0
特大型机械	0.28~4.80	7.10	18.0	28.0~71.0

（2）振幅—时间图诊断法　方均根值诊断法多适用于机器作稳态振动的情况。如果机器振动不平稳，振动参量随时间变化时，可用振幅—时间图诊断法。

振幅—时间图诊断法多是测量和记录机器在开机和停机过程中振幅随时间变化过程，根据振幅—时间曲线判断机器故障。以离心式空气压缩机或其他旋转机械的开机过程为例，记录到的振幅 A 随时间 t 变化的几种情况如图 4-1 所示。

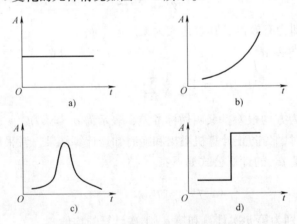

图 4-1　开机过程的振幅-时间图
a) 振幅不随时间变化　b) 振幅随时间增大　c) 开机过程中振幅出现峰值　d) 开机过程中振幅突然增大

图 4-1a 显示振幅不随时间变化，表明振动可能是别的设备及地基振动传递到被测设备而引起的，也可能是流体压力脉动或阀门振动引起的。

图 4-1b 显示振幅随时间而增大，可能是转子动平衡不好或者是轴承座和基础刚度小，也可能是推力轴承损坏等。

图 4-1c 显示开机过程中振幅出现峰值，这多半是共振引起的。包括轴系临界转速低于工作转速的所谓柔性转子的情况，也包括箱体、支座和基础共振的情况。

图 4 - 1d 显示开机过程中振幅突然增大，这可能是油膜振动引起的，也可能是间隙过小或过盈不足引起的。

需要说明的是：大型旋转机械用具有一定压力的油膜支承转子，当这层油膜的尺寸、压力、黏度、温度等参数一定时，转子达到某一转速后就可能振动突然增大，当转速再上升时，振幅也不下降，这就是油膜振动。

若间隙过小，当温度或离心力等引起的变形达到一定值时会引起碰撞，使振幅突然增大。又如叶片机械的叶轮和转轴外套过盈不足，则离心力达到某一值时引起松动，也会使振幅突然增大。

4.1.2　信号的概率密度函数

1. 概率密度函数分析

概率密度函数是概率相对于振幅的变化率。所以，可以从对概率密度函数积分而得到概率，即

$$P(x) = \int_{x_1}^{x_2} p(x)\,\mathrm{d}x \tag{4-15}$$

$P(x)$ 称为概率分布函数，它表示信号振幅在 x_1 到 x_2 范围内出现的概率。显然，对于任何随机信号有

$$
\begin{cases}
P(x) = \int_{-\infty}^{\infty} p(x)\,\mathrm{d}x = 1 & (4-16) \\[2mm]
P(x < x_1) = \int_{-\infty}^{x_1} p(x)\,\mathrm{d}x & (4-17) \\[2mm]
P(x > x_1) = \int_{x_1}^{\infty} p(x)\,\mathrm{d}x = 1 - P(x < x_1) & (4-18) \\[2mm]
p(x) = \dfrac{\mathrm{d}P(x)}{\mathrm{d}x} & (4-19)
\end{cases}
$$

式中，$P(x < x_1)$、$P(x > x_1)$ 分别为幅值小于 x_1 和大于 x_1 的概率。

式（4-15）亦表明概率密度函数是概率分布函数的导数。概率密度函数 $p(x)$ 恒为实值非负函数。它给出随机信号沿幅值域分布的统计规律。不同的随机信号有不同的概率密度函数图形，可以借此判别信号的性质。图 4-2 是几种常见均值为零的随机信号的概率密度函数图形。

时域信号的均值、方均根值、标准差等特征值与概率密度函数有着密切的关系，这里不加推导直接给出如下：

$$\mu_x = \int_{-\infty}^{\infty} x p(x)\,\mathrm{d}x \tag{4-20}$$

$$x_{\mathrm{rms}} = \sqrt{\int_{-\infty}^{\infty} x^2 p(x)\,\mathrm{d}x} \tag{4-21}$$

$$\sigma_x = \sqrt{\int_{-\infty}^{\infty} (x - \mu_x)^2 p(x)\,\mathrm{d}x} \tag{4-22}$$

2. 典型信号的概率密度函数

（1）正弦波信号　若正弦信号的表达式为 $x = A\sin\omega t$，则有 $\mathrm{d}x = A\omega\cos\omega t\,\mathrm{d}t$，于是

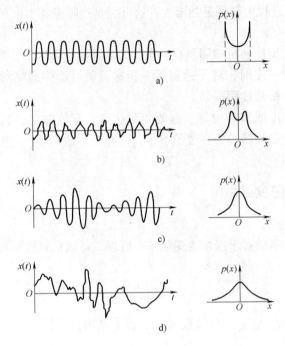

图 4 - 2 几种随机信号的概率密度函数

a) 正弦信号（相位为随机量）　b) 正弦加随机噪声　c) 窄带随机信号　d) 宽带随机信号

$$dt = \frac{dx}{A\omega\cos\omega t} = \frac{dx}{A\omega\sqrt{1-(x/A)^2}}$$

则

$$p(x)dx \approx \frac{2dt}{T} = \frac{2dx}{(2\pi/\omega)A\omega\sqrt{1-(x/A)^2}} = \frac{dx}{\pi\sqrt{A^2-x^2}}$$

所以

$$p(x) = \frac{1}{\pi\sqrt{A^2-x^2}} \tag{4-23}$$

由图 4 - 2a 可以看出，与高斯噪声的概率密度函数不同的是：在均值 μ_x 处 $p(x)$ 最小；在信号的最大、最小幅值处 $p(x)$ 最大。

（2）正态分布随机信号　正态分布又叫高斯分布，是概率密度函数中最重要的一种分布，应用十分广泛。大多数随机现象是由许多随机事件组成的，它们的概率密度函数均是近似或完全符合正态分布的，如窄带随机噪声完全符合正态分布，又称正态高斯噪声。正态随机信号的概率密度函数用下式表示

$$p(x) = \frac{1}{\sigma_x\sqrt{2\pi}}\exp\left[-\frac{(x-\mu_x)^2}{4\sigma_x^2}\right] \tag{4-24}$$

式中，μ_x 为随机信号的均值；σ_x 为随机信号的标准差。

图 4 - 3 为一维高斯概率密度曲线和概率分布曲线，在均值 μ_x 处的 $p(x)$ 最大，在信号的最大、最小幅值处 $p(x)$ 最小；σ_x 越大，概率密度曲线越平坦。由曲线可以看到：一维高斯概率密度曲线有以下特点：

1）单峰，峰在 $x = \mu_x$ 处，当 $x \to \pm\infty$ 时，$p(x) \to 0$。

2）曲线以 $x = \mu_x$ 为对称轴。

3）$x = \mu_x \pm \sigma_x$ 为曲线的拐点。

4）x 值落在离 μ_x 为 $\pm\sigma_x$、$\pm2\sigma_x$、$\pm3\sigma_x$ 的概率分别为 0. 68、0. 95 和 0. 997，即

$$\begin{cases} P(\mu_x - \sigma_x \le x \le \mu_x + \sigma_x) = 0.68 \\ P(\mu_x - 2\sigma_x \le x \le \mu_x + 2\sigma_x) = 0.95 \\ P(\mu_x - 3\sigma_x \le x \le \mu_x + 3\sigma_x) = 0.997 \end{cases}$$

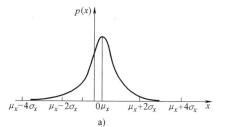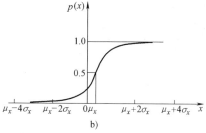

图 4 - 3　一维高斯概率密度曲线和概率分布曲线

二维高斯概率密度函数 $p(x_1, x_2)$ 的图形在垂直于 (x_1, x_2) 的面上的投影都是高斯曲线，其表达式较为复杂，这里就不再列举了。

（3）混有正弦波的高斯噪声的概率密度函数　包含有正弦信号 $s(t) = S\sin(2\pi ft + \theta)$ 的随机信号 $x(t)$ 的表达式为

$$x(t) = n(t) + s(t) \tag{4-25}$$

式中，$n(t)$ 为零均值的高斯随机噪声，其标准差为 σ_n。

$s(t)$ 的标准差为 σ_s，其概率密度函数表达式为

$$p(x) = \frac{1}{\sigma_n \pi \sqrt{2\pi}} \int_0^\pi \exp\left[-\left(\frac{x - S\cos\theta}{4\sigma_n^2}\right)^2 \right] \mathrm{d}\theta \tag{4-26}$$

图 4-4 为含有正弦波随机信号的概率密度函数图形，图中，$R = (\sigma_s/\sigma_n)^2$。对于不同的 R 值，$P(x)$ 有不同的图形。对于纯高斯噪声，$R = 0$；对于正弦波，$R = \infty$；对于含有正弦波的高斯噪声，$0 < R < \infty$。该图形为鉴别随机信号中是否存在正弦信号以及从幅值统计意义上看各占多大比例提供了图形上的依据。

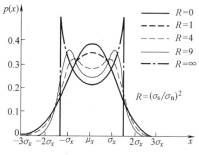

图 4 - 4　含有正弦波随机信号的
概率密度函数

4.2　信号的相关分析

4.2.1　相关系数

相关代表的是客观事物或过程中某两种特征量之间联系的紧密性。

在测试信号的分析中，相关是一个非常重要的概念。所谓"相关"，是指变量之间的线性关系，对于确定性信号来说，两个变量之间可用函数关系来描述，两者一一对应并为确定

的数值。两个随机变量之间就不具有这样确定的关系，但是如果这两个变量之间具有某种内涵的物理联系，那么，通过大量统计就能发现它们之间还是存在着某种虽不精确却具有相应的表征其特性的近似关系。图4-5表示由两个随机变量 x 和 y 组成的数据点的分布情况。图4-5a中变量 x 和 y 有较好的线性关系；图4-5b中 x 和 y 虽无确定关系，但从总体上看，两变量间具有某种程度的相关关系；图4-5c各点分布很散乱，可以说变量 x 和 y 之间是无关的。

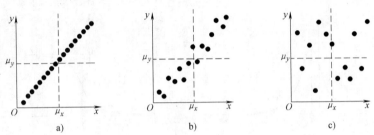

图4-5　x 与 y 变量的相关性

a) x 和 y 有较好的线性关系　b) x 和 y 具有某种程度的相关关系　c) x 和 y 无关

变量 x 和 y 之间的相关程度常用相关系数（correlation coefficient） ρ_{xy} 表示，即

$$\rho_{xy} = \frac{\sigma_{xy}}{\sigma_x \sigma_y} = \frac{E[(x - \mu_x)(y - \mu_y)]}{\sqrt{E[(x - \mu_x)^2]E[(y - \mu_y)^2]}} \qquad (4-27)$$

式中，σ_{xy} 为随机变量 x、y 的协方差；μ_x、μ_y 为随机变量 x、y 的均值；σ_x、σ_y 为随机变量 x、y 的标准差。

由柯西—许瓦兹不等式，有

$$E[(x - \mu_x)(y - \mu_y)]^2 \leqslant E[(x - \mu_x)^2]E[(y - \mu_y)^2] \qquad (4-28)$$

故知 $|\rho_{xy}| \leqslant 1$。当 $\rho_{xy} = 1$ 时，说明 x、y 两变量是理想的线性相关；当 $\rho_{xy} = -1$ 时，也是理想的线性相关，只是直线的斜率为负；当 $\rho_{xy} = 0$ 时，表示 x、y 两变量之间完全无关，如图4-5c 所示。

4.2.2　自相关函数分析

1. 自相关函数的概念

$x(t)$ 是各态历经随机信号，$x(t + \tau)$ 是信号 $x(t)$ 时移 τ 后的样本，如图4-6所示，两个样本的相关程度可以用相关系数来表示。若把相关系数 $\rho_{x(t)x(t+\tau)}$ 简写为 $\rho_x(\tau)$，则有

$$\rho_x(\tau) = \frac{E\{[x(t) - \mu_x][x(t + \tau) - \mu_x]\}}{\sigma_x^2} = \frac{E[x(t)x(t + \tau)] - \mu_x^2}{\sigma_x^2}$$

$$= \frac{\lim\limits_{T \to \infty} \frac{1}{T} \int_0^T x(t)x(t + \tau)\,\mathrm{d}t - \mu_x^2}{\sigma_x^2} \qquad (4-29)$$

定义自相关函数（autocorrelation function）为

$$R_x(\tau) = E[x(t)x(t + \tau)] = \lim\limits_{T \to \infty} \frac{1}{T} \int_0^T x(t)x(t + \tau)\,\mathrm{d}t$$

则有

$$\rho_x(\tau) = \frac{R_x(\tau) - \mu_x^2}{\sigma_x^2} \qquad (4\text{-}30)$$

应当说明，信号的性质不同，自相关函数有不同的表达形式。对于周期信号（功率信号）和非周期信号（能量信号），自相关函数的表达形式分别为

周期信号

$$R_x(\tau) = \frac{1}{T}\int_0^T x(t)x(t+\tau)\mathrm{d}t$$

$$(4\text{-}31)$$

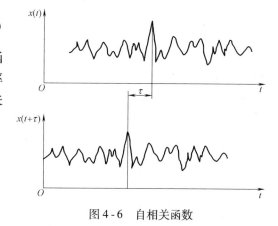

图 4-6 自相关函数

非周期信号

$$R_x(\tau) = \int_{-\infty}^{\infty} x(t)x(t+\tau)\mathrm{d}t \qquad (4\text{-}32)$$

2. 自相关函数的性质

1）自相关函数为实偶函数，即 $R_x(\tau) = R_x(-\tau)$。

因为

$$R_x(-\tau) = \lim_{T\to\infty}\frac{1}{T}\int_0^T x(t)x(t-\tau)\mathrm{d}t$$

$$= \lim_{T\to\infty}\frac{1}{T}\int_0^T x(t+\tau)x(t+\tau-\tau)\mathrm{d}(t+\tau)$$

$$= R_x(\tau)$$

即 $R_x(\tau) = R_x(-\tau)$，又因为 $x(t)$ 是实函数，所以自相关函数是 τ 的实偶函数。

2）τ 值不同，$R_x(\tau)$ 不同，当 $\tau = 0$ 时，$R_x(0)$ 的值最大，并等于信号的均方值 ψ_x^2。

$$R_x(0) = \lim_{T\to\infty}\frac{1}{T}\int_0^T x^2(t)\mathrm{d}t = \psi_x^2 = \sigma_x^2 + \mu_x^2$$

$$\rho_x(0) = \frac{R_x(0)}{\sigma_x^2} = 1 \qquad (4\text{-}33)$$

式（4-33）表明，当 $\tau = 0$ 时，两信号完全相关。

3）$R_x(\tau)$ 值的限制范围为 $\mu_x^2 - \sigma_x^2 \leqslant R_x(\tau) \leqslant \mu_x^2 + \sigma_x^2$。

由式（4-30），有

$$R_x(\tau) = \rho_x(\tau)\sigma_x^2 + \mu_x^2$$

又因为 $|\rho_{xy}| \leqslant 1$，所以

$$\mu_x^2 - \sigma_x^2 \leqslant R_x(\tau) \leqslant \mu_x^2 + \sigma_x^2$$

4）当 $\tau \to \infty$ 时，$x(t)$ 和 $x(t+\tau)$ 之间不存在内在联系，彼此无关，即 $\rho_x(\tau\to\infty)\to 0$，$R_x(\tau\to\infty)\to\mu_x^2$。

若 $\mu_x = 0$，则 $R_x(\tau\to\infty)\to 0$，如图 4-7 所示。

5）周期函数的自相关函数仍为同频率的周期函数。

若周期函数为 $x(x) = x(x+nT)$，则其自相关函数为

$$R_x(\tau+nT) = \lim_{T\to\infty}\frac{1}{T}\int_0^T x(t+nT)x(t+nT+\tau)\mathrm{d}(t+nT)$$

$$= \lim_{T \to \infty} \frac{1}{T} \int_0^T x(t)x(t+\tau)\mathrm{d}(t) = R_x(\tau)$$

【例 4 - 1】 求正弦函数 $x(t) = x_0\sin(\omega t + \varphi)$ 的自相关函数。

解： 根据式（4 - 31）得

$$R_x(\tau) = \frac{1}{T} \int_0^T x(t)x(t+\tau)\mathrm{d}t$$

$$= \frac{1}{T} \int_0^T x_0\sin(\omega t + \varphi)\sin[\omega(t+\tau) + \varphi]\mathrm{d}t$$

$$(4-34)$$

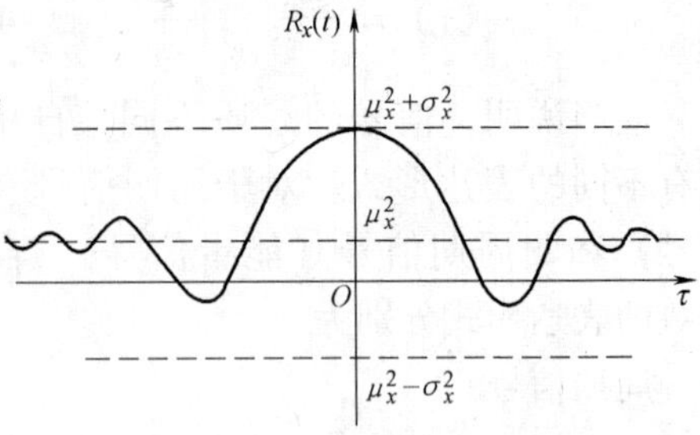

图 4 - 7　自相关函数的性质

式中，T 为正弦函数的周期，$T = 2\pi/\omega$。

令 $\omega t + \varphi = \theta$，代入式（4 - 34），则有

$$R_x(\tau) = \frac{x_0^2}{2\pi} \int_0^{2\pi} \sin\theta\sin(\theta + \omega\tau)\mathrm{d}\theta = \frac{x_0^2}{2}\cos\omega\tau \qquad (4-35)$$

可见，正弦函数的自相关函数是一个余弦函数，在 $\tau = 0$ 时具有最大值。它保留了幅值信息和频率信息，但丢失了原正弦函数中的初始相位信息。

几种典型信号的自相关和功率谱见表 4 - 2。由表可知，只要信号中含有周期成分，其自相关函数在 τ 很大时都不衰减，并具有明显的周期性。不包含周期成分的随机信号，当 τ 稍大时自相关函数就将趋近于零；宽带随机噪声的自相关函数很快衰减到零；窄带随机噪声的自相关函数则有较慢的衰减特性；白噪声自相关函数收敛最快，为 δ - 函数，所含频率为无限多，频带无限宽。

表 4 - 2　典型信号的自相关和功率谱

名　称	时间历程图	概率密度图	自相关图	自功率谱图
初相角随机变化的正弦信号	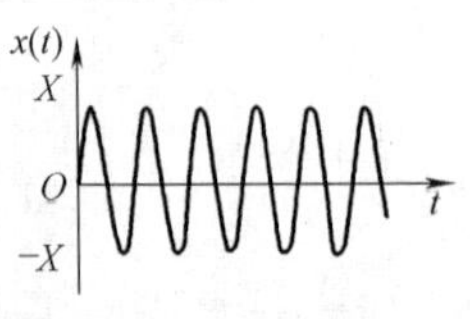	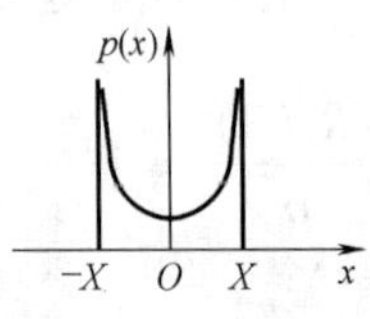	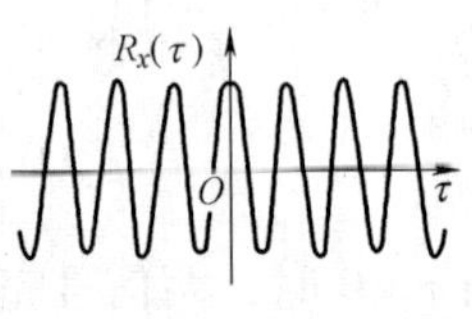	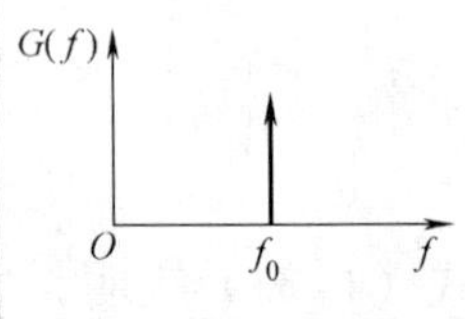
正弦波加随机噪声信号	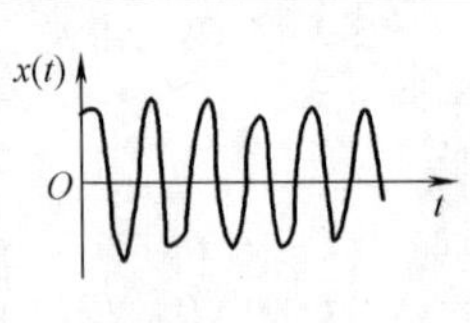	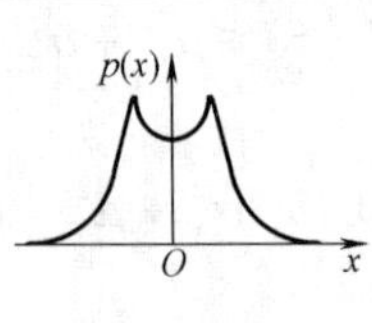	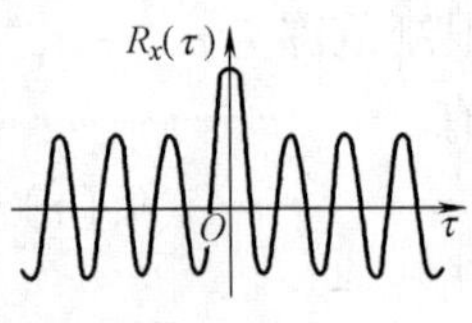	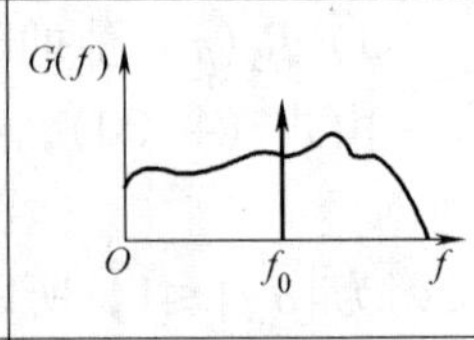
窄带随机信号	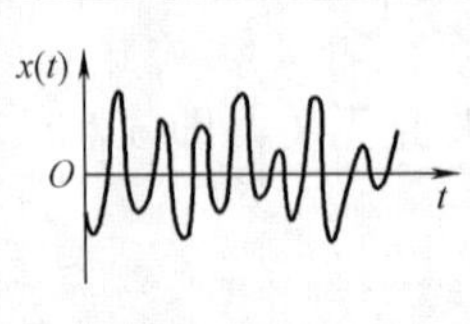	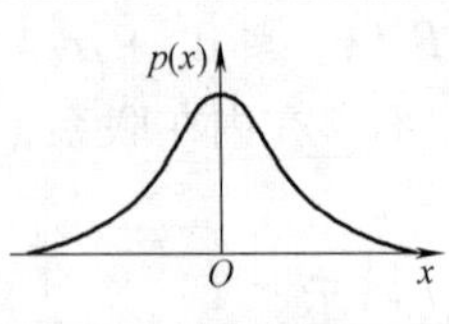	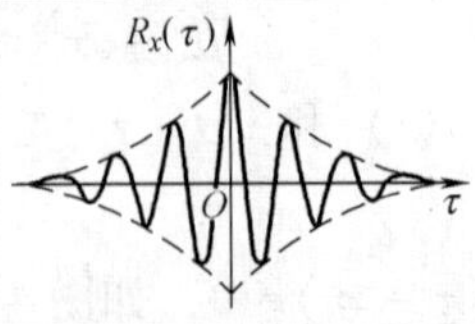	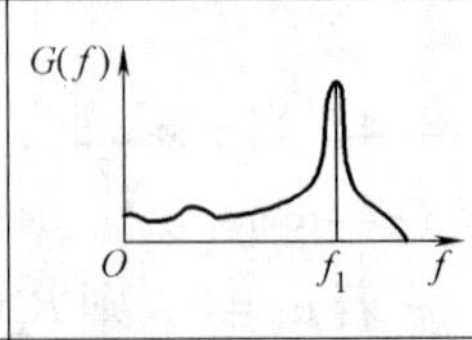
宽带随机信号	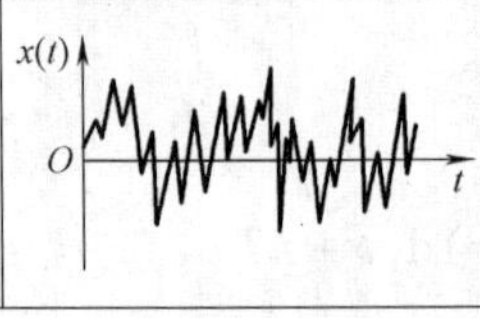	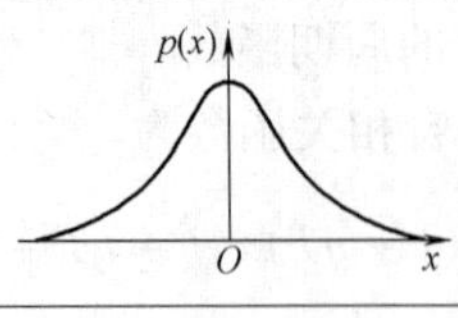	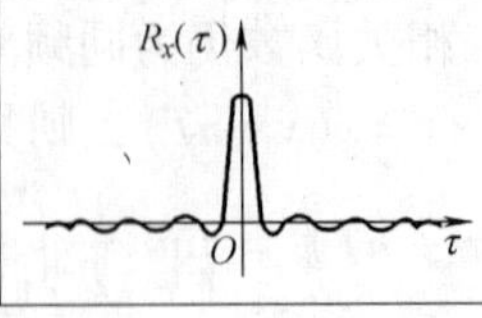	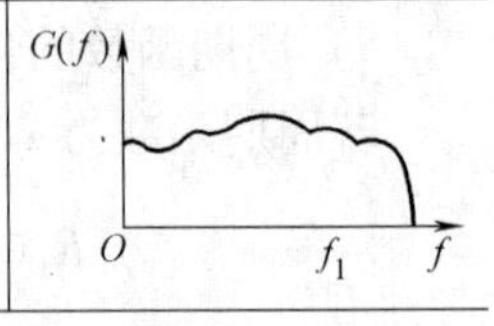

（续）

名　称	时间历程图	概率密度图	自相关图	自功率谱图
自噪声信号	$x(t)$ O t	$p(x)$ O x	$R_x(\tau)$ O τ	$G(f)$ O f

4.2.3　互相关函数分析

1. 互相关函数的概念

对于各态历经随机过程，两个随机信号 $x(t)$ 和 $y(t)$ 的互相关函数（cross-correlation function）$R_{xy}(\tau)$ 定义为

$$R_{xy}(\tau) = E[x(t)y(t+\tau)] = \lim_{T\to\infty}\frac{1}{T}\int_0^T x(t)y(t+\tau)\mathrm{d}t$$

时移为 τ 的两信号 $x(t)$ 和 $y(t)$ 的互相关系数（cross-correlation coefficient）为

$$\rho_{xy}(\tau) = \frac{E\{[x(t)-\mu_x][y(t+\tau)-\mu_y]\}}{\sigma_x\sigma_y} = \frac{E[x(t)y(t+\tau)]-\mu_x\mu_y}{\sigma_x\sigma_y}$$

$$= \frac{\lim\limits_{T\to\infty}\frac{1}{T}\int_0^T x(t)y(t+\tau)\mathrm{d}t-\mu_x\mu_y}{\sigma_x\sigma_y} = \frac{R_{xy}(\tau)-\mu_x\mu_y}{\sigma_x\sigma_y} \tag{4-36}$$

2. 互相关函数的性质

1）互相关函数是可正、可负的实函数。

若 $x(t)$ 和 $y(t)$ 均为实函数，$R_{xy}(\tau)$ 也应当为实函数。在 $\tau=0$ 时，由于 $x(t)$ 和 $y(t)$ 值可正、可负，故 $R_{xy}(\tau)$ 的值也应当可正、可负。

2）互相关函数是非偶、非奇函数，并且有 $R_{xy}(\tau)=R_{yx}(-\tau)$。

因为所讨论的随机过程是平稳的，在 t 时刻从样本采样计算的互相关函数应和 $t-\tau$ 时刻从样本采样计算的互相关函数是一致的，即

$$R_{xy}(\tau) = \lim_{T\to\infty}\frac{1}{T}\int_0^T x(t)y(t+\tau)\mathrm{d}t = \lim_{T\to\infty}\frac{1}{T}\int_0^T x(t-\tau)y(t)\mathrm{d}t$$

$$= \lim_{T\to\infty}\frac{1}{T}\int_0^T y(t)x(t-\tau)\mathrm{d}t = R_{yx}(-\tau) \tag{4-37}$$

式（4-37）表明互相关函数不是偶函数，也不是奇函数，$R_{xy}(\tau)$ 与 $R_{yx}(-\tau)$ 在图形上对称于坐标纵轴，如图 4-8 所示。

3）$R_{xy}(\tau)$ 的峰值不在 $\tau=0$ 处，其峰值偏离原点的位置 τ_0 反映了两个信号时移的大小，相关程度最高，如图 4-8 所示。

4）互相关函数的限制范围。由式（4-36）得

$$R_{xy}(\tau) = \mu_x\mu_y + \rho_{xy}(\tau)\sigma_x\sigma_y$$

因为 $|\rho_{xy}(\tau)|\leqslant1$，故知

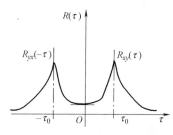

图 4-8　互相关函数的对称性

$$\mu_x\mu_y - \sigma_x\sigma_y \leqslant R_{xy}(\tau) \leqslant \mu_x\mu_y + \sigma_x\sigma_y$$

图4-9表示了互相关函数的取值范围。

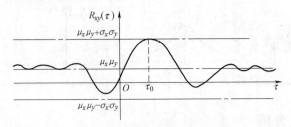

图4-9　互相关函数的取值范围

5）两个统计独立的随机信号，当均值为零时，则$R_{xy}(\tau)=0$。

将随机信号$x(t)$和$y(t)$表示为其均值和波动部分之和的形式

$$\begin{cases} x(t) = \mu_x + x'(t) \\ y(t) = \mu_y + y'(t) \end{cases}$$

则有

$$\begin{aligned} R_{xy}(\tau) &= \lim_{T\to\infty}\frac{1}{T}\int_0^T x(t)y(t+\tau)\mathrm{d}t \\ &= \lim_{T\to\infty}\frac{1}{T}\int_0^T [\mu_x + x'(t)][\mu_y + y'(t+\tau)]\mathrm{d}t \\ &= R_{xy}(\tau) + \mu_x\mu_y \end{aligned}$$

当$\tau\to\infty$时，$R_{xy}(\tau)\to0$，则$R_{xy}(\tau)=\mu_x\mu_y$。当$\mu_x=\mu_y=0$时，$R_{xy}(\tau)=0$。

6）两个不同频率周期信号的互相关函数为零。

若两个不同频率的周期信号表达式为

$$\begin{cases} x(t) = x_0\sin(\omega_1 t + \theta_1) \\ y(t) = y_0\sin(\omega_2 t + \theta_2) \end{cases}$$

则

$$\begin{aligned} R_{xy}(\tau) &= \lim_{T\to\infty}\frac{1}{T}\int_0^T x(t)y(t+\tau)\mathrm{d}t \\ &= \lim_{T\to\infty}\frac{1}{T}\int_0^T x_0 y_0 \sin(\omega_1 t + \theta_1)\sin[(\omega_2(t+\tau) + \theta_2]\mathrm{d}t \end{aligned}$$

根据正余弦函数的正交性可知：$R_{xy}(\tau)=0$，也就是两个不同频率的周期信号是不相关的。

7）周期信号与随机信号的互相关函数为零。

由于随机信号$y(t+\tau)$在$t\to t+\tau$时间内并无确定的关系，它的取值显然与任何周期函数$x(t)$无关，因此，$R_{xy}(\tau)=0$。

【例4-2】　求两个同频率的正弦函数$x(t)=x_0\sin(\omega t+\varphi)$和$y(t)=y_0\sin(\omega t+\varphi-\theta)$的互相关函数$R_{xy}(\tau)$。

解：因为信号是周期函数，可以用一个共同周期内的平均值代替其整个历程的平均值，故

$$R_{xy}(\tau) = \lim_{T\to\infty}\frac{1}{T}\int_0^T x(t)y(t+\tau)\mathrm{d}t$$

$$= \frac{1}{T} \int_0^T x_0 \sin(\omega t + \varphi) y_0 \sin[\omega(t + \tau) + \varphi - \theta] \mathrm{d}t$$

$$= \frac{1}{2} x_0 y_0 \cos(\omega \tau - \theta)$$

由例 4-2 可见，两个均值为零且具有相同频率的周期信号，其互相关函数中保留了这两个信号的圆频率 ω、对应的幅值 x_0 和 y_0 以及相位差值 θ 的信息，即两个同频率的周期信号，才有互相关函数。

4.2.4　相关函数的应用

在工程上，通过对相关函数的测量与分析，利用相关函数本身所具有的特性，可以获得许多有用的重要信息。

1. 自相关函数的应用

自相关函数分析主要用来检测混淆在随机信号中的确定性信号。正如前面自相关函数的性质所表明的，这是因为周期信号或任何确定性信号在所有时差 τ 值上都有自相关函数值，而随机信号当 τ 足够大以后其自相关函数趋于零（假定为零均值随机信号）。

图 4-10 所示为在对汽车做平稳性试验时，在汽车车身架处测得的振动加速度时间历程曲线（见图 4-10a）及其自相关函数（见图 4-10b）。由图看出，尽管测得信号本身呈现杂乱无章的样子，说明混有一定程度的随机干扰，但其自相关函数却有一定的周期性，其周期 T 约为 50ms，说明存在着周期性激励源，其频率 $f = 1/T = 20$Hz。

在通信、雷达、声呐等工程应用中，常常要判断接收机接收到的信号当中有无周期信号，这时利用自相关分析是十分方便的。如图 4-11 所示，一个微弱的正弦信号被淹没在强干扰噪声之中，但在自相关函数中，当 τ 足够大时该正弦信号能清楚地显露出来。

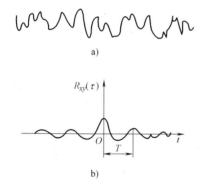

图 4-10　汽车车身振动的自相关分析
a）振动加速度时间历程曲线　b）自相关函数

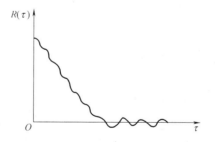

图 4-11　从强噪声中检测到微弱的正弦信号

总之，在机械等工程应用中，自相关分析有一定的使用价值。但一般说来，用它的傅里叶变换（自谱）来解释混在噪声中的周期信号可能更好些。另外，由于自相关函数中丢失了相位信息，这使其应用受到限制。

2. 互相关函数的应用

互相关函数的这些性质，使它在工程应用中有重要的价值。利用互相关函数可以测量系统的延时，如确定信号通过给定系统所滞后的时间。如果系统是线性的，则滞后的时间可以直接用输入、输出互相关图上峰值的位置来确定。利用互相关函数可识别、提取混淆在噪声中的信号。例如对一个线性系统激振，所测得的振动信号中含有大量的噪声干扰，根据线性系统的频率保持性，只有和激振频率相同的成分才可能是由激振而引起的响应，其他成分均是干扰，因此只要将激振信号和所测得的响应信号进行互相关处理，就可以得到由激振而引起的响应，消除了噪声干扰的影响。

在测试技术中，互相关技术也得到了广泛地应用，下面是应用互相关技术进行测试的几个例子。

（1）相关测速　工程中常用两个间隔一定距离的传感器进行非接触测量运动物体的速度。图 4-12 是非接触测定热轧钢带运动速度的示意图，其测试系统由性能相同的两组光电池、透镜、可调延时器和相关器组成。当运动的热轧钢带表面的反射光经透镜聚焦在相距为 d 的两个光电池上时，反射光通过光电池转换为电信号，经可调延时器延时，再进行相关处理。当可调延时 τ 等于钢带上某点在两个测点之间经过所需的时间 τ_d 时，互相关函数为最大值。所测钢带的运动速度为 $v = d/\tau_d$。

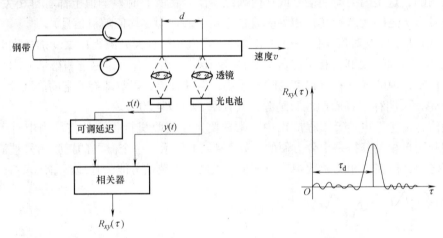

图 4-12　非接触测定热轧钢带运动速度

利用相关测速的原理，在汽车前后轴上放置传感器，可以测量汽车在冰面上行驶时，车轮滑动加滚动的车速；在船体底部前后一定距离，安装两套向水底发射、接受声呐的装置，可以测量航船的速度；在高炉输送煤粉的管道中，在相距一定距离安装两套电容式相关测速装置，可以测量煤粉的流动速度和单位时间内的输煤量。

（2）相关分析在故障诊断中的应用　图 4-13 是确定深埋在地下的输油管裂损位置的示意图。漏损处 K 为向两侧传播声响的声源。在两侧管道上分别放置传感器 1 和 2，因为放传感器的两点距漏损处不等远，所以漏油的音响传至两传感器就有时差 τ_m，在互相关图上 $\tau = \tau_m$ 处，$R_{x_1x_2}(\tau)$ 有最大值。由 τ_m 可确定漏损处的位置：

$$S = \frac{1}{2}v\tau_m \tag{4-38}$$

式中，S 为两传感器的中点至漏损处的距离；v 为音响通过管道的传播速度。

（3）传递通道的相关测定　相关分析方法可以应用于工业噪声传递通道的分析和隔离、剧场音响传递通道的分析和音响效果的完善、复杂管路振动的传递和振源的判别等。图

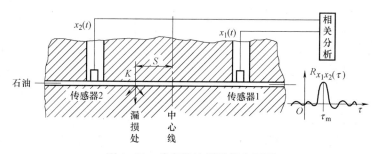

图 4-13 确定输油管裂损位置图

4-14是汽车司机座振动传递途径的识别示意图。在发动机、司机座、后桥放置 3 个加速度传感器，将输出并放大的信号进行相关分析，可以看到：发动机与司机座的相关性较差，而后桥与司机座的互相关较大，可以认为司机座的振动主要是由汽车后轮的振动引起的。

图4-15 是复杂管路系统振动传递途径的识别示意图。图中，主管路上测点 A 的压力正常，分支管路的输出点 B 的压力异常，将 A、B 传感器的输出信号进行相关分析，便可以确定哪条途径对 B 点压力变化影响最大（注意：各条途径的长度不同）。

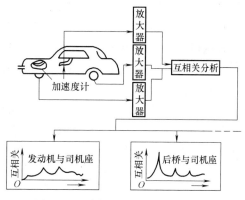

图 4-14 车辆振动传递途径的识别

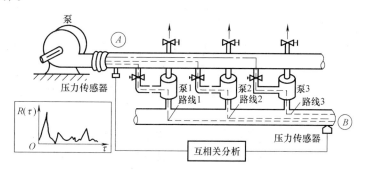

图 4-15 复杂管路系统振动传递途径的识别

（4）相关分析的声学应用 相关分析在声学测量中应用很多。它可以区分不同时间到达的声音，测定物体的吸声系数和衰减系数，从多个独立声源或振动源中测出某一声源到一定地点的声功率等。图 4-16 是测量墙板声音衰减的示意图，离被测墙板不远处放置一个宽带声源，它的声压是 $x_1(t)$。在墙板的另一边紧挨着墙板放置一个微音器，其输出信号 $x_2(t)$ 是由穿透墙板的声压和绕过墙板的声压叠加而成，由于穿透声传播的时间最短，因而图 4-17 中的相关函数 $R_{x_1x_2}(\tau)$ 的第一个峰就表示穿透声的功率。利用同样道理，在测定物体反射时的吸声系数时，可以把图 4-16 中的微音器放置在声源和墙板之间，这样，直接进入微音器的声压比反射声来得早，则第二个相关峰就是反射峰。

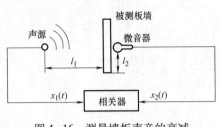

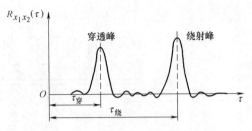

图 4-16 测量墙板声音的衰减 图 4-17 绕射声和穿透声的相关峰

（5）检测混淆在噪声中的信号 互相关分析还有一类重要应用是检测混淆在噪声中的信号。例如，旋转机械的转子由于动不平衡引起的振动，其信号本身是与转子同频的周期信号，设为 $x(t) = A\sin(\omega_0 t + x_\varphi)$。但是测振传感器测得的信号不可能是单纯的 $x(t)$，而是混在各种随机干扰噪声和其他频率的周期干扰噪声 $n(t)$ 之中的信号。为了提取感兴趣的信号 $x(t)$，虽然可用自相关分析的方法，但自相关函数中只能反映信号 $x(t)$ 的幅值信息（对应动不平衡量的大小），但丢失了相位信息（对应动不平衡量的方位），据此无法进行动平衡的调整。如果设法从转子上取出一个同频的参考信号 $y(t) = B\sin(\omega_0 t + y_\varphi)$，用它去和检测到的信号 $x(t) + n(t)$ 作互相关处理。由于噪声 $n(t)$ 与 $y(t)$ 是频率无关的，两者的互相关函数恒为零，只有 $x(t)$ 与 $y(t)$ 的互相关函数 $R_{xy}(\tau)$ 存在，即

$$R_{xy}(\tau) = \frac{AB}{2}\cos(\omega_0 t + \varphi_y - \varphi_x) \tag{4-39}$$

式中，幅值 $AB/2$ 反映动不平衡量的大小，峰值的时间偏移量 τ_0 与相位差 $(\varphi_y - \varphi_x)$ 有如下关系：

$$\tau_0 = \frac{\varphi_y - \varphi_x}{\omega_0}$$

测出 τ_0，根据已知的 ω_0 和 φ_y 即可求出 φ_x，这就测定了动不平衡量的方位，据此才可能进行动平衡的调整工作，可见互相关分析更为全面。当然互相关分析一定要参考一个与被提取信号同频的信号，才能把所需信息提取出来，而自相关分析则不用参考信号。因此互相关分析的系统要复杂一些。

需要强调的是，自相关分析只能检测（或提取）混在噪声中的周期信号。而从原理上看，互相关分析不限于从噪声中提取周期信号，也有可能提取非周期信号，只要能设法建立相应的参考信号即可。

4.3 信号的频域分析

信号的时域描述反映了信号幅值随时间变化的特征。而频域分析是指把时间域的各种动态信号通过傅里叶变换转换到频率域进行分析，描述反映了信号的频率结构和各频率成分的幅值大小。频域分析一般泛指：频谱分析，包括幅值谱和相位谱；功率谱分析，包括自谱和互谱；频率响应函数分析，系统输出信号频谱与输入信号频谱之比；相干函数分析，系统输入信号与输出信号之间谱的相关程度；倒频谱分析：频谱本身再进行傅里叶变换而得到新的谱，包括功率倒频谱和复倒频谱。由于自相关函数与自谱，互相关函数与互谱分别构成傅里叶变换对，这就使得谱分析与相关分析有机地联系在一起。

功率谱密度函数、相干函数、倒谱分析从频域为研究平稳随机过程提供了重要方法。

4.3.1 功率谱密度函数

1. 帕斯瓦尔（Paseval）定理

帕斯瓦尔定理：在时域中信号的总能量等于在频域中信号的总能量，即

$$\int_{-\infty}^{\infty} x^2(t)\,\mathrm{d}t = \int_{-\infty}^{\infty} |X(f)|^2\,\mathrm{d}f \tag{4-40}$$

式（4-40）又叫做能量等式。这个定理可以用傅里叶变换的卷积公式导出，现推导如下。

设有下列变换对：

$$x_1(t) \Leftrightarrow X_1(f)\ ,\ x_2(t) \Leftrightarrow X_2(f)$$

依据频域卷积定理，有

$$x_1(t) * x_2(t) \Leftrightarrow X_1(f) X_2(f)$$

即

$$\int_{-\infty}^{\infty} x_1(t) x_2(t) \mathrm{e}^{-\mathrm{j}2\pi f_0 t}\,\mathrm{d}t = \int_{-\infty}^{\infty} X_1(f) X_2(f_0 - f)\,\mathrm{d}f$$

令 $f_0 = 0$，得

$$\int_{-\infty}^{\infty} x_1(t) x_2(t)\,\mathrm{d}t = \int_{-\infty}^{\infty} X_1(f) X_2(-f)\,\mathrm{d}f$$

又令 $x_1(t) = x_2(t) = x(t)$，得

$$\int_{-\infty}^{\infty} x^2(t)\,\mathrm{d}t = \int_{-\infty}^{\infty} X(f) X(-f)\,\mathrm{d}f$$

因为 $x(t)$ 是实函数，所以 $X(-f) = X^*(f)$。于是，有

$$\int_{-\infty}^{\infty} x^2(t)\,\mathrm{d}t = \int_{-\infty}^{\infty} X(f) X^*(f)\,\mathrm{d}f = \int_{-\infty}^{\infty} |X(f)|^2\,\mathrm{d}f$$

$|X(f)|^2$ 称为能谱，它是沿频率轴的能量分布密度。

2. 功率谱密度函数（简称功率谱）的定义

随机信号 $x(t)$ 的自功率谱密度函数（power spectral density）（简称自谱）是该随机信号自相关函数 $R_x(\tau)$ 的傅里叶变换，记作 $S_x(f)$。

$$S_x(f) = \int_{-\infty}^{\infty} R_x(\tau) \mathrm{e}^{-\mathrm{j}2\pi f\tau}\,\mathrm{d}\tau$$

其逆变换为

$$R_x(\tau) = \int_{-\infty}^{\infty} S_x(f) \mathrm{e}^{\mathrm{j}2\pi f\tau}\,\mathrm{d}f \tag{4-41}$$

由于 $S_x(f)$ 和 $R_x(\tau)$ 之间是傅里叶变换对的关系，两者是唯一对应的。$S_x(f)$ 中包含着 $R_x(\tau)$ 的全部信息。$R_x(\tau)$ 为实偶函数，$S_x(f)$ 亦为实偶函数。

两个随机信号 $x(t)$ 和 $y(t)$ 的互功率谱密度函数（cross power spectral density）（简称互谱）是它们的互相关函数 $R_{xy}(\tau)$ 的傅里叶变换，记作 $S_{xy}(f)$。

$$S_{xy}(f) = \int_{-\infty}^{\infty} R_{xy}(\tau) \mathrm{e}^{-\mathrm{j}2\pi f\tau}\,\mathrm{d}\tau$$

其逆变换为

$$R_{xy}(\tau) = \int_{-\infty}^{\infty} S_{xy}(f) \mathrm{e}^{\mathrm{j}2\pi f\tau}\,\mathrm{d}f$$

互相关函数 $R_{xy}(\tau)$ 并非偶函数，因此 $S_{xy}(f)$ 具有虚、实两部分。同样，$S_{xy}(f)$ 保留了 $R_{xy}(\tau)$ 的全部信息。

3. 功率谱密度函数的物理意义

$S_x(f)$ 和 $S_{xy}(f)$ 是在频域内描述随机信号的函数。因随机信号的积分不收敛，不满足狄里赫利条件，因此不存在典型意义下的傅里叶变换，无法直接得到频谱，也就是说不可能像确定性信号一样用频谱来对随机信号作频域描述。但均值为零的随机信号的相关函数在 $\tau \to \infty$ 时是收敛的，即 $R_x(\tau \to \infty) = 0$，可满足傅里叶变换条件 $\int_{-\infty}^{\infty} |R_x(\tau)| \mathrm{d}\tau < \infty$，根据傅里叶变换理论，自相关函数 $R_x(\tau)$ 是绝对可积的。

在式（4-41）中，令 $\tau = 0$，则

$$R_x(0) = \int_{-\infty}^{\infty} S_x(f) \mathrm{e}^0 \mathrm{d}f = \int_{-\infty}^{\infty} S_x(f) \mathrm{d}f$$

根据自相关函数本身的定义，当 $\tau = 0$ 时

$$R_x(0) = \lim_{T \to \infty} \frac{1}{T} \int_0^T x(t) x(t+0) \mathrm{d}t = \lim_{T \to \infty} \int_0^T \frac{x^2(t)}{T} \mathrm{d}t$$

比较以上两式，可得

$$R_x(0) = \int_{-\infty}^{\infty} S_x(f) \mathrm{d}f = \lim_{T \to \infty} \int_0^T \frac{x^2(t)}{T} \mathrm{d}t \tag{4-42}$$

式（4-42）的图解含义如图 4-18 所示。图 4-18a 为原始的随机信号 $x(t)$；图 4-18b 为 $x^2(t)/T$ 的函数曲线；图 4-18c 为 $x(t)$ 的自相关函数 $R_x(\tau)$；图 4-18d 为 $R_x(\tau)$ 的傅里叶变换 $S_x(f)$，即自谱函数曲线。根据式（4-42），$S_x(f)$ 曲线下的总面积与 $x^2(t)/T$ 曲线下的总面积相等。按一般的物理概念理解，$x^2(t)$ 是信号 $x(t)$ 的能量，则 $x^2(t)/T$ 是信号 $x(t)$ 的功率，而 $\lim_{T \to \infty} \int_0^T \frac{x^2(t)}{T} \mathrm{d}t$ 就是信号 $x(t)$ 的总功率，这一总功率与 $S_x(f)$ 曲线下的总面积相等，所以 $S_x(f)$ 曲线下的总面积就是信号 $x(t)$ 的总功率。由 $S_x(f)$ 曲线可知，这一总功率是无数的在不同频率上的功率元 $S_x(f) \mathrm{d}f$ 的总合，$S_x(f)$ 波形的起伏表示了总功率在各频率处的功率元分布的变化情况，称 $S_x(f)$ 为随机信号 $x(t)$ 的功率谱密度函数。用同样的方法，可以解释互谱密度函数 $S_{xy}(f)$。

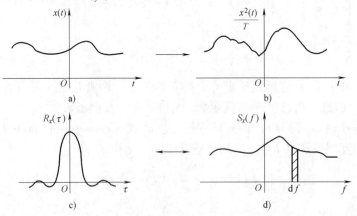

图 4-18　自功率谱的几何图形解释

a）原始的随机信号 $x(t)$　　b）$x^2(t)/T$ 的函数曲线　　c）$x(t)$ 的自相关函数 $R_x(\tau)$　　d）$R_x(\tau)$ 的傅里叶变换 $S_x(f)$

下面说明自功率谱密度函数 $S_x(f)$ 和幅值谱 $X(f)$ 或能谱 $|X(f)|^2$ 之间的关系。在整个时间轴上，信号平均功率为

$$P_{av} = \lim_{T \to \infty} \frac{1}{T} \int_0^T x^2(t)\,\mathrm{d}t = \int_{-\infty}^{\infty} \lim_{T \to \infty} \frac{1}{T}\,|X(f)|^2\mathrm{d}f \qquad (4-43)$$

比较式（4-43）与式（4-40），可得自功率谱密度函数和幅值谱的关系为

$$S_x(f) = \lim_{T \to \infty} \frac{1}{T}\,|X(f)|^2$$

自功率谱密度函数是偶函数，它的频率范围是（$-\infty$，∞），又称双边自功率谱密度函数。它在频率范围（$-\infty$，0）的函数值是其在（0，∞）频率范围函数值的对称映射，因此，可用在 $f=0 \sim \infty$ 范围内 $G_x(f) = 2S_x(f)$ 来表示信号的全部功率谱。把 $G_x(f)$ 称为 $x(t)$ 信号的单边功率谱密度函数。图 4-19 所示为单边谱和双边谱的比较。

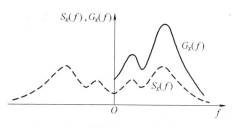

图 4-19　单边谱和双边谱的比较

4. 自功率谱密度 $S_x(f)$ 与幅值谱的关系

自功率谱密度 $S_x(f)$ 为自相关函数 $R_x(\tau)$ 的傅里叶变换，故 $S_x(f)$ 包含着 $R_x(\tau)$ 中的全部信息。自功率谱密度 $S_x(f)$ 反映信号的频域结构，这与幅值谱 $|x(f)|$ 相似，但是自功率谱密度所反映的是信号幅值的二次方，因此其频域结构特征更为明显，如图 4-20 所示。

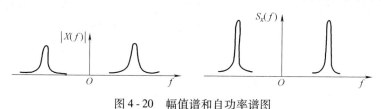

图 4-20　幅值谱和自功率谱图

4.3.2　功率谱的应用

1. 功率谱密度 $S_x(f)$ 与系统的频率响应函数 $H(f)$ 的关系

对于图 4-21 所示的线性系统，若输入为 $x(t)$，输出为 $y(t)$，系统的频率响应函数为 $H(f)$，则有

$$H(f) = \frac{Y(f)}{X(f)}$$

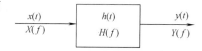

图 4-21　理想单输入、输出系统

式中，$H(f)$、$Y(f)$、$X(f)$ 均为 f 的复函数。如果 $X(f)$ 表示为

$$X(f) = X_R(f) + jX_I(f)$$

$X(f)$ 的共轭值为

$$X^*(f) = X_R(f) - jX_I(f)$$

则有

$$X(f)X^*(f) = X_R^2(f) + X_I^2(f) = |X(f)|^2$$

$$H(f) = \frac{Y(f)}{X(f)} \frac{X^*(f)}{X^*(f)} = \frac{S_{xy}(f)}{S_{xx}(f)} \tag{4-44}$$

式（4-44）说明，系统的频响函数可以由输入、输出间的互谱密度函数与输入功率谱密度函数之比求得。由于 $S_{xy}(f)$ 包含频率和相位信息，故 $H(f)$ 亦包含幅频与相频信息。此外，$H(f)$ 还可用下式求得：

$$H(f)H^*(f) = \frac{Y(f)}{X(f)} \frac{Y^*(f)}{X^*(f)} = \frac{S_y(f)}{S_x(f)} = |H(f)|^2$$

因此，输入、输出的自功率谱密度与系统频率响应函数的关系如下：

$$S_y(f) = |H(f)|^2 S_x(f) \tag{4-45}$$

$$G_y(f) = |H(f)|^2 G_x(f)$$

$$|H(f)| = \sqrt{S_y(f)/S_x(f)}$$

求得频响函数之后，对 $H(f)$ 取傅里叶逆变换，便可求得脉冲响应函数 $h(t)$。但应注意的是，未经平滑或平滑不好的频响函数中的虚假峰值（干扰引起），将在脉冲响应函数中形成虚假的正弦分量。

通过输入、输出自谱的分析，就能得出系统的幅频特性。但这样的谱分析丢失了相位信息，不能得出系统的相频特性。

对于如图 4-21 所示的单输入、单输出的理想线性系统，由式（4-44）可得

$$S_{xy}(f) = H(f)S_x(f) \tag{4-46}$$

故从输入的自谱和输入、输出的互谱就可以直接得出系统的频率响应函数。式（4-46）与式（4-45）不同，所得到的 $H(f)$ 不仅含有幅频特性而且含有相频特性，这是因为互相关函数中包含着相位信息。

2. 利用互谱排除噪声影响

图 4-22 为一个受到外界干扰的测试系统，$n_1(t)$ 为输入噪声，$n_2(t)$ 为加于系统中间环节的噪声，$n_3(t)$ 为加在输出端的噪声。该系统的输出 $y(t)$ 为

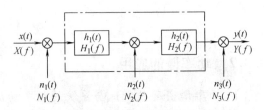

图 4-22　受外界干扰的系统

$$y(t) = x'(t) + n_1'(t) + n_2'(t) + n_3(t)$$

式中，$x'(t)$、$n_1'(t)$、$n_2'(t)$ 分别为系统对 $x(t)$、$n_1(t)$、$n_2(t)$ 的响应。

输入与输出 $y(t)$ 的互相关函数为

$$R_{xy}(\tau) = R_{xx'}(\tau) + R_{xn_1'}(\tau) + R_{xn_2'}(\tau) + R_{xn_3}(\tau) \tag{4-47}$$

由于输入 $x(t)$ 和噪声 $n_1(t)$、$n_2(t)$ 和 $n_3(t)$ 是独立无关的，故互相关函数 $R_{xn_1'}(\tau)$、$R_{xn_2'}(\tau)$ 和 $R_{xn_3}(\tau)$ 均为零，所以

$$R_{xy}(\tau) = R_{xx'}(\tau)$$

故

$$S_{xy}(f) = S_{xx'}(f) = H(f)S_x(f) \tag{4-48}$$

式中，$H(f) = H_1(f)H_2(f)$，为系统的频率响应函数。

可见，利用互谱分析可排除噪声的影响，这是这种分析方法的突出的优点。然而应当注

意到，利用式（4-48）求线性系统的 $H(f)$ 时，尽管其中的互谱 $S_{xy}(f)$ 可不受噪声的影响，但是输入信号的自谱 $S_x(f)$ 仍然无法排除输入端测量噪声的影响，从而形成测量的误差。

图 4-22 所示系统中的 $n_1(t)$ 是输入端的噪声，对分离人们感兴趣的输入信号来看，它是一种干扰。为了测试系统的动特性，有时人们故意给正在运行的系统一特定的已知扰动输入 $n(t)$，从式（4-47）可以看出，只要 $n(t)$ 和其他各输入量无关，在测得 $S_{xy}(f)$ 和 $S_n(f)$ 后就可以计算出 $H(f)$。

3. 功率谱在设备诊断中的应用

图 4-23 是汽车变速器上加速度信号的功率谱图。图 4-23a 是变速器正常工作谱图，图 4-23b 为机器运行不正常时的谱图。可以看到图 4-23b 比图 4-23a 增加了 9.2Hz 和 18.4Hz 两个谱峰，这两个频率为设备故障的诊断提供了依据。

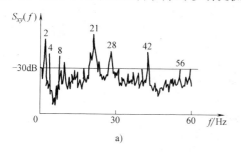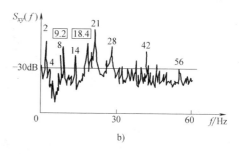

图 4-23　汽车变速器上加速度信号的功率谱图
a）正常工作时　b）机器运行不正常时

4. 瀑布图

在机器增速或降速过程中，对不同转速时的振动信号进行等间隔采样，并进行功率谱分析，将各转速下的功率谱组合在一起成为一个转速—功率谱三维图，又称为瀑布图。图 4-24 为柴油机振动信号瀑布图。图 4-24 中，在转速为 1480r/min 的 3 次频率上和 1990r/min 的 6 次频率上谱峰较高，也就是在这两个转速上产生两种阶次的共振，这就可以定出危险旋转速度，进而找到共振根源。

图 4-24　柴油机振动信号瀑布图

5. 坎贝尔（Canbel）图

坎贝尔图是在三维谱图的基础上，以谐波阶次为特征的振动旋转信号的三维谱图。图 4-25 为汽轮发电机组振动的坎贝尔图。图中，转速为横坐标，频率为纵坐标，右方的序数 1~13 为转速的谐波次数，每一条斜线代表转速在变化过程中该次谐波的谱线变化情况。坎贝尔图的绘制方法是：先在汽轮发电机组升速（或降速）过程中在各转速点上取振动信号，然后作出各转速点上振动的自谱，以各条谱线的高度为半径，以该条谱线在频率轴上的点为圆心作圆，形成一个以圆大小表达的自谱图，将各转速上振动信号的圆自谱图组合起来，绘出各次谐波斜线就成为最后的坎贝尔图，该谱图可更为直观地看出随着转速的增加各次谐波频率成分的变化。由该图可以看出在 1800 ~ 2400r/min 范围内基波频率成分较大，在 1500 ~ 1800r/min 范围内第 13 次谐波成分较大。两者中尤以前者更为严重，所以可以看出危险的转速范围，并可根据它们找寻相应的振动响应过大的结构部分，加以改进。图 4 - 25 中与水平轴平行的许多圆圈代表了机器不随转速变化的频率成分，一般表示了某些结构部分的固有频率。

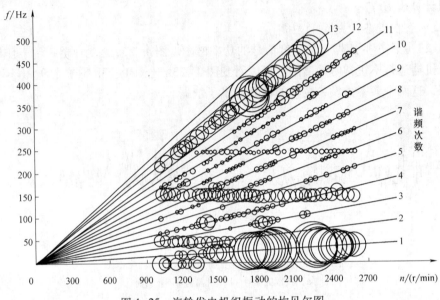

图 4 - 25　汽轮发电机组振动的坎贝尔图

4.3.3　相干函数

1. 相干函数的定义

若信号 $x(t)$ 与 $y(t)$ 的自谱和互谱分别为 $S_x(f)$、$S_y(f)$ 和 $S_{xy}(f)$，则这两个信号之间的相干函数 $\gamma_{xy}^2(f)$ 为

$$\gamma_{xy}^2(f) = \frac{|S_{xy}(f)|^2}{S_x(f)S_y(f)} \qquad 0 \leq \gamma_{xy}^2(f) \leq 1 \qquad (4-49)$$

2. 相干函数的物理含义

相干函数是在频域内反映两个信号相关程度的指标。例如在一测试系统中，为了评价其输入信号与输出信号间的因果性，即输出信号的功率谱中有多少是被测输入信号所引起的，就可以使用相干函数。

假若一个系统的输入信号为 $x(t)$，输出信号为 $y(t)$，该系统是一个线性系统，则两个信号的功率谱与系统频响函数之间存在式（4 - 45）和式（4 - 46）的关系。将这两式代入式（4 - 49）得

$$\gamma_{xy}^2(f) = \frac{|S_{xy}(f)|^2}{S_x(f)S_y(f)} = \frac{|H(f)S_x(f)|^2}{S_x(f)S_y(f)} = \frac{S_y(f)S_x(f)}{S_x(f)S_y(f)} = 1 \qquad (4-50)$$

式（4 - 50）表明：对于一个线性系统，其输出与输入之间的功率谱关系是相干函数为 1，这表明输出完全是由输入引起的线性响应。

假如由于各种原因，一个系统的输出与输入完全不相关，即 $R_{xy}(\tau)=0$，则 $S_{xy}(f)=0$，从而使 $\gamma_{xy}^2(f)=0$，这表明输出 $y(t)$ 完全不是输入 $x(t)$ 所引起的线性响应。

通常，在一般的测试过程中，如果 $0<\gamma_{xy}^2(f)<1$，这表明有 3 种可能性：

1）联系 $x(t)$ 和 $y(t)$ 的系统不完全是线性的。

2）系统的输出 $y(t)$ 是由 $x(t)$ 和其他干扰信号共同输入所引起的。

3）在输出端有干扰噪声混入。

所以 $\gamma_{xy}^2(f)$ 的数值标志了 $y(t)$ 由 $x(t)$ 线性引起响应的程度。

3. 相干函数的应用

根据相干函数以上的含义在实际中可以有下列一些应用。

（1）系统因果性检验　例如，对测试的输出信号处理之前，使用相干函数鉴别该信号是否真是被测信号的线性响应。

（2）鉴别物理结构的不同响应信号间的联系　图 4-26 是一般用柴油机润滑油泵的油压脉动与压油管道振动的两信号的自谱和相干函数。润滑油泵转速为 $n=781\text{r/min}$，油泵齿轮的齿数为 $z=14$，测得油压脉动信号 $x(t)$ 和压油管振动信号 $y(t)$，压油管压力脉动的基频为

$$f_0 = \frac{nz}{60} = 182.24\text{Hz}$$

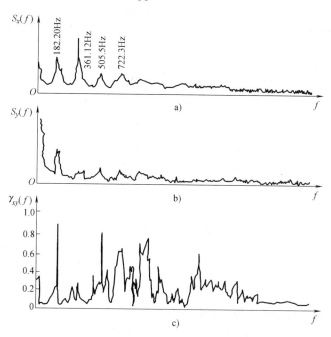

图 4-26　油压脉动与油管振动的相干分析

a）信号 $x(t)$ 的功率谱　b）信号 $y(t)$ 的功率谱　c）相干函数

所测得油压脉动信号 $x(t)$ 的功率谱 $S_x(f)$ 如图 4-26a 所示，它除了有基频谱线外，由于油压脉动并不完全是准确的正弦变化，而是以基频为基础的非正弦周期信号，所以它在频域还存在二、三、四次以至更高的谐波谱线。此时在压油管上测得的振动信号 $y(t)$ 的功率谱图 $S_y(f)$ 如图 4-26b 所示。对这两个信号作相干分析，得到图 4-26c 所示的相干函数曲

线。由相干函数图上可见，当 $f = f_0 = 182.24\text{Hz}$ 时，$\gamma_{xy}^2(f) \approx 0.9$；当 $f = 2f_0 \approx 361.12\text{Hz}$ 时，$\gamma_{xy}^2(f) \approx 0.37$；当 $f = 3f_0 \approx 546.54\text{Hz}$ 时，$\gamma_{xy}^2(f) \approx 0.8$；当 $f = 4f_0 \approx 722.24\text{Hz}$ 时，$\gamma_{xy}^2(f) \approx 0.75$；……齿轮引起的各次谐频对应的相干函数值都比较大，而其他频率对应的相干函数值很小，由此可见，油管的振动主要是由油压脉动引起的。从 $x(t)$ 和 $y(t)$ 的功率谱图也明显可见油压脉动的影响（见图 4-26a、图 4-26b）。

4.3.4 倒频谱分析及其应用

倒频谱分析亦称为二次频谱分析，是近代信号处理中的一项新技术，它可以检测复杂信号频谱上的周期结构，分离和提取在密集泛频谱信号中的周期成分，对于同族谐频或异族谐频、多成分的边频等复杂的信号分析、识别是非常有效的。在语言分析中对语言音调的测定、机械振动和噪声源的识别、各种故障的诊断与预报、地震的回波与传声回响等领域也得到了广泛地应用。

1. 倒频谱的数学描述

已知时域信号 $x(t)$ 经过傅里叶变换后，可得到频域函数 $X(f)$ 或功率谱密度函数 $S_x(f)$，当频谱图上呈现出复杂的周期、谐频、边频等结构时，如果再进行一次对数的功率谱密度傅里叶变换并取二次方，则可以得到倒频谱函数 $C_p(q)$，即

$$C_p(q) = |F\{\lg S_x(f)\}|^2 \tag{4-51}$$

$C_p(q)$ 又称功率倒频谱（power cepstrum），或称对数功率谱的功率谱。工程上常用的是式（4-51）的开方形式，即

$$C_0(q) = \sqrt{C_p(q)} = |F\{\lg S_x(f)\}| \tag{4-52}$$

$C_0(q)$ 称为幅值倒频谱，有时简称为倒频谱。自变量 q 称为倒频率，它具有与自相关函数 $R_x(\tau)$ 中的自变量 τ 相同的时间量纲，一般取 s 或 ms。因为倒频谱是傅里叶正变换，积分变量是频率 f 而不是时间 τ，故倒频谱 $C_0(q)$ 的自变量 q 具有时间的量纲。q 值大的称为高倒频率，表示谱图上的快速波动和密集谐频；q 值小的称为低倒频率，表示谱图上的缓慢波动和散离谐频。

为了使其定义更加明确，还可以定义

$$C_y(q) = F^{-1}\{\lg S_y(f)\}$$

即倒频谱定义为信号的双边功率谱对数加权，再取其傅里叶逆变换，联系一下信号的自相关函数

$$R(\tau) = F^{-1}\{S_y(f)\}$$

可见，这种定义方法与自相关函数很相近，变量 q 与 τ 在量纲上完全相同。

为了反映相位信息，分离后能恢复原信号，又提出一种复倒频谱的运算方法。若信号 $x(t)$ 的傅里叶变换为 $X(f)$，则可表示为

$$X(f) = X_R(f) + jX_L(f)$$

$x(t)$ 的倒频谱记为

$$C_0(q) = F^{-1}\{\lg X(f)\}$$

显然，它保留了相位的信息。

倒频谱是频域函数的傅里叶变换，与相关函数不同的只差对数加权，其目的是使再变换

以后的信号能量集中，扩大动态分析的频谱范围和提高再变换的精度。同时，由于对数加权作用还可以解卷成分，易于对原信号的分离和识别。

2. 倒频谱的应用

（1）分离信息通道对信号的影响　在机械状态监测和故障诊断中，所测得的信号往往是由故障源经系统路径的传输而得到的响应，也就是说它不是原故障点的信号，如欲得到源信号，必须删除传递通道的影响。例如在噪声测量时，所测得的信号，不仅有源信号而且混入不同方向反射的回声信号。要提取源信号，必须删除回声的干扰信号。

若系统的输入为 $x(t)$，输出为 $y(t)$，脉冲响应函数是 $h(t)$，三者的时域关系为

$$y(t) = x(t) * h(t)$$

频域的关系为

$$Y(f) = X(f)H(f)$$

于是，可导出关于功率谱的公式

$$S_y(f) = S_x(f) |H(f)|^2$$

对上式两边取对数，有

$$\lg S_y(f) = \lg S_x(f) + \lg |H(f)|^2 \tag{4-53}$$

式（4-53）的图像如图4-27所示，源信号为具有明显周期特征的信号，经过系统特性 $\lg G_h(f)$ 的影响修正，合成而得输出信号 $\lg G_t(f)$。

对于式（4-51）进一步作傅里叶变换，即可得幅值倒频谱

$$F\{\lg S_y(f)\} = F[\lg S_x(f)] + F\{\lg |H(f)|^2\}$$

即

$$C_y(q) = C_x(q) + C_h(q) \tag{4-54}$$

从以上推导可知，信号在时域可以利用 $x(t)$ 与 $h(t)$ 的卷积求输出；在频域则变成 $X(f)$ 与 $H(f)$ 的乘积关系；而在倒频域则变成 $C_x(q)$ 和 $C_h(q)$ 相加的关系，使系统特性 $C_h(q)$ 与信号特性 $C_x(q)$ 明显区别开来，这对清除传递通道的影响很有用处，而用功率谱处理就很难实现。

图4-27b即为式（4-54）的倒频谱图。从图上清楚地表明有两个组成部分：一部分是高倒频率 q_2，反映源信号特征；另一部分是低倒频率 q_1，反映系统的特性。两个部分在倒频谱图上占有不同的倒频率范围，根据需要可以将信号与系统的影响分开，可以删除以保留源信号。

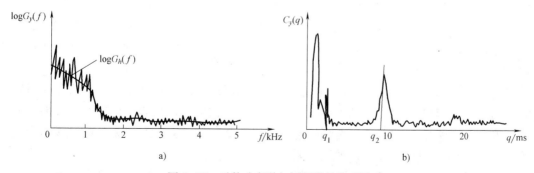

图4-27　对数功率谱与倒频谱的关系图

（2）用倒频谱诊断齿轮故障　对于高速大型旋转机械，其旋转状况是复杂的，尤其当设备出现不对中，轴承或齿轮的缺陷、油膜涡动、摩擦、陷流及质量不对称等现象时，则振动更为复杂，用一般频谱分析方法已经难于辨识（识别反映缺陷的频率分量），而用倒频谱则会增强识别能力。

例如一对工作中的齿轮，在实测得到的振动或噪声信号中，包含着一定数量的周期分量。如果齿轮产生缺陷，则其振动或噪声信号还将大量增加谐波分量及所谓的边带频率成分。

设在旋转机械中有两个频率 ω_1 与 ω_2 存在，在这两个频率的激励下，机械振动的响应呈现出周期性脉冲的拍（beats），也就是呈现其振幅以差频 $\omega_2 - \omega_1$（设 $\omega_2 > \omega_1$）进行幅度调制的信号，从而形成拍的波形，这种调幅信号是自然产生的。例如调幅波起源于齿轮啮合频率（齿数×轴转数）ω_0 的正弦载波，其幅值由于齿轮之偏心影响成为随时间而变化的某一函数 $S_m(t)$，于是

$$y(t) = S_m(t)\sin(\omega_0 t + \varphi)$$

假设齿轮轴转动频率为 ω_m，则可写成

$$y(t) = A(1 + m\cos\omega_m t)\sin(\omega_0 t + \varphi) \tag{4-55}$$

其图形如图 4-28a 所示，看起来像一周期函数，但实际上，它并非是一个周期函数，除非 ω_0 与 ω_m 成整倍数关系，在实际应用中，这种情况并不多见。根据三角函数的积化和差公式，式（4-55）可写成

$$y(t) = A\sin(\omega_0 t + \varphi) + \frac{mA}{2}\sin[(\omega_0 + \omega_m)t + \varphi] + \frac{mA}{2}\sin[(\omega_0 - \omega_m)t + \varphi]$$

$$\tag{4-56}$$

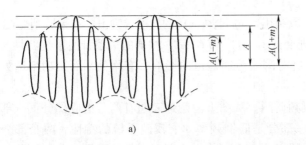
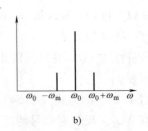

a)　　　　　　　　　　　　　　　b)

图 4-28　齿轮啮合中的拍波及频谱

a）拍波　b）频谱

从式（4-56）不难看出，它是 ω_0、$(\omega_0 + \omega_m)$ 和 $(\omega_0 - \omega_m)$ 3 个不同的正弦波之和，具有如图 4-28b 所示的频谱图。$(\omega_0 + \omega_m)$ 和 $(\omega_0 - \omega_m)$ 分别称为和频和差频，通称为边带频率。

假设一个具有 4 个轮辐和 100 个齿的齿轮，其轴转速为 3000rad/min，啮合频率则为 5000Hz。啮合振动的幅值（啮合力的大小）被每转 4 次即周期为 200Hz 的另一种振动调制（因为有 4 个轮辐的影响）。所以在测得的振动分量中，不仅有明显的轴频 50Hz 及啮合频率 5000Hz，还有 4800Hz 及 5200Hz 的边带频率。

在一个频谱图上出现过多差频是难以识别的，而使用倒频谱图却较容易识别，如图 4-29 所示。图 4-29a 是一个减速机的频谱图，图 4-29b 是它的倒频谱图。从倒频谱图上

可清楚地看出两个主要频率分量分别在 117.6Hz(85ms) 和 48.8Hz(20.5ms)。

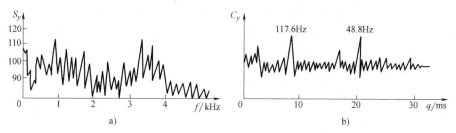

图 4-29　减速机的频谱和倒频谱分析图

a) 频谱图　b) 倒频谱图

4.4　信号时频分析的基本概念

随机信号在理论上可以分为平稳和非平稳两大类。长期以来，由于理论研究和分析工具的局限，人们将许多非平稳信号都简化为平稳信号来处理，平稳信号分析与处理的理论和技术，已得到充分的发展和广泛的应用。但严格地说，许多实际信号都是非平稳信号。在 20 世纪末，随着科学技术的发展和进步，特别是计算机技术的发展和进步，已有必要和可能将信号处理研究的重点转向非平稳信号。因此，近年来，非平稳信号处理的一个重要分支——时频分析已得到很大的发展。

时频分析的基本任务是建立不仅能够同时用时间和频率描述信号的能量分布密度，还能够以同样的方式来计算信号的其他特征量函数。

时频分析法是指用时间和频率的联合函数来表示非平稳信号，并对其进行分析和处理的一种方法。

4.4.1　从傅里叶变换到时频分析

对于一个能量有限的信号 $x(t)$，其傅里叶变换 $X(f)$ 为式（2-23）、逆变换为式（2-24）作为信号表示的一种重要工具，在信号的分析与处理中起了重要的作用。但上述两式都是一种全局性的变换式，即每一时刻 t 的信号值 $x(t)$，由式（2-24）知，都是全部频率分量 $X(f)$ 共同贡献的结果；同样由式（2-23）知，每一频率分量的信号 $X(f)$ 也是全部时间范围内 $x(t)$ 共同贡献的结果。

全局性的变换在实际应用中会碰到一些问题。对于实际信号 $x(t)$，能得到的仅是一个有限时间段内的信号，例如在 $[-T, T]$ 内的信号，因此在求信号频谱时，只能做如下近似，即

$$X(f) = \int_{-\infty}^{\infty} x(t) e^{-j2\pi ft} dt \approx \int_{-T}^{T} x(t) e^{-j2\pi ft} dt = X'(f) \qquad (4-57)$$

也就是说，在实际计算中，只能得到 $x(t)$ 加时窗后的近似频谱 $X'(f)$，而严格准确的频谱是无法知道的。其次，对于非平稳信号（含时变的确定性信号），在不同时间段内信号的频谱是变化的。例如，当需要通过舰船螺旋桨噪声监测船速时，需要计算的正是螺旋桨噪声信号频谱随时间变化的情况。显然，按式（2-23）计算频谱将无法满足这一要求。

为克服传统傅里叶变换的这种全局性变换的局限性，对于非平稳信号的分析与处理，必须使用局部变换的方法，用时间和频率的联合函数来表示信号，这就是时频分析法。

时频分析法按所设计的时频联合函数不同可以分为各种类型：

（1）线性时频表示　这类时频分析方法由傅里叶变换演化而来，它们与傅里叶变换一样，其变换满足线性。若 $x(t) = ax_1(t) + bx_2(t)$，a、b 为常数，而 $P(t, f)$、$P_1(t, f)$、$P_2(t, f)$ 分别为 $x(t)$、$x_1(t)$、$x_2(t)$ 的线性时频表示，则

$$P(t, f) = aP_1(t, f) + bP_2(t, f) \tag{4-58}$$

线性时频表示主要有短时傅里叶变换（STFT）、戈勃（Gabor）展开及小波变换等。STFT 实际上是加窗的傅里叶变换，随着窗函数在时间轴上的滑动而形成信号的一种时频表示；Gabor 展开是最早提出的一种时频表示，它可以看做是 STFT 在时间域和频率域进行取样的结果。在上述两种时频表示中，窗函数的宽度是固定的，而小波变换是一种窗函数的宽度可以随频率而变化的时频表示。

（2）双线性时频表示　这类时频表示由能量谱或功率谱演化而来，其变换是二次的，所以也称二次型时频表示。二次型时频表示不满足线性，若 $x(t) = ax_1(t) + bx_2(t)$，$P(t, f)$、$P_1(t, f)$、$P_2(t, f)$ 分别为 $x(t)$、$x_1(t)$、$x_2(t)$ 的二次型时频表示，则有

$$P(t, f) = |a|^2 P_1(t, f) + |b|^2 P_2(t, f) + 2R_e[abP_{12}(t, f)] \tag{4-59}$$

式中，最后一项称之干扰项，也称互项，$P_{12}(t, f)$ 称为 $x_1(t)$，$x_2(t)$ 的互时频表示。

在双线性时频表示中，主要有 Cohen 类双线性时频分布和仿射类双线性时频分布等，而著名的维格纳（Wigner）分布是连接 Cohen 类分布与仿射类分布的纽带，也是研究较多的一种双线性时频表示。

4.4.2　信号的分辨率

1. 时间分辨率

对于信号 $x(t)$，其信号能量按时间的密度（分布）函数可记为 $|x(t)|^2$，在 Δt 内的部分能量可记为 $|x(t)|^2\Delta t$，而其信号总能量可以表示为

$$E = \int_{-\infty}^{\infty} |x(t)|^2 dt \tag{4-60}$$

为简单计，以下均将能量归一化，即令 $E = 1$。

由以上表述可以看出，由信号的时间函数表示 $x(t)$，可以确切知道每个时间点（如 $t = t_0$ 点）的能量密度。因此，信号的时间函数表示具有无限的时间分辨率。而由式（2-23）得到的信号频谱 $X(f)$，由于仅为频率的函数，从 $X(f)$ 中不能直接得到任何信号能量随时间分布的性状，因此，信号的频谱函数表示的时间分辨率为零。

为了进一步描述信号能量随时间分布的性态，可按 $|x(t)|^2$ 来定义信号能量分布的时间中心 $<t> = t_0$ 和持续时间 $T = \Delta_x = \Delta t$，Δ_x 也称信号的时窗半径，而 t_0 则称为时窗中心，它们分别满足

$$t_0 = \int_{-\infty}^{\infty} t|x(t)|^2 dt \tag{4-61}$$

$$\Delta_x^2 = \int_{-\infty}^{\infty} (t - t_0)|x(t)|^2 dt \tag{4-62}$$

2. 频率分辨率

对于频谱函数为 $X(f)$ 的信号，其信号能量按频率的密度（分布）函数可记为 $|X(f)|^2$，即能量谱密度函数。在 Δf 内的部分能量可记为 $|X(f)|^2\Delta f$，而信号总能量可以表示为

$$E = \int_{-\infty}^{\infty} |X(f)|^2 \mathrm{d}f \qquad (4\text{-}63)$$

由 $X(f)$ 可以确切知道每个频率点（例如 $f = f_0$）的能量密度。因此，信号的频谱函数表示具有无限的频率分辨率。显然，信号的时间函数表示的频率分辨率为零。

为了进一步描述信号能量随频率分布的性态，可按 $|X(f)|^2$ 来定义信号能量分布的频率中心 $<f> = f_0$ 和方均根宽带 $B = \Delta_X = \Delta f$，Δ_X 也称为信号的频窗半径，而 f_0 则称为频窗中心，它们分别满足

$$f_0 = \int_{-\infty}^{\infty} 2\pi f |X(f)|^2 \mathrm{d}f \qquad (4\text{-}64)$$

$$\Delta_X^2 = \int_{-\infty}^{\infty} 2\pi (f - f_0) |X(f)|^2 \mathrm{d}f \qquad (4\text{-}65)$$

3. 不确定性原理

理想的时频表示方法，希望在时间和频率上都具有无限分辨率，即从信号的时频表示 $P(t, f)$ 中能确切知道信号能量在 (t, f) 点的分布，然而这是不可能的。下面介绍的 Heisenberg 不确定原理不允许有"某个特定时间和频率点上的能量"概念。

不确定性原理：当 $|t| \to \infty$ 时，$\sqrt{t} x(t) \to 0$，则

$$\Delta_x \Delta_X \geqslant \frac{1}{2} \qquad (4\text{-}66)$$

证明：为简便计，假定 $x(t)$ 为实函数，且时窗中心、频窗中心皆为零。由许瓦兹不等式有

$$\left| \int_{-\infty}^{\infty} t x(t) \frac{\mathrm{d}x(t)}{\mathrm{d}t} \right|^2 = \int_{-\infty}^{\infty} t^2 x^2(t) \mathrm{d}t \int_{-\infty}^{\infty} \left| \frac{\mathrm{d}x(t)}{\mathrm{d}t} \right|^2 \mathrm{d}t$$

因为 $\mathrm{d}x(t)/\mathrm{d}t$ 的傅里叶变换为 $\mathrm{j}2\pi f X(f)$，所以有

$$\int_{-\infty}^{\infty} \left| \frac{\mathrm{d}x(t)}{\mathrm{d}t} \right|^2 \mathrm{d}t = \int_{-\infty}^{\infty} (2\pi f)^2 |X(f)|^2 \mathrm{d}f$$

据 Δ_x 和 Δ_X 的定义得

$$\int_{-\infty}^{\infty} t^2 x^2(t) \mathrm{d}t \int_{-\infty}^{\infty} \left| \frac{\mathrm{d}x(t)}{\mathrm{d}t} \right|^2 \mathrm{d}t = \Delta_x^2 \Delta_X^2$$

另外，由定理的条件可得

$$\int_{-\infty}^{\infty} t x(t) \frac{\mathrm{d}x(t)}{\mathrm{d}t} \mathrm{d}t = \int_{-\infty}^{\infty} \frac{t}{2} \mathrm{d}(x^2(t)) = \frac{1}{2} t x^2(t) \Big|_{-\infty}^{\infty} - \frac{1}{2} \int_{-\infty}^{\infty} x^2(t) \mathrm{d}t = -\frac{1}{2} E = -\frac{1}{2}$$

定理得证。

可以证明，只有当 $x(t)$ 是高斯函数，即

$$x(t) = A \mathrm{e}^{-at^2}$$

时，式（4-66）才取等号。

若要准确求得任何信号在 (t, f) 处的能量密度，必须测量信号在 (t, f) 点某一无限小的二维邻域内的能量。这就要求所得的二维窗函数 $x(t)$ 的 Δ_x 和 Δ_X 同时无限小，而据上

述定理，这是不可能的。因此，准确表示信号在 (t, f) 点的能量密度的时频表示是不存在的。所有的时频表示，只能不同程度地近似表示信号在 (t, f) 处的能量密度，即只同时具有有限的时间分辨率和频率分辨率。

4.4.3 瞬时频率

1. 瞬时频率的定义

考虑具有有限能量的复信号 $s(t) = A(t)e^{-\varphi(t)}$（$A(t)$ 为实函数）。定义 $s(t)$ 的相位函数 $\varphi(t)$ 对时间的导数为 $s(t)$ 的瞬时频率，即

$$\omega_i(t) = \frac{d\varphi(t)}{dt} \tag{4-67}$$

式（4-67）的物理意义是十分明显的，并且可以证明 $s(t)$ 的频窗中心 ω_0 满足

$$\omega_0 = \int_{-\infty}^{\infty} \omega_i \, |s(t)|^2 dt$$

即瞬时频率按能量时间密度加权的平均值为频窗中心，或称平均频率。

2. 解析信号

实际信号一般为实信号，其相位函数恒等于零。若按式（4-66）定义其瞬时频率显然不妥，为此，可定义实信号 $x(t)$ 对应的复信号 $s(t)$ 为

$$s(t) = x(t) + j\hat{x}(t) \tag{4-68}$$

并称复信号 $s(t)$ 是与 $x(t)$ 对应的解析信号。式（4-68）中，$\hat{x}(t)$ 为 $x(t)$ 的 Hilbert 变换，即

$$\hat{x}(t) = \frac{1}{\pi} \int_{-\infty}^{\infty} \frac{x(\tau)}{t - \tau} d\tau$$

$x(t)$ 与 $s(t)$ 的频域关系为

$$S(f) = \begin{cases} 2X(f) & f > 0 \\ X(f) & f = 0 \\ 0 & f < 0 \end{cases}$$

因为 $x(t)$ 的信号能量为

$$E_x = \int_{-\infty}^{\infty} |X(f)|^2 df = 2\int_{0}^{\infty} |X(f)|^2 df = \frac{1}{2}\int_{0}^{\infty} |S(f)|^2 df = \frac{1}{2}E_s$$

所以，解析信号能量为原实信号能量的两倍。

使用解析信号后，称解析信号 $s(t)$ 的瞬时频率和平均频率为原实信号的瞬时频率和平均频率。例如 $x(t) = A_m\cos 2\pi f_1 t$，其对应的解析信号为 $s(t) = A_m e^{j2\pi f_1 t}$，所以 $x(t)$ 的瞬时频率为 $f_i(t) = f_1$，也是其平均频率。

在进行时频分析时，往往不使用实信号，而使用对应的解析信号。

3. 单分量信号

从物理学的角度，信号可分为单分量信号和多分量信号两大类。单分量信号就是在任意时刻只有一个频率或一个频域窄带的信号。显然，对于单分量信号，其瞬时频率就是该信号当时的频率。而对于多分量信号，由于存在两个以上的频率分量，所以其瞬时频率可能不等于其中任一分量的频率，且与各分量幅值有关，甚至出现负值。

为了分析信号的方便，时频分析的一项重要任务是采用二维窗函数的方法，将多分量信号分离为单分量信号。为此，理想窗函数 $g(t)$ 的频窗半径 Δ_G 应与待分析信号的频谱相适应。而 $g(t)$ 的时窗半径 Δ_g 应与待分析信号的"局部平稳性"相适应，使窗函数内的待分析信号是平稳的或基本平稳的。由于 $\Delta_G\Delta_g$ 受不确定性原理的约束，因此，时频分析法对于局部平稳长度较大的非平稳信号的分析效果较好。

4.4.4 非平稳随机信号

时频分析法主要研究频谱时变的确定性信号和非平稳随机信号（两者也可统称为非平稳信号）。非平稳随机信号是统计特征时变的随机信号。

1. 统计特征

非平稳随机信号的概率密度 $p(x,t)$ 是时间的函数。在 $t=t_i$ 点，其概率密度仍满足

$$\int_{-\infty}^{\infty} p(x,t_i)\mathrm{d}x = 1 \tag{4-69}$$

以 $p(x,t)$ 为基础，可定义均值 $m_x(t)$、均方值 $D_x(t)$ 和方差 $\sigma_x^2(t)$

$$m_x(t) = E[x(t)] = \int_{-\infty}^{\infty} xp(x,t)\mathrm{d}x \tag{4-70}$$

$$D_x(t) = E[x^2(t)] = \int_{-\infty}^{\infty} x^2 p(x,t)\mathrm{d}x \tag{4-71}$$

$$\sigma_x^2(t) = D_x(t) - m_x^2(t) \tag{4-72}$$

值得注意的是，由于非平稳特性，其统计特性只能在集合平均上有意义，而无时间平均意义上的统计特征。

对于非平稳随机信号 $x(t)$ 和 $y(t)$，可定义自相关函数 $R_{xx}(t,\tau)=E[x(t)x^*(t+\tau)]$ 和互相关函数 $R_{xy}(t,\tau)=E[x(t)y^*(t+\tau)]$。但由于这种定义不满足对称性，使自相关函数的傅里叶变换不是实数，从而在物理意义上解释为功率谱发生困难，因此特给出具有偶特性的相关函数定义如下：

$$R_{xx}(t,\tau) = E\left[x\left(t+\frac{\tau}{2}\right)x^*\left(t-\frac{\tau}{2}\right)\right] \tag{4-73}$$

$$R_{xy}(t,\tau) = E\left[x\left(t+\frac{\tau}{2}\right)y^*\left(t-\frac{\tau}{2}\right)\right] \tag{4-74}$$

据此定义，显然有

$$R_{xx}(t,\tau) = R_{xx}^*(t,-\tau)$$

成立。

2. 时变谱

由于非平稳随机信号中的频率成分是时变的，因而其谱也是时变的。现有多种方式来描述非平稳随机信号的时变谱。主要有以下 3 种方式：

（1）时变功率谱 例如自相关函数的一维傅里叶变换为

$$S_{xx}(t,f) = \int_{-\infty}^{\infty} R_{xx}(t,\tau)\mathrm{e}^{-\mathrm{j}2\pi f\tau}\mathrm{d}\tau \tag{4-75}$$

式中，$R_{xx}(t,\tau)$ 采用式（4-73）定义。

（2）时频分布 确定性时变连续信号 $x(t)$ 的维格纳分布的定义为

$$W_x(t,f) = \int_{-\infty}^{\infty} x\left(t + \frac{\tau}{2}\right) x^*\left(t - \frac{\tau}{2}\right) e^{-j2\pi f\tau} \mathrm{d}\tau \tag{4-76}$$

对于非平稳随机信号，可交换数学期望与积分的顺序，这样可得

$$S_{xx}(t, f) = W_x(t, f)$$

（3）进化谱　例如 Wold - Cramer 进化谱

$$S_{xx}(n, f) = |A(n, f)|^2 \tag{4-77}$$

式中，$A(n, f)$ 为非平稳离散随机信号 $x(n)$ 的信号模型参数 $a(n, m)$ 的傅里叶变换，即令 $x(n)$ 是由零均值、单位方差的白噪声 $e(n)$ 激励一个因果线性时变系统而产生的。若此时变系统的时变单位取样响应为 $a(n, m)$，则有

$$x(n) = \sum_{m=-\infty}^{n} a(n,m) e(m)$$

并且有

$$A(n,m) = \sum_{m=-\infty}^{n} a(n,m) e^{-j2\pi f(n-m)}$$

$$E\left[|x(n)|^2\right] = \int_{-\pi}^{\pi} |A(n,f)|^2 \mathrm{d}f$$

成立。

3. 可化为平稳随机信号处理的非平稳随机信号

关于平稳随机信号处理的理论和方法研究已比较成熟。因此，在许多实际应用中，若待处理的非平稳信号能近似化为平稳随机信号处理即可达到要求，仍然沿用平稳随机信号处理的理论和方法。下面几类非平稳随机信号经常可化为平稳随机信号处理。

（1）分段平稳随机信号　即在不同时间段可以看做具有不同统计特征的平稳随机信号的非平稳随机信号。将此类非平稳信号化为平稳信号处理的关键是如何正确分段，以保证在时间段内的信号是平稳的。最简单的分段方法是分成长度相等的数据段，但该方法需要知道一定的先验知识。另外还有一些最优化分段方法。

（2）方差平稳随机信号　即仅均值是随时间而变化的确定性函数，而其方差是不随时间变化的。此类信号可描述为

$$x(t) = d(t) + s(t) \tag{4-78}$$

式中，$d(t)$ 为随时间变化的确定性函数，称之为趋势项；$s(t)$ 为零均值的平稳随机信号。因此，只要从 $x(t)$ 中剔除趋势项，即可用平稳随机信号处理的方法来处理了。

（3）循环平稳随机信号　即统计特性呈现周期性或多周期（各周期不能通约）性平稳变化的非平稳随机信号。由于呈现周期性的统计特性不同，它又可分为一阶（均值）、二阶（相关函数）和高阶（高阶累量）循环平稳随机信号。最明显的一阶循环平稳信号为

$$x(t) = ae^{j(2\pi f_0\tau+\theta)} + n(t) \tag{4-79}$$

式中，a 为常量；$n(t)$ 为零均值随机信号。

显然 $x(t)$ 的均值为时间的周期函数，即

$$m_x(t) = E[x(t)] = ae^{j(2\pi f_0\tau+\theta)} \tag{4-80}$$

因此，$x(t)$ 为一阶循环平稳的随机信号。

最简单、直观的一种时频表示就是短时傅里叶变换（Short Time Fourier Transform,

STFT）。STFT 的基本思想就是用一个随时间平移的窗函数 $h(\tau - t)$ 将原来的非平稳信号分为若干平稳或近似平稳段，然后逐段确定其频谱。

维格纳分布（Wigner Distribution，WD）也常称为维格纳—威利分布，但有的书中将它们加以区别，一种是将其用于确定性时变实信号时，称为维格纳分布，而用于解析信号时，称为维格纳—威利分布；另一种是将其用于确定性时变信号时，称为维格纳分布，而用于非平稳随机信号时，称为维格纳—威利谱。

工程上有一类非平稳信号，它所含的频率成分及其强度都是随着时间的变化而变化的。例如，声音所含的频率成分与强弱都是随着时间变化的；开关合闸过程中的振动信号的频率与强度也是随着时间变化的。它们随着时间变化的频率特性分别是语音分析与电气设备诊断所关心的问题。如前所述，将短时傅里叶变换施加于这两种信号，似乎可以获得这两种信号随时间变化的频率特性。然而，经过仔细的研究就不难发现如下的问题。

这两类信号并不一定在某段时间内是单一频率的正弦型信号。即便一定在某段时间内是单一频率的正弦型信号，但从这一段信号变到另一段信号时，频率的变化不一定是阶跃式的变化，而可能是连续变化的。为准确捕捉频率的变化，势必使窗函数越短越好。但窗函数越短，则其傅里叶变换的分辨率越低。也就是受不确定性原则的约束，在时域与频域都能十分细致地描述信号是不可能的。

此外，频率这一概念，本来就是和一定时间间隔内重复变化的物理现象相联系的。而要表示信号频率特性随时间连续变化的特性，就必须引入"瞬时频率"的概念。对于单一频率的正弦型信号 $x(t)$ 的瞬时频率 $f_x(t)$，定义为信号瞬时相位的时间导数，即

$$f_x(t) = \frac{1}{2\pi}\frac{\mathrm{d}}{\mathrm{d}t}\left|\arg x(t)\right| \tag{4-81}$$

显然，这一定义对于含有两个以上频率的分量的信号就不适用了。尽管有人引入了一些其他的定义，但各种变换式中的频率并不一定就是这个含义。因此，人们不经常用"时变频谱"这一词，而是用"时间—频率表示"这个词。

小波分析（Wavelet Transform）是目前信号分析中在时频域有很好的局部化性质，故它是研究时频分析的重要工具。在随机信号分析和处理、图像处理、语音分析、模式识别、量子物理及众多非线性科学等领域，它被认为是在工具及方法上的重大突破。

习　题

4-1　求 $x(t)$ 的自相关函数 $x(t) = \begin{cases} Ae^{-at} & t \geq 0, a > 0 \\ 0 & t < 0 \end{cases}$ 的自相关积分。

4-2　求初始相角 φ 为随机变量的正弦函数 $x(t) = A\cos(\omega t + \varphi)$ 的自相关函数，如果 $x(t) = A\sin(\omega t + \varphi)$，$R_x(\tau)$ 有何变化？

4-3　一线性系统，其传递函数为 $H(s) = \frac{1}{1 + Ts}$，当输入信号为 $x(t) = x_0\sin 2\pi f_0 t$ 时，求：(1) $S_y(f)$；(2) $R_y(\tau)$；(3) $S_{xy}(f)$；(4) $R_{xy}(f)$。

4-4　如何确定信号中是否含有周期成分（说出两种方法）？

4-5　什么是互相关分析，它主要有什么用途？

4-6　已知限带白噪声的功率谱密度为 $S_y(f) = \begin{cases} S_0 & |f| \leq B \\ 0 & |f| > B \end{cases}$，求其自相关函数 $R_x(\tau)$。

4-7 已知信号的自相关函数 $R_x = \left(\dfrac{60}{\tau}\right)\sin(50\tau)$，求该信号的均方值 ψ_x^2。

4-8 求指数衰减函数 $x(t) = e^{-at}\cos\omega_0 t$ 的频谱函数 $X(f)$（$a > 0$，$t \geqslant 0$）。

4-9 用一个一阶系统做 100Hz 正弦信号的测量，若要求幅值误差在 5% 以内，时间常数应取为多少？若用该时间常数在同一系统测试振幅为 1V，频率为 50Hz 的正弦信号，求其输出的自相关函数及均方值。

4-10 已知系统的脉冲响应函数 $h(t) = \begin{cases} 1 & |t| \leqslant T/2 \\ 0 & |t| > T/2 \end{cases}$，设输入谱密度为 S_0 的白噪声，求输出信号的功率谱密度和输出信号的均方值。$\left(\displaystyle\int_0^\infty \dfrac{\sin^2 x}{x^2}\mathrm{d}x = \dfrac{\pi}{2}\right)$

4-11 一个幅值为 1.414mV，频率为 5kHz 的正弦信号被淹没在正态分布均值为零的随机噪声中。该噪声的功率谱为带限均匀谱，其截止频率为 1MHz，谱密度为 $10^{-10}\mathrm{V}^2\mathrm{Hz}^{-1}$。

1）求噪声的总功率、有效值和标准差。

2）画出正弦信号加随机噪声的合成信号的自相关函数的图形。

3）对正弦信号和随机噪声求以分贝为单位的信噪比。

4）使合成信号通过一个中心频率为 5kHz、带宽为 1kHz 的带通滤波器。这样，信噪比增加到多少分贝？

5）然后，通过平均器对该信号取 100 个样本进行平均，于是，信噪比增加到多少分贝？

4-12 测量系统输出与输入之间的相干函数小于 1 的可能原因是什么？

4-13 简述倒频谱分析方法与实际意义。

第 5 章　常用传感器的变换原理

传感器（sensor，transducer）的概念来自"感觉（sensor）"一词。人们为了研究自然现象，仅仅靠人的五官获取外界信息是远远不够的，于是人们发明了能代替或补充人体五官功能的传感器，工程上也将传感器称为"变换器"。由于传感器总是处于测试系统的最前端，用于获取检测信息，其性能将直接影响整个测试工作的质量，因此传感器已经成为现代测试系统中的关键环节。

5.1　传感器概述

5.1.1　传感器的定义与组成

传感器是一种以一定的精度和规律把规定的被测量转换为与之有确定关系、便于应用的某种物理量的器件或装置，通常由敏感元件和转换元件组成。其中，敏感元件是指传感器中能直接感受被测量的部分；转换元件是指传感器中能将敏感元件感受的被测量转换成适于传输和测量的电信号部分。

这一定义包含了以下几个方面的含义：

1）传感器是测量的器件或装置，能完成检出、变换任务。

2）从传感器输入端来看，它的输入量是规定的某一被测量，可能是物理量（如长度、热量、力、时间和频率等），也可能是化学量、生物量等，一个指定的传感器只能感受规定的被测量，即传感器对规定的物理量具有最大的灵敏度和最好的选择性。

3）从传感器的输出端来看，它的输出量是某种物理量，这种量要便于传输、转换、处理和显示等，可以是气、光、电量，但主要是电量。

4）输出与输入有一定的对应关系，且应有一定的精度。

传感器的典型组成如图 5-1 所示。

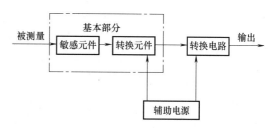

图 5-1　传感器的典型组成

1）敏感元件。直接感受被测量，并输出与被测量成确定关系的某一种测量元件。

2）转换元件。敏感元件的输出量就是转换元件的输入量，转换元件把输入量转换成电参量。

3）转换电路。将转换元件的输出电量转换成便于显示、记录、控制和处理的有用电信号的电路。

5.1.2 传感器的分类

一种被测量可以用不同的传感器来测量，而同一原理的传感器通常又可测量多种非电量。为了更好地掌握和应用传感器，需要有一个科学的分类方法，常用传感器分类见表5-1。

表5-1 常用传感器分类

分类法	型式	说 明
按工作机理	物理型、化学型、生物型	分别以转换中的物理效应、化学效应等命名
按构成原理	物性型	依靠敏感元件材料本身物理性质的变化来实现信号变换
	结构型	依靠传感器结构参数的变化而实现信号转换
按能量关系	能量转换型	传感器输出量直接由被测对象能量转换而得
	能量控制型	传感器是从外部供给辅助能量使其工作的，并由被测量来控制外部供给能量的变化
按输入量	位移、压力、温度、流量、加速度等	以被测量命名（即按用途分类）
按工作原理	电阻式、压电式、光电式等	以传感器转换信号的工作原理命名
按输出信号形式	模拟式	输出为模拟信号
	数字式	输出为数字信号
按转换过程是否可逆	双向型	转换过程可逆
	单向型	转换过程不可逆
按传感器蕴含的技术特征	普通型	应用传统技术的传感器
	新型	应用计算机、嵌入式系统、网络通信和微加工技术的传感器，包括智能传感器、模糊传感器、微传感器和网络传感器等

表5-1中按输入量的分类方法，种类很多，但从本质上讲，可分为基本量和派生量两类，例如长度、厚度、位置、磨损、应变及振幅等物理量，都可以认为是从基本物理量位移派生出来的，当需要测量上述物理量时，只要采用测量位移的传感器就可以了。所以了解基本量与派生量的关系，将有助于充分发挥传感器的效能。表5-2是常用的基本量与派生量。

表5-2 常用的基本量与派生量

基本物理量		派生物理量
位移	线位移	长度、厚度、应变、振幅等
	角位移	旋转角、偏转角、角振幅等
速度	线速度	速度、动量、振动等
	角速度	转速、角振动等
加速度	线加速度	振动、冲击、质量等
	角加速度	角振动、转矩、转动惯量等
力	压力	重量、应力、力矩等
时间	频率	计数、统计分布等
温度		热容量、气体速度等
光		光通量与密度、光谱分布等

按输入量分类的优点是比较明确地表达了传感器的用途，便于使用者根据用途选用，但名目繁多，对建立传感器的一些基本概念、掌握基本原理及分析方法是不利的。

按工作原理分类的优点是对于传感器的工作原理比较清楚，有利于触类旁通，且划分类别少。本书传感器部分是以工作原理为分类依据进行编写的。

在不少场合，把用途和原理结合起来命名某种传感器，如电感式位移传感器、压电式速度传感器等。

5.1.3 传感器的主要技术指标及选择

1. 传感器的主要技术指标

由于传感器的类型繁多，使用要求各异，无法列举全面衡量各种传感器质量优劣的统一性能指标，因此表 5-3 只给出常见传感器的主要技术指标。

表 5-3 常见传感器的主要技术指标

基本参数指标		环境参数指标		可靠性指标	其他指标	
量程	量程范围、过载能力等	温度	工作温度范围、温度误差、温度漂移、温度系数、热滞后等	工作寿命、平均无故障时间、保险期、疲劳性能、绝缘电阻、耐压等	使用	供电方式（直流、交流、频率及波形等）、功率、各项分布参数值、电压范围与稳定度等
灵敏度	灵敏度、分辨力、满量程输出、输入阻抗、输出阻抗等					
精度	精度、误差、线性、滞后、重复性、灵敏度误差、稳定性等	抗冲振	允许各向抗冲振的频率、振幅及加速度、冲振所引入的误差等		结构	外形尺寸、重量、壳体材质、结构特点等
动态性能	固有频率、阻尼比、时间常数、频率响应范围、频率特性、临界频率、临界速度、稳定时间、过冲量、稳态误差等	其他环境参数	抗潮湿、抗介质腐蚀能力、抗电磁干扰能力等		安装连接	安装方式、馈线电缆等

2. 传感器的选择

设计某一个测试系统，首先考虑的是传感器的选择，其选择正确与否直接关系到测试系统的成败。

选择合适的传感器是一个较复杂的问题，现就其一般性问题讨论如下：

1）首先要仔细研究测试信号，确定测试方式和初步确定传感器类型，例如，是位移测量还是速度、加速度、力的测量，再确定传感器类型。

2）要分析测试环境和干扰因素，测试环境是否有磁场、电场、温度的干扰，测试现场是否潮湿等。

3）根据测试范围确定某种传感器，例如位移测量，要分析是小位移还是大位移；若是小位移测量，有电感传感器、电容传感器和霍尔传感器等供选择；若是大位移测量，有感应同步器、光栅传感器等供选择。

4）确定测量方式。在测试工程中，是接触测量还是非接触测量。例如对机床主轴的回转误差测量，就必须采用非接触测量。

5）传感器的体积和安装方式，被测位置是否能容下和安装，传感器的来源、价格等因素。

当考虑完上述问题后，就能大致确定选用什么类型的传感器，然后再考虑以下问题：

1）灵敏度。传感器的灵敏度越高，可以感知越小的变化量，即被测量稍有微小变化时，传感器即有较大的输出。但灵敏度越高，与测量信号无关的外界噪声也容易混入，并且噪声也会被放大。因此，要求传感器有较大的信噪比。

传感器的量程是和灵敏度紧密相关的一个参数。当输入量增大时，除非有专门的非线性校正措施，传感器不应在非线性区域工作，更不能在饱和区域内工作。有些需在较强的噪声干扰下进行的测试工作，被测信号叠加干扰信号后也不应进入非线性区。因此，过高的灵敏度会影响其适用的测量范围。

如被测量是一个向量时，则传感器在被测量方向的灵敏度越高越好，而横向灵敏度越小越好；如果被测量是二维或三维向量，那么对传感器还应要求交叉灵敏度越小越好。

2）响应特性。传感器的响应特性必须在所测频率范围内尽量保持不失真。但实际传感器的响应总有一些延迟，但延迟时间越短越好。

一般光电效应、压电效应等物性型传感器，响应时间短，工作频率范围宽。而结构型，如电感、电容、磁电式传感器等，由于受到结构特性的影响、机械系统惯性的限制，其固有频率较低。

在动态测量中，传感器的响应特性对测试结果有直接影响，在选用时，应充分考虑到被测物理量的变化特点（如稳态、瞬变、随机等）。

3）稳定性。传感器的稳定性是经过长期使用以后，其输出特性不发生变化的性能。传感器的稳定性有定量指标，超过使用期应及时进行标定。影响传感器稳定性的因素主要是环境与时间。

在工业自动化系统中或自动检测系统中，传感器往往在比较恶劣的环境下工作，灰尘、油污、温度和振动等干扰是很严重的，这时传感器的选用必须优先考虑稳定性因素。

4）精度。传感器的精度表示传感器的输出与被测量的对应程度。因为传感器处于测试系统的输入端，因此，传感器能否真实地反映被测量，对整个测试系统具有直接影响。然而，传感器的精度并非越高越好，还要考虑到经济性。传感器的精度越高，价格越昂贵，因此应从实际出发来选择。

首先应了解测试目的，是定性分析还是定量分析。如果属于相对比较性的试验研究，只需获得相对比较值即可，那么对传感器的精度要求可低些。然而对于定量分析，为了获得精量值，因而要求传感器应有足够高的精度。

5.1.4　传感器技术的主要应用及发展趋势

1. 传感器技术的主要应用

（1）在工业生产过程的测量与控制方面的应用　在工业生产过程中，必须对温度、压力、流量、液位和气体成分等参数进行检测，从而实现对工作状态的监控。诊断生产设备的各种情况，使生产系统处于最佳状态，从而保证产品质量，提高效率。目前传感器与微机、通信等的结合渗透，使工业监测自动化，更具有准确、效率高等优点。

（2）在汽车电控系统中的应用　随着人们生活水平的提高，汽车已逐渐走进千家万户。传感器在汽车中相当于感官和触角。只有它才能准确地采集汽车工作状态的信息，提高自动化程度。汽车传感器主要分布在发动机控制系统、底盘控制系统和车身控制系统。普通汽车上大约装有 10～20 只传感器，而有的高级豪华车使用传感器多达 300 个，因此传感器作为汽车电控系统的关键部件，它将直接影响到汽车技术性能的发挥。

（3）在现代医学领域的应用　社会的飞速发展需要人们快速、准确地获取相关信息。医学传感器作为拾取生命体征信息的五官，它的作用日益显著，并得到广泛应用。例如，在图像处理、临床化学检验、生命体征参数的监护监测、呼吸、神经、心血管疾病的诊断与治疗等方面，使用传感器十分普及，传感器在现代医学仪器设备中已无所不在。

（4）在环境监测方面的应用　近年来，环境污染问题日益严重，人们迫切希望拥有一种能对污染物进行连续、快速、在线监测的仪器，传感器满足了人们的要求。目前，已有相当一部分生物传感器应用于环境监测中，如大气环境监测。

（5）在军事方面的应用　传感器技术在军用电子系统的应用促进了武器、作战指挥、控制、监视和通信方面的智能化。传感器在远方战场监视系统、防空系统、雷达系统、导弹系统等方面，都有广泛的应用，是提高军事战斗力的重要因素。

（6）在家用电器方面的应用　20 世纪 80 年代以来，随着以微电子为中心的技术革命的兴起，家用电器正向自动化、智能化、节能、无环境污染的方向发展。自动化和智能化的中心就是研制由微电脑和各种传感器组成的控制系统，如：一台空调器采用微电脑控制配合传感器技术，可以实现压缩机的起动、停机、风扇摇头、风门调节、换气等，从而对温度、湿度和空气浊度进行控制。随着人们对家用电器方便、舒适、安全、节能的要求的提高，传感器将越来越得到广泛应用。

（7）在学科研究方面的应用　科学技术的不断发展，蕴生了许多新的学科领域，无论从宏观的宇宙，还是到微观的粒子世界，许多未知的现象和规律依靠人类感官无法获得大量的信息，没有相应的传感器是不可能的。

（8）在智能建筑领域中的应用　智能建筑是未来建筑的一种必然趋势，它涵盖智能自动化、信息化、生态化等多方面的内容，具有微型集成化、高精度与数字化和智能化特征的智能传感器将在智能建筑中占有重要的地位。

2. 传感器技术的发展趋势

传感器技术发展趋势之一是开发新材料、新工艺和开发新型传感器；其二是实现传感器的多功能、高精度、集成化和智能化。

（1）新材料开发　传感器材料是传感器技术的重要基础，由于材料科学的进步，使传感器技术越来越成熟、传感器种类越来越多，除了早期使用的材料，如半导体材料、陶瓷材料以外，光导纤维以及超导材料的发展，为传感器技术发展提供新的物质基础，未来将会有更新的材料开发出来。美国 NRC 公司已开发纳米 ZrO_2 气体传感器，控制汽车尾气的排放效果很好，应用前景广阔。采用纳米材料制作的传感器有利于传感器向微型化发展。

（2）传感器向智能化、集成化、微型化、量子化、网络化的方向发展　智能化传感器是一种带微处理器的传感器，不仅有信号检测、转换功能，同时还具有记忆、存储、分析、统计处理，以及自诊断、自校准、自适应等功能。例如美国霍尼韦尔公司的 ST—3000 型传感器是一种能够进行检测和信号处理的智能传感器，具有微处理器和存储器功能，可测差压、静压及温度等。

随着大规模集成电路（large scale integrated circuit）技术发展和半导体细加工技术的进

步，传感器也逐渐采用集成化技术，实现高性能化和小型化，集成温度传感器、集成压力传感器等早已被使用，今后将有更多集成传感器被开发出来。

微型化传感器是以微机电系统（MEMS）技术为基础，目前，已有许多较为成熟的微型传感器。例如，基于微管道内介质热对流的加速度传感器。

传感器的网络化主要是将传感器技术、通信技术以及计算机技术相结合，从而构成网络传感器，实现信息采集、传输和处理的一体化。

5.2 电阻式传感器

电阻式传感器是利用电阻元件把被测物理量的变化转换成电阻值的变化，再经相应的测量电路显示或记录被测量的变化。电阻式传感器主要分为应变式电阻传感器和变阻式电阻传感器。前者适宜工作于电阻值变化很小的情况，灵敏度高；后者适宜于测量被测参数变化较大的场合。

5.2.1 电阻应变传感器

电阻应变传感器（resistance strain gauge）的核心元件是电阻应变片。当被测试件或弹性敏感元件受到被测量作用时，将产生位移、应力和应变，则粘贴在被测试件或弹性敏感元件上的电阻应变片将应变转换成电阻的变化。这样，通过测量电阻应变片的电阻值变化，从而确定被测量的大小。

电阻应变传感器的主要优点如下：

1）性能稳定、精度高。高精度的力传感器一般可达 0.05%，国外有些厂商的传感器精度已达 0.015%。

2）测量范围宽。例如压力传感器的量程为 0.03 ~ 1000MPa，力传感器的量程可为 10^{-1} ~ 10^7N。

3）频率响应较好。

4）体积小、重量轻、结构简单、价格低、使用方便、使用寿命长。

5）对环境条件适应能力强。能在比较大的温度范围内工作，能在强磁场及核辐射条件下工作，能耐较大的振动和冲击。

电阻应变传感器的缺点是输出信号微弱，在大应变状态下具有较明显的非线性等。

1. 电阻应变片的工作原理

金属导体在外力作用下发生机械变形，其电阻值随着机械变形（伸长或缩短）而发生变化的现象，称为金属的电阻应变效应。

以金属材料为敏感元件的应变片测量试件应变的原理基于金属丝的应变效应。若金属丝的长度为 L，横截面积为 A，电阻率为 ρ，其未受力时的电阻为 R，则有

$$R = \rho \frac{L}{A} \tag{5-1}$$

如果金属丝沿轴向方向受拉力而变形，其长度 L 变化 $\mathrm{d}L$，截面积 A 变化 $\mathrm{d}A$，电阻率 ρ 变化 $\mathrm{d}\rho$，因而引起电阻 R 变化 $\mathrm{d}R$。对式（5-1）微分，有

$$\frac{\mathrm{d}R}{R} = \frac{\mathrm{d}L}{L} - \frac{\mathrm{d}A}{A} + \frac{\mathrm{d}\rho}{\rho} \tag{5-2}$$

对于圆形截面，$A = \pi r^2$，于是，有

$$\frac{\mathrm{d}A}{A} = 2\frac{\mathrm{d}r}{r} \tag{5-3}$$

式中，$\mathrm{d}L/L$ 为金属丝轴向相对伸长，即轴向应变，$\mathrm{d}L/L = \varepsilon$；$\mathrm{d}r/r$ 为电阻丝径向相对伸长，即径向应变，两者之比即为金属丝材料的泊松比 μ，即

$$\frac{\mathrm{d}r}{r} = -\mu\frac{\mathrm{d}L}{L} = -\mu\varepsilon \tag{5-4}$$

负号表示变形方向相反。由式（5-4）、式（5-3）和式（5-2）可得

$$\frac{\mathrm{d}R}{R} = (1 + 2\mu)\varepsilon + \frac{\mathrm{d}\rho}{\rho} \tag{5-5}$$

令

$$S_0 = \frac{\mathrm{d}R/R}{\varepsilon} = (1 + 2\mu) + \frac{\mathrm{d}\rho/\rho}{\varepsilon} \tag{5-6}$$

式中，S_0 称为金属丝的灵敏系数，其物理意义是单位应变所引起的电阻相对变化。

由式（5-6）可以明显看出，金属材料的灵敏系数受两个因素影响：一个是受力后材料的几何尺寸变化，即（$1 + 2\mu$）项；另一个是受力后材料的电阻率变化，即（$\mathrm{d}\rho/\rho$）/ε 项。金属材料的（$\mathrm{d}\rho/\rho$）/ε 项比（$1 + 2\mu$）项小得多。大量实验表明，在电阻丝拉伸比例极限范围内，电阻的相对变化与其所受的轴向应变是成正比的，即 S_0 为常数，于是式（5-6）也可以写成

$$\mathrm{d}R/R = S_0\varepsilon \tag{5-7}$$

通常金属电阻丝的 $S_0 = 1.7 \sim 3.6$。

2. 应变片的基本结构

图 5-2 是一种电阻应变片的结构示意图。电阻丝应变片是用直径为 0.025mm 具有高电阻率的电阻丝制成的。为了获得高的阻值，将电阻丝排列成栅状，称为敏感栅，并粘贴在绝缘的基底上。电阻丝的两端焊接引线。敏感栅上面粘贴有保护作用的覆盖层。l 称为栅长（标距），b 称为栅宽（基宽），bl 称为应变片的使用面积。应变片的规格一般以使用面积和电阻值表示，如 $3 \times 20\mathrm{mm}^2$，120Ω。

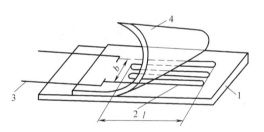

图 5-2　应变片的基本结构
1—基底　2—敏感栅　3—引出线　4—覆盖层

3. 电阻应变片的分类

（1）按敏感栅的材料不同分　主要分为金属丝式、金属箔式和金属薄膜式。

1）金属丝式应变片。金属丝式应变片是用 0.01 ~ 0.05mm 的金属丝做成的敏感栅，有回线式和短接式两种。图 5-3a、b、c、d、i、j 为丝式应变片，它制作简单、性能稳定、成本低、易粘贴，但因圆弧部分参与变形，横向效应较大。图 5-3b 为短接式应变片，它的敏感栅平行排列，两端用直径比栅线直径大 5 ~ 10 倍的镀银丝短接而成，其优点是克服了横向效应。丝式应变片敏感栅常用的材料有康铜、镍铬合金、镍铬铝合金以及铂、铂钨合金等。

2）金属箔式应变片。金属箔式应变片是利用照相制版或光刻技术，将厚约为 0.003 ~

0.01mm 的金属箔片制成敏感栅，如图 5 - 3f、g 所示。箔式应变片具有如下优点：①可制成多种复杂形状、尺寸准确的敏感栅，其栅长最小可做到 0.2mm，以适应不同的测量要求；②横向效应小；③散热条件好，允许电流大，提高了输出灵敏度；④蠕变和机械滞后小，疲劳寿命长；⑤生产效率高，便于实现自动化生产。金属箔常用的材料是康铜和镍铬合金等。

3）金属薄膜应变片。金属薄膜应变片是采用真空蒸发或真空沉积等方法，在薄的绝缘基片上形成厚度在 0.1μm 以下的金属电阻薄膜的敏感栅，最后再加上保护层。它的优点是应变灵敏系数大，允许电流密度大，工作范围广，可达 – 197 ~ 317℃。

（2）按基底材料不同分　主要分为纸基和胶基。

纸基逐渐被胶基（有机聚合物）取代，因为胶基各方面的性能优于纸基。胶基一般采用酚醛树脂、环氧树脂和聚酰亚胺等制成胶膜，厚约 0.03 ~ 0.05mm。

对基底材料的性能有如下要求：机械性能好、挠性好、易于粘贴，电绝缘性能好，热稳定性能和抗潮湿性能好，滞后和蠕变小等。

（3）按被测量应力场的不同分　主要分为测量单向应力的应变片和测量平面应力的应变花。

图 5 - 3a、b、d、e 为测量单向应力的应变片；图 5 - 3f、g、h、i、j 为测量平面应力的应变花（rosette gage）。其中，测量主应力已知的互成 90°的二轴应变花，如图 5 - 3f 所示，测量主应力未知的应变花一般由 3 个方向的电阻应变片组成，如图 5 - 3i、j 所示。图中 5 - 3c 是测量金属裂纹断裂所使用的裂纹扩展片。

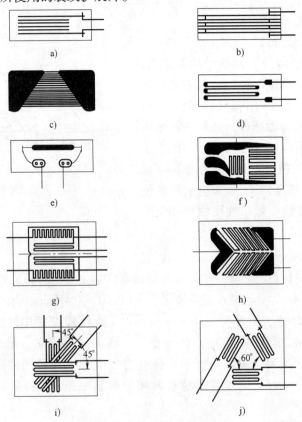

图 5 - 3　常用应变片的结构

4. 电阻应变片的性能参数

电阻应变片的性能参数很多，下面介绍其主要性能参数，以便合理选用电阻应变片。

（1）应变片电阻值（R_0） 指应变片未粘贴时，在室温下所测得的电阻值。R_0 值越大，允许的工作电压也越大，可提高测量灵敏度。应变片阻值尚无统一标准，常用的有 60Ω、120Ω、200Ω、320Ω、350Ω、500Ω、1000Ω，其中 120Ω 最为常用。

（2）几何尺寸 由于应变片所测出的应变值是敏感栅区域内的平均应变，所以通常标明其尺寸参数。应变梯度较大时通常选用栅长短的应变片，应变梯度小时不宜选用栅长短的应变片，因为误差大。

（3）绝缘电阻 指应变片敏感栅及引出线与粘贴该应变片的试件之间的电阻值，其值越大越好，一般应大于 $10^{10}\Omega$。绝缘电阻下降和不稳定都会产生零漂和测量误差。

（4）灵敏度系数（S_0） 灵敏度系数是指将应变片粘贴于单向应力作用下的试件表面，并使敏感栅纵向轴线与应力方向一致时，应变片电阻值的变化率与沿应力方向的应变 ε 之比。S_0 值的准确性将直接影响测量精度，通常要求 S_0 值尽量大而稳定。

（5）允许电流 指应变片接入测量电路后，允许通过敏感栅而不影响工作特性的最大电流，它与应变片本身、试件、粘合剂和环境等因素有关。为保证测量精度，静态测量时，允许电流一般为 25mA，动态测量或使用箔式应变片时允许电流可达 $75 \sim 100\text{mA}$。

（6）机械滞后 在温度保持不变的情况下，对贴有应变片的试件进行循环加载和卸载，应变片对同一机械应变量的指示应变的最大差值，称为应变片的机械滞后。为了减小机械滞后，测量前应反复多次循环加载和卸载。

（7）应变极限 在温度一定时，应变片的指示应变值和真实应变的相对误差不超过 10% 的范围内，应变片所能达到的最大应变值称为应变极限。

（8）零漂和蠕变 零漂是指试件不受力且温度恒定的情况下，应变片的指示应变不为零，且数值随时间变化的特性。蠕变指在温度恒定、试件受力也恒定的情况下，指示应变随时间变化的特性。

（9）热滞后 当试件不受力作用时，在室温和极限工作温度之间，对应变片加温及降温，对应于同一温度下指示应变的差值。

（10）疲劳寿命 疲劳寿命是指在恒定幅值（一般为 $1500\mu\varepsilon$）的交变应变作用下（频率为 $20 \sim 50\text{Hz}$），应变片连续工作直至产生疲劳损坏时的循环次数，一般为 $10^6 \sim 10^7$ 次。

当然，不同用途的应变片，对其工作特性的要求也不同。选用应变片时，应根据测量环境、应变性质、试件状况等使用要求，有针对性地选用具有相应性能的应变片。

5. 电阻应变传感器的应用

应变片的一种使用方法是直接粘贴在被测试件上，通过转换电路转换为电压或电流的变化；另一种方法是先把应变片粘贴于弹性体上，构成测量各种物理量的传感器，再通过转换电路转换为电压或电流的变化，可测量位移、力、力矩、加速度和压力等，在后续章节中将详细介绍。

5.2.2 压阻式传感器

金属丝和箔式电阻应变片的性能稳定、精度较高，至今仍在不断地改进和发展中，并在一些高精度应变式传感器中得到了广泛的应用。这类传感器的主要缺点是应变丝的灵敏度系数小。为了改进这一不足，在 20 世纪 50 年代末出现了半导体应变片和扩散型半导体应变片。应用半导体应变片制成的传感器，称为固态压阻式传感器（piezoresistive transducer），它的突出优点是灵敏度高（比金属丝高 50 ~ 80 倍），尺寸小，横向效应也小，滞后和蠕变都小，因此适用于动态测量；其主要缺点是温度稳定性差，测量较大应变时非线性严重，批量生产性能分散度大。

1. 基本工作原理

半导体材料受到应力作用时，其电阻率会发生变化，这种现象称为压阻效应。实际上，任何材料都不同程度地呈现压阻效应，但半导体材料的这种效应特别强。电阻应变效应的分析公式也适用于半导体电阻材料，故仍可用式（5-5）来描述。对于金属材料来说，$\mathrm{d}\rho/\rho$ 比较小，但对于半导体材料来说，$\mathrm{d}\rho/\rho \gg (1 + 2\mu)\varepsilon$，即因机械变形引起的电阻变化可以忽略，电阻的变化率主要是由 $\mathrm{d}\rho/\rho$ 引起的，即

$$dR/R = (1 + 2\mu)\varepsilon + \mathrm{d}\rho/\rho \approx \mathrm{d}\rho/\rho \qquad (5-8)$$

由半导体理论可知

$$\mathrm{d}\rho/\rho = \pi_L\sigma = \pi_L E\varepsilon \qquad (5-9)$$

式中，π_L 为沿某晶向 L 的压阻系数；σ 为沿某晶向 L 的应力；E 为半导体材料的弹性模量。则半导体材料的灵敏系数 S_0 为

$$S_0 = \frac{\mathrm{d}R/R}{\varepsilon} = \pi_L E \qquad (5-10)$$

对于半导体硅，$\pi_L = (40 \sim 80) \times 10^{-11}\,\mathrm{m^2/N}$，$E = 1.67 \times 10^{11}\,\mathrm{N/m^2}$，则 $S_0 = \pi_L E = 50 \sim 100$。显然，半导体电阻材料的灵敏系数比金属丝的要高 50 ~ 70 倍。

最常用的半导体电阻材料有硅和锗，掺入杂质可形成 P 型或 N 型半导体。由于半导体（如单晶硅）是各向异性材料，因此它的压阻效应不仅与掺杂浓度、温度和材料类型有关，还与晶向有关（即对晶体的不同方向上施加力时，其电阻的变化方式不同）。

2. 应用

压阻式加速度传感器是利用单晶硅作悬臂梁，在其根部扩散出 4 个电阻，如图 5-4 所示。当悬臂梁自由端的质量块受加速度作用时，悬臂梁受到弯矩作用，产生应力，使 4 个电阻阻值发生变化，则此 4 个电阻构成的电桥电路输出与加速度成正比的电压。

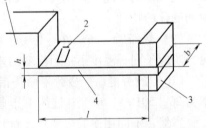

图 5-4 压阻式加速度传感器
1—基座 2—扩散电阻 3—质量块 4—硅梁

5.2.3 变阻式传感器

1. 变阻式传感器的结构与分类

变阻式传感器又称为电位器式传感器（potentiometer），如图 5-5 所示。它们是由电阻元件及电刷（活动触点）两个基本部分组成的。电刷相对于电阻元件的运动可以是直线运动、转动和螺旋运动，因而可以将直线位移或角位移转换为与其成一定函数关系的电阻或电压输出。

利用电位器作为传感元件可制成各种电位器式传感器，除可以测量线位移或角位移外，还可以测量一切可以转换为位移的其他物理量参数，如压力、加速度等。

电位器的优点是：①结构简单、尺寸小、重量轻、价格低廉且性能稳定；②受环境因素（如温度、湿度、电磁干扰等）影响小；③可以实现输出—输入间任意函数关系；④输出信号大，一般不需放大。

电位器的缺点是：①因为存在电刷与线圈或电阻膜之间摩擦，因此需要较大的输入能量；②由于磨损不仅影响使用寿命和降低可靠性，而且会降低测量精度，分辨力较低；③动态响应较差，适合于测量变化较缓慢的量。

变阻式传感器按其结构形式不同，可分为线绕式、薄膜式、光电式等，在线绕电位器中又有单圈式和多圈式两种；按其特性曲线不同，可分为线性电位器和非线性（函数）电位器。

2. 变阻式传感器的原理与特性

由式（5-1）可知，如果电阻丝的直径和材料确定时，则电阻 R 随导线长度 L 变化。变阻式传感器就是根据这种原理制成的。

图5-5a 为直线位移型，当被测位移变化时，触点 C 沿电位器移动。如果移至 x，则 C 点与 A 点之间的电阻为

$$R_{AC} = \frac{R}{L}x = K_L x \tag{5-11}$$

式中，K_L 为单位长度的电阻，当导线材质分布均匀时为常数，因此这种传感器的输出（电阻）与输入（位移）呈线性关系。

传感器的灵敏度为

$$S = \frac{\mathrm{d}R_{AC}}{\mathrm{d}x} = K_L \tag{5-12}$$

图5-5b 为回转型变阻器式传感器，其电阻值随转角而变化，故为角位移型。传感器的灵敏度为

$$S = \frac{\mathrm{d}R_{AC}}{\mathrm{d}\alpha} = K_\alpha \tag{5-13}$$

式中，K_α 为单位弧度对应的电阻值，当导线材质分布均匀时，K_α 为常数；α 为转角（rad）。

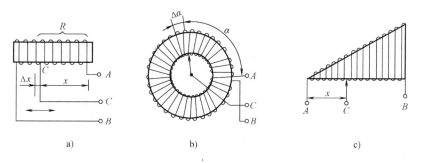

图5-5　变阻器式传感器的工作原理

a）直线型　b）角位移型　c）非线性型

非线性电位器又称为函数电位器，如图5-5c 所示，它是输出电阻（或电压）与滑动触头位移（包括线位移或角位移）之间具有非线性函数关系的一种电位器，即 $R_x = f(x)$，它

可以实现指数函数、三角函数和对数函数等特定函数，也可以是其他任意函数。非线性电位器可以应用于测量控制系统、解算装置以及对传感器的非线性进行补偿等。例如，若输入量为 $f(x) = Rx^2$，为了使输出的电阻值 $R(x)$ 与输入量 $f(x)$ 呈线性关系，应采用三角形电位计骨架；若输入量为 $f(x) = Rx^3$，则电位计的骨架应采用抛物线型。

图 5-6 为线性电阻器的电阻分压电路，负载电阻为 R_L，电位器长度为 l，总电阻为 R，滑动触头位移为 x，相应的电阻为 R_x，电源电压为 U，输出电压 U_o 为

$$U_o = \frac{U}{\frac{l}{x} + \left(\frac{R}{R_L}\right)\left(1 - \frac{x}{l}\right)} \qquad (5-14)$$

当 $R_L \to \infty$ 时，输出电压 U_o 为

$$U_o = \frac{U}{l}x = S_u x \qquad (5-15)$$

式中，S_u 为电位器的电压灵敏度。

由式（5-14）可知，当电位器输出端接有输出电阻时，输出电压与滑动触头的位移并不是完全的线性关系。只有 $R_L \to \infty$，S_u 为常数时，输出电压才与滑动触头位移呈直线关系。线性电位器的理想空载特性曲线是一条严格的直线。

3. 应用举例

以 YHD 型电位器式位移传感器为例，结构如图 5-7 所示。图中测量轴 1 与外部被测机构相接触，当有位移时，测量轴便沿导轨 5 移动，同时带动电刷 3 在滑线电阻上移动，因电刷的位置变化故有电压输出，据此可判断位移的大小。如要求同时测出位移的大小和方向，可将图中的精密无感电阻 4 和滑线电阻 2 组成桥式测量电路。为便于测量轴 1 来回移动，在装置中加了一根复位弹簧 6。

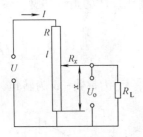

图 5-6 电阻分压电路

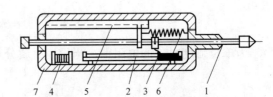

图 5-7 YHD 型电位器式位移传感器
1—测量轴 2—滑线电阻 3—电刷
4—精密无感电阻 5—导轨 6—弹簧 7—壳体

5.3 电感传感器

电感传感器是基于电磁感应原理，将被测非电量（如位移、压力、振动等）转换为电感量变化的一种结构型传感器。利用自感原理的有自感式（可变磁阻式）传感器，利用互感原理的有互感式（差动变压器式和涡流式）传感器和感应同步器，利用压磁效应的有压磁式传感器。

5.3.1　自感式传感器

可变磁阻式传感器（variable reluctive transducer）属于自感式传感器，它的结构原理如图 5-8 所示，它由线圈、铁心及衔铁组成。在铁心和衔铁之间有空气隙 δ。由电工学可知，线圈自感量 L 为

$$L = W^2/R_m \qquad (5-16)$$

式中，W 为线圈匝数；R_m 为磁路总磁阻。

当空气隙 δ 较小，而且不考虑磁路的铁损时，磁路总磁阻为

$$R_m = \frac{l}{\mu A} + \frac{2\delta}{\mu_0 A_0} \qquad (5-17)$$

式中，l 为导磁体（铁心）的长度（m）；μ 为铁心磁导率（H·m^{-1}）；A 为铁心导磁横截面积（m^2），$A = ab$；δ 为空气隙长度（m）；μ_0 为空气磁导率，$\mu_0 = 4\pi \times 10^{-7}$H·m^{-1}；$A_0$ 为空气隙导磁横截面积（m^2）。

因为 $\mu \gg \mu_0$，所以

$$R_m \approx \frac{2\delta}{\mu_0 A_0} \qquad (5-18)$$

因此，自感 L 可写为

$$L = \frac{W^2 \mu_0 A_0}{2\delta} \qquad (5-19)$$

式（5-19）表明，自感 L 与气隙 δ 成反比，与气隙导磁截面积 A_0 成反比。固定 A_0 不变，变化 δ，可构成变气隙式传感器。L 与 δ 呈非线性（双曲线）关系，如图 5-8 所示。此时，传感器的灵敏度为

$$S = \frac{\mathrm{d}L}{\mathrm{d}\delta} = -\frac{W^2 \mu_0 A_0}{2\delta^2} \qquad (5-20)$$

灵敏度 S 与气隙长度 δ 的二次方成反比，δ 越小，灵敏度 S 越高。为了减小非线性误差，在实际应用中，一般取 $\Delta\delta/\delta_0 \leqslant 0.1$（$\delta_0$ 为初始气隙长度）。这种传感器适用于较小位移的测量，一般约为 $0.001 \sim 1$mm。

如果将 δ 固定，变化空气隙导磁截面积 A_0 时，自感 L 与 A_0 呈线性关系，可构成变截面型传感器，如图 5-9 所示。

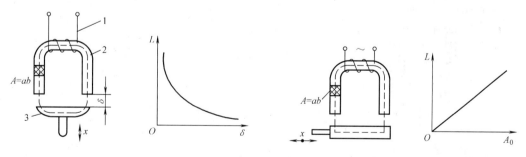

图 5-8　可变磁阻式传感器　　　　　　图 5-9　可变磁阻式面积型传感器
1—线圈　2—铁心　3—衔铁

　　将线圈中放入圆柱形衔铁，当衔铁运动时，线圈电感也会发生变化，这便构成螺管型传感器。

　　图 5-10 列出了几种常用的可变磁阻式传感器的典型结构。

　　图 5-10a 为可变导磁面积型，其自感 L 与 A_0 呈线性关系，这种传感器灵敏度较低。图 5-10b 是差动型，当衔铁有位移时，可以使两个线圈的间隙按 $\delta_0 + \Delta\delta$，$\delta_0 - \Delta\delta$ 变化，一个线圈自感增加，另一个线圈自感减小。将两个线圈接于电桥的相邻桥臂时，其输出灵敏度可提高一倍，并改善了线性。图 5-10c 是单螺管线圈型，当铁心在线圈中运动时，将改变磁阻，使线圈自感发生变化。这种传感器结构简单、制造容易，但灵敏度低，适用于较大位移（数毫米）测量。图 5-10d 是双螺管线圈差动型，较之单螺管线圈型有较高灵敏度及线性，被用于电感测微计上，其测量范围为 $0 \sim 300\mu m$，最小分辨力为 $0.5\mu m$。

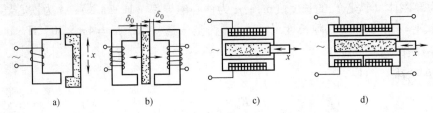

图 5-10　常用的可变磁阻式传感器的典型结构

a）可变导磁面积型　b）差动型　c）单螺管线圈型　d）双螺管线圈差动型

5.3.2　互感式传感器

1. 差动变压器（differential transformer）

　　互感式传感器的工作原理是利用电磁感应中的互感现象，将被测位移量转换成线圈互感的变化。它本身是一个变压器，其一次绕组接入交流电源，二次绕组为感应线圈，当一次绕组的互感变化时，输出电压将作相应的变化。由于常采用两个二次绕组组成差动式，故又称差动变压器式传感器。实际常用的为螺管型差动变压器，其工作原理如图 5-11 所示。传感器由一次绕组 L 和两个参数完全相同的二次绕组 L_1、L_2 组成。线圈中心插入圆柱形铁心 p，二次绕组 L_1、L_2 反极性串联。当一次绕组 L 加上交流电压时，如果 $e_1 = e_2$，则输出电压 $e_0 = 0$；当铁心向上运动时，$e_1 > e_2$；当铁心向下运动时，$e_1 < e_2$。铁心偏离中心位置越大，e_0 越大，其输出特性如图 5-11c 所示。

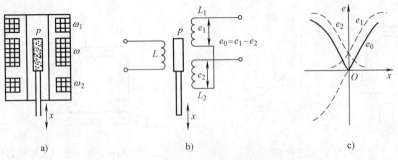

图 5-11　差动变压器式传感器的工作原理

a）工作原理　b）电路　c）输出特性

　　差动变压器式传感器输出的电压是交流量，如用交流电压表指示，则输出值只能反映铁心位移的大小，而不能反映移动的极性；同时，交流电压输出存在一定的零点残余电压，使活动衔铁位于中间位置时，输出也不为零。因此，差动变压器式传感器的后接电路应采用既能反映铁心位移极性，又能补偿零点残余电压的差动直流输出电路。

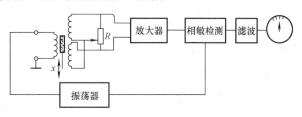

　　图 5-12 为用于小位移的差动相敏检波电路的工作原理，当没有信号输入时，铁心处于中间位置，调节电阻 R，使零点残余电压减小；当有信号输入时，铁心移上或移下，其输出电压经交流放大、相敏检波、滤波后得到直流输出。由表头指示输入位移量的大小和方向。

图 5-12　差动相敏检波电路的工作原理

　　差动变压器式传感器的优点是：测量精度高，可达 $0.1\mu m$；线性范围大，可到 $\pm100mm$；稳定性好，使用方便。因而，被广泛应用于位移测量，也可以测量与位移有关的任何机械量，如振动、加速度、应力、相对体积质量、张力和厚度等。

　　图 5-13 所示为差动变压器式加速度传感器的原理图。它由悬臂弹簧梁和差动变压器构成。测量时，将悬臂弹簧梁底座及差动变压器的线圈骨架固定，而将衔铁的一端与被测振动体相连。当被测体带动衔铁振动时，导致差动变压器的输出电压也按相同规律变化。

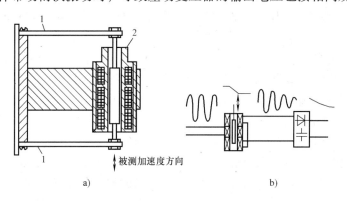

a)　　　　　　　　　　　b)

图 5-13　差动变压器式加速度传感器原理图

1—悬臂弹簧　2—差动变压器

2. 涡流传感器（eddy current sensor）

　　涡流传感器的变换原理是利用金属导体在交流磁场中的涡流效应。当金属板置于变化着的磁场中时，或者在磁场中运动时，在金属板上产生感应电流，这种电流在金属体内是闭合的，所以称为涡流。涡流的大小与金属板的电阻率 ρ、磁导率 μ、厚度 t、金属板与线圈的距离 δ、激励电流 i 和角频率 ω 等参数有关。若固定其他参数，仅仅改变其中某一参数，就可以根据涡流大小测定该参数。

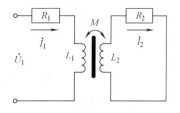

　　（1）等效电路　把被测导体上形成的涡流等效成一个短路环，这样就可得到如图 5-14 所示的等效电路。图中 R_1、L_1 为传感器线圈的电阻和电感。短路环可以认为是一匝短路线圈，其电阻为 R_2、电感为 L_2。线圈与导体间存在

图 5-14　电涡流传感器等效电路

一个互感 M，它随线圈与导体间距的减小而增大。

根据等效电路可列出电路方程组

$$\begin{cases} R_2\dot{I}_2 + \mathrm{j}\omega L_2\dot{I}_2 - \mathrm{j}\omega M\dot{I}_1 = 0 \\ R_1\dot{I}_1 + \mathrm{j}\omega L_1\dot{I}_1 - \mathrm{j}\omega M\dot{I}_2 = \dot{U}_1 \end{cases} \tag{5-21}$$

通过解方程组，可得 I_1、I_2。并可进一步求出线圈受金属导体影响后的等效阻抗

$$z = \frac{\dot{U}_1}{\dot{I}_1} = \left[R_1 + \frac{\omega^2 M^2}{R_2^2 + (\omega L_2)^2}R_2 \right] + \mathrm{j}\left[\omega L_1 - \frac{\omega^2 M^2}{R_2^2 + (\omega L_2)^2}\omega L_2 \right] \tag{5-22}$$

线圈的等效电感为

$$L = L_1 - L_2 \frac{\omega^2 M^2}{R_2^2 + (\omega L_2)^2} \tag{5-23}$$

由式（5-22）和式（5-23）可以看出，线圈与金属导体系统的阻抗、电感都是该系统互感二次方的函数。而互感是随线圈与金属导体间距离的变化而改变的。

（2）趋肤效应 涡流在金属导体的纵深方向并不是均匀分布的，而只集中在金属导体的表面，这称为趋肤效应。电涡流在金属导体内的渗透深度 h 为

$$h = \sqrt{\frac{\rho}{\pi\mu f}} \tag{5-24}$$

式中，h 为工件渗透深度（cm）；ρ 为工件的电阻率（$\Omega \cdot cm$）；μ 为相对磁导率；f 为激励源频率（Hz）。

趋肤效应与激励源频率 f、工件的电阻率 ρ、磁导率 μ 等有关。频率 f 越高，电涡流的渗透深度就越浅，趋肤效应越严重。故涡流传感器可分为高频反射式和低频透射式两类。

（3）高频反射式涡流传感器 高频反射式涡流传感器的工作原理如图 5-15 所示。高频（数兆赫以上）激励电流 i 施加于邻近金属板一侧的线圈，由线圈产生的高频电磁场作用于金属板的表面。在金属板表面薄层内产生涡流 i_s，涡流 i_s 又产生反向的磁场，反作用于线圈上，由此引起线圈电感 L_1 或线圈阻抗 Z 的变化。Z 的变化程度取决于线圈至金属板之间的距离 δ、金属板的电阻率 ρ、磁导率 μ 以及激励电流 i 的幅值与角频率 ω 等。

当被测位移量发生变化时，使线圈与金属板的距离发生变化，从而导致线圈阻抗 Z 的变化，通过测量电路转化为电压输出。高频反射式涡流式传感器常用于位移测量。

（4）低频透射式涡流传感器 低频透射式涡流传感器多用于测定材料厚度，其工作原理如图 5-16a 所示。发射线圈 L_1 和接收线圈 L_2 分别放在被测材料 G 的上下，低频（音频范围）电压 e_1 加到线圈 L_1 的两端后，在线圈空间产生一交变磁场，并在被测材料 G 中产生涡流 i，此涡流损耗了部分能量，使贯穿 L_2 的磁力线减少，从而使 L_2 产生的感应电动势 e_2 减小。e_2 的大小与 G 的厚度及材料性质有关，实验与理论证明，e_2 随材料厚度 h 增加按负指数规律减小，如图 5-16b 所示。因而按 e_2 的变化便可测得材料的厚度。测量厚度时，激励频率应选得较低。频率太高，贯穿深度小于被测厚度，不利于进行厚度测量，通常选激励频率为 1kHz 左右。

测薄金属板时，频率一般应略高些，测厚金属板时，频率应低些。在测量电阻率 ρ 较小的材料时，应选较低的频率（如 500Hz），测量 ρ 较大的材料时，应选用较高的频率（如 2kHz），从而保证在测量不同材料时能得到较好的线性和灵敏度。

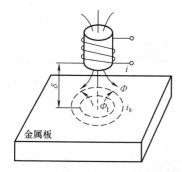

图 5 - 15　高频反射式涡流传
感器的工作原理

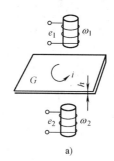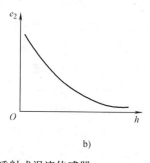

图 5 - 16　低频透射式涡流传感器

a）工作原理　b）感应电动势与材料厚度的关系曲线

涡流传感器可用于动态非接触测量，测量范围约为 $0 \sim 2mm$，分辨力可达 $1\mu m$。它具有结构简单、安装方便、灵敏度较高、抗干扰能力较强、不受油污等介质的影响等一系列优点。因此，这种传感器可用于以下几个方面的测量：①利用位移 x 作为变换量，做成测量位移、厚度、振动、转速等传感器，也可做成接近开关、计数器等；②利用材料电阻率 ρ 作为变换量，可以做成温度测量、材质判别等传感器；③利用材料磁导率 μ 作为变换量，可以做成测量应力、硬度等传感器；④利用变换量 μ、ρ、x 的综合影响，可以做成探伤装置。图 5 - 17 是涡流传感器的工程应用实例。

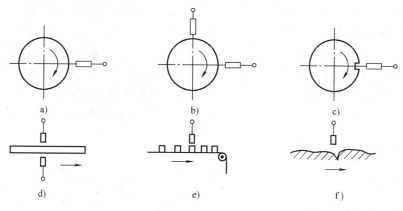

图 5 - 17　涡流传感器的工程应用

a）径向振动测量　b）轴心轨迹测量　c）转速测量　d）穿透式测量　e）零件计数器　f）表面裂纹测量

5.3.3　压磁式传感器

压磁式（又称磁弹式）传感器（magnetoelastic sensor）是一种力—电转换传感器。其基本原理是利用某些铁磁材料的压磁效应。

1. 压磁效应

铁磁材料在晶格形成过程中形成了磁畴，各个磁畴的磁化强度矢量是随机的。在没有外磁场作用时，各个磁畴互相均衡，材料总的磁场强度为零。当有外磁场作用时，磁畴的磁化强度矢量向外磁场方向转动，材料呈现磁化。当外磁场很强时，各个磁畴的磁场强度矢量都转向与外磁场平行，这时材料呈现饱和现象。在磁化过程中，各磁畴间的界限发生移动，因而产生机械变形，这种现象称为磁致伸缩效应。铁磁材料在外力作用下，内部发生变形，使各磁畴之间的界限发生移动，使磁畴磁化强度矢量转动，从而也使材料的磁化强度发生相应的变化。这种应力使铁磁材料的磁性质发生变化的现象称为压磁效应。

铁磁材料的压磁效应的具体内容是：①材料受到压力时，在作用力方向磁导率 μ 减小，而在作用力垂直方向磁导率 μ 略有增大；作用力是拉力时，其效果相反；②作用力取消后，磁导率复原；③铁磁材料的压磁效应还与外磁场有关。为了使磁感应强度与应力之间有单值的函数关系，必须使外磁场强度的数值一定。

2. 压磁式传感器工作原理

压磁式传感器是一种无源传感器。它利用铁磁材料的压磁效应，在外力作用时，铁磁材料内部产生应力或者应力变化，引起铁磁材料的磁导率变化。当铁磁材料上绕有线圈时（励磁绕组和输出绕组），最终将引起二次绕组阻抗的变化或绕组间耦合系数的变化，从而使输出电动势发生变化。压磁式传感器的作用过程可表示如下：

$$F \rightarrow \sigma \rightarrow \mu \rightarrow R_m \rightarrow Z \ 或 \ e$$

其中，R_m 为磁路磁阻；σ 为应力；Z 为线圈的阻抗；e 为感应电动势。通过相应的测量电路，就可以根据输出的量值来衡量外作用力。

压磁式传感器的工作原理如图 5-18 所示。在压磁材料的中间部分开有 4 个对称的小孔 1、2、3 和 4，在孔 1、2 间绕有励磁绕组 L_{12}，孔 3、4 间绕有输出绕组 L_{34}。当励磁绕组中通过交流电流时，铁心中就会产生磁场。若把孔间空间分成 A、B、C、D 4 个区域，在无外力作用的情况下，A、B、C、D 4 个区域的磁导率是相同的。这时合成磁场强度 H 平行于输出绕组的平面，磁力线不与输出绕组交链，L_{34} 不产生感应电动势，如图 5-18b 所示。在压力 F 作用下，如图 5-18c 所示，A、B 区域将受到一定的应力 σ，而 C、D 区域基本处于自由状态，于是 A、B 区域的磁导率下降、磁阻增大，C、D 区域的磁导率基本不变。这样励磁绕组所产生的磁力线将重新分布，部分磁力线绕过 C、D 区域闭合，于是合成磁场 H 不再与 L_{34} 平面平行，一部分磁力线与 L_{34} 交链而产生感应电动势 e。F 值越大，与 L_{34} 交链的磁通越多，e 值越大。

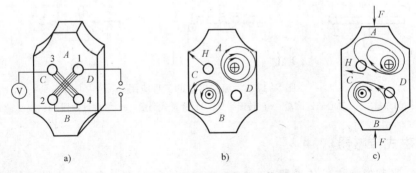

a)   b)   c)

图 5-18 压磁式传感器的工作原理

3. 压磁元件

压磁式传感器的核心是压磁元件，它实际上是一个力—电转换元件。压磁元件常用的材料有硅钢片、坡莫合金和一些铁氧体。坡莫合金是理想的压磁材料，具有很高的相对灵敏度，但价格昂贵；铁氧体也有很高的灵敏度，但由于它较脆而不常采用。最常用的材料是硅钢片。为了减小涡流损耗，压磁元件的铁心大都采用薄片的铁磁材料叠合而成。冲片形状大致上有 4 种，如图 5-19 所示。

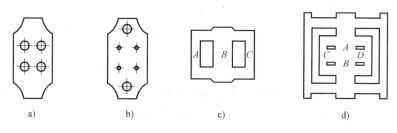

图 5-19　冲片形状图

a）四孔圆弧形冲片　b）六孔圆弧形冲片　c）中字形冲片　d）田字形冲片

4. 压磁式传感器的应用

图 5-20 所示为压磁式传感器的结构简图。它由压磁元件、弹性支架和传力钢球组成。压磁式传感器具有输出功率大、抗干扰能力强、过载性能好、结构和电路简单、能在恶劣环境下工作、寿命长等一系列优点。目前，这种传感器已成功地用在冶金、矿山、造纸、印刷和运输等各个工业部门。例如用来测量轧钢的轧制力、钢带的张力、纸张的张力，吊车提物的自动测量、配料的称量、金属切削过程的切削力以及电梯安全保护等。

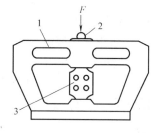

图 5-20　压磁式传感器的结构简图

1—弹性支架　2—传力钢球　3—压磁元件

5.4　电容传感器

电容传感器（capacitive transducer）是将被测量（如尺寸、压力等）的变化转换成电容量变化的一种传感器。实际上它本身（或和被测物体）就是一个可变电容器。

1. 工作原理及分类

由物理学可知，在忽略边缘效应的情况下，平板电容器的电容量为

$$C = \frac{\varepsilon_0 \varepsilon A}{\delta} \tag{5-25}$$

式中，ε_0 为真空的介电常数（$F \cdot m^{-1}$），$\varepsilon_0 = 8.854 \times 10^{-12} F \cdot m^{-1}$；$\varepsilon$ 为极板间介质的相对介电系数，在空气中，$\varepsilon = 1$；A 为极板的覆盖面积（m^2）；δ 为两平行极板间的距离（m）。

式（5-25）表明，当被测量 δ、A 或 ε 发生变化时，都会引起电容的变化。如果保持其中的两个参数不变，而仅改变另一个参数，就可把该参数的变化变换为单一电容量的变化，再通过配套的测量电路，将电容的变化转换为电信号输出。根据电容器参数变化的特性，电容式传感器可分为极距变化型、面积变化型和介质变化型 3 种，其中极距变化型和面积变化型应用较广。

（1）极距变化型电容传感器　在电容器中，如果两个极板相互覆盖面积及极间介质不变，则电容量与极距 δ 呈非线性关系，如图 5-21 所示。当两个极板在被测参数作用下发生位移，引起电容量的变化为

$$\Delta C = -\frac{\varepsilon_0 \varepsilon A}{\delta^2} \Delta \delta \tag{5-26}$$

由此可得到传感器的灵敏度

$$S = \frac{\Delta C}{\Delta \delta} = \frac{\mathrm{d}C}{\mathrm{d}\delta} = -\frac{\varepsilon_0 \varepsilon A}{\delta^2} = -\frac{C}{\delta} \qquad (5\text{-}27)$$

从式（5-27）可看出，灵敏度 S 与极距的二次方成反比，极距越小，灵敏度越高。一般通过减小初始极距提高灵敏度。由于电容量 C 与极距 δ 呈非线性关系，所以会引起非线性误差。为了减小这一误差，通常规定测量范围 $\Delta\delta \ll \delta_0$。一般取极距变化范围 $\Delta\delta/\delta_0 \approx 0.1$，此时，传感器的灵敏度近似为常数。实际应用中，为了提高传感器

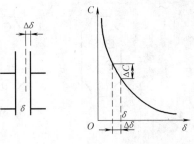

图 5-21　极距变化型电容器

的灵敏度、增大线性工作范围和克服外界条件（如电源电压、环境温度等）变化对测量精度的影响，常常采用差动型电容传感器。

（2）面积变化型电容传感器　面积变化型电容传感器的工作原理是在被测参数的作用下来变化极板的有效面积，常用的有角位移型和线位移型两种。

图 5-22 是变面积型电容传感器的结构示意图，图 5-22a、b、c 为单边式，d 为差动式（a、b 结构亦可做成差动式）。

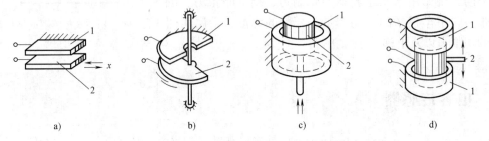

图 5-22　变面积型电容传感器的结构示意图

a）平面线位移型　b）角位移型　c）单边式圆柱型　d）差动式圆柱型

1—固定极板　2—可动极板

图 5-22a 为平面线位移型电容传感器，当宽度为 b 的动板沿箭头 x 方向移动时，覆盖面积变化，电容量也随之变化，电容

$$C = \frac{\varepsilon_0 \varepsilon b x}{\delta} \qquad (5\text{-}28)$$

其灵敏度

$$S = \frac{\mathrm{d}C}{\mathrm{d}x} = \frac{\varepsilon_0 \varepsilon b}{\delta} = 常数 \qquad (5\text{-}29)$$

故输出与输入为线性关系。

图 5-22b 为角位移型。当动板有一转角时，与定板之间相互覆盖的面积就发生变化，因而导致电容量变化。当覆盖面积对应的中心角为 α、极板半径为 r 时，覆盖面积为

$$A = \frac{\alpha r^2}{2} \qquad (5\text{-}30)$$

电容为

$$C = \frac{\varepsilon_0 \varepsilon \alpha r^2}{2\delta} \qquad (5\text{-}31)$$

其灵敏度

$$K = \frac{\mathrm{d}C}{\mathrm{d}\alpha} = \frac{\varepsilon_0 \varepsilon r^2}{2\delta} = 常数 \tag{5-32}$$

由于平板型传感器的可动极板沿极距方向移动会影响测量准确度，因此，一般情况下，变截面积型电容传感器常做成圆柱形，如图 5-22c、图 5-22d 所示。圆筒形电容器的电容

$$C = \frac{2\pi\varepsilon x}{\ln(r_2/r_1)} \tag{5-33}$$

式中，x 为外圆筒与内圆筒覆盖部分长度（m）；r_1、r_2 为筒内半径与内圆筒（或内圆柱）外半径，即它们的工作半径（m）。

当覆盖长度 x 变化时，电容量变化，其灵敏度为

$$S = \frac{\mathrm{d}C}{\mathrm{d}x} = \frac{2\pi\varepsilon\varepsilon_0}{\ln(r_2/r_1)} = 常数 \tag{5-34}$$

面积变化型电容传感器的优点是输出与输入呈线性关系，但与极板变化型相比灵敏度较低，适用于较大角位移及直线位移的测量。

（3）介电常数变化型电容传感器　介电常数变化型电容传感器的结构原理如图 5-23 所示。这种传感器大多用于测量电介质的厚度（见图 5-23a）、位移（见图 5-23b）、液位（见图 5-23c），还可根据极板间介质的介电常数随温度、湿度、容量的改变而改变来测量温度、湿度、容量（见图 5-23d）等。

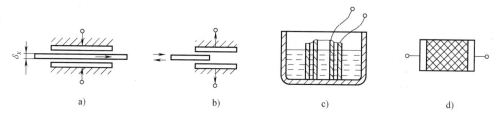

图 5-23　介电常数变化型电容传感器的结构原理
a）测量厚度　b）测量位移　c）测量液位　d）测量容量

若忽略边缘效应，图 5-23a～c 所示传感器的电容量与被测量的关系为

$$C = \frac{lb}{(\delta - \delta_x)/\varepsilon_0 + \delta_x/\varepsilon} \tag{5-35}$$

$$C = \frac{ba_x}{(\delta - \delta_x)/\varepsilon_0 + \delta_x/\varepsilon} + \frac{b(l - a_x)}{\delta/\varepsilon_0} \tag{5-36}$$

$$C = \frac{2\pi\varepsilon_0 h}{\ln(r_2/r_1)} + \frac{2\pi(\varepsilon - \varepsilon_0)h_x}{\ln(r_2/r_1)} \tag{5-37}$$

式中，δ、h、ε_0 为两个固定极板间的距离、极间高度及间隙中空气的介电常数；δ_x、h_x、ε 为被测物的厚度、被测液面高度和它的介电常数；l、b、a_x 为固定极板长、宽及被测物进入两极板中的长度（被测值）；r_1、r_2 为内、外极筒的工作半径。

上述测量方法中，若电极间存在导电介质时，电极表面应涂盖绝缘层（如涂 0.1mm 厚的聚四氟乙烯等），防止电极间短路。

2. 特点与应用

（1）主要优点

1) 输入能量小而灵敏度高。极距变化型电容压力传感器只需很小的能量就能改变电容极板的位置,如在一对直径为 1.27cm 圆形电容极板上施加 10V 电压,极板间隙为 2.54×10^{-3}cm,只需 3×10^{-5}N 的力就能使极板产生位移。因此电容传感器可以测量很小的力、振动加速度、并且很灵敏。精度高达 0.01% 的电容传感器已有商品出现,如一种 250mm 量程的电容式位移传感器,精度可达 5μm。

2) 电参量相对变化大。电容式压力传感器电容的相对变化 $\Delta C/C \geqslant 100\%$,有的甚至可达 200%,这说明传感器的信噪比大、稳定性好。

3) 动态特性好。电容传感器的活动零件少,质量很小,本身具有很高的自振频率,而且供给电源的载波频率很高,因此电容式传感器可用于动态参数的测量。

4) 能量损耗小。电容传感器的工作是变化极板的间距或面积,而电容变化并不产生热量。

5) 结构简单,适应性好。电容传感器的主要结构是两块金属极板和绝缘层,结构很简单,在振动、辐射环境下仍能可靠工作,如采用冷却措施,还可在高温条件下使用。

6) 应用于纳米测量领域。电容传感器可以实现非接触测量,以极板间的电场力代替了测头与被测件的表面接触,由于极板间的电场力极其微弱,不会产生迟滞和变形,消除了接触式测量由于表面应力给测量带来的不利影响,加之测量灵敏度高,使其在纳米测量领域得到了广泛的应用。

(2) 主要缺点

1) 非线性大。如前所述,对于极距变化型电容传感器,从机械位移 $\Delta \delta$ 变为电容变化 ΔC 是非线性的,利用测量电路(常用的电桥电路见图 5 - 24)把电容变化转换成电压变化也是非线性的。因此,输出与输入之间的关系出现较大的非线性。采用差动式结构,非线性可以得到适当改善,但不能完全消除。当采用如图 5 - 25 所示的比例运算放大器电路时,可以得到输出电压与位移量的线性关系。输入阻抗采用固定电容 C_0,反馈阻抗采用电容传感器 C_x,根据运算放大器的运算关系,当激励电压为 u_0 时,输出电压

$$u_y = - u_0 \frac{C_0}{C_x} \tag{5-38}$$

所以

$$u_y = - u_0 \frac{C_0 \delta}{\varepsilon_0 \varepsilon A} \tag{5-39}$$

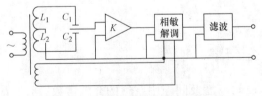

图 5 - 24 电容传感器常用的电桥电路

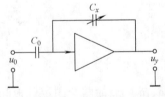

图 5 - 25 比例运算放大器电路

显然,输出电压 u_y 与电容传感器间隙 δ 呈线性关系。这种电路常用于位移测量传感器。

2) 电缆分布电容影响大。传感器两个极板之间的电容很小,仅几十皮法,小的甚至只有几皮法。而传感器与电子仪器之间的连接电缆却具有很大的电容,如 1m 屏蔽线的电容最小的也有几皮法,最大的可达上百皮法。这不仅使传感器的电容相对变化大大降低,灵敏度也降低,更严重的是电缆本身放置的位置和形状不同,或因振动等原因,都会引起电缆本身

电容的较大变化，使输出不真实，给测量带来误差。解决的办法有两种，一种方法是利用集成电路，使放大测量电路小型化，把它放在传感器内部，这样传输导线输出的是直流电压信号，不受分布电容的影响；另一种方法是采用双屏蔽传输电缆，适当降低分布电容的影响。由于电缆分布电容对传感器的影响，使电容式传感器的应用受到一定的限制。

3. 电容传感器的应用举例

目前，随着电容传感器的精度和稳定性的日益提高，已广泛应用于位移、振动、角度、速度、压力、转速、流量、液位、料位以及成分分析等方面的测量。下面简要介绍电容式测厚仪和电容式转速传感器。

（1）电容式测厚仪　图 5-26 为测量金属带材在轧制过程中厚度的电容式测厚仪的工作原理。工作极板与被测带材之间形成两个电容 C_1、C_2，其总电容为 $C = C_1 + C_2$。当金属带材在轧制中厚度发生变化时，将引起电容量的变化。通过检测电路可以反映这个变化，并转换和显示出带材的厚度。

（2）电容式转速传感器　电容式转速传感器的工作原理如图 5-27 所示，图中齿轮外沿面为电容器的动极板，当电容器定极板与齿顶相对时，电容量最大，而与齿隙相对时，则电容量最小。当齿轮转动时，电容量发生周期性变化，通过测量电路转换为脉冲信号，则频率计显示的频率代表转速大小，转速为

$$n = \frac{60f}{z} \tag{5-40}$$

式中，n 为转速（$\text{r} \cdot \text{min}^{-1}$）；$f$ 为频率（Hz）；z 为齿数。

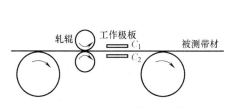

图 5-26　电容式测厚仪的工作原理

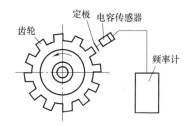

图 5-27　电容式转速传感器的工作原理

5.5　压电传感器

压电传感器（piezoelectric transducer）是一种可逆转换器，它既可以将机械能转换为电能，又可以将电能转换为机械能。它的工作原理是基于某些物质的压电效应。

1. 压电效应与压电材料

某些物质当沿着一定方向对其加力而使其变形时，在一定表面上将产生电荷，当外力去掉后，又重新回到不带电状态，这种现象称为压电效应。相反，如果在这些物质的极化方向施加电场，这些物质就在一定方向上产生机械变形或机械应力，当外电场撤去时，这些变形或应力也随之消失，这种现象称之为逆压电效应，或称之为电致伸缩效应。

明显呈现压电效应的敏感功能材料叫做压电材料。常用的压电材料有两大类，一种是压电单晶体，如石英、酒石酸钾钠等；另一种是多晶压电陶瓷，如钛酸钡、锆钛酸铅、铌镁酸铅等，又称为压电陶瓷。此外，聚偏二氟乙烯（PVDF）作为一种新型的高分子物性型传感

材料，自 1972 年首次应用以来，已研制了多种用途的传感器，用于压力、加速度、温度和声等检测，在生物医学和无损检测领域也获得了广泛的应用。

石英晶体有天然石英和人造石英。天然石英的稳定性好，但资源少，并且大都存在一些缺陷，一般只用在校准用的标准传感器或准确度很高的传感器中。压电陶瓷是通过高温烧结的多晶体，具有制作工艺方便、耐湿和耐高温等优点，在检测技术、电子技术和超声等领域中用得最普遍，在长度计量仪器中，目前用得最多的压电材料是压电陶瓷，例如锆钛酸铅。

石英（SiO_2）晶体结晶形状为六角形晶柱，如图 5 - 28a 所示。两端为一对称的棱锥，六棱柱是它的基本组织，纵轴 $z-z$ 称做光轴，通过六角棱线而垂直于光轴的轴线 $x-x$ 称做电轴，垂直于棱面的轴线 $y-y$ 称做机械轴，如图 5 - 28b 所示。

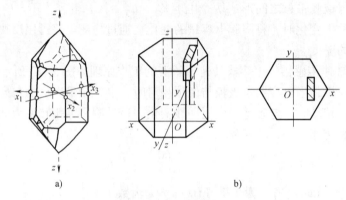

图 5 - 28　石英晶体

a) 石英晶体　b) 石英晶体的晶轴

石英晶体具有压电效应，是由其内部分子结构决定的。图 5 - 29 是一个单元组体中构成石英晶体的硅离子和氧离子，在垂直于 z 轴的 xOy 平面上的投影，等效为一个正六边形排列。图中，"+"代表硅离子 Si^{4+}，"-"代表氧离子 O^{2-}。当石英晶体未受外力作用时，正、负离子正好分布在正六边的顶角上，形成 3 个互成 120°夹角的电偶极如图 5 - 29a 所示。电偶极矩是一矢量，方向由负电荷指向正电荷，$P = qL$（q 为电荷量，L 为止、负电荷之间的距离），此时正负电荷中心重合，电偶极矩的矢量和等于零，即

$$P_1 + P_2 + P_3 = 0 \tag{5 - 41}$$

所以晶体表面不产生电荷，呈电中性。

当晶体受到沿 x 方向的压力（$F_x < 0$）作用时，晶体沿 x 方向将产生收缩，正、负离子的相对位置随之发生变化，如图 5 - 29b 所示。此时正、负电荷中心不再重合，电偶极矩 P_1 减小，P_2、P_3 增大，它们在 x 方向上的分量不再等于零，有

$$(P_1 + P_2 + P_3)_x < 0 \tag{5 - 42}$$

在 y、z 方向上的分量为零，不产生压电效应。

$$(P_1 + P_2 + P_3)_y = 0 \tag{5 - 43}$$

$$(P_1 + P_2 + P_3)_z = 0 \tag{5 - 44}$$

当晶体受到沿 y 方向的压力（$F_y < 0$）时，如图 5 - 29c 所示。晶体在 y（即机械轴）方向的力 F_y 作用下，在 x 方向产生正压电效应，在 y、z 方向同样不产生压电效应。

晶体在 z 轴方向受力 F_z 的作用时，因为晶体沿 x 方向和沿 y 方向所产生的正应变完全相

同，所以，正、负电荷中心保持重合，电偶极矩矢量和等于零。这就表明，在沿 z（即光轴）方向的力 F_z 的作用下，晶体不产生压电效应。

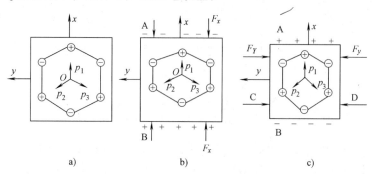

图 5 - 29　石英晶体压电效应示意图

沿 x 轴方向加力产生的压电效应称为纵向压电效应，沿 y 轴加力产生的压电效应称为横向压电效应，当沿相对两个平面加力时，也会产生压电效应，称为产生切向压电效应，如图 5 - 30 所示。

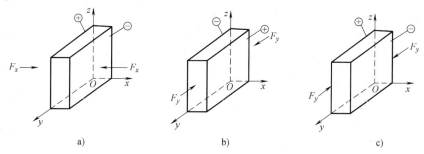

图 5 - 30　压电效应模型
a）纵向效应　b）横向效应　c）切向效应

2. 压电传感器及其等效电路

压电元件两个电极间的压电陶瓷或石英均为绝缘体，而两个工作面是通过金属蒸镀形成的金属膜，因此就构成一个电容器，如图 5 - 31a 所示。其电容量为

$$C_a = \varepsilon_r \varepsilon_0 A / \delta \tag{5-45}$$

式中，ε_r 为压电材料的相对介电常数，石英晶体的 $\varepsilon_r = 4.5$，钛酸钡的 $\varepsilon_r = 1200$；ε_0 为真空介电常数，$\varepsilon_0 = 8.854 \times 10^{-12} \mathrm{F \cdot m^{-1}}$；$\delta$ 为极板间距，即压电元件的厚度（m）；A 为压电元件的工作面面积（$\mathrm{m^2}$）。

当压电元件受外力作用时，两表面产生等量的正、负电荷 Q，压电元件的开路电压（负载电阻为无穷大）为

$$U = Q / C_a \tag{5-46}$$

于是可以把压电元件等效为一个电荷源 Q 和一个电容器 C_a 的等效电路，如图 5 - 31b 的点画框所示；同时也可等效为一个电压源 U 和一个电容器 C_a 串联的等效电路，如图 5 - 31c 的点画框所示。其中 R_a 为压电元件的漏电阻。工作时，压电元件与二次仪表配套使用必定与测量电路相连接，这就要考虑连接电缆电容 C_c、放大器的输入电阻 R_i 和输入电容 C_i，图 5 - 31 表示的压电测试系统完整的等效电路，两种电路只是表示方式不同，它们的工作原理是相同的。

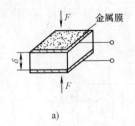
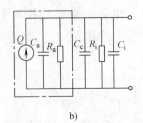
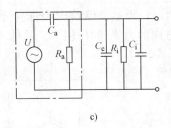

图 5-31　压电式传感器及其等效电路

a) 压电晶片　b) 电荷等效电路　c) 电压等效电路

由于不可避免地存在电荷泄漏，利用压电传感器测量静态或准静态量值时，必须采取措施使电荷从压电元件经测量电路的漏失减小到足够小的程度；而做动态测量时，电荷可以不断补充，从而供给测量电路一定的电流，所以压电传感器适宜做动态测量。

3. 压电元件常用的结构形式

在实际使用中，如仅用单片压电元件工作的话，要产生足够的表面电荷就要很大的作用力，因此一般采用两片或两片以上压电元件组合在一起使用。由于压电元件是有极性的，因此连接方法有两种：并联和串联。图 5-32a 为并联连接，两片压电元件的负极集中在中间极板上，正极在上、下两边并连接在一起，此时电容量大，输出电荷量大，适用于测量缓变信号和以电荷为输出的场合；图 5-32b 为串联连接，上极板为正极，下极

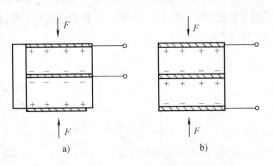

图 5-32　压电元件的并联与串联

a) 并联　b) 串联

板为负极，中间是一片元件的负极与另一片元件的正极相连接，此时传感器本身电容小，输出电压大，适用于要求以电压为输出的场合，并要求测量电路有高的输入阻抗。

压电元件在传感器中，必须有一定的预紧力，以保证作用力变化时，压电元件始终受到压力。其次是保证压电元件与作用力之间的全面均匀接触，获得输出电压（或电荷）与作用力的线性关系。但预紧力也不能太大，否则会影响其灵敏度。

4. 压电传感器的应用

压电传感器具有自发电和可逆两种重要特性，同时还具有体积小、重量轻、结构简单、工作可靠、固有频率高、灵敏度和信噪比高等优点，因此压电传感器得到了飞跃的发展和广泛的应用。在测试技术中，压电转换元件是一种典型的力敏元件，能测量最终能变换成力的那些物理量，例如压力、加速度、机械冲击和振动等，因此在机械、声学、力学、医学和宇航等领域都可见到压电传感器的应用。图 5-33 为压电石英三向测力传感器的结构简图，传感器元件是由 3 对不同切型的石英片组成，中间

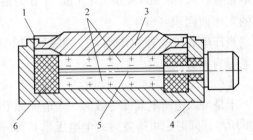

图 5-33　压电石英三向测力传感器的结构简图

1—电子束焊接　2—晶片　3—上盖

4—基座　5—电极　6—绝缘套

一对由于具有纵向压电效应，可以测得主切削力 P_z；另外两对具有切向效应，方向互成角度如 $90°$，可以测量径向力 P_y 与进给力 P_x。所以，当空间任何方向的力作用在传感器上时，便能自动地分解成 3 个互相垂直的分力。多向测力传感器的优点就在于可以简化测力仪结构，提高测力仪刚度，降低制造成本。

5.6　磁电式传感器

磁电式传感器（magnetoelectric sensor）的基本工作原理是通过磁电作用把被测物理量的变化转换为感应电动势的变化。磁电式传感器主要有磁电感应式传感器、霍尔传感器等。

5.6.1　磁电感应式传感器

磁电感应式传感器简称感应传感器，也称为电动传感器。它把被测物理量的变化转变为感应电动势，是一种机—电能量转换型传感器，不需要外部供电电源，电路简单，性能稳定，输出阻抗小，又具有一定的频率响应范围（一般为 $10 \sim 1000 \mathrm{Hz}$），适用于振动、转速、转矩等测量，但这种传感器的尺寸和重量都较大。

1. 工作原理及分类

根据法拉第电磁感应定律，N 匝线圈在磁场中运动切割磁力线或线圈所在磁场的磁通变化时，线圈中所产生的感应电动势 e 的大小决定于穿过线圈的磁通量 Φ 的变化率，即

$$e = -N \frac{\mathrm{d}\Phi}{\mathrm{d}t} \tag{5-47}$$

磁通变化率与磁场强度、磁路磁阻、线圈的运动速度有关，故若改变其中一个因素，都会改变线圈的感应电动势。

按工作原理不同，感应传感器可分为恒定磁通式和变磁通式。

2. 恒定磁通式感应传感器

图 5 - 34 所示为恒定磁通式磁电感应传感器的结构原理图。当线圈在垂直于磁场方向做直线运动（见图 5 - 34a）或旋转运动（见图 5 - 34b）时，若以线圈相对磁场运动的速度 v 或角速度 ω 表示，则所产生的感应电动势 e 为

$$\begin{cases} e = -NBlv \\ e = -kNBA\omega \end{cases} \tag{5-48}$$

式中，l 为每匝线圈的平均长度；B 为线圈所在磁场的磁感应强度；A 为每匝线圈的平均截面积；k 为传感器结构系数。

在传感器中当结构参数确定后，B、l、N、A 均为定值，感应电动势 e 与线圈相对磁场的运动速度 v 或角速度 ω 成正比，所以这种传感器基本上是速度传感器，能直接测量线速度或角速度。如果在测量电路中接入积分电路或微分电路，还可以用来测量位移或加速度。但由其工作原理可知，磁电感应式传感器只适用于动态测量。

图 5 - 34a 与图 5 - 34b 为动圈式结构，还有动铁式结构类型的磁电感应传感器，如图 5 - 34c 所示，其工作原理与动圈式完全相同，只是它的运动部件是磁铁。

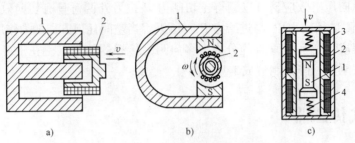

图 5-34　恒定磁通式磁电感应传感器的结构原理图

a) 直线运动的动圈式结构　b) 旋转运动的动圈式结构　c) 动铁式结构

1—磁铁　2—线圈　3—壳体　4—弹簧

图 5-35 是动圈式振动速度传感器的结构示意图。其结构主要由钢制圆形外壳制成，里面用铝支架将柱形永久磁铁与外壳固定成一体，永久磁铁中间有一小孔，穿过小孔的芯轴两端架起线圈和阻尼环，芯轴两端通过圆形弹性簧片支撑且与外壳相连。

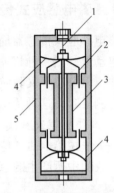

图 5-35　动圈式振动速度传感器的结构示意图

1—引出线　2—线圈　3—永久磁铁
4—弹性簧片　5—壳体

工作时，传感器与被测物体刚性连接。当物体振动时，传感器外壳和永久磁铁随之振动，而架空的芯轴、线圈和阻尼环因惯性而不随之振动。因而，磁路空气隙中的线圈切割磁力线而产生正比于振动速度的感应电动势，线圈的输出通过引线输出到测量电路。该传感器测量的是振动速度参数，若在测量电路中接入积分电路，则输出电动势与位移成正比；若在测量电路中接入微分电路，则其输出与加速度成正比。

3. 变磁阻传感器

变磁阻传感器即变磁通式传感器，又称变气隙式，常用来测量旋转物体的角速度。其结构原理如图 5-36 所示。图 5-36a 为开路变磁通式，线圈和磁铁静止不动，测量齿轮（导磁材料制成）安装在被测旋转体上，每转过一个齿，传感器磁路磁阻变化一次，线圈产生的感应电动势的变化频率等于测量齿轮上齿轮的齿数和转速的乘积。图 5-36b 为闭合磁路变磁通式，被测转轴带动椭圆形铁心在磁场中等速转动，使气隙平均长度做周期性变化，因而磁路磁阻也做周期性变化，磁通同样做周期性变化，则在线圈中产生感应电动势，其频率 f 为椭圆形铁心转速的两倍。

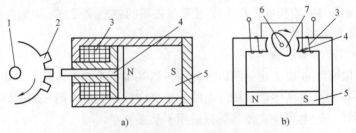

图 5-36　变磁通磁电感应式传感器的结构原理

a) 开路变磁通式　b) 闭合磁路变磁通式

1—被测旋转体　2—测量齿轮　3—线圈　4—软铁　5—永久磁铁　6—被测转轴　7—椭圆形铁心

变磁阻传感器对环境条件要求不高，能在 – 150 ~ 90℃的温度下工作，不影响测量精度，也能在油、水雾、灰尘等条件下工作。但它的工作频率下限较高，约为 50Hz，上限可达 100Hz。

5.6.2　霍尔传感器

霍尔传感器（hall sensor）也是一种磁电传感器。它是利用霍尔元件基于霍尔效应原理而将被测量转换成电动势输出的一种传感器。由于霍尔元件在静止状态下，具有感受磁场的独特能力，并且具有结构简单、体积小、噪声小、频率范围宽（从直流到微波）、动态范围大（输出电动势变化范围可达 1000:1）、寿命长等特点，因此获得了广泛应用。例如，在测量技术中用于将位移、力、加速度等物理量转换为电量的传感器，在计算机技术中用于做加、减、乘、除、开方、乘方以及微积分等运算的运算器等。

1. 霍尔效应

金属或半导体薄片置于磁场中，当有电流流过时，在垂直于电流和磁场的方向上将产生电动势，这种物理现象称为霍尔效应。

假设薄片为 N 型半导体，磁感应强度为 B 的磁场方向垂直于薄片，如图 5 - 37 所示，在薄片左右两端通以控制电流 I，那么半导体中的载流子（电子）将沿着与电流 I 相反的方向运动。由于外磁场 B 的作用，使电子受到磁场力 F_L（洛伦兹力）而发生偏转，结果在半导体的后端面上电子积累带负电，而前端面缺少电子带正电，在前后断面间形成电场。该电场产生

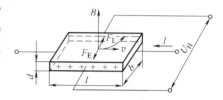

图 5 - 37　霍尔效应的原理

的电场力 F_E 阻止电子继续偏转。当 F_E 和 F_L 相等时，电子积累达到动态平衡。这时在半导体前后两个端面之间（即垂直于电流和磁场方向）建立电场，称为霍尔电场 E_H，相应的电动势称为霍尔电动势 U_H。霍尔电动势可表示为

$$U_H = R_H \frac{IB}{d} = K_H IB \tag{5-49}$$

式中，I 为电流（A）；B 为磁感应强度（T）；R_H 为霍尔常数（$m^3 \cdot C^{-1}$），由载流材料的物理性质决定；K_H 为灵敏度系数（$V \cdot A^{-1} \cdot T^{-1}$），与载流材料的物理性质和几何尺寸有关，表示在单位磁感应强度和单位控制电流时的霍尔电动势的大小；d 为霍尔片厚度（m）。

如果磁场和薄片法线的夹角为 α，那么

$$U_H = K_H IB\cos\alpha \tag{5-50}$$

2. 霍尔元件

基于霍尔效应工作的半导体器件称为霍尔元件，霍尔元件多采用 N 型半导体材料。霍尔元件越薄（d 越小），K_H 就越大，薄膜霍尔元件厚度只有 1μm 左右。霍尔元件由霍尔片、4 根引线和壳体组成，如图 5 - 38 所示。霍尔片是一块半导体单晶薄片（一般为 4 × 2 × 0.1mm³），在它的长度方向两端面上焊有 a、b 两根引线，称为控制电流端引线，通常用红色导线，其焊接处称为控制电极；在它的另两侧端面的中间以点的形式对称地焊有 c、d 两根霍尔输出引线，通常用绿色导线，其焊接处称为霍尔电极。霍尔元件的壳体是用非导磁金属、陶瓷或环氧树脂封装。目前最常用的霍尔元件材料有锗（Ge）、硅（Si）、锑化铟（InSb）、砷化铟（InAs）等半导体材料。在电路中霍尔元件用两种符号表示，如图 5 - 38c

所示。测量电路如图 5 - 38d 所示。

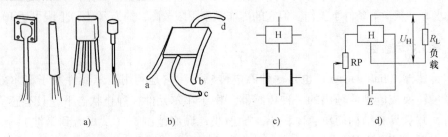

图 5 - 38　霍尔元件
a）外形　b）结构　c）符号　d）基本电路

3. 霍尔传感器的应用

图 5 - 39 是一种霍尔效应位移传感器的工作原理。将霍尔元件置于磁场中，左半部磁场方向向上，右半部磁场方向向下，从 a 端通入电流 I，根据霍尔效应，左半部产生霍尔电动势 U_{H1}，右半部产生方向相反的霍尔电动势 U_{H2}。因此，c、d 两端电动势为 $U_{H1} - U_{H2}$。如果霍尔元件在初始位置时 $U_{H1} = U_{H2}$，则输出为零；当改变磁极系统与霍尔元件的相对位置时，即可得到输出电压，其大小正比于位移量。

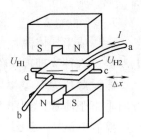

图 5 - 39　霍尔效应位移传
感器的工作原理

5.7　光电传感器

5.7.1　光电效应及光电器件

光电传感器（photoelectric sensor）通常是指能敏感到由紫外线到红外线光的光量，并能将光量转换成电信号的器件。应用这种器件检测时，是先将其物理量的变化转换为光量的变化，再通过光电器件转化为电量。其工作原理是利用物质的光电效应。

物质（金属或半导体）在光的作用下发射电子的现象称为光电效应。爱因斯坦假设光束中的能量是以聚集成一粒一粒的形式在空间行进的，这一粒一粒的能量称为光子。单个光子的能量为

$$E = h\nu \tag{5-51}$$

式中，h 为普朗克常数（J·s），$h = 6.626 \times 10^{-34}$ J·s；ν 为光的频率（Hz）。

当光照射到某一物体时，可以看做该物体受到一连串能量为 E 的光子的轰击，而光电效应就是构成物体的材料能吸收到光子能量的结果。由于被光照射的物体材料的不同，所产生的光电效应也不同，通常光照射到物体表面后产生的光电效应分为外光电效应和内光电效应两类。

1. 外光电效应

在光线作用下，物质内的电子逸出物体表面向外发射的现象，称为外光电效应。根据爱因斯坦的假设，一个光子的能量只给一个电子，因此，如果要使一个电子从物质表面逸出，

光子具有的能量必须大于该物质表面的逸出功 A_0，这时逸出表面的电子就具有动能 E_k，并有

$$E_k = h\nu - A_0 \tag{5-52}$$

由式（5-52）可见，光电子逸出时的初始动能 E_k 与光的频率有关，频率高则动能大。由于不同材料的逸出功不同，所以对某种材料而言有一个频率限，当入射光的频率低于此频率限时，不论光强多大，也不能激发出电子；反之，当入射光的频率高于此极限频率时，即使光线微弱也会有光电子发射出来，这个频率限称为"红限频率"。

外光电效应的光电器件属于光电发射型器件，有光电管、光电倍增管等。

光电管有真空光电管和充气光电管。真空光电管的结构如图 5-40 所示。在一个真空的玻璃泡内装有两个电极，一个是光电阴极，一个是光电阳极。光电阴极通常采用逸出功小的光敏材料（如铯 Cs）。当光线照射到光敏材料上便有电子逸出，这些电子被具有正电位的阳极所吸引，在光电管内形成空间电子流，在外电路就产生电流。若在外电路串入一定阻值的电阻，则在该电阻上的电压降或电路中的电流大小都与光强成函数关系，从而实现光电转换。

光电倍增管的工作原理如图 5-41 所示。在光电阴极和阳极之间加入 D_1、D_2、D_3…等若干个光电倍增极。这些倍增极涂有 Sb-Cs 或 Ag-Mg 等光敏物质。工作时，这些电极的电位逐级增高。当光线照射到光电阴极时，产生的光电子受第一级倍增极 D_1 正电位作用，加速并打在该倍增极上产生二次发射。第一倍增极 D_1 产生的二次发射电子，在更高电位的 D_2 极作用下，又将加速入射到电极 D_2 上，在 D_2 极上又将产生二次发射……，这样逐级前进，一直到达阳极为止。由此可见，光电流是逐级递增的，因此光电倍增管具有很高的灵敏度。

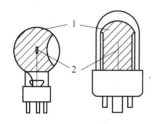

图 5-40 真空光电管的结构
1—光电阴极 2—光电阳极

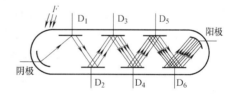

图 5-41 光电倍增管的工作原理

2. 内光电效应

受光照物体（通常为半导体材料）电导率发生变化或产生光电动势的效应称为内光电效应。内光电效应按其工作原理分为两种：光电导效应和光生伏特效应。

（1）光电导效应 半导体材料受到光照时电阻率发生变化的现象，称为光电导效应。基于这种效应的光电器件有光敏电阻（光电导型）和反向工作的光敏二极管、光敏晶体管（光电导结型）。

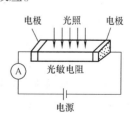

图 5-42 光敏电阻的
工作原理

1）光敏电阻。光敏电阻又称光导管，是一种电阻元件，具有灵敏度高、体积小、重量轻、光谱响应范围宽、机械强度高、耐冲击和振动和寿命长等优点。图 5-42 为光敏电阻的工作原理图。在黑暗的环境下，它的阻值很高；当受到光照并且光辐射能量足

够大时，光导材料禁带中的电子受到能量大于其禁带宽度 ΔE_g 的光子激发，由价带越过禁带而跃迁到导带，使其导带的电子和价带的空穴增加，电阻率变小。光敏电阻常用的半导体材料有硫化镉（CdS，$\Delta E_g = 2.4\text{eV}$）和硒化镉（CdSe，$\Delta E_g = 1.8\text{eV}$）。

2）光敏二极管和光敏晶体管。光敏管的工作原理与光敏电阻相似，不同点是光照在半导体上。图5-43所示为光敏管的结构及图形符号。光敏二极管的P—N结装在顶部，上面有一个透镜的窗口，以便入射光集中在P—N结上，如图5-43a所示。光敏二极管在电路中往往工作在反向偏置，没有光照时流过的反向电流很小，因为这时P型材料中的电子和N型材料中的空穴很少。但当光照射在P—N结上时，在耗尽区内吸收光子而激发出的电子—空穴对越过结区，使少数载流子的浓度大大增加，因此通过P—N结产生稳态光电流。由于漂过光敏二极管结区后的电子—空穴对立刻被重新俘获，故其增益系数为1。其特点是体积小，频率特性好，弱光下灵敏度低。

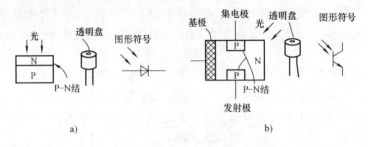

图5-43 光敏管的结构及图形符号

a）光敏二极管 b）光敏晶体管

光敏晶体管的结构与光敏二极管相似，不过它有两个P—N结，大多数光敏晶体管的基极无引出线，仅有集电极和发射极两端引线。图5-43b为PNP型光敏晶体管的结构原理及符号。当集电极上相对于发射极为正的电压而不接基极时，基极—集电极的结就是反向偏置的。当光照射在基极—集电极结上时，就会在结附近产生电子—空穴对，从而形成光电流（约几微安），输出到晶体管的基极，此时集电极电流是光生电流的 β 倍（β 是晶体管的电流放大倍数）。可见，光敏晶体管具有放大作用，它的优点是电流灵敏度高。

（2）光生伏特效应　半导体材料的P—N结受到光照后产生一定方向的电动势的效应叫做光生伏特效应。因此，光生伏特型光电器件是自发电式的，属有源器件。

以可见光为光源的光电池是常用的光生伏特型器件，硒和硅是光电池常用的材料，也可以使用锗。图5-44表示硅光电池的结构原理和图形符号。硅光电池也称硅太阳电池，它是用单晶硅制成，在一块N型硅片上用扩散的方法掺入一些P型杂质而形成一个大面积的P—N结，P层做得很薄，从而使光线能穿透到P—N结上。硅太阳电池轻便、简单，不会产生气体或热污染，易于适应环境。因此凡是不能铺设电缆的地方都可采用太阳电池，尤其适用于为宇宙飞行器的各种仪表提供电源。

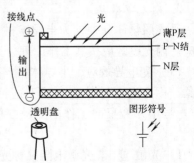

图5-44 硅光电池的结构原理和图形符号

5.7.2　光电传感器的应用

1. 光电传感器的工作形式

光电传感器按其接收状态可分为模拟式光电传感器和脉冲光电传感器。

（1）模拟式光电传感器　模拟式光电传感器的工作原理是基于光敏元件的光电特性，其光通量是随被测量而变的，光电流就成为被测量的函数，故又称为光电传感器的函数运用状态。这一类光电传感器有如下几种工作方式，如图 5-45 所示。

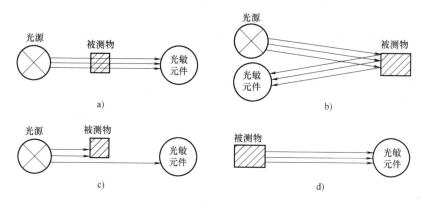

图 5-45　光敏元件的测量方式

a）吸收式　b）反射式　c）遮光式　d）辐射式

1）吸收式。被测物体位于恒定光源与光敏元件之间，根据被测物对光的吸收程度或对光谱线的选择来测定被测参数，例如测量液体、气体的透明度、混浊度，对气体进行成分分析，测定液体中某种物质的含量等。

2）反射式。恒定光源发出的光投射到被测物体上，被测物体把部分光通量反射到光敏元件上，根据反射的光通量多少测定被测物表面的状态和性质，例如测量零件的表面粗糙度、表面缺陷、表面位移等。

3）遮光式。被测物体位于恒定光源与光敏元件之间，光源发出的光通量经被测物遮去其一部分，使作用在光敏元件上的光通量减弱，减弱的程度与被测物在光学通路中的位置有关。利用这一原理可以测量长度、厚度、线位移、角位移和振动等。

4）辐射式。被测物体本身就是辐射源，它可以直接照射在光敏元件上，也可以经过一定的光路后作用在光敏元件上。光电高温计、比色高温计、红外侦察和红外遥感等均属于这一类。这种方式也可以用于防火报警和构成光照度计等。

（2）脉冲式光电传感器　脉冲式光电传感器的作用原理是光敏元件的输出仅有两种稳定状态，也就是"通"、"断"的开关状态，这也称为光敏元件的开关运用状态。这类传感器要求光敏元件灵敏度高，而对光电特性的线性要求不高，主要用于零件或产品的自动计数、光控开关、电子计算机的光电输入设备、光电编码器及光电报警装置等方面。

2. 光电传感器的应用

由于光电测量方法灵活多样，可测参数众多，它可以用来检测直接引起光量变化的非电量，如光强、光照度、辐射测温和气体成分分析等，也可以用来检验能转换成光量变化的其他非电量，如零件直径、表面粗糙度、应变、位移、振动、速度、加速度，以及物体的形状、工作状态的识别等。一般情况下，它具有非接触、高精度、高分辨率、高可靠性和响应快等优点，再加上激光光源、光栅、光学码盘、电荷耦合器件、光导纤维等的相继出现和成功应用，使得光电传感器在检测和控制领域得到了广泛的应用。下面是光敏器件的应用实例。

（1）测量工件表面的缺陷　光电传感器测量工件表面缺陷的工作原理如图 5-46 所示，激光管发出的光束经过透镜 1、2 变为平行光束，再由透镜 3 把平行光束聚焦在工件的表面上，形成宽约 0.1mm 的细长光带。光阑用于控制光通量。如果工件表面有缺陷（非圆、粗糙、裂纹），则会引起光束偏转或散射，这些光被硅光电池接收，即可转换成电信号输出。

（2）测量转速　图 5-47 所示为用光电传感器测量转速的工作原理。在电动机的旋转轴上涂上黑白两色，当电动机转动时，反射光与不反射光交替出现，光敏元件相应地间断接收光的反射信号，并输出间断的电信号，再经放大及整形电路输出方波信号，最后由电子数字显示器输出电动机的转速。

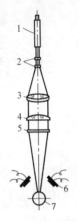

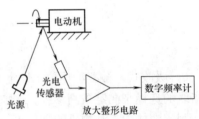

图 5-46　光电传感器测量工
件表面缺陷的工作原理

1—激光管　2—透镜1　3—透镜2　4—透镜3
5—光阑　6—硅光电池　7—工件

图 5-47　用光电传感器测量
转速的工作原理

5.7.3　光固态图像传感器

固态图像传感器（solid image sensor）是利用光电器件的光—电转换功能，将其感光面上的光像转换为与光像成相应比例关系的"图像"电信号的一种功能器件。而固态图像传感器是指在同一半导体衬底上布设的若干光敏单元和移位寄存器构成的集成化、功能化的光电器件。固态图像传感器的结构有线列阵和面列阵两种形式，它将光强的空间分布转换为与光强成比例的大小不等的电荷包空间分布，然后通过移位寄存器将这些电荷包形成一系列幅值不等的时序脉冲序列输出，也就是固态图像传感器利用光敏单元的光电转换功能将投射到光敏单元上的光学图像转换成"图像"电信号。固态图像传感器具有体积小、重量轻、析像度高、功耗低和低电压驱动等优点。目前已广泛应用于图像处理、电视、自动控制、测量和机器人等领域。

1. 电荷耦合器件

电荷耦合器件（Charge Couple Device，CCD）是利用内光电效应由单个光敏元构成的光传感器的集成电路器件。它集电荷存储、移位和输出于一体，应用于成像技术、数据存储和信号处理电路等。其中作为固态成像具有图像失真小、体积小、重量轻、可靠性高、工作电压低（小于 20V）、动态范围大和不需强光照射等优点。其光波范围从紫外区及可见光区到红外区。CCD 的基本单元是 MOS 光敏元，是一种金属—氧化物—半导体硅结构元形成的电容器。CCD 的特点是以电荷为信号传输。如图 5-48 所示，在 P 型 Si 基片上热氧化生成约 100nm 氧化层 SiO_2，再在氧化层上沉积一层金属电极构成 MOS 电容器。当在金属电极（栅极）上施加正阶跃电压，半导体电极（衬底）接地，在电场作用下，靠近 SiO_2 层的 P—Si 中带正电荷的多数载流子空穴被排斥（"耗尽"），形成耗尽区。对带负电的电子，该区势能很低，称为"势阱"。在一定条件下，电压越高，势阱越深。

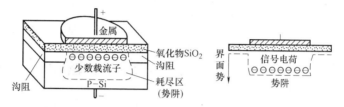

图 5-48　CCD 单元结构

如果此时有光从栅极通过透明的 SiO_2 层照射在 P-Si 片上，耗尽区吸收光子将产生电子—空穴对，在栅极电压作用下，空穴被排斥出耗尽区，光生电子被势阱吸收存储。这样高于半导体禁带宽度的那些光子，能建立起正比于光强的存储电荷。

将多个光敏元排列在一起，在光线照射下产生与光强成正比的光生载流子信号电荷，若使其具有转移信号电荷的自扫描功能，即构成固态图像传感器。MOS 光敏元就称为像素。图 5-49 为 CCD 结构原理图。

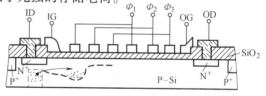

图 5-49　CCD 结构原理图

2. 电荷移位过程

如图 5-50 所示，若 MOS 光敏元相邻排列间距极小，耗尽区发生交叠（势阱耦合），电子将在互相耦合的势阱间流动，流动的方向取决于势阱的深度。这样就可以有控制地将电荷从一个金属电极下转移到另一个电极下。通常 CCD 有二相、三相、四相等几种结构，它们所施加的时钟脉冲也分别为二相、三相、四相。二相脉冲的两路脉冲相位相差 180°，三相脉冲及四相脉冲的相位差分别为 120° 及 90°。当这种时序脉冲加到 CCD 的无限循环结构上时，将实现信号电荷的定向转移。

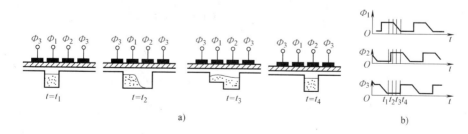

图 5-50　电荷移位过程

a）电荷转移过程　b）三相驱动脉冲时序波形

5.8　光纤传感器

光纤传感器（optical fiber transducer）是基于光导纤维导光的原理制成的。光导纤维是一种特殊结构的光学纤维，当光线以一定角度从它的一端射入时，它能把入射的大部分光线传送到另一端。这种能传输光线的纤维叫做光导纤维，简称为光纤。光纤传感器与以电为基础的传感器相比有本质区别。一般的传感器是将物理量转换成电信号，再用导线进行传输。而光纤传感器是用光而不是用电作为敏感信息的载体，用光纤而不是用导线作为传递敏感信息的媒质。

1. 光纤传感器的工作原理

由于外界因素（温度、压力、电场、磁场和振动等）对光纤的作用，会引起光波特征参量（如振幅、相位和偏振态等）发生变化。因此人们只要能测出这些参量随外界因素的变化关系，就可以用它作为传感元件来检测温度、压力、电流和振动频率等物理量的变化，这就是光纤传感器的基本工作原理。概括地说，光纤传感技术就是利用光纤将被测量对光纤内传输的光波参量进行调制，并对被调制过的光波信号进行解调检测，从而获得被测量。

2. 光纤传感器的基本形式

光纤传感器按照光纤在传感器中的作用分为功能型与非功能型两类。

（1）功能型光纤传感器　功能型光纤传感器又称为 FF 传感型光纤传感器，如图 5 - 51a 所示。它是利用光纤本身对外界被测对象具有敏感能力和检测功能这一特性开发的传感器。光纤不但起到传输光信号的作用，而且在被测对象作用下，诸如光强、相位、偏振态等光学特性得到了调制，空载波变为调制波，携带了被测对象的信息。FF 型光纤传感器中光纤是连续不断的，但为了感知被测对象的变化，往往需要采用特殊截面、特殊用途的特种光纤。

（2）非功能型光纤传感器　非功能型光纤传感器又称为 NFF 传光型光纤传感器，如图 5 - 51b 所示。光纤只当做传播光的媒介，对被测对象的调制功能是依靠其他物理性质的光转换敏感元件来实现的。入射光纤和出射光纤之间插有敏感元件，传感器中的光纤是不连续的。NFF 型光纤传感器中光纤在传感器中仅起到传输光信号的作用，所以可采用通信用光纤甚至普通的多模光纤。为使 NFF 型光纤传感器能够尽可能多地传输光信号，实际中采用大芯径、大数值孔径的多模光纤。

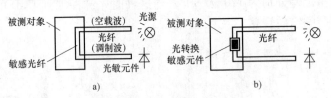

图 5 - 51　光纤传感器的基本形式
a）功能型　b）非功能性

3. 光纤传感器的应用

由于光纤传感器具有不受电磁场干扰、传输信号安全、可实现非接触测量，而且具有高灵敏度、高精度、高速度、高密度、适应各种恶劣环境下使用以及非破坏性和使用简便等优点，因此，无论是在电量（电流、电压、磁场）的测量，还是在非电量（位移、温度、压力、速度、加速度、液位、流量等）的测量方面，都取得了惊人的进展。

图 5-52 为光纤流速传感器，主要由多模光纤、光源、铜管、光敏二极管及测量电路组成。多模光纤插入顺流而置的铜管中，由于流体的流动使光纤发生机械变形，导致光纤中传播的各模式光的相位发生变化，使光纤的发射光强发生变化，其振幅的变化与流速成正比。

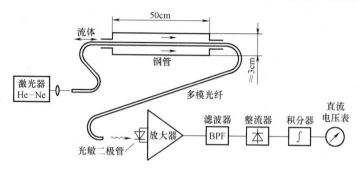

图 5-52 光纤流速传感器的工作原理

5.9 新型传感器

5.9.1 微机械传感器

微电子机械系统（Micro - Electro - Mechanical Systems，MEMS）技术是在微电子和微机械技术上发展起来的一门多学科交叉技术。MEMS 包括微传感器、微执行器、信号处理和控制电路、通信接口和电源部件等，能完成大尺度电子机械系统所不能完成的工作，从而极大地提高系统的自动化、智能化和可靠性水平。MEMS 与外界的相互作用如图 5-53 所示。

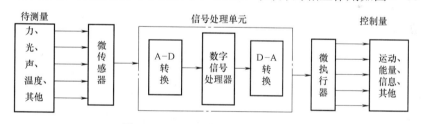

图 5-53 MEMS 与外界的相互作用

微传感器是 MEMS 最重要的组成部分。1962 年，第一个硅微型压力传感器面世后，微传感器得到了迅速的发展，同时 MEMS 技术的应用又使传感器的性能提高了几个数量级。下面介绍微结构谐振梁式压力传感器。

谐振梁式压力传感器是利用压力变化来改变物体的谐振频率，从而通过测量频率变化来间接测量压力。谐振梁式压力传感器输出为频率信号，而频率信号是能获得最高测量精度的信号，并且适用于长距离传输而不会降低其精度；它与一般模拟信号不同，可以不经 A-D 转换器而方便地与计算机连接，组成高精度的测量控制系统，适用于计算机信息处理。谐振式压力传感器无活动元件，是一种整体式传感器，其信号输出取决于机械参数，抗电干扰能力强，稳定性极好。谐振梁式压力传感器在工作时要产生振动，振动部分（称振子或谐振器）具有不同的结构形状，如振筒、振膜和振梁等，相应地就有谐振筒式、谐振膜式和谐振梁式压力传感器之分。使振子产生振动，要外加激励力，需要激振元器件；检测谐振频率，需要拾振元件；检测外加压力则还需感压元件，感压元件感受待测压力，改变谐振子的刚度从而改变谐振频率。

微结构硅谐振梁器的结构示意图如图 5 - 54 所示。它由单晶硅压力膜和单晶硅梁谐振器组成。两者通过硅 - 硅键合成一整体，梁紧贴膜片，其间只留约 $2\mu m$ 的空隙，供梁振动。硅梁封装于真空（$10^{-3} Pa$，绝压传感器）或非真空（差压传感器）之中，硅膜另一边接待测压力源。膜四周与管座刚性连接，可近似看成四边固支矩形膜。当压力作用于压力膜时，膜两端存在压差，膜感受均布压力 p，发生形变，膜内产生应力。与膜紧贴的梁也会感受轴向应力，这个应力将改变梁的固有谐振频率。在一定范围内，固有谐振频率的改变与轴向应力以及外加压力三者之间有很好的线性关系。因此，通过检测梁的固有谐振频率，就可达到压力检测的目的。

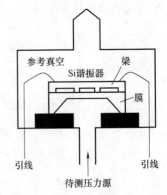

图 5 - 54　微结构硅谐振梁器的结构

总之，基于 MEMS 技术的微传感器的种类越来越多，已经研究或形成的器件主要有力、加速度、速度、位移、pH 值、微陀螺和触觉传感器等。微传感器的出现为传感器的小型化、集成化、阵列化、多功能化、智能化、系统化和网络化提供了基础。同时，微传感器也为机器人的发展提供了基础，它在机器人领域的应用，将会使未来机器人的人造皮肤具有更敏锐的触觉，使其四肢变得和人一样灵巧，应用到机器人的运动平衡系统，将会使机器人的运动像人一样稳健和灵活。

5.9.2　智能传感器

智能传感器（smart sensor）是为了代替人的感觉器官并扩大其功能而设计制作出来的一种装置。人和生物体的感觉有两个基本功能：一个是检测对象的有无或检测变换对象发生的信号；另一个是进行判断、推理、鉴别对象的状态。前者称为"感知"，后者称为"认知"。一般传感器只有对某一物体精确"感知"的本领，而不具有"认知"（智慧）的能力。智能传感器则可将"感知"和"认知"结合起来，起到人的"五感"功能的作用。智能传感器就是带微处理器并且具备信息检测和信息处理功能的传感器。从一定意义上讲，它具有类似于人工智能的作用。需要指出，这里讲的"带微处理器"包含两种情况：一种是将传感器与微处理器集成在一个芯片上构成"单片智能传感器"；另一种是指传感器能够配微处理器。显然，后者的定义范围更宽，但两者均属于智能传感器的范畴。不论哪一种都说明了智能传感器的主要特征就是敏感技术和信息处理技术的结合。也就是说，智能传感器必须具备"感知"和"认知"的能力。如要具有信息处理能力，就必然要使用计算机技术；考虑到智能传感器的体积问题，自然只能使用微处理器等。

通常，智能传感器由传感单元、微处理器和信号处理电路等装在同一壳体内组成，输出方式常采用 RS232 或 RS422 等串行输出，或采用 IEEE488 标准总线并行输出。智能传感器就是一个最小的微机系统，其中作为控制核心的微处理器通常采用单片机，其基本结构框图如图 5 - 55 所示。

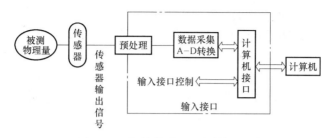

图 5 - 55 智能传感器基本结构框图

1. 智能传感器的特点

与传统传感器相比，智能传感器有以下特点。

1）准确度高。智能传感器可通过自动校零去除零点；与标准参考基准实时对比从而自动进行整体系统标定；自动进行整体系统的非线性等系统误差的校正；通过对采集的大量数据的统计处理以消除偶然误差的影响等，保证了智能传感器有较高的准确度。

2）可靠性与稳定性强。智能传感器能自动补偿因工作条件与环境参数发生变化引起的系统特性漂移，如：温度变化而产生的零点和灵敏度的漂移；被测参数变化后能自动改换量程；能实时自动进行系统的自我检验，分析、判断所采集到的数据的合理性，并给出异常情况的应急处理（报警或故障提示）。因此，有多项功能保证了智能传感器具有很高的可靠性与稳定性。

3）高信噪比与高分辨率。由于智能传感器具有数据存储、记忆与信息处理功能，通过软件进行数字滤波、数据分析等处理，可以去除输入数据中的噪声，从而将有用信号提取出来；通过数据融合、神经网络技术，可以消除多参数状态下交叉灵敏度的影响，从而保证在多参数状态下对特定参数测量的分辨能力，所以智能传感器具有很高的信噪比与分辨率。

4）自适应性强。由于智能传感器具有判断、分析与处理功能，它能根据系统工作情况决策各部分的供电情况、优化与上位计算机的数据传送速率，并保证系统工作在最优低功耗状态。

5）性能价格比高。智能传感器所具有的上述高性能，不是通过传统传感器技术追求传感器本身的完善，对传感器的各个环节进行精心设计与调试来获得，而是通过与微处理器/微计算机相结合来实现的，所以具有高的性能价格比。

2. 智能传感器的应用

图 5 - 56 所示为 ST—3000 系列智能压力传感器的原理框图，它由检测和变送两部分组成。被测的力或压力通过隔离的膜片作用于扩散电阻上，引起阻值变化。扩散电阻接在惠斯登电桥中，电桥的输出代表被测压力的大小。在硅片上制成两个辅助传感器，分别检测静压力和温度。由于采用接近于理想弹性体的单晶硅材料，传感器的长期稳定性很好。在同一个芯片上检测的差压、静压和温度 3 个信号，经多路开关分时地接到 A – D 转换器中进行 A – D 转换，数字量送到变送部分。变送部分由微处理器、ROM、PROM、RAM、E^2PROM、D – A 转换器、I/O 接口组成。微处理器负责处理 A – D 转换器送来的数字信号，从而使传感器的性能指标大大提高。存储在 ROM 中的主程序控制传感器工作的全过程。传感器的型号、输入 – 输出特性、量程可设定范围等都存储在 PROM 中。设定的数据通过导线传到传感器内，存储在 RAM 中。电可擦写存储器 E^2PROM 作为 RAM 后备存储器，RAM 中的数据

可随时存入 E^2PROM 中，不会因突然断电而丢失数据。恢复供电后，E^2PROM 可以自动地将数据送到 RAM 中，使传感器继续保持原来的工作状态，这样可以省掉备用电源。现场通信器发出的通信脉冲信号叠加在传感器输出的电流信号上。数字输入/输出（I/O）接口一方面将来自现场通信器的脉冲从信号中分离出来，送到 CPU 中去，另一方面将设定的传感器数据、自诊断结果、测量结果等送到现场通信器中显示。智能传感器源程序流程如图 5-57 所示。

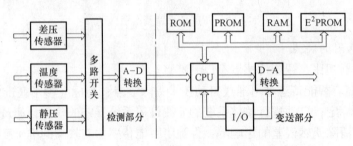

图 5-56 ST—3000 系列智能压力传感器的原理框图

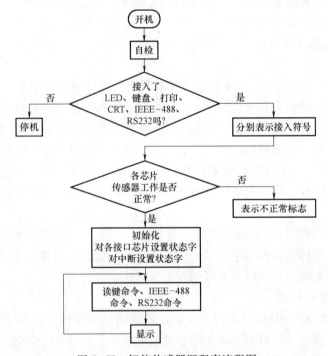

图 5-57 智能传感器源程序流程图

5.9.3 无线传感器网络

具有感知能力、计算能力和通信能力的无线传感器网络（Wireless Sensor Networks, WSN）综合了传感器技术、嵌入式计算技术、分布式信息处理技术和通信技术，能够协作地实时监测、感知和采集网络分布区域内的各种环境或监测对象的信息，并对这些信息进行处理，获得详尽而准确的信息，传送到需要这些信息的用户。

1. 无线传感器网络的网络结构

无线传感器网络的网络结构如图 5-58 所示，通常包括传感器节点（sensor node）、汇聚节点（sink node）和管理站（manager station）。大量传感器节点部署在监测区域（sensor field）附近，通过自组织方式构成网络。传感器节点获取的数据沿着其他传感器节点逐条地进行传输，在传输过程中数据可能被多个节点处理，经过多跳路由到汇聚节点，最后通过互联网或卫星到达管理站。用户通过管理站对传感器网络进行配置和管理，发布监测任务以及收集监测数据。传感器节点通常是一个微型的嵌入式系统，它的处理能力、存储能力和通信能力相对较弱，通常用电池供电。汇聚节点的处理能力、存储能力和通信能力相对较强，它连接传感器网络与 Internet 等外部网络，实现两种协议栈之间的通信协议转换，同时发布管理节点的监测任务，把收集的数据转发到外部网络。

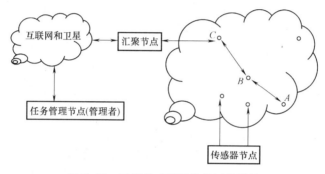

图 5-58　无线传感器网络的网络结构

2. 无线传感器网络的特点

无线传感器网络因其节点的能量、处理能力、存储能力和通信能力有限，其设计的首要目标是能量的高效利用，这也是其区别于其他无线网络的根本特征。

（1）能量资源有限　网络节点由电池供电，其特殊的应用领域决定了在使用过程中，通过更换电池的方式来补充能量是不现实的，一旦电池能量用完，这个节点也就失去了作用。因此在传感器网络设计过程中，如何高效使用能量来最大化网络生命周期是传感器网络面临的首要挑战。

（2）硬件资源有限　传感器节点是一种微型嵌入式设备，大量的节点数量要求其低成本、低功耗，所携带的处理器能力较弱，计算能力和存储能力有限。在成本、硬件体积、功耗等受到限制的条件下，传感器节点需要完成监测数据的采集、转换、管理、处理、应答汇聚节点的任务请求和节点控制等工作，这对硬件的协调工作和优化设计提出了较高的要求。

（3）无中心　无线传感器网络是一个对等式网络，所有节点地位平等，没有严格的中心节点。节点仅知道与自己毗邻节点的位置及相应标识，通过与邻居节点的协作完成信号处理和通信。

（4）自组织　无线传感器网络节点往往通过飞机布撒到未知区域，或随意放置到人不可到达的危险区域，通常情况下没有基础设施支持，其位置不能预先设定，节点之间的相邻关系预先也不明确。网络节点布撒后，无线传感器网络节点通过分层协议和分布式算法协调各自的监控行为，自动进行配置和管理，利用拓扑控制机制和网络协议形成转发监测数据的多跳无线网络系统。

（5）多跳路由　由于无线传感器网络节点的通信距离有限，一般在几十到几百米范围内，节点只能与它的邻居直接通信，对于面积覆盖较大的区域，传感器网络需要采用多跳路由的传输机制。无线传感器网络中没有专门的路由设备，多跳路由由普通网络节点完成。同时，因为受节点能量、节点分布、建筑物、障碍物和自然环境等因素的影响，路由可能经常变化，频繁出现通信中断。在这样的通信环境和有限通信能力的情况下，如何设计网络多跳路由机制以满足传感器网络的通信需求是传感器网络面临的挑战。多跳路由可分为簇内多跳和簇间多跳两种，簇内多跳指簇内的一个传感器节点传递信息时借助本簇内的其他节点中继它的信息到簇头节点（当整个传感器网络场作为一个簇时，基站就为簇头节点），簇间多跳指一个簇头节点的信息通过其他簇头节点来中继它的信息到达基站。

（6）动态拓扑　在传感器网络使用过程中，部分节点附着于物体表面随处移动；部分节点由于能量耗尽或环境因素造成故障或失效而退出网络；部分节点因弥补失效节点、增加监测精度而补充到网络中，节点数量动态变化，使网络的拓扑结构动态变化。这就要求无线传感器网络具有动态拓扑组织功能和动态系统的可重构性。

（7）鲁棒性和容错性　为了获取精确的信息，在监测区域通常部署大量的传感器节点，数量可能成千上万甚至更多。传感器节点被密集地随机部署在一个面积不大的空间内，需要利用节点之间的高度连接性来保证系统的抗毁性和容错性。这种情况下，需要依靠节点的自组织性处理各种突发事件，节点设计时软硬件都必须具有鲁棒性和容错性。

（8）可靠性　传感器节点的大量部署不仅增大了监测区域的覆盖，减少洞穴或盲区，而且可以利用分布式算法处理大量信息，降低了对单个节点传感器的精度要求，大量冗余节点的存在使得系统具有很强的容错性能。传感器网络集信息采集和监测、控制以及无线通信于一体，能量的高效利用是设计的首要目标。无线传感器网络是一个以应用为牵引、以数据为中心的网络，用户使用传感器网络查询事件时，更关心数据本身和出现的位置、时间等，并不关心哪个节点监测到目标。不同的应用背景要求传感器网络使用不同的网络协议、硬件平台和软件系统。

3. 无线传感器网络的应用

无线传感器网络节点微小，价格低廉，部署方便，隐蔽性强，可自主组网，在军事、农业、环境监控、健康监测、工业控制、智能交通和仓储物流等领域具有广阔的应用前景。随着传感网络研究的深入，无线传感器网络逐渐渗透到人类生活的各个领域。下面介绍在军事方面的应用。

无线传感器网络研究初期，在军事领域获得了多项重要应用。利用无线传感器网络能够实现单兵通信、组建临时通信网络、反恐作战、监控敌军兵力和装备、战场实时监视、目标定位、战场评估、军用物资投递和生化攻击监测等功能，例如，美军开展的 C4KISR 计划、Smart Sensor Web、灵巧传感器网络通信、无人值守地面传感器群、传感器组网系统、网状传感器系统 CEC 等。目前国际许多机构的研究课题仍然以战场需求为背景。利用飞机抛撒或火炮发射等装置，将大量廉价传感器节点按照一定的密度部署在待测区域内，对周边的各种参数，如震动、气体、温度、湿度、声音、磁场、红外线等各种信息进行采集，然后由传感器自身构建的网络，通过网关、互联网、卫星等信道，传回监控中心。NASA（美国国家航空和宇宙航行局）的 Sensor Web 项目，将传感器网络用于战场分析，初步验证了无线传感器网络的跟踪技术和监控能力。另外，可以将无线传感器网络用做武器自动防护装置，在友军人员、装备及军火上加装传感器节点以供识别，随时掌控情况避免误伤。通过在敌方阵地部署各种传感器，做到知己知彼、先发制人。另外，该项技术利用自身接近环境的特点，可用于智能型武器的引导器，与雷达和卫星等相互配合，可避免攻击盲区，大幅度提升武器的杀伤力。

习 题

5-1 选用传感器的基本原则是什么？在应用时应如何考虑运用这些原则？

5-2 金属应变片与半导体应变片在工作原理上有何不同？

5-3 比较自感式传感器与差动变压器式传感器的异同。

5-4 低频透射式和高频反射式涡流传感器的原理有什么不同？

5-5 为什么极距变化式电容传感器的灵敏度和非线性是矛盾的？实际应用中怎样解决这一问题？

5-6 某电容传感器（平行极板电容器）的圆形极板半径 $r = 4\mathrm{mm}$，工作初始极板间距离 $\delta_0 = 0.3\mathrm{mm}$，介质为空气。问：

1）如果极板间距离变化量 $\Delta\delta = \pm 1\mu\mathrm{m}$，电容的变化量 ΔC 是多少？

2）如果测量电路的灵敏度 $K_1 = 100\mathrm{mV/pF}$，读数仪表的灵敏度 $K_2 = 5$ 格/mV，在 $\Delta\delta = \pm 1\mu\mathrm{m}$ 时，读数仪表的变化量为多少？

5-7 电容式传感器，极板宽度 $b = 4\mathrm{mm}$，间隙 $\delta = 0.5\mathrm{mm}$，极板间介质为空气，试求其静态灵敏度。若极板移动 $2\mathrm{mm}$，求其电容变化量。

5-8 为什么压电传感器通常用来测量动态信号？

5-9 说明磁电传感器的基本工作原理。它有哪几种结构型式？

5-10 什么是霍尔效应？霍尔元件有什么特点？

5-11 什么是光电效应？有哪几类？与之对应的光敏元器件有哪些？

5-12 按光纤在传感器中的作用，光纤传感器可分为哪两类？

第6章 电信号的调理与记录

被测参量经传感器转换后的输出一般是模拟信号，它以电信号或电参数的形式出现。电信号的形式有电压、电流和电荷等，电参数的变化形式有电阻、电容及电感等。以上信号由于太微弱或不能满足测试要求，尚需经过中间转换装置进行变换、放大等，以便将信号转换成便于处理、接收或显示记录的形式。习惯上将完成这些功能的电路或仪器称为信号的调理环节，最常见的调理环节如图6-1所示。本章将讨论信号调理中常见的环节：电桥、信号放大、滤波、信号调制与解调等内容。

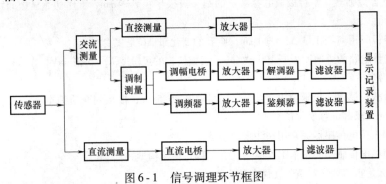

图6-1　信号调理环节框图

6.1　电桥

当传感器把被测量转换为电路或磁路参数的变化后，电桥（bridge）可以把这种参数变化转变为电桥的输出电压或电流的变化，分别称为电压桥和电流桥。电压桥按其激励电压的种类不同可以分为直流电桥和交流电桥；电流桥也称为功率桥，输出的阻抗要与内电阻匹配。

6.1.1　直流电桥

采用直流电源的电桥称为直流电桥，直流电桥的桥臂只能为电阻，如图6-2所示。电阻 R_1、R_2、R_3、R_4 作为4个桥臂，在 A、C 端（称为输入端或电源端）接入直流电源 U_0，在 B、D 端（称为输出端或测量端）输出电压 U_{BD}。

测量时常用等臂电桥，即 $R_1 = R_2 = R_3 = R_4$，或电源端对称电桥，即 $R_1 = R_2$，$R_3 = R_4$。

贴在试件上的应变计称为工作片。常用3种设置工作片的方式，分别为单臂工作（选桥臂1为工作片）、双臂工作（选桥臂1、2为工作片）和四臂工作。

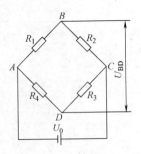

图6-2　直流电桥

电桥的4个桥臂均为应变片组成时，称为全桥；桥臂1、2由应变片组成，而桥臂3、4为标准电阻时，称为半桥。

当电桥输出端接入的仪表或放大器的输入阻抗足够大时，可认为其负载阻抗为无穷大。这时把电桥称为电压桥；当其输出阻抗与内电阻匹配时，满足最大功率传输条件，这时电桥被称为功率桥或电流桥。

1. 直流电桥的输出特性

由图 6-2 可知电压桥的输出电压

$$U_{BD} = U_{BA} - U_{DA} = \frac{U_0 R_1}{R_1 + R_2} - \frac{U_0 R_4}{R_3 + R_4} = \frac{R_1 R_3 - R_2 R_4}{(R_1 + R_2)(R_3 + R_4)} U_0 \tag{6-1}$$

显然，当

$$R_1 R_3 = R_2 R_4 \left(即 \frac{R_1}{R_4} = \frac{R_2}{R_3} \right) \tag{6-2}$$

时，电桥的输出为 "零"，所以式（6-2）称为电桥的平衡条件。

设电桥四臂电阻 R_1、R_2、R_3、R_4 的增量分别为 ΔR_1、ΔR_2、ΔR_3、ΔR_4，则电桥的输出为

$$U_{BD} = \frac{(R_1 + \Delta R_1)(R_3 + \Delta R_3) - (R_2 + \Delta R_2)(R_4 + \Delta R_4)}{(R_1 + \Delta R_1 + R_2 + \Delta R_2)(R_3 + \Delta R_3 + R_4 + \Delta R_4)} U_0 \tag{6-3}$$

考虑到 $\Delta R_i \ll R_i$，$i = 1 \sim 4$，忽略式（6-3）右边分子中的二阶微小增量 $\Delta R_i \Delta R_j$ 和分母中的微小增量 ΔR_i，同时代入电桥的平衡条件式（6-2），有

$$U_{BD} = U_0 \frac{R_3 \Delta R_1 - R_4 \Delta R_2 + R_1 \Delta R_3 - R_2 \Delta R_4}{(R_1 + R_2)(R_3 + R_4)} \tag{6-4}$$

再次利用电桥的平衡条件式（6-2）进行整理，有

$$U_{BD} = \frac{R_2/R_1}{(1 + R_2/R_1)^2} U_0 \left(\frac{\Delta R_1}{R_1} - \frac{\Delta R_2}{R_2} + \frac{\Delta R_3}{R_3} - \frac{\Delta R_4}{R_4} \right) \tag{6-5}$$

因为在等臂电桥和电源端对称电桥中，$R_2 = R_1$，所以有

$$U_{BD} = \frac{1}{4} U_0 \left(\frac{\Delta R_1}{R_1} - \frac{\Delta R_2}{R_2} + \frac{\Delta R_3}{R_3} - \frac{\Delta R_4}{R_4} \right) \tag{6-6}$$

式（6-6）中，括号内为 4 个桥臂电阻变化率的代数和，各桥臂的运算的规则是相对桥臂相加（同号），相邻桥臂相减（异号）。这一特性简称为加减特性，式（6-6）是非常重要的电桥输出特性公式。

利用全桥做应变测量时，应变计的灵敏系数 K 必须一致，式（6-6）又可写成

$$U_{BD} = \frac{1}{4} U_0 K (\varepsilon_1 - \varepsilon_2 + \varepsilon_3 - \varepsilon_4) \tag{6-7}$$

如果采用输出端对称电桥，则 $R_2/R_1 \neq 1$，在式（6-5）中显然有 $\dfrac{R_2/R_1}{(1 + R_2/R_1)^2} < \dfrac{1}{4}$，所以其输出小于电源端对称电桥。

对于功率桥，因为其内、外电阻匹配，所以流经负载 R_L 的电流为

$$I_L = \frac{U_{BD}}{2 R_L} \tag{6-8}$$

可知功率桥的输出电压为

$$U_L = I_L R_L = \frac{U_{BD}}{2} \tag{6-9}$$

是电压桥输出电压的一半。

2. 3 种典型桥路的输出特性

（1）单臂工作　当 R_1 为工作应变片，R_2、R_3、R_4 为固定电阻时的桥路称为惠斯顿电桥。工作时，只有 R_1 的电阻值发生变化，此时的输出电压

$$U_{BD} \approx \frac{U_0}{4R} \Delta R_1$$

令 $\Delta R_1 = \Delta R$，则

$$U_{BD} \approx \frac{U_0}{4R} \Delta R \qquad (6\text{-}10)$$

（2）半桥工作　当两个邻臂 R_1、R_2 为工作应变片，其增量 $\Delta R_1 = \Delta R$、$\Delta R_2 = -\Delta R$，而另两个桥臂 R_3、R_4 为固定电阻，则式（6-6）可写成

$$U_{BD} \approx \frac{U_0}{2R} \Delta R \qquad (6\text{-}11)$$

（3）全桥工作　4 个桥臂均为工作应变片，且其增量 $\Delta R_1 = \Delta R$、$\Delta R_2 = -\Delta R$、$\Delta R_3 = \Delta R$、$\Delta R_4 = -\Delta R$，则式（6-6）可写成

$$U_{BD} \approx \frac{U_0}{R} \Delta R \qquad (6\text{-}12)$$

3. 应变计串联或并联组成桥臂的电桥

电桥串并联的主要目的为：

1）传感器设计时，减少偏心载荷的需要。

2）在测量转轴转矩时，为了减少集流器的电阻变化，以便减少误差，常采用应变计串联或使用大阻值应变计。

3）串联时，减少了桥臂的电流，可适当提高供桥电压，从而提高输出灵敏度。

4）并联时，当供桥电压不变时，输出电流增加，这对后续的电流驱动设备非常重要。

应变片串联或并联组成的桥臂如图 6-3 所示。

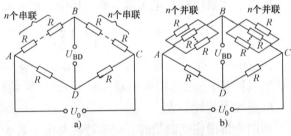

图 6-3　串联或并联组成桥臂的电桥
a）串联　b）并联

（1）桥臂串联的情况　以单臂工作为例，设桥臂阻值 R_1、R_2 由 n 个应变片 R 串联组成（见图 6-3a），$R_3 = R_4 = R$，当 R_1 桥臂的 n 个应变片 R 都有增量 ΔR_i（$i = 1, 2, \cdots, n$）时，电桥输出为

$$U_{BD} = \frac{U_0}{4} \cdot \frac{\sum_{i=1}^{n} \Delta R_i}{nR} = \frac{U_0}{4n} \sum_{i=1}^{n} \frac{\Delta R_i}{R} \qquad (6\text{-}13)$$

只有当 ΔR_i 均等于 ΔR 时，电桥的输出才有

$$U_{BD} = \frac{U_0}{4} \cdot \frac{\Delta R}{R} \qquad (6\text{-}14)$$

由于这种桥在一个桥臂上有加减特性，故可将应变片的电阻变化取均值后输出，这在应

力测量中对消除偏心载荷的影响是很有用的。

（2）桥臂并联的情况　如图 6-3b 所示，R_1、R_2 桥臂由 n 个应变片并联，$R_3 = R_4 = R$，R_1 桥臂的各电阻应变片阻值为 $R_{1i} = R$（$i = 1, 2, \cdots, n$），有

$$\frac{1}{R_1} = \sum_{i=1}^{n} \frac{1}{R_{1i}} \tag{6-15}$$

对两边求导数，有

$$\frac{dR_1}{R_1^2} = \sum_{i=1}^{n} \frac{dR_{1i}}{R_{1i}^2} \tag{6-16}$$

用增量代替微分并代入应变计阻值，有

$$\frac{\Delta R_1}{R_1} = \frac{1}{n} \sum_{i=1}^{n} \frac{\Delta R_{1i}}{R} \tag{6-17}$$

只有 R_1 桥臂的 n 个 R 都有相同增量 ΔR 时，电桥输出才与式（6-10）相同。

由式（6-14）和式（6-17）可知，采用桥臂串、并联方法并不能增加输出，但是可以在一个桥臂得到加减特性。提高电桥输出可以采用以下措施：

1）增加电桥工作臂数。当电桥相邻臂有异号、相对臂有同号的电阻变化时，电桥输出可提高 2～4 倍。

2）提高供桥电压。提高供桥电压可增加电桥输出，但会受到应变计额定功率的限制，实用中可选用串联方法增加桥臂阻值以提高供桥电压。在桥臂并联情况下，并联电阻越多，供桥电源负担越重，使用中应适可而止。

3）使用不等臂电桥时，采用电源端对称电桥。

4. 电桥输出的非线性

前文在推导电桥输出特性公式时做了线性化处理，现在具体考察一下非线性误差的情况。

（1）单臂工作　设有一单臂工作的电桥，由式（6-3），其实际输出电压为

$$U'_{BD} = \frac{(R_1 + \Delta R_1)R_3}{(R_1 + \Delta R_1 + R_2)(R_3 + R_4)}U_0 \tag{6-18}$$

线性化表达式为

$$U_{BD} = \frac{(R_1 + \Delta R_1)R_3}{(R_1 + R_2)(R_3 + R_4)}U_0 \tag{6-19}$$

于是，非线性误差

$$\delta = \frac{U'_{BD} - U_{BD}}{U_{BD}} = \frac{U'_{BD}}{U_{BD}} - 1 = \frac{R_1 + R_2}{R_1 + \Delta R_1 + R_2} - 1 \approx \frac{-\Delta R_1}{R_1 + R_2} = -\frac{\Delta R_1}{2R_1} \tag{6-20}$$

特别地，当应变计灵敏度系数 $K = 2$ 时，有

$$\delta = -\frac{K\varepsilon}{2} = -\varepsilon \tag{6-21}$$

可见其相对误差与灵敏度系数有关，并且绝对值随被测应变的绝对值增加而增加。

（2）双臂或四臂工作　由式（6-3），双臂工作时的电桥实际输出电压为

$$U'_{BD} = \frac{R_3 \Delta R_1 - R_4 \Delta R_2}{(R_1 + \Delta R_1 + R_2 + \Delta R_2)(R_3 + R_4)}U_0 \tag{6-22}$$

同样可求得非线性误差

$$\delta = -\frac{\Delta R_1 + \Delta R_2}{R_1 + R_2} = -\frac{1}{2}\left(\frac{\Delta R_1}{R_1} + \frac{\Delta R_2}{R_2}\right) \tag{6-23}$$

显然，若使 $\frac{\Delta R_1}{R_1} = -\frac{\Delta R_2}{R_2}$，则可消除非线性误差并且使灵敏度增加为原来的两倍。同理，如果采用全桥则有可能消除非线性误差并且使灵敏度增加为 4 倍。

6.1.2 交流电桥

为了克服零点漂移，常采用正弦交流电压作为电桥的电源，这样的电桥为交流电桥。交流电桥的电源必须具有良好的电压波形和频率稳定性，为了避免工频信号干扰，一般采用 5~10kHz 交流电源作为激励电压。交流电桥不仅能测量动态信号，也能测量静态信号。电桥的 4 个桥臂可以是电感、电容、电阻或其组合。常用于电抗型传感器，如电容或电感传感器，此时电容或电感一般做成差动接电桥的相邻臂。

1. 交流电桥平衡条件

在交流电桥中，电桥平衡条件式（6-2）可改写为阻抗的形式

$$\vec{Z_1}\vec{Z_3} = \vec{Z_2}\vec{Z_4} \tag{6-24}$$

图 6-4 是由电阻和电容组成的交流电桥。平衡条件式（6-24）可写成

$$\frac{R_3}{\frac{1}{R_1} + j\omega C_1} = \frac{R_4}{\frac{1}{R_2} + j\omega C_2} \tag{6-25}$$

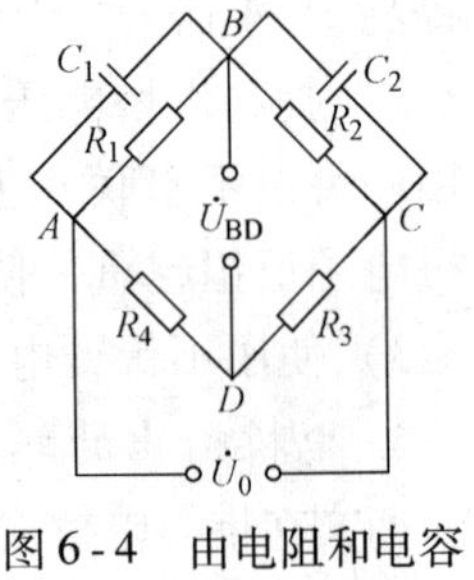

使其两边实部与虚部分别相等，有

$$\begin{cases} R_1 R_3 = R_2 R_4 \\ \dfrac{R_3}{R_4} = \dfrac{C_1}{C_2} \end{cases} \tag{6-26}$$

图 6-4 由电阻和电容构成的交流电桥

可见，交流电桥除了要满足电阻平衡条件，还必须满足电容平衡的要求。

实测中，应尽量减少分布电容，利用仪器上的电阻、电容平衡装置调好初始平衡，并避免导线移动、温度变化、吸潮等造成桥臂电容变化，以减少零漂及相移。

2. 交流电桥的平衡装置

（1）电阻平衡装置 目前应变仪多采用如图 6-5a 的电阻平衡装置。图中，R_5 为固定电阻，R_6 为电位器。图 6-5a 可以等效地转换为图 6-5b 的星形（Y）和图 6-5c 的三角形（△）电路。根据电学中的 Y-△电路等效变换的原理，图 6-5c 中的等效电阻 R_1'、R_2'、R_6' 为

$$\begin{cases} R_1' = R_5 + R_7 + \dfrac{R_5 R_7}{R_8} \\ R_2' = R_5 + R_8 + \dfrac{R_5 R_8}{R_7} \\ R_6' = R_7 + R_8 + \dfrac{R_7 R_8}{R_5} \end{cases} \tag{6-27}$$

从式（6-27）看到，改变 R_7、R_8 的比例，即改变并联于 R_1、R_2 臂上的 R_1'、R_2' 的比例。因此，调节电位器 R_6 即可实现电阻平衡。R_6' 对电桥平衡不起作用。为了避免等效电阻

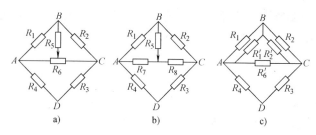

图 6-5　电阻平衡装置

R'_1、R'_2 并联于 R_1、R_2 上造成桥臂初始电阻值的改变而引起测量误差，R_5、R_6 的阻值应选择大些。

（2）电容平衡装置　应变仪的电容平衡装置常采用差动电容式和电阻电容式，如图 6-6 所示。图 6-6a 为差动电容式平衡装置，C_1、C_2 为差动可调电容，当 C_1 增加 ΔC 时，C_2 同时减少 ΔC，从而达到电容平衡的目的。图 6-6b 为电阻电容式平衡装置。与图 6-5 的 Y-△ 等效变换类似，其星形和三角形电路分别如图 6-7a 和图 6-7b 所示，等效阻抗为

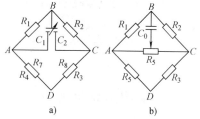

图 6-6　电容平衡装置

a) 差动电容式平衡装置　b) 电阻电容式平衡装置

$$\begin{cases} Z'_1 = R_7 + \dfrac{1}{j\omega C_0} + \dfrac{R_7}{j\omega C_0}/R_8 = R_7 + \dfrac{1}{j\omega C_1} \\[2mm] Z'_2 = R_8 + \dfrac{1}{j\omega C_2} \\[2mm] Z'_6 = R_7 + R_8 + j\omega C_0 R_7 R_8 \end{cases} \tag{6-28}$$

式中，$C_1 = \dfrac{C_0 R_8}{R_7 + R_8}$，$C_2 = \dfrac{C_0 R_7}{R_7 + R_8}$。

式（6-28）说明等效阻抗 Z'_1 是由 R_7 和 C_1 串联组成，Z'_2 是由 R_8 和 C_2 串联组成，如图 6-7c 所示。改变 R_6 的滑动触点位置，就可以改变 R_7 和 R_8 的比例，即改变了 C_1 和 C_2 的比例，从而达到电桥的电容平衡。但应注意容抗分量改变的同时，电阻分量亦同时改变，所以应反复调节电阻、电容平衡。Z'_6 与电桥平衡无关，C_0 则决定电容平衡范围。

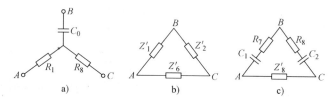

图 6-7　电阻电容式电容平衡装置的 Y-△ 转换

6.2　调制与解调

为了传输传感器输出的微弱信号，可以采用直流放大的方式，也可以采用调制（modulation）与解调（demodulation）的方式。调制是使信息载体的某些特征随信息变化的过程，作用是把被测量信号植入载体使之便于传输和处理。载体被称为载波，是受被测量控制的较

高频信号。被测量称为调制信号，原是直流或较低频率的信号，调制到高频区后进行交流放大，可以使信号频率落在放大器带宽内，避免失真并且增强抗干扰能力。解调是调制的逆过程，作用是从载波中恢复所传送的信息。

根据载波受控参数的不同，可分为幅值调制、频率调制和相位调制，对应的波形分别称为调幅波、调频波和调相波。

调制与解调在工程上有着广泛的应用。为了改善某些测量系统的性能，在系统中常使用调制与解调技术。比如，力、位移等一些变化缓慢的量，经传感器变换后所得信号也是一些低频信号。如果直接采用直流放大常会带来零漂和极间耦合等问题，引起信号失真。如果先将低频信号通过调制手段变为高频信号，再通过简单的交流放大器进行放大，就可以避免直流放大中的问题。对该放大的已调制信号再采取解调的手段即可获得原来的缓变信号。在无线电技术中，为了防止所发射信号间的相互干扰，常将发送的声频信号的频率移到各自被分配的高频、超高频频段上进行传输与接收，这也要用到调制与解调技术。

6.2.1　幅值调制与解调

幅值调制不仅仅是能将信息嵌入到能有效传输的信道中去，而且还能够把频谱重叠的多个信号通过一种复用技术在同一信道上同时传输。在电话电缆、有线电视电缆中，由于不同的信号被调制到不同的频段，因此，在一根导线中可以传输多路信号。幅值调制就是将载波信号与调制信号相乘，使载波的幅值随被测量信号变化。解调就是为了恢复被调制信号。幅值调制与解调过程如图6-8所示。

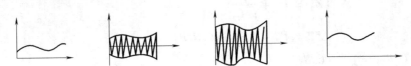

缓变信号 $\xrightarrow{\text{调制}}$ 高频交流信号 $\xrightarrow{\text{放大}}$ 放大后交流信号 $\xrightarrow{\text{解调}}$ 解调后的缓变信号

图6-8　幅值调制与解调过程

现以频率为 f_z 的余弦信号 $z(t)$ 作为载波进行讨论。由傅里叶变换性质知，在时域中两个信号相乘，则对应在频域中两个信号卷积，即

$$x(t)z(t) \Leftrightarrow X(f) * Z(f) \tag{6-29}$$

余弦函数的频谱图形是一对脉冲谱线，即

$$\cos 2\pi f_z t \Leftrightarrow \frac{1}{2}\delta(f - f_z) + \frac{1}{2}\delta(f + f_z) \tag{6-30}$$

一个函数与单位脉冲函数卷积的结果，就是将其图形由坐标原点平移至该脉冲函数处。因此，若以高频余弦信号作载波，把信号 $x(t)$ 和载波信号 $z(t)$ 相乘，其结果就相当于把原信号频谱图形由原点平移至载波频率 f_z 处，其幅值减半，如图6-9所示，即

$$x(t)\cos 2\pi f_z t \Leftrightarrow \frac{1}{2}X(f) * \delta(f + f_z) + \frac{1}{2}X(f) * \delta(f - f_z) \tag{6-31}$$

显然，幅值调制过程就相当于频率"搬移"的过程。图中，调制器起乘法器的作用。为避免调幅波 $x_m(t)$ 的重叠失真，要求载波频率 f_z 必须大于测试信号 $x(t)$ 中的最高频率，即 $f_z > f_m$。实际应用中，往往选择载波频率至少数倍甚至数十倍于信号中的最高频率。

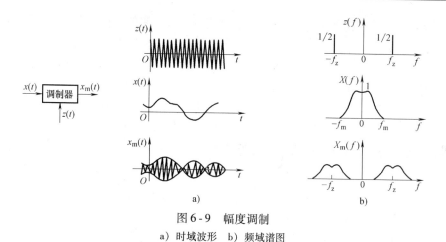

图 6-9　幅度调制

a) 时域波形　b) 频域谱图

若把调幅波 $x_m(t)$ 再次与载波 $z(t)$ 信号相乘，$x(t)\cos 2\pi f_0 t \cos 2\pi f_0 t = \dfrac{x(t)}{2} + \dfrac{1}{2}x(t)\cos 4\pi f_0 t$ ，则频域图形将再一次进行"搬移"，即 $x_m(t)$ 与 $z(t)$ 相乘积的傅里叶变换为

$$F\big[x_m(t)z(t)\big] = \frac{1}{2}X(f) + \frac{1}{4}X(f + 2f_z) + \frac{1}{4}X(f - 2f_z) \qquad (6\text{-}32)$$

最常见的解调方法为整流检波和相敏检波。

若用一个低通滤波器滤除中心频率为 $2f_z$ 的高频成分，那么将可以复现原信号的频谱（只是其幅值减少了一半，这可以用放大处理来补偿），这一过程为同步解调。"同步"是指解调时所乘的信号与调制时的载波信号具有相同的频率和相位。调幅波的同步解调过程如图6-10所示。上述的调制方法，是将调制信号 $x(t)$ 直接与载波信号 $z(t)$ 相乘。这种调幅波具有极性变化，即在信号 $x(t)$ 过零线时，其幅值发生由正到负（或由负到正）的突然变化，此时调幅波 $x_m(t)$ 的相位（相对于载波）也相应地发生 $180°$ 的变化，此种调制方法称为抑制调幅，如图6-11所示。抑制调幅波需采用同步解调或相敏检波解调的方法，才能反映出原信号的幅值和极性。

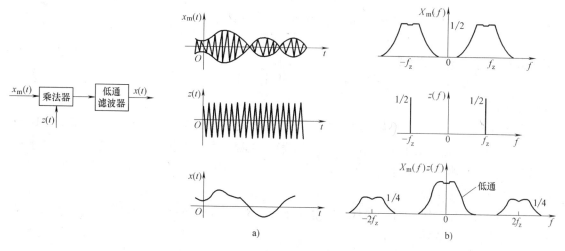

图 6-10　调幅波的同步解调过程

a) 时域波形　b) 频域谱

若把调制信号 $x(t)$ 进行偏置，叠加一个直流分量 A，使偏置后的信号 $x'(t)$ 都具有正电压

$$x'(t) = A + x(t) \tag{6-33}$$

此时调幅波如图 6-11 b 所示，其表达式为

$$x_m(t) = x'(t)\cos 2\pi ft = [A + x(t)]\cos 2\pi ft \tag{6-34}$$

这种调制方法称为非抑制调幅，其调幅波的包络线具有原信号形状。一般采用整流、滤波（或称包络法检波）以后，就可以恢复原信号。

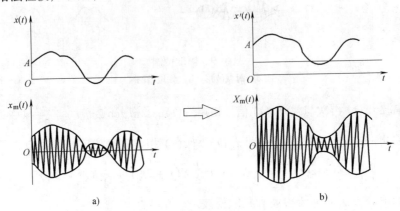

图 6-11　抑制调幅与非抑制调幅

a) 抑制调幅　b) 非抑制调幅

在非抑制调幅中，如果所加偏压不足以使信号电压全部处于零线的一边，则不能采用包络检波。这时需要相敏检波器（phase sensitive demodulator）（与滤波器配合）进行解调。图 6-12 是常用的环形相敏检波器。图中，R_{fz} 为负载电阻，U_{sr} 是由放大器输出的调幅信号即相敏检波器输入信号，U_c 为参考电压，它与供桥电源来自同一个振荡器，频率相同。参考电压 U_c 起开关作用，决定二极管的导通与截止。4 个阻值相等的电阻和 4 个特性完全相同的二极管 $VD_1 \sim VD_4$ 组成一个环形回路。在 $U_c > U_{sr}$ 时，二极管的导通与截止全由参考电压 U_c 决定。

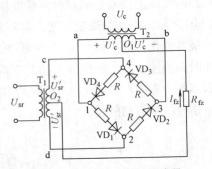

图 6-12　常用的相敏检波器

（1）无输入信号（$U_{sr} = 0$）的情况　若 U_c 正半周的极性为 $a+$、$b-$，则 VD_1、VD_2 导通，VD_3、VD_4 截止，由于 T_1、T_2 二次绕组对称，电路对称，2 点和 O_1 点等电位，负载上无电流通过。U_c 负半周时极性为 $a-$、$b+$，VD_3、VD_4 导通，VD_1、VD_2 截止，4 点和 O_1 点等电位，负载上亦无电流通过。

这表明输入信号为零时，尽管二极管像开关一样不断动作，二极管内有电流通过，但负载上无电流，输出为零。

（2）有输入信号（$U_{sr} \neq 0$）的情况

1）U_{sr} 与 U_c 同相。U_{sr} 与 U_c 同相即拉应变的情况。T_2 极性为 $a+$、$b-$，U_{sr} 极性为 $c+$、

$d -$，VD_1、VD_2 导通，VD_3、VD_4 截止，信号电流的流经路线为
$$O_2 \rightarrow R_{fz} \rightarrow O_1 \rightarrow VD_1(VD_2) \rightarrow 2 \rightarrow d$$
R_{fz} 中的电流方向向上。

当 U_c、U_{sr} 同时改变极性时，VD_3、VD_4 导通，电流路线为
$$O_2 \rightarrow R_{fz} \rightarrow O_1 \rightarrow VD_3(VD_4) \rightarrow 4 \rightarrow c$$
其方向仍从下向上。负载上得到一个全波整流电流。在整个周期中，流过负载 R_{fz} 的电流方向不变，输出电压极性不变。

2）U_{sr} 与 U_c 反相。当输入信号 U_{sr} 的相位对于 U_c 改变 180°，即为压应变时，T_1 极性为 $c -$、$d +$，T_2 极性为 $a +$、$b -$，由 U_{sr} 引起的电流路径为
$$d \rightarrow 2 \rightarrow VD_2(VD_1) \rightarrow O_1 \rightarrow R_{fz} \rightarrow O_2$$
R_{fz} 上的电流方向是从上到下。

当 U_c、U_{sr} 同时改变极性时，电流通路为
$$c \rightarrow 4 \rightarrow VD_4(VD_3) \rightarrow O_1 \rightarrow R_{fz} \rightarrow O_2$$
电流方向仍从上向下。可见输入信号反相时，流过负载的电流方向跟着改变，输出电压极性也随之而变。

从以上分析可知，相敏检波器（配合滤波器）可将调幅波还原成原信号，并具有鉴别应变信号相位的能力，也就是可以鉴别所测的正负应力。

6.2.2　频率调制与解调

实现信号调频和解调的方法甚多，这里只介绍常用的方法。

1. 频率调制

频率调制是用调制信号去控制载波信号的频率，使其随被测量 x 变化，如图 6-13 所示。由于调频较容易实现数字化，特别是调频信号在传输过程中有较强的抗干扰能力，所以在测量、通信和电子技术的许多领域中得到了广泛的应用。调频波的表达式为
$$u_f = U_m \sin(\omega_H + Kx)t \tag{6-35}$$
式中，U_m、ω_H 分别为载波的幅值和角频率；K 为调制灵敏度，其大小由具体的调频电路决定。

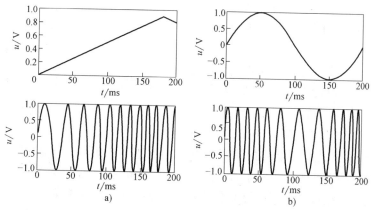

图 6-13　调频波与调制信号幅值的关系
a）锯齿波　b）正弦波

（1）电参数调频法　电参数调频法是用被测参数的变化控制振荡回路的参数电感 L、电容 C 或电阻 R，使振荡频率得到调制。

在测量系统中，常利用电抗元件组成调谐振荡器，以电抗元件的电感或电容感受被测量的变化，作为调制信号的输入，以振荡器原有的振荡信号作为载波。当有调制信号输入时，振荡器输出的即为调频波。当电容 C 和电感 L 并联组成振荡器的谐振回路时，电路的谐振频率

$$f = \frac{1}{2\pi\sqrt{LC}} \tag{6-36}$$

若在电路中以电容为调谐参数，对式（6-36）进行微分，有

$$\frac{\partial f}{\partial C} = \left(-\frac{1}{2}\right)\left(\frac{1}{2\pi\sqrt{LC}}\right)\frac{1}{C} = -\frac{f}{2C} \tag{6-37}$$

因为在 f_0 附近有 $C = C_0$，故频率偏移

$$\Delta f = Kx = -\frac{f_0\Delta C}{2C} \tag{6-38}$$

（2）电压调频法　电压调频法利用信号电压的幅值控制振荡回路的参数 L、C 或 R，从而控制振荡频率。振荡器输出的是等幅波，但其振荡频率偏移量和信号电压成正比。信号电压为正值时调频波的频率升高，负值时则降低；信号电压为零时，调频波的频率就等于中心频率。这种受电压控制的振荡器称为压控振荡器。其特性用输出角频率 ω_f 与输入控制电压 u_c 之间的关系曲线表示，如图6-14所示。图中，ω_0 称为自由振荡角频率（u_c 为零时的角频率）；曲线在 ω_0 处的斜率 K_0 为调制灵敏度。

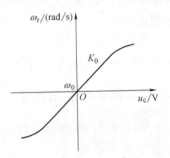

图6-14　压控振荡器的特性曲线

2. 鉴频器（frequency discriminator）

调频波的解调器又称为鉴频器，是将频率变化恢复成调制信号幅值变化的器件。图6-15所示为斜率检频器即失谐回路鉴频器的工作原理。它由线性变换电路与幅值检波电路组成，先把调频波变换成调频调幅波，然后进行幅值检波。

图6-15 中，调频波 u_f 经过变压器耦合，加在 L_2、C_2 组成的并联谐振回路上。当等幅调频波 u_f 的频率等于回路的谐振频率 f_n 时，线圈 L_1、L_2 中的耦合电流最大，

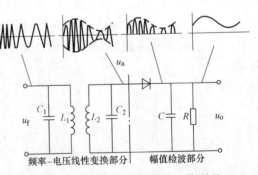

图6-15　失谐回路鉴频器的工作原理

二次侧输出电压 u_a 也最大。若 u_f 的频率偏离 f_n，u_a 也随之下降。通常利用特性曲线的亚谐振区近似直线的一段实现频率—电压变换，失谐回路鉴频器的频率—电压特性曲线如图6-16所示。将 u_a 经过二极管进行半波整流，再经过 RC 滤波器滤波，鉴频器的输出电压 u_o 如图6-16所示。

因为被测量、调频波的频率和幅值 $|u_a|$ 依次有近似于线性的关系，因此检波后的输出电

压 u_o 与被测量保持近似线性的关系。

　　为了改善失谐回路鉴频器的线性，可以用两个谐振回路组成双失谐回路鉴频器，原理如图 6 - 17 所示。其中的两个回路采用差动连接方式，可以使灵敏度增加一倍并增强线性。

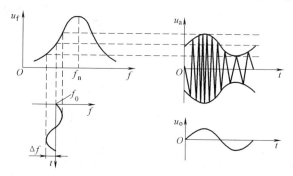

图 6 - 16　失谐回路鉴频器的频率—电压特性曲线

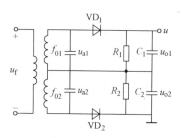

图 6 - 17　双失谐回路鉴频器

6.3　信号的放大与衰减

6.3.1　信号放大器的主要特性

　　传感器输出的信号一般是很微弱的，通常是毫伏级的，有时是微伏级的，而许多处理系统要求的输入电压为 1 ~ 10V。如果不经过放大处理，传输转换这种信号是有困难的，并且不能满足信号处理的需要。因此，使用放大器（amplifier）增加这些信号的幅值。用放大倍数即增益（gain）表示放大器的灵敏度，放大倍数（amplification rate）

$$G = \frac{u_o}{u_i} \tag{6-39}$$

式中，u_i 为放大器输入端的电压；u_o 为放大器输出端的电压。

　　放大器的放大倍数无量纲，通常在 1 ~ 1000 之间甚至更高。对于衰减的装置（$u_o < u_i$），放大倍数的值小于 1。增益更多地采用对数分度，以分贝（dB）为单位。电压增益可写成

$$G_{dB} = 20\lg G = 20\lg \frac{u_o}{u_i} \tag{6-40}$$

　　由式（6 - 40），G 值为 10 的放大器产生 20dB 的分贝增益 G_{dB}，而 G 值为 1000 的放大器产生 60dB 的分贝增益。如果信号被衰减，即 u_o 小于 u_i，分贝增益将取负值。

　　尽管增大信号的幅值是放大器的主要目的，但是放大器会以多种方式影响信号。最主要的方式有频率失真、相位失真、共模干扰和电源负载等。

　　当放大器处理一般的频率在一定范围之内的信号时，多数放大器并不是对所有的频率都有同样的增益值。例如，放大器在 10kHz 频率时可能有 20dB 的增益，而在 100kHz 频率时的增益却为 5dB。典型的放大器的频率响应如图 6 - 17 所示。增益接近于常数的频率范围被称为带宽。带宽的高端频率和低端频率被称为拐角频率即截止频率。截止频率定义为增益减少 3dB 时的频率。大多数现代仪器放大器在低频，甚至当 $f = 0$（直流）时增益为常数，所以图 6 - 18 中的 f_{c1} 为零。但是所有的放大器都有高端的截止频率。

　　由于频率失真的影响，带宽狭窄的放大器将会改变一个时变输入信号的形状。图 6 - 19

所示为一个方波信号由于高频衰减而产生的频率失真。

尽管在带宽内放大器的增益接近于常数，但是输出信号的相角可能发生显著的变化。如果放大器的输入电压信号为

$$u_i(t) = u_{mi}\sin 2\pi ft \qquad (6-41)$$

则输出信号

$$u_o(t) = G\sin(2\pi ft + \varphi) \qquad (6-42)$$

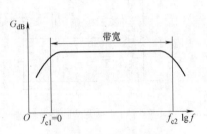

图 6 - 18　放大器的频率响应

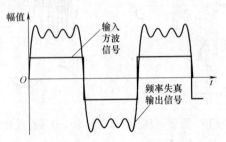

图 6 - 19　方波由于高频衰减而产生的频率失真

在大多数情况下，φ 是负值，表示输出波形落后于输入波形。典型的放大器相位响应如图 6 - 20 所示。

对于纯正弦波形，相位移动并没有影响。而对于比较复杂的周期性的波形，可能会出现相位失真的问题。显然，如果相角随频率线性变化，那么波形的相位将不会失真并且仅在时间上被延迟或导前。

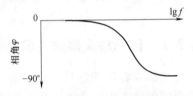

图 6 - 20　典型的放大器相位响应

放大器另外一个重要的特性是共模抑制比（CMRR）。当大小相等极性不同的电压加到放大器两个输入端时，该电压被称为差模电压。当相同的电压（对地电压）供给两个输入端时，该电压被称为共模电压。理想的仪器放大器将对差模电压产生输出，对于共模电压则没有输出。实际的放大器对于差模电压和共模电压都会产生输出。但是差模电压的响应会大得多。差模电压和共模电压之间的关系用共模抑制比衡量，它定义为

$$K_{CMRR} = 20\lg\frac{G_{diff}}{G_{cm}}(\text{dB}) \qquad (6-43)$$

式中，G_{diff} 为作用于两个输入端的差模电压的增益；G_{cm} 为作用于两个输入端的共模电压的增益。

因为有用的信号通常产生差模输入而噪声信号一般产生共模输入，所以 K_{CMRR} 值越大越好。高质量的放大器的 K_{CMRR} 值常高于 100dB。

使用放大器（使用许多其他信号调理装置）的时候，输入负载和输出负载是潜在的问题。放大器输入电压通常是由一个输入电源例如传感器或其他信号调理装置产生的。当放大器的输出和其他装置连接时，输出电压将会改变。如图 6 - 21a 所示，把电源装置模拟成一个与电阻 R_s 串联的电压发生器 U_s。同样，把放大器的输入模拟成输入电阻 R_i，输出模拟成为与输出电阻 R_o 串联的电压发生器 GU_i，如图 6 - 21b 所示。

如果电源没有和放大器连接，输出端电压将是 U_s。当电源和放大器连接的时候，如图 6 - 22所示，U_s、R_s 和 R_i 组成一个完整的电路，电源的输出电压就不再是 U_s。

下面将会看到，为了减小在输入和输出的负载效应，理想放大器（或者其他信号调理器）应该有非常大的输入电阻（R_i）和非常小的输出电阻（R_o）。

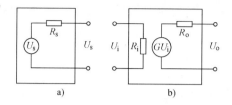

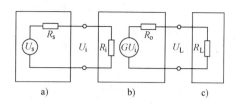

图 6-21　放大器模拟电路　　　　　　　　图 6-22　组合模型

a) 电源　b) 放大器的模型　　　　　a) 输入电源　b) 放大器　c) 输出负载

首先根据电源电压 U_s，求出放大器输入电压

$$U_i = \frac{R_i U_s}{R_s + R_i} \tag{6-44}$$

再由输出回路求 U_L，有

$$U_L = \frac{R_L G U_i}{R_o + R_L} \tag{6-45}$$

将式（6-44）代入式（6-45），有

$$U_L = \frac{R_L}{R_o + R_L} G \frac{R_i}{R_i + R_s} U_s \tag{6-46}$$

在理想情况下，设电压 U_L 等于增益 G 乘以 U_s，即

$$U_L = G U_s \tag{6-47}$$

可见，如果 $R_L \gg R_o$ 并且 $R_i \gg R_s$，那么式（6-46）和式（6-47）将很接近。这样就没有负载效应。因此理想的放大器（或信号调理器）的输入阻抗为无限大，输出阻抗为零。

6.3.2　使用运算放大器的放大器

实际放大器通常采用一种普通的、低成本的集成电路构成，它被称为运算放大器，简称为运放（op-amp）。一个运算放大器可用如图 6-23a 所示的符号来示意。输入电压（U_n 和 U_p）被加到两个输入端（标为 + 和 -），于是在信号输出端可见输出电压（U_o）。有两个供电端，分别标志为 $V+$ 和 $V-$。还有其他的一些可以用来调节某些特性的附加端口（图中未表示）。

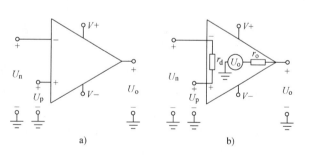

图 6-23　运算放大器的符号和简化的模型

a) 符号　b) 简化的模型

图 6-23b 所示为使用图 6-22b 的模型组成的运算放大器模型，所示的接线方法被称为开环接法。因为输入端之间的电阻（r_d）非常大（接近无穷大），输出电阻（r_o）接近于零，所以从负载的角度来说，运算放大器接近于理想放大器。运算放大器的增益用小写的 g 表示，以示与放大器电路的增益 G 的区别。运算放大器的增益非常高，理想的值是无穷大。在图 6-23b 中，运放开环接线的输出为

$$U_o = g(U_p - U_n) \tag{6-48}$$

例如，型号为 μA741C（或基本相似的 a741）的运算放大器得到广泛的应用，价格极其

便宜。μA741C 的输入阻抗 r_d 在 2MΩ 数量级，输出阻抗 r_o 约为 75Ω，增益 g 约为 200000，K_{CMRR} 约为 75dB 或更高。

下面介绍使用运算放大器的典型放大电路。

1. 同相放大器（noninverting amplifier）

同相放大器的示意图如图 6-24 所示，"同相"指的是输出对地电压的符号与输入电压相同。在该电路的反馈回路中输出被连接到输入端，形成的电路被称为闭环结构。反馈回路的结构决定了以运放为基础的电路的特性。在同相放大器中反馈电压被连接到负输入端而信号接到正输入端。参考图 6-23b，同相端电压 U_p 就是 U_i。为求得 U_n，需要分析包括 U_o、R_2、R_1 和地线的电路。

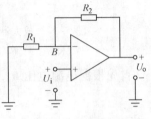

图 6-24　同相放大器

由于运算放大器的输入阻抗高，所以可以忽略由 B 点流入运算放大器反相端的电流，于是

$$U_n = U_o \frac{R_1}{R_1 + R_2} \tag{6-49}$$

将这些输入电压（U_p 和 U_n）代入式（6-48），有

$$U_o = g(U_p - U_n) = g\left(U_i - U_o \frac{R_1}{R_1 + R_2}\right) \tag{6-50}$$

求解 U_o，有

$$U_o = \frac{gU_i}{1 + g[R_1/(R_2 + R_1)]} \tag{6-51}$$

对于运算放大器，g 值非常大并且式（6-51）中分母的第二项远远大于 1。对此取近似值并注意到放大器的增益 $G = U_o/U_i$，于是可由式（6-51）解得

$$G = \frac{U_o}{U_i} = \frac{R_1 + R_2}{R_1} = 1 + \frac{R_2}{R_1} \tag{6-52}$$

可见，增益仅仅是比值 R_2/R_1 的函数，而与实际的电阻值无关。通常 R_1 和 R_2 的阻值范围在 1kΩ ~ 1MΩ 之间。超过 1MΩ 的电阻会使电路计算复杂化，原因是寄生电容使阻抗发生变化。低电阻值导致高功率消耗。

应该注意到，如果 U_i 足够大以至于 U_o（$= GU_i$）接近电源电压，那么再增加 U_i 也不会增加输出。这种饱和被称为输出饱和。

与开环运算放大器相比，反馈回路增加输入阻抗并减少输出阻抗。同相放大器的输入端之间的阻抗很高。对于图 6-23 所示的电路，输入阻抗一般在数百兆欧数量级，具体数值取决于增益。这意味着放大器在大多数应用场合将不会给输入装置加上明显的负载。该电路同时显示出运算放大器的另一个主要优点——非常小的输出阻抗（通常只有 1Ω），因此其输出电压受被连接装置的影响不大。

增益在高频率时的下降是运算放大器的固有特性。低频增益与截止频率之间的关系可以用增益带宽积（GBP）来描述。对于大多数基于运算放大器的运算放大器，低频增益和带宽的乘积为常数。因为带宽的频率下限是零，所以高端截止频率

$$f_c = \frac{GBP}{G} \tag{6-53}$$

运算放大器 μA741C 的 *GBP* 值是 1MHz。图 6 - 23 所示的同相电路的 *GBP* 与运算放大器本身的值相同,所以若低频增益为 10,可求得带宽为 100kHz。一些比较昂贵的运算放大器具有更高的 *GBP* 值。

如果希望有较高的增益和较大的带宽,可以串联两个放大器,即把一个放大器的输出作为另一个放大器的输入。每个放大器有较低的增益,但是两级总增益会高出许多而带宽不变。尽管在整个带宽的增益是常数,但输入和输出之间的相角 *Φ* 显示出随频率的强烈变化。对于上面的同相放大器,相角随着频率的变化可以表示为

$$\Phi = -\tan^{-1}\frac{f}{f_{c}} \tag{6-54}$$

当 $f = f_{c}$ 时, *Φ* 值为 $-0.785\text{rad}(-45°)$。这意味着输出较输入滞后大约 1/8 个圆周。然而, *Φ* 随 f 的变化在 $f = 0$ 到 $f = f_{c}/2$ 之间非常接近于线性,在 $f = 0$ 到 $f = f_{c}$ 之间近似于线性。因此,在带宽范围内的信号将产生最合适的相位变化。然而在实验中,若要比较被放大的信号与被放大之前的信号的时间关系,必须考虑相角。

2. 反相放大器 (inverting amplifier)

反相放大器电路如图 6 - 25 所示,之所以称为反相,是因为输出电压相对于地线的符号与输入电压的相反。反相放大器是其他多种运算放大器电路的基础,包括滤波器、积分器和微分器。使用与同相放大器类似的分析方法,可以证明反相放大器的增益为

$$G = -\frac{R_{2}}{R_{1}} \tag{6-55}$$

对于反相放大器,增益取决于电阻的比值而非电阻的实际值。电阻值的范围通常在 $1\text{k}\Omega \sim 1\text{M}\Omega$。

反相放大器与同相放大器有明显不同的特点。同相放大器的输入阻抗达几百兆欧姆,而反相放大器的输入阻抗约等于 R_{1},它的阻值通常不大于 100kΩ。这可能对一些输入装置带来负载问题。反相放大器和同相放大器同样具有低输出阻抗的特性———一般小于 1Ω。反相放大器的增益在高于截止频率时也是下降的。反相放大器的增益带宽积 $GBP_{反相}$ 与同相放大器的 $GBP_{同相}$ 不同,它们之间的关系为

$$GBP_{反相} = \frac{R_{2}}{R_{1} + R_{2}} GBP_{同相} \tag{6-56}$$

反相放大器的相位响应与同相放大器的相同,由式 (6-54) 确定。

3. 仪器放大器

图 6 - 24 和图 6 - 25 所示的放大器可以满足一些使用要求,然而对于许多仪器的应用却不是最好的。环境的电磁场可能在连接输入信号的导线中产生噪声。对这两种放大器只连接单个输入信号,都会在输入电路产生噪声。专用的仪器放大器通常采用两个或者更多的运算放大器 (例如图 6 - 26),它有两个不接地的信号源装置 (平衡差动输入)。这种情况下,在两个输入线中产生同样幅值和相位的电气噪声。这是共模信号。正确设计和制作的仪器放大器有着很大的共模抑制比,因此它的输出能很大程度地避免输入的共模噪声。

完整的无源的高质量仪器放大器可由一个 IC 芯片构成。完整的有源并可调节增益和零点漂移的仪器放大器可以买到。放大器与其他仪表元器件一样会产生误差。它们可能有非线性误差、滞后误差和热稳定性误差。如果实际的增益与预测增益的不同,将有增益 (灵敏度) 误差。

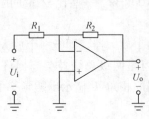

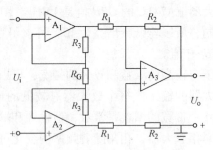

图 6-25　反相放大器电路　　　　图 6-26　差动输入仪器放大器

6.3.3　信号衰减

在有些测量中输出电压的幅值可能会高于下一级元件输入电压的范围。这个电压必须减小到一个合适的水准，其处理过程被称为衰减（attenuation）。最简单的方法是使用如图 6-27 所示的分压网络。从分压网络产生的输出电压是

$$U_o = U_i \frac{R_2}{R_1 + R_2} \tag{6-57}$$

这种类型的分压网络可能有负载问题。首先，在产生 U_i 的系统中设置一个阻性负载。该负载会产生有效的电流，从而改变 U_i，使其值不同于安装分压网络之前。这个问题可以通过使阻抗 R_1 和 R_2 之和远远高于产生 U_i 的系统的输出阻抗来解决。然而，这意味着网络的输出的阻抗 R_2 也会很高，在连接输出端负载时会出现问题。把分压器的输出接入一个增益恒定的高输入阻抗放大器来减少输出负载问题是理想的方法。

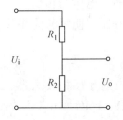

图 6-27　分压网络的衰减

在分压器上采用高值电阻带来的另一个问题是附加负载。对于高频信号，因小量电容而产生的阻抗与分压器阻抗不相上下并产生与频率相关的衰减。

6.4　滤波器

在许多测量环境中，时变信号电压可以看成是由许多不同频率、不同振幅的简谐波的合成。滤波器是一种选频装置，它只允许一定频带范围的信号通过，同时极大地衰减其他频率成分。滤波器的这种筛选功能在测试技术中可以起到消除噪声和消除干扰信号等作用，在信号检测、自动控制、信号处理等领域得到广泛的应用。

6.4.1　滤波器的分类

1. 滤波器（filter）的选频特性

滤波器按选频特性可分为 4 种类型：低通滤波器（lowpass filter）、高通滤波器（highpass filter）、带通（bandpass filter）滤波器和带阻滤波器（bandstop filter）。它们的频率特性如图 6-28 所示。低通滤波器允许低频信号通过而不衰减，在频率 $f = 0$ 与截止频率 f_c 之间的、增益 G 近似于常数的频带被称为通带；显著衰减的频率范围被称为阻带；在 f_c 和阻带之

间的区域被称为过渡带；并且从截止频率 f_c 开始，使信号的高频成分衰减。高通滤波器使高频信号通过并使低频成分衰减。带通滤波器在高频和低频对信号进行衰减，使中间的一段频率通过。与带通滤波器相反，带阻滤波器允许高频和低频通过但对中间一段频率衰减，若阻带范围非常窄，则称为陷波滤波器（notch filter）。

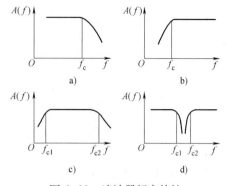

图 6-28　滤波器频率特性
a）低通滤波器　b）高通滤波器
c）带通滤波器　d）带阻滤波器

在测试系统中，常用 RC 滤波器。RC 滤波器具有电路简单，抗干扰能力强，有较好的低频性能。

1）RC 低通滤波器。RC 低通滤波器的典型电路如图 6-29 所示。设滤波器的输入电压为 u_x，输出电压为 u_y，其微分方程为

$$RC\frac{\mathrm{d}u_y}{\mathrm{d}t} + u_y = u_x \tag{6-58}$$

令 $\tau = RC$，τ 为时间常数。经拉氏变换得频响函数

$$H(f) = \frac{1}{\mathrm{j}2\pi f\tau + 1} \tag{6-59}$$

这是典型的一阶系统。截止频率取决于 RC 值，截止频率为

$$f_c = \frac{1}{2\pi RC} \tag{6-60}$$

当 $f \ll \dfrac{1}{2\pi RC}$ 时，其幅频特性 $A(f) = 1$。信号不受衰减地通过；

当 $f = \dfrac{1}{2\pi RC}$ 时，$A(f) = \dfrac{1}{\sqrt{2}}$，也即幅值比稳定幅值降了 $-3\mathrm{dB}$。

当 $f \gg \dfrac{1}{2\pi RC}$ 时，输出 u_y 与输入 u_x 的积分成正比，即

$$u_y = \frac{1}{RC}\int u_x \mathrm{d}t \tag{6-61}$$

其对高频成分的衰减率为 $-20\mathrm{dB}/10$ 倍频程。

2）RC 高通滤波器。RC 高通滤波器的典型电路如图 6-30 所示。设滤波器的输入电压为 u_x，输出电压为 u_y，其微分方程为

$$u_y + \frac{1}{RC}\int u_y \mathrm{d}t = u_x \tag{6-62}$$

同理，令 $\tau = RC$，其频响函数

$$H(f) = \frac{\mathrm{j}2\pi f\tau}{\mathrm{j}2\pi f\tau + 1} \tag{6-63}$$

3）带通滤波器。带通滤波器可以看成是低通和高通滤波器串联组成的。串联所得的带通滤波器以原高通的截止频率为下截止频率，原低通的截止频率为上截止频率。但要注意当多级滤波器串联时，因为后一级成为前一级的"负载"，而前一级又是后一级的信号源内阻。因此，两级间常采用运算放大器等进行隔离，实际的带通滤波器通常是有源的。

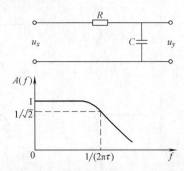

图 6-29　RC 低通滤波器及其幅频特性曲线

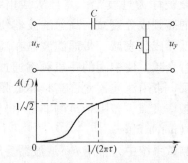

图 6-30　RC 高通滤波器及其幅频特性曲线

2. 滤波器的阶次

实际滤波器的传递函数是一个有理函数，即

$$H(s) = \frac{b_m s^m + b_{m-1} s^{m-1} + \cdots + b_1 s + b_0}{a_n s^n + a_{n-1} s^{n-1} + \cdots + a_1 s + a_0} \qquad (6\text{-}64)$$

式中，n 为滤波器的阶。滤波器可按其阶次分成一阶、二阶、$\cdots$、n 阶滤波器。对特定类型滤波器而言，其阶数越大，阻频带对信号的衰减能力也越大。因为高阶传递函数可以写成若干一阶、二阶传递函数的乘积，所以可以把高阶滤波器的设计归结为一阶、二阶滤波器的设计。

6.4.2　理想滤波器与实际滤波器

1. 理想滤波器

从图 6-28 可见，4 种滤波器在通频带与阻频带之间都存在一个过渡带，在此频带内，信号受到不同程度的衰减。这个过渡带对滤波器是不理想的。

理想滤波器是物理上不能实现的理想化的模型，用于深入了解滤波器的特性。根据线性系统的不失真测试条件，理想滤波器的频率响应函数应为

$$H(f) = \begin{cases} A_0 e^{-j2\pi f t_0} & |f| < f_c \\ 0 & 其他 \end{cases} \qquad (6\text{-}65)$$

这种在频域为矩形窗函数的"理想"低通滤波器的时域脉冲响应函数为

$$h(t) = 2A_0 f_c \frac{\sin[2\pi f_c(t - t_0)]}{2\pi f_c(t - t_0)} \qquad (6\text{-}66)$$

若给滤波器一单位阶跃输入 $x(t) = u(t) = \begin{cases} 1 & t \geq 0 \\ 0 & t = 0 \end{cases}$，则滤波器的输出为

$$y(t) = h(t)^* x(t) = \int_{-\infty}^{\infty} x(\tau)h(t - \tau)\mathrm{d}\tau \qquad (6\text{-}67)$$

其结果如图 6-31 所示。

从图 6-31 可见，输出响应从零值（a 点）到稳定值 A_0（b 点）需要一定的建立时间（$t_b - t_a$）。计算积分式（6-67），有

$$T_e = t_b - t_a = \frac{0.61}{f_c} \qquad (6\text{-}68)$$

式中，f_c 为低通滤波器的截止频率，也称为滤波器的通带。f_c 越大，响应的建立时间 T_e 越小，即图 6-31 中的图形越陡峭。如果按理论响应值的 10% ~ 90% 作为计算建立时间的标

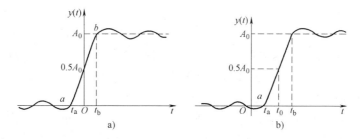

图 6-31　理想低通滤波器对单位阶跃输入的响应

a) $t_0 = 0$　b) $t_0 \neq 0$

准，则

$$T_e = t_b' - t_a' = \frac{0.45}{f_c} \qquad (6\text{-}69)$$

因此，低通滤波器对阶跃响应的建立时间 T_e 和带宽 B（即通频带的宽度）成反比，即

$$BT_e = 常数 \qquad (6\text{-}70)$$

这一结论对其他滤波器（高通、带通、带阻）也适用。

滤波器的带宽也表示频率分辨力，通频带越窄则分辨力越高。因此，滤波器的高分辨能力和测量时快速响应的要求是相互矛盾的。当采用滤波器从信号中选取某一频率成分时，就需要有足够的时间。如果建立时间不够，就会产生虚假的结果，而过长的测量时间也是没有必要的。一般采用 $BT_e = 5 \sim 10$。

2. 实际滤波器

实际滤波器的性能与理想滤波器有差距，以下是描述其性能的几个特性参数（参见图 6-32）：

1）截止频率是幅频特性值等于 $A_0/\sqrt{2}$ 所对应的频率。以 A_0 为参考值，$A_0/\sqrt{2}$ 对应于 -3dB 点，即相对于 A_0 衰减 3dB。

2）带宽 B 为上、下两个截止频率之间的频率范围，单位为 Hz。

3）品质因数 Q 为中心频率 f_n 和带宽 B 之比，即

$$Q = \frac{f_n}{B} \qquad (6\text{-}71)$$

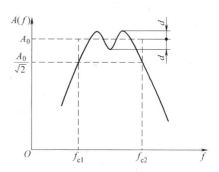

图 6-32　实际滤波器的特性参数

式中，f_n 为上、下截止频率的比例中项，即中心频率，$f_n = \sqrt{f_{c1}f_{c2}}$。

4）纹波幅度 d。实际滤波器在通带内可能出现纹波变化。其波动幅度 d 与幅频特性的稳定值 A_0 相比，越小越好，一般应远小于 -3dB，即 $d \ll A_0/\sqrt{2}$。

5）倍频程选择性。在过渡带，幅频曲线的倾斜程度表明了幅频特性衰减的快慢，它决定着滤波器对带宽外频率成分衰减的能力。通常用上截止频率 f_{c2} 与 $2f_{c2}$ 之间，或者下截止频率 f_{c1} 与 $f_{c1}/2$ 之间幅频特性的衰减量来表示，即频率变化一个倍频程时的衰减量，这就是倍频程选择性。很明显，衰减越快，滤波器选择性越好。

6）滤波器因素 λ。这是滤波器选择性的另一种表示方法，用滤波器幅频特性的 -60dB 带宽与 -3dB 带宽的比值来表示，即

$$\lambda = \frac{B_{-60dB}}{B_{-3dB}} \tag{6-72}$$

理想滤波器 $\lambda=1$，一般要求滤波器 $1<\lambda<5$。如果带阻衰减量达不到 $-60dB$，则以标明衰减量（例如 $-40dB$）的带宽与 $-3dB$ 带宽之比来表示其选择性。

　　3. 滤波器的逼近方式

　　理想滤波器的性能只能用实际滤波器逼近，根据不同的准则可以得到不同的频率特性。虽然许多电路具有滤波器的功能，但是下列4种逼近方式的滤波器得到最广泛的应用：巴特沃斯（Butterworth）滤波器、切比雪夫（Chebyshev）滤波器、椭圆（elliptic）滤波器和贝塞尔（Bessel）滤波器。每种滤波器都有其独特的性质，为了说明滤波器类型和阶数的某些基本特性，以下讨论低通滤波器的特性。

　　低通巴特沃斯滤波器具有恒定的直流增益，增益是频率 f 和阶数 n 的函数，即

$$G = \frac{1}{\sqrt{1 + (f/f_c)^{2n}}} \tag{6-73}$$

式中，n 是滤波器的阶数。方程的曲线如图 6-33 所示。高阶巴特沃斯滤波器在阻带的衰减速度高，在接近截止频率 f_c 的过渡带内，增益的斜率没有非常显著的变化。切比雪夫滤波器的斜率有较明显的变化，但是是以通带增益的波纹为代价的，如图 6-34 所示。对于设计陷波滤波器，高阶数的切比雪夫滤波器比巴特沃斯滤波器更令人满意。椭圆滤波器在通带和阻带之间有很明显的变化，但无论在通带还是阻带中都有波纹。

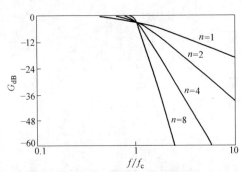

图 6-33　低通巴特沃斯滤波器的增益

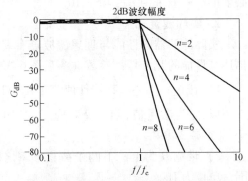

图 6-34　低通切比雪夫滤波器的增益

　　与放大器一样，滤波器也把信号各成分的相位变成频率的函数。例如，8 阶巴特沃斯滤波器在截止频率的相角移动 360°。对于高阶滤波器，这样的相位响应可能带来严重的失真。贝塞尔滤波器在通频带的相频特性比其他高阶滤波器更接近线性。如图 6-35 所示，在通频带中（$f/f_c < 1$）贝塞尔滤波器的相角变化更接近线性。对于指定的滤波器阶数，贝塞尔滤波器在阻带的前两个倍频程的衰减速度（dB/octave）比巴特沃斯滤波器的低。贝塞尔滤波器在 f_c 以上的后两个倍频程中的衰减速度增大，并接近巴特沃斯滤波器。

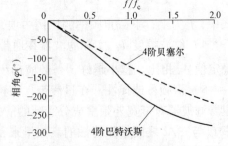

图 6-35　巴特沃斯和贝塞尔滤波器相频特性的比较

购买滤波器时，必须指定种类（如低通）、逼近方式（如巴特沃斯）、阶数（如 8 阶）和截止频率。对于切比雪夫和椭圆滤波器，必须指明通带和阻带的波纹。

6.4.3 恒带宽比和恒带宽滤波器

在实际测试中，为了能够获得需要的信息或某些特殊频率成分，可以将信号通过放大倍数相同而中心频率各不相同的多个带通滤波器，各个滤波器的输出主要反映信号中在该通带频率范围内的量值。这时有两种做法：一种是使用一组各自中心频率固定的，但又按一定规律相隔的滤波器组，如图6-36所示；另一种是使带通滤波器的中心频率是可调的，通过改变滤波器的参数使其中心频率跟随所需要测量的信号频段。

图中所示的频谱分析装置所用的滤波器组，其通带是相互连接的，以覆盖整个感兴

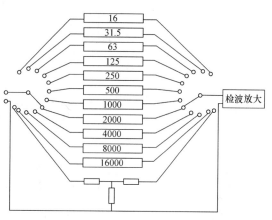

图 6-36 倍频程谱分析装置

趣的频率范围，保证不丢失信号中的频率成分。通常是前一个滤波器的 -3dB 上截止频率（高端）就是下一个滤波器的 -3dB 下截止频率（低端）。滤波器组应具有同样的放大倍数。

1. 恒带宽比滤波器

因为品质因数 Q 为中心频率 f_n 和带宽 B 之比。若采用具有相同 Q 值的调谐滤波器做成邻接式滤波器（见图6-36），则该滤波器组是由一些恒带宽比的滤波器构成的。因此，中心频率 f_n 越大，其带宽 B 越大，频率分辨率越低。

若一个带通滤波器的低端截止频率为 f_{c1}，高端截止频率为 f_{c2}，则有

$$f_{c2} = 2^n f_{c1} \tag{6-74}$$

式中，n 称为倍频程数。若 $n=1$，则称为倍频程滤波器；若 $n=\dfrac{1}{3}$，则称为 1/3 倍频程滤波器。

滤波器的中心频率

$$f_n = \sqrt{f_{c1} f_{c2}} \tag{6-75}$$

由式（6-74）和式（6-75）可得截止频率与中心频率的关系

$$\begin{cases} f_{c1} = 2^{-\frac{n}{2}} f_n \\ f_{c2} = 2^{\frac{n}{2}} f_n \end{cases} \tag{6-76}$$

对于邻接的一组滤波器，后一个滤波器的中心频率 f_{n2} 与前一个滤波器的中心频率 f_{n1} 之间的关系为

$$f_{n2} = 2^n f_{n1} \tag{6-77}$$

因此，只要选定 n 值就可以设计覆盖给定频率范围的邻接式滤波器组。

2. 恒带宽滤波器

由式（6-71）可知，恒带宽比（Q 为常数）的滤波器，其通频带在低频段内很窄，而在高频段内则较宽。因此，滤波器组的频率分辨率在低频段内较好，在高频段内很差。

　　为了使滤波器组的分辨率在所有频段都具有同样良好的频率分辨率，可以采用恒带宽的滤波器。图 6-37 为恒带宽比滤波器与恒带宽滤波器的特性比较。

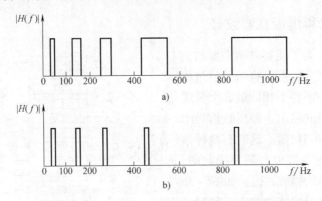

图 6-37　恒带宽比滤波器与恒带宽滤波器特性比较
a）恒带宽比滤波器特性　b）恒带宽滤波器特性

　　为了提高滤波器的分辨率，其带宽应窄一些。但这样为覆盖整个频率范围所需要的滤波器数量就很多。因此，恒带宽滤波器不应做成中心频率固定的。实际应用中一般利用一个定带宽、定中心频率的滤波器加上可变参考频率的差频变换来适应各种不同中心频率的定带宽滤波器的需要。常用的恒带宽滤波器有相关滤波器和变频跟踪滤波器，它们的中心频率都能自动跟踪参考信号的频率。

6.5　信号的显示与记录

　　显示和记录装置是用来显示和记录各种信号变化规律所必需的设备，是测量系统的最后一个环节，有时候还需要将测试的结果永久存储下来，作为测试档案和测试的法定依据保存，特别是对于那些需要花很大人力和物力才能完成，以及由于条件的限制很难重复的宝贵测试数据与检测结果。本章主要介绍常用的显示和记录设备，包括模拟显示设备、数字显示设备、图像显示设备、记录模拟信号的磁带记录器、数字记录的存储示波器以及基于通用设备及媒体的数字记录技术。

6.5.1　模拟指示仪表

　　早期设计的测试检测仪器的信号多为模拟输出，通过机械表头或电流表表头进行指示。机械表头指示的测试仪器目前已经比较少见，但仍有一些产品由于原理和结构简单、性能还比较可靠等特点，目前还在生产实践中发挥作用，如用于微位移测量的千分表和百分表。在这类仪表中，其测量信号的输出量就是机械量，其测试结果是通过一组精密齿条—齿轮副和机械表头来指示的。

　　图 6-38 为千分表结构图。千分表是利用齿轮放大原理制成的微小位移测量仪器，在其表盘上有一个大指针和一个小指针。触头上、下移动会引起大指针作相应的顺时针和逆时针转动。大指针转一圈，带动小指针同向转一格。大指针每转动一格，表示触头的位移为 0.001mm，一圈为 200 格。小指针的最大分度值即为千分表的最大量程。千分表工作时将触头

紧靠在被测物体上，安装固定时应使触头有一定的初始位移（即指针有一定的初始读数）。测量时，物体在触头接触点的位移会带动触头作上、下移动，而使大指针转动，通过记读大指针的读数即可得到物体与触头接触点的位移。百分表原理与千分表一样，只是放大倍数为 100，即大指针每转动一格，表示触头的位移为 0.01mm。

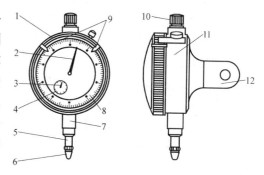

图 6-38　千分表结构图

1—表圈　2—大指针　3—小指针　4—转数指示盘
5—测量杆　6—测量头　7—轴套　8—表盘
9—界限指针　10—挡帽　11—表体　12—耳环

6.5.2　数码显示仪表

随着数字技术的发展，目前大多数测试仪器都采用数码显示方式输出测试结果。数码显示常用的显示器有：发光二极管（Light Emitting Diode，LED）、液晶显示器（Liquid Crystal Display，LCD）和荧光管显示器（Vacuum Fluorescent Display，VFD）。3 种显示器中，以 VFD 亮度最高，LED 次之，LCD 最弱。其中 LCD 为被动显示器，必须有外光源。荧光管由于其特殊的真空管结构，驱动电压比较高（一般需要 10 ~ 15V，而 LED 和 LCD 一般只需要 2.7 ~ 5V），而且使用不如 LED 和 LCD 灵活，因此在测试仪器中不如 LED 和 LCD 普及。但在一些特殊的显示需求下，这种显示器却具有独特的高亮度和低功耗（较 LED）的显示特性。VFD 的驱动原理与 LED 相似，因此本节不单独介绍。

1. 发光二极管（LED）数码显示

如图 6-39 所示，LED 数码显示器件分别有 7 段（"8"字形）数码管（见图 6-39a）、"米"字形数码管（见图 6-39b）、数码点阵（见图 6-39c）和数码条柱（见图 6-39d）4 种类型。其中"8"字形和"米"字形显示器最为常用，一般用于显示 0 ~ 9 的数字数码和简单英文字母；数码点阵显示器不仅可以显示数码，还可以显示英文字母和汉字以及其他二值图形；数码条柱显示器比较简单，多用于分辨率要求不高的信号幅度显示，如音频信号幅度的显示、电源电池容量的指示、汽车油箱液位高度的显示、散热器相对温度的显示等。LED 数码显示器有静态显示和动态显示两种显示方式。

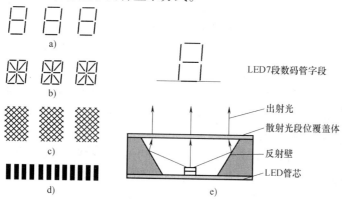

图 6-39　LED 数码显示器件及字段构成原理

a）7 段数码管　b）"米"字形数码管　c）数码点阵　d）数码条柱　e）字段构成原理

2. 液晶（LCD）数码显示

低压低功耗是现代测试仪器发展的趋势，LCD 是一种功耗极低、驱动电压极低、集成度高、体积特小的数码显示器。LCD 应用特别广泛，尤其适合于需要野外操作的测试与检测仪器的显示输出（但不适合超低温环境）。从电子表到计算器，从袖珍式仪表到复杂的测试与检测设备，都利用了 LCD。

液晶是一种介于液体与固体之间的热力学的中间稳定相。其特点是在一定的温度范围内既有液体的流动性和连续性，又有晶体的各向异向性。其分子呈长棒形，长宽比较大，分子不能弯曲，是一个刚性体，中心一般有一个桥链，分子两头有极性。LCD 的基本结构及显示原理如图 6 - 40 所示。由于液晶的四壁效应，在定向膜的作用下，液晶分子在正、背玻璃电极上呈水平排列，但排列方向互为正交，而玻璃间的分子呈连续扭转过渡。这样的构造能使液晶对光产生旋光作用，使光的偏振方向旋转 90°。当外部光线通过上偏振片后形成偏振光，偏振方向成垂直方向，当此偏振光通过液晶材料之后，被旋转 90°，偏振方向成水平方向。此方向与下偏振片的偏振方向一致，因此光线能完全穿过下偏振片而到达反射板，经反射后沿原路返回，从而呈现出透明状态。当在液晶盒的上、下电极加上一定的电压后，电极部分的液晶分子转成垂直排列，从而失去旋光性。因此，从上偏振片入射的偏振光不被旋转，当此偏振光到达下偏振片时，因其偏振方向与下偏振片的偏振方向垂直，因而被下偏振片吸收，无法到达反射板形成反射，所以呈现出黑色。根据需要，将电极做成各种文字、数字或点阵，就可获得所需的各种显示。

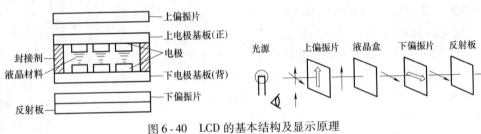

图 6 - 40　LCD 的基本结构及显示原理

6.5.3　图像显示仪表

测试仪器的简单信息显示，如测量结果、信号的幅值、频率、相位角、峰 – 峰值等信号特征值都可以采用前面介绍的模拟指示和数码显示技术输出。然而现代测试仪器需要输出的信息越来越多，越来越复杂，而且有时候需要根据不同的工作状态进行输出调整，或要求输出信号的实际波形。前面两种信息显示方式显然无法满足这一要求，这时只有图像显示技术可以达到目的。

图像显示是点阵图形显示和视频图像显示的总称。近年来，该技术的发展非常迅速，不仅有许多成熟技术可供测试仪器选用，而且很多图像显示新技术正逐渐走出实验室。在这些技术中，LED 是一种全固体化的发光器件，可以把电能直接转化成光量，是很有希望的一种平面显示技术。但受单晶体面积的限制，只能制作分离的 LED 器件，然后组装成大面积的广告显示，目前还不适合制作高密度显示，因此很少在测试与检测仪器中作阵列式图像显示。本节介绍目前测试与检测仪器中常用的 CRT 技术。

示波器（oscilloscope）适用于显示动态信号的图像。信号调理器的输出电压使示波器的阴极射线管中的电子束偏转。图 6 - 41 为阴极射线管示意图，它由产生自由电子的加热阴极、加速电子束的阳极、两个偏转板和显示屏组成。若偏转板上有适当幅值的电压，电子束就会偏转，使显示器的特定位置的磷发光。偏转板电压是与输入电压成比例的，所以可视的偏转与输入电压成比例。示波器中 CRT 的结构与电视机中的显像管极其相似。

图 6-42 所示为控制 CRT 的原理框图。通常，把要显示的输入电压连接到控制垂直板电压的放大器上。扫描振荡器连接到控制水平板电压的放大器上。这种扫描使电子束按用户设定的恒定速度自左至右快速移动。结果是随着电子束扫过屏幕，输入电压被显示为时间的函数。对于周期性输入信号，可以进行同步水平扫描，这样就可以在每次扫描时，从输入电压循环中的同一点开始。于是重复扫描的图形都互相紧密连接，使用户更容易整理屏幕的数据。另外，也可以使用触发器，它只能使水平放大器扫描屏幕一次。

分离的信号电压可以被分别接到水平放大器和垂直放大器上。这样，可以画出一个输入电压相对于另一个输入电压的关系曲线。需要确定具有相同频率的两个输入电压之间的相位关系时，经常采用这种方法。示波器可以显示很高频率的信号（高达 100MHz），但所读取电压的精确度通常不如数字电压表。在大多数情况下，光束的直径和肉眼的分辨力把精度限制到 1% ~ 2%。也可以使用摄影、摄像设备对低频信号的图像做永久记录。

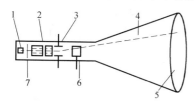

图 6-41　阴极射线管的示意图

1—阴极　2—阳极　3—垂直偏转板　4—电子束
5—涂磷屏幕　6—水平偏转板　7—调制栅

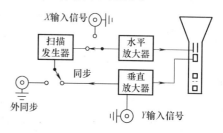

图 6-42　控制 CRT 的原理框图

6.5.4　信号的记录和存储

传统的记录仪器用以记录反映被测物理量变化过程的信号。而现代记录仪器可以记录整个测试过程中所有的信号波形、参数及结果变化过程。在必要的时候，可以在计算机及软件构成的虚拟环境下重播测试过程与结果。

1. 磁带记录器

磁带记录器是利用铁磁性材料的磁化现象进行模拟信号记录的仪器。

（1）工作原理　磁带记录器的典型结构如图 6-43 所示，其中具有代表性的部件是磁头和磁带。

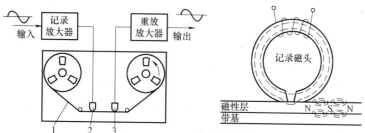

图 6-43　磁带记录器的典型结构

1—磁带　2—记录磁头　3—重放磁头

　　记录磁头和重放磁头结构大致相同，在带有磁隙的环形铁心上绕有线圈。铁心由高磁导率、低电阻、耐磨性好的软磁性铁磁材料薄片叠成。

　　磁带是一条涂有一层磁性材料的长塑料带。磁带上的磁性材料采用硬磁材料，以满足大矫顽力和剩余磁感应强度的要求。

　　1）记录过程。记录时，输入信号首先被放大，再供给记录磁头。记录磁头线圈内的信号电流在磁头的铁心中产生磁力线。由于气隙的磁阻较大，大部分磁力线都绕过气隙，通过磁带表层的磁性材料而闭合，从而使磁头底下的一小部分磁层磁化。随着磁层离开记录磁头，由于磁滞效应，磁带的磁化材料就产生了与磁场强度相应的剩磁 B_r。由于磁场强度与输入线圈的信号电流 I 成正比，则剩磁 B_r 亦与信号电流成正比。

　　2）重放过程。当记录有剩磁通的磁带经过重放磁头的磁隙时，因重放磁头铁心的磁阻很小，剩磁通穿过铁心形成回路，与磁头线圈交链耦合，而在线圈中产生感应电动势，其大小与剩磁通变化率成正比。这样，经过重放磁头，剩磁通的变化率则转换成磁头线圈的输出电压。

　　（2）直接记录方式　磁带记录器具有多种记录方式，其中直接记录方式和频率调制记录方式最为常用。

　　采用直接记录方式的磁带记录器，被记录的信号先送入记录放大器放大，然后与一个来自高频振荡器的偏置电压线性叠加，再送入记录磁头线圈（见图 6-44）。记录磁头产生的磁场强度直接与输入信号的幅值成比例，频率也相同，故称为直接记录方式。采用直接记录方式时，要对磁头的特性进行校正。

　　1）磁头非线性失真的校正。加入高频偏置电压是为了减小磁介质变换特性造成的非线性失真。如图 6-45a 所示，当记录磁头磁隙中的磁场强度为 H_1 时，与磁隙接触的磁带的磁性材料的磁感应强度为 B_1，当磁带的磁化部分离开磁头后，磁感应强度沿回线 $1-B_{R_1}$ 段下降到 B_{R_1}。当 H 值随信号而改变时，将得到一系列剩余磁感应强度值 B_R。$H-B_R$ 曲线如图 6-45b所示，它不是一条直线，当记录磁头中的信号电流为正弦函数时，在磁带上得到的剩磁感应强度却不是正弦函数，其波形发生了畸变。

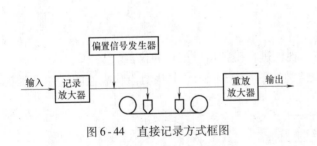

图 6-44　直接记录方式框图

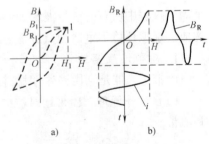

图 6-45　非线性误差的产生

　　采用交流偏置技术，在记录器内设置偏置振荡器，产生高频偏置信号。将高频偏置信号与输入信号进行线性重叠后再供给记录磁头，这样由于输入信号重叠在高频偏置信号上面，使得平均剩磁落到了非线性转换曲线的直线段部分。由图 6-46 可见，尽管高频偏置信号的波形发生了畸变，但输入信号却没有畸变，从而消除了非线性误差。

　　2）重放输出幅频特性的校正。重放输出电压 e 与频率有关。图 6-47 表示了重放磁头的幅频特性。频率为零的直流信号无重放输出，低频信号输出较小，高频信号输出较大。若输入为非正弦信号，由于各次谐波响应不同，则信号重放失真严重。因此，需采取重放均化措施，即采用重放放大器，其频率特性如图 6-48 所示，使综合输出特性表现为不受影响。

（3）**频率调制记录方式（FM 方式）** 频率的调制方式是目前工程测量用磁带记录器中采用最广泛的方式。它克服了直接记录方式的缺点。其基本原理如图 6-48 所示。在调制器中，由多谐振荡器产生一载波信号，其中心频率与信号输入为零时情况相对应。当输入正的直流信号时，载波频率增加；当输入负的信号时，载波频率减小。当输入交流信号时，载波频率将随交流信号幅值变化而时增时减。所得

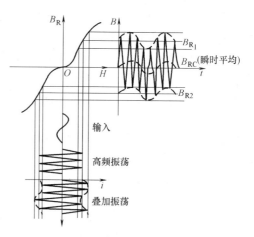

图 6-46 交流偏置工作波形图

到等幅调频波形由磁头记录到磁带上。重放时，重放磁头将磁带上的信号转变为频率随信号而变化的等幅波信号，然后经放大、解调和低通滤波还原成原信号。通常，频率调制方式记录的磁带机的工作频率为 0～40kHz。

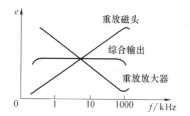

图 6-47 直接记录方式的重放均化的频率特性

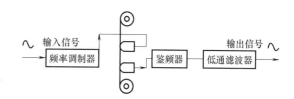

图 6-48 频率调制方式的基本原理

（4）**特点**

1）储存在磁带中的信息是看不见的。输入是电信号，输出也是电信号，便于与数据处理设备及计算机连接。

2）储存在磁带中的信息可以多次重放而不消失。可以方便地将磁带中的信息抹掉，进行再记录。一条磁带可以反复使用多次。

3）可以记录直流及交流到兆赫的信号，信噪比高，线性好，零点漂移小，比较容易进行多线记录。

4）磁带记录可以快录慢放，也可以慢录快放，这在数据处理中是十分有用的。

2. 数字存储设备

（1）**数字存储示波器** 可以用做数字记录的设备和媒体种类很多，分为专用数字记录设备和通用数字记录设备，专用数字记录设备有波形存储式记录仪、数字存储示波器等，通用数字记录设备包括计算机及其外设数字存储媒体：有磁带、磁盘、光盘、新型的固态半导体存储盘等。下面主要介绍数字存储示波器。

图 6-49 是一台典型的数字存储示波器——TPS2024 数字存储示波器。数字存储示波器不仅可以像普通示波器一样来观察信号的波形，而且可以记录信号的波形。数字存储示波器的工作原理如图 6-50 所示，输入的模拟信号先经前置增益控制电路处理以后，经采样

（S）、保持（H）和 A－D 转换获得数字化信号，该数字信号被直接存储在示波器内存 RAM 中。为了提高信号采集存储的速度，数字存储示波器的数据内存一般都采用双口存储器或采用 DMA 采集方式。不同型号的数字存储示波器的内存容量不同。在相同采样率的情况下，存储容量越大，能记录的波形长度也就越长。存储在数字示波器内存中的数字信号，一方面可以以波形的方式通过示波器的 CRT 或 LCD 图像显示器显示出来，也可以直接通过 RS232，IEEE488、软盘，甚至 Internet 以数字或图形的方式直接传输给其他设备或通用计算机，以便做进一步的数据处理和记录。早期的数字存储示波器还提供 D－A 模拟接口通道，用于连接 XY 记录仪等硬复制设备。目前大多数的数字存储器都取消了这种模拟接口，因为目前的打印机、绘图仪等通用的硬复制输出设备都可以直接输入数字信号。

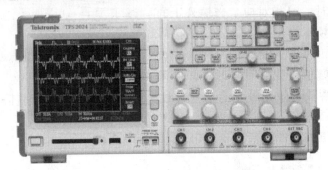

图 6 - 49　TPS2024 数字存储示波器

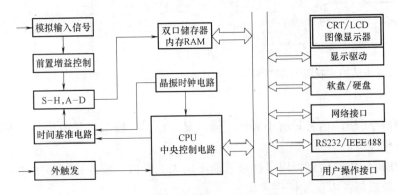

图 6 - 50　数字存储示波器的工作原理

（2）基于通用设备及媒体的数字记录技术　任何一台通用的计算机，配上满足信号采集要求的数据采集卡，再辅以其他外设数字存储媒体：磁带、软盘、光盘、新型的固态半导体存储盘等，就可以构成一台通用的测试信号数字记录设备。

利用通用数字存储媒体和设备进行数字记录的优点是：通用数字存储媒体和设备兼容性比较好，在测试仪器中使用的媒体及媒体上的记录可以用另外任意一台兼容设备（如计算机）读出。如果测试设备不仅要记录测试信号的波形和结果，而且还要记录一些测试现场关键参数的话，那么，即使完全脱离原设备也可以在其他通用计算机上，通过软件构成的数字虚拟环境，重现测试过程、信号及结果。

基于通用设备及媒体在测试仪器中的应用原理与过程如图 6 - 51 所示，分为现场测试与记录过程和后置分析与处理过程。在现场测试与记录过程中，测量过程中所有关键参数被记录在通用媒体介质上，该媒体（不是测试设备）可以任意移动。在后置分析与处理过程中，通用媒体介质上记录的参数被读入计算机，输入到与原测试设备配套的虚拟环境软件中运行，即可完全重现原来的测试过程。

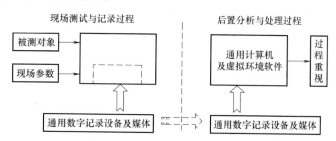

图 6-51　基于通用设备及媒体在测试仪器中的应用原理与过程

3. 信号记录和存储的发展趋势

近年来信号的记录方式越来越趋向于以下途径：一是用数据采集仪器进行信号的记录；二是与计算机内插 A – D 卡的形式进行信号记录；三是利用新型仪器前端直接数据采集与记录功能。

（1）用数据采集仪器进行信号记录　用数据采集仪器进行信号记录有以下诸多优点：

1）数据采集仪器具有良好的信号输入前端，包括前置放大器、抗混滤波器等。

2）配有高性能的 A – D 转换板卡。

3）有大容量存储器。

4）配有专用的信号分析与处理软件。

（2）用计算机内插 A – D 卡进行数据采集与记录　充分利用通用计算机硬件资源，借助于 A – D 卡与计算机软件相结合，完成记录任务。这种方式下，信号的采集速度与 A – D 卡转换速率和计算机写外存的速度有关，信号记录长度与计算机存储器容量有关。

（3）仪器前端直接实现数据采集与记录　近年来一些新型仪器，这些仪器的前端含有DSP 模块，可以实现采集控制，通过调理装置和 A – D 转换的信号直接送入前端仪器中的海量存储器，实现存储。其存储的数据可以通过某些接口由计算机调出实现后续的信号显示、处理和分析。

习　题

6-1　以阻值 $R = 120\Omega$，灵敏度 $S = 2$ 的电阻丝应变片与阻值为 120Ω 的固定电阻组成电桥，供桥电压为 2V，并假定负载为无穷大，当应变片的应变为 $2\mu\varepsilon$ 和 $2000\mu\varepsilon$ 时，求单臂的输出电压。若采用开尔文电桥，另一桥臂的应变为 $-2\mu\varepsilon$ 和 $-2000\mu\varepsilon$ 时，求其输出电压并比较两种情况下的灵敏度。

6-2　在使用电阻应变片时试图在工作电桥上增加电阻应变片数以提高灵敏度。试问，在下列情况下，是否可提高灵敏度？说明原因。

1）半桥双臂各串联一片。

2）半桥双臂各并联一片。

6-3　用电阻应变片接成全桥，单臂工作，测量某一构件的应变，已知其变化规律为

$$\varepsilon(t) = 0.5\cos 10t + 0.25\cos 100t$$

如果电桥激励电压是 $u_0 = 2\sin 10000t$。求此电桥输出信号的频谱。

6-4 已知调幅波

$$x_a(t) = (100 + 30\cos 2\pi f_1 t + 20\cos 6\pi f_1 t)(\cos 2\pi f_c t)$$

其中，$f_c = 10\text{kHz}$，$f_1 = 500\text{Hz}$。试求所包含的各分量的频率及幅值，并绘出调制信号与调幅波的频谱。

6-5 图6-52为利用乘法器组成的调幅解调系统的框图。设载波信号是频率为 f_0 的正弦波，试求：

1）各环节输出信号的时域波形。

2）各环节输出信号的频谱图。

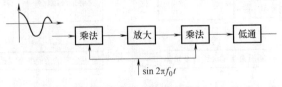

图6-52 题6-5图

6-6 交流应变电桥的输出电压是一个调幅波。设供桥电压为 $E_0 = \sin 2\pi f_0 t$，电阻变化量为 $\Delta R(t) = R_0 \cos 2\pi f t$，单臂工作，电阻为 R_0，其中 $f_0 \gg f$。试求电桥输出电压 $e_y(t)$ 的频谱。

6-7 一个信号具有从 100～500Hz 范围的频率成分，若对此信号进行调幅，试求调幅波的带宽，若载波频率为 10kHz，在调幅波中将出现哪些频率成分？

6-8 选择一个正确的答案：将两个中心频率相同的滤波器串联，可以达到（   ）的效果。

a）扩大分析频带；b）滤波器选择性变好，但相移增加；c）幅频、相频特性都得到改善

6-9 什么是滤波器的分辨力？与哪些因素有关？

6-10 设一带通滤波器的下截止频率为 f_{c1}，上截止频率为 f_{c2}，中心频率为 f_c，试指出下列叙述中的正确与错误。

1）倍频程滤波器 $f_{c2} = \sqrt{2} f_{c1}$。

2）$f_c = \sqrt{f_{c1} f_{c2}}$。

3）滤波器的截止频率就是此通频带的幅值 −3dB 处的频率。

4）下限频率相同时，倍频程滤波器的中心频率是 1/3 倍频程滤波器的中心频率的 $\sqrt[3]{2}$ 倍。

6-11 一个 1/3 倍频程滤波器，其中心频率 $f_n = 500\text{Hz}$，建立时间 $T_e = 0.8\text{s}$。试求：

1）该滤波器的带宽 B，上、下截止频率 f_{c1}、f_{c2}。

2）若中心频率改为 $f'_n = 200\text{Hz}$，求带宽，上、下截止频率和建立时间。

6-12 一滤波器具有如下传递函数：$H(s) = \dfrac{K(s^2 - as + b^2)}{s^2 + as + b^2}$，求其幅频、相频特性，并说明滤波器的类型。

6-13 设有一低通滤波器，其带宽为 300Hz。问如何与磁带记录仪配合使用，使其分别当做带宽为 150Hz 和 600Hz 的低通滤波器使用？

6-14 一个测力传感器的开路输出电压为 95mV，输出阻抗为 500Ω。为了放大信号电压，将其连接一个增益为 10 的放大器。若放大器输入阻抗为 4kΩ 或 1MΩ，分别求输入负载误差。

6-15 μA741 同相放大器的增益为 10，电阻 $R_1 = 10\text{k}\Omega$，确定电阻 R_2 的值。μA741 运算放大器的增益带宽积（GBP）为 1MHz，求频率为 10000Hz 的正弦输入电压的截止频率和相位移动。

6-16 实验中用以供给加热器的公称电压为 120V。为记录该电压，必须采用分压器使之衰减，衰减器的电压衰减系数为 15。电阻 R_1 和 R_2 之和为 1000Ω。

1）求 R_1、R_2 和理想电压输出。（忽略负载效应）

2）若电源阻抗 R_s 为 1Ω，求真实输出电压 U_o 和在 U_o 上导致的负载误差。

3）若分压器输出端连接一输入阻抗为 5000Ω 的记录仪，输出电压（即记录仪输入电压）和负载误差

各为多少?

6-17 一压力测量传感器需对上至 3Hz 的振动作出相应,但其中混有 60Hz 噪声。现指定一台一阶低通巴特沃斯滤波器来减少 60Hz 的噪声。用该滤波器,噪声的幅值能衰减多少?

6-18 信号显示方式有哪些?

6-19 磁带记录器的工作原理是什么?

第7章 计算机数据采集与分析系统

随着计算机技术、大规模集成电路技术和通信技术的飞速发展,传感器技术、通信技术和计算机技术的结合,使得基于微型计算机的数据采集与分析系统的能力很强,可以胜任大多数工业过程控制和测试任务。计算机数据采集和分析系统成为当今工业控制的主流系统,已取代常规的模拟检测、调节、显示、记录等仪器设备和很大部分的操作管理的人工职能。所谓计算机数据采集和分析系统,就是利用传感器将被测对象中的物理参量(如温度、压力、液位、速度、力和振动等)转换为电量,再将这些代表实际物理参量的电量送入输入装置中转换为计算机可识别的数字量,并且在计算机的显示器上以用户要求的方式显示出来,同时还可以进行存储,随时进行统计、分析和处理。

7.1 数据采集与分析系统的构成

数据采集与分析系统的基本构成如图7-1所示,它主要包括4个环节。

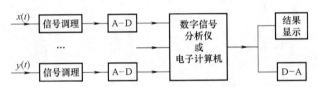

图7-1 计算机数据采集与分析系统

1. 信号调理

其目的是把信号变成便于数字处理的形式,以减少数字处理的困难。它包括:

1)电压幅值的放大或衰减,以便于采样。

2)用低通滤波器过滤信号中的高频噪声。

3)如果信号中不应有直流分量,则隔离信号中的直流分量。

4)如果原信号为调制信号,则应解调。

信号调理处理环节应根据测试对象、信号特点和数字处理设备的能力进行安排。

2. 模-数(A-D)转换

模-数转换包括时间上等间隔的采样及保持和幅值上的量化及编码。通过A-D转换把连续信号变成离散的时间序列。

3. 数字信号分析仪或电子计算机

不管计算机的容量和计算速度有多大,其处理的数据长度是有限的,所以要把长时间的序列截断。在截断时会引入一些误差,所以有时要对截取的数字序列加权,如有必要还可用专门的程序进行数字滤波。然后把所得到的有限长的时间序列按给定的程序进行运算。例如做时域中的概率统计、相关分析,频域中的频谱分析、功率谱分析、传递函数分析等。

4. 结果显示或数 – 模（D – A）转换

运算结果可以直接显示或打印。如果后接 D – A 转换器可以控制受控设备，也可驱动记录仪绘制机械图像。如有必要可将数字信号处理结果输入后续计算机用专门程序做后续处理，例如振动系统的参数识别。

7.2　信号数字化处理中的主要问题

模拟信号转换成数字信号（A – D 转换）需要经过 3 个步骤：采样（sampling）保持、量化（quantizing）和编码。在 A – D 转换过程中，时域模拟信号将按同一时间间隔采样得到的一系列离散值，为了实现转换过程，需要将采样值保持一段时间，保持中的采样值还是连续的模拟量，而数字量只能是离散值。所以，需要用量化单位对模拟量做整型量化，从而得到与模拟量对应的数字值。量化后的数字以编码形式表示。图 7 - 2 表示了信号的模 – 数转换的过程。

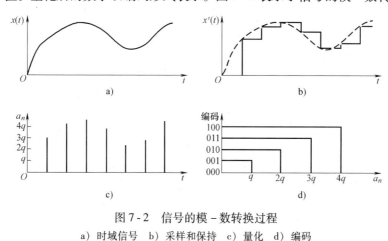

图 7 - 2　信号的模 – 数转换过程

a) 时域信号　b) 采样和保持　c) 量化　d) 编码

7.2.1　采样

1. 采样和混叠现象

采样是在模 – 数转换过程中以一定时间间隔对连续时间信号进行取值的过程。用数学来描述就是用等间隔的脉冲序列

$$g(t) = \sum_{n=-\infty}^{\infty} \delta(t - nT_s) \tag{7-1}$$

去乘以模拟信号 $x(t)$。由 δ 函数的性质可知

$$\int_{-\infty}^{\infty} x(t)\delta(t - nT_s)\mathrm{d}t = x(nT_s) \tag{7-2}$$

式（7-2）说明经时域采样后，各采样点的信号幅值为 $x(nT_s)$，其中，T_s 为采样间隔。采样原理如图 7-3 所示。函数 $g(t)$ 称为采样函数。采样结果 $x(t)g(t)$ 必须唯一地确定原始信号 $x(t)$，所以采样间隔的选择是一个重要的问题。采样间隔太小（采样频率高），对定长的时间记录来说其数字序列就很长，使计算工作量增大；如果数字序列长度一定，则只能处理很短的时间历程，可能产生较大的误差。若采样间隔太大（采样频率低），则可能丢掉有用的信息。如图 7-4 所示，采样频率低于信号频率，以致不能复见原始信号。

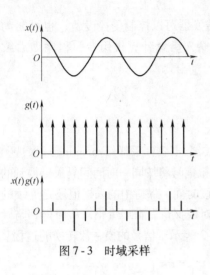

图7-3 时域采样

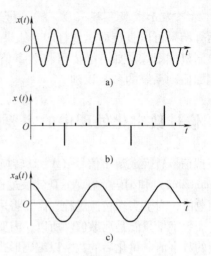

图7-4 混叠现象

a）原始波形 b）采样值 c）混叠波形

2. 采样函数的频谱

采样函数为一周期信号，即

$$g(t) = \delta(t - nT_s) \qquad n = 0, \pm 1, \pm 2, \cdots \tag{7-3}$$

将其写成复指数形式，有

$$g(t) = \sum_{n=-\infty}^{\infty} F(2\pi n f_s) e^{j2\pi n f_s t} \tag{7-4}$$

式中，f_s 为采样频率，$f_s = \dfrac{1}{T_s}$。

$$F(2\pi n f_s) = \frac{1}{T_s} \int_{-T_s/2}^{T_s/2} g(\tau) e^{-j2\pi n f_s \tau} d\tau = \frac{1}{T_s}$$

所以

$$g(t) = \frac{1}{T_s} \sum_{n=-\infty}^{\infty} e^{j2\pi n f_s t} \tag{7-5}$$

取傅里叶变换，有

$$G(f) = \frac{1}{T_s} \sum_{m=-\infty}^{\infty} \delta(f - m f_s) = \frac{1}{T_s} \sum_{m=-\infty}^{\infty} \delta\left(f - \frac{m}{T_s}\right) \tag{7-6}$$

可见，间距为 T_s 的采样脉冲序列的傅里叶变换也是脉冲序列，其间距为 $1/T_s$。

由卷积定理

$$F[x(t)g(t)] = \frac{1}{2\pi} X(\omega) * G(\omega) = X(f) * G(f) \tag{7-7}$$

考虑到 δ 函数与其他函数卷积的特性，有

$$X(f) * G(f) = X(f) * \frac{1}{T_s} \sum_{m=-\infty}^{\infty} \delta\left(f - \frac{m}{T_s}\right) = \frac{1}{T_s} \sum_{m=-\infty}^{\infty} X\left(f - \frac{m}{T_s}\right) \tag{7-8}$$

式（7-8）为信号 $x(t)$ 经过间隔为 T_s 的采样之后所形成的采样信号的频谱。它是将原信号的频谱 $X(f)$ 依次平移 $1/T_s$ 至与各采样脉冲对应的频域序列点上并乘以系数 $1/T_s$，然后全部叠加而成，如图7-5所示。

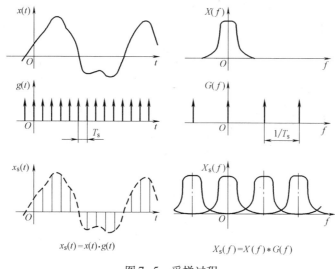

图 7-5　采样过程

3. 采样定理（sampling rate theorem）

如果采样间隔 T_s 太大，即采样频率 f_s 太低，那么由于平移距离 $1/T_s$ 过小，移至各采样脉冲对应的序列点的频谱 $X(f)/T_s$ 就会有一部分相互交叠，新合成的 $X(f)*G(f)$ 图形与 $X(f)/T_s$ 不一致。由于在时域上不恰当地选择采样的时间间隔而引起高低频之间彼此混淆的现象称为混叠。发生混叠后，改变了原来频谱的部分幅值，这样就不可能准确地从离散的采样信号 $x(t)g(t)$ 中恢复原来的时域信号 $x(t)$。

如果 $x(t)$ 是一个带限信号（最高频率 f_c 为有限值），采样频率 $f_s > 2f_c$，那么采样后的频谱 $X(f)*G(f)$ 就不会发生混叠，如图 7-6 所示。

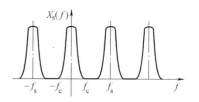

图 7-6　不产生混叠的条件

采样定理：为了避免混叠以便采样后仍能准确地恢复原信号，采样频率 f_s 必须大于信号最高频率 f_c 的两倍，即 $f_s > 2f_c$。在实际工作中，一般采样频率应选为被处理信号中最高频率的 2.56 倍。

如果确知测试信号中的高频部分是由噪声干扰引起的，为了满足采样定理又不使数据过长，可以先把信号做低通滤波处理。这种滤波器称为抗混滤波器，在信号预处理过程中是非常必要的。在设备状态监测过程中，如果只对某一个频带感兴趣，那么可以用低通滤波器或带通滤波器滤掉其他频率成分，这样可以避免混叠并减少信号中其他成分的干扰。

7.2.2　量化

量化是在模-数转换过程中，对时域上每个间隔采样分层取值的过程。它是采用有限字长的一组二进制码逼近离散的模拟信号的幅值，而位数的多少决定了数字量偏移连续量误差的大小。数字量最低位所代表的数值称为量化单位（通常用字母 q 表示），它是分层的标准尺度。显然，量化单位越小，信号精度越高，但任何量化都会引起误差。

由量化引起的误差称为量化误差。当输入信号随时间变化时，量化后的曲线呈阶梯形（见图 7-2c），对应的量化误差 $\varepsilon(t)$ 既与量化单位有关，又与被测信号 $x(t)$ 有关。当量化单位与被测信号的幅值比足够小时，量化误差可看做量化噪声。

由于量化单位对应数字量最低位所代表的数值，所以

$$q = \frac{FSR}{2^n} \tag{7-9}$$

式中，FSR 为满量程输出值；n 为 A – D 转换器的位数。

显然，截尾处理的最大量化误差为 q，舍入处理的最大量化误差为 $\pm q/2$。

设舍入处理量化误差的概率密度为 $p(e)$，则由 $\int_{-q/2}^{q/2} p(e)\mathrm{d}e = 1$，得量化误差 $p(e) = 1/q$。其均值

$$\mu_e = \int_{-q/2}^{q/2} e p(e)\mathrm{d}e = \frac{1}{q}\int_{-q/2}^{q/2} e\mathrm{d}e = 0 \tag{7-10}$$

量化误差的方差

$$\sigma_e^2 = \int_{-q/2}^{q/2} (e - \mu_e)^2 p(e)\mathrm{d}e = \frac{2}{q}\int_0^{q/2} e^2\mathrm{d}e = \frac{q^2}{12} \tag{7-11}$$

对比舍入误差和截尾误差的均值，可以看出截尾误差的均值不为零，即存在直流分量，这样将影响信号的频谱结构，因此一般采用舍入处理。

量化误差是叠加在原始信号上的随机误差，可以看做白噪声。信号功率与量化噪声功率之比

$$\frac{\sigma_x^2}{\sigma_e^2} = \frac{\sigma_x^2}{\dfrac{q^2}{12}} = 12\,\frac{\sigma_x^2}{q^2} \tag{7-12}$$

由式 (7-9)，并取满量程电压值为 1，式 (7-12) 变为

$$\frac{\sigma_x^2}{\sigma_e^2} = 12 \cdot 2^{2n}\sigma_x^2 \tag{7-13}$$

于是量化信噪比

$$SNR = 10\lg\left(\frac{\sigma_x^2}{\sigma_e^2}\right) \approx 10.8 + 6n + 20\lg\sigma_x \tag{7-14}$$

为了使信号不超过所允许的动态范围，可用一个正数 $A\ (0 < A < 1)$ 去乘 $x_N(t)$，这样信号的方差变为 $A^2\sigma_x^2$，而量化误差的方差仍为 σ_e^2，于是

$$SNR = 10\lg\left(\frac{A^2\sigma_x^2}{\sigma_e^2}\right) \approx 10.8 + 6n + 20\lg(A\sigma_x) \tag{7-15}$$

如果选取 A 的大小时考虑到溢出的问题，使 $A\sigma_x = 2^{-2}$，则

$$SNR \approx 6n - 1.24 \tag{7-16}$$

SNR 的单位为 dB。

可见，要使量化信噪比不小于 40dB，则 $n = (40 + 1.24)/6 \approx 7$，即字长应为 7；若要使量化信噪比为 80dB，则字长应为 14。增加一位字长，量化信噪比就增加 6dB。用于振动与冲击信号处理的 A – D 转换器至少应有 12 位字长。

为了简化后面讨论的问题，假设 A – D 转换器的位数无限多，即量化误差为零。

量化误差是绝对误差，所以信号越接近满量程电压值 FSR，相对误差越小。在进行数字信号处理时，应使模拟信号的大小与满量程匹配。若信号很小时，应使用程控放大器。

7.2.3　泄漏和窗函数

1. 截断和泄漏（Truncation and leak）

信号的历程是无限的，而在数字处理时必须把长时间的序列截断。截断就是将无限

长的信号乘以有限宽的窗函数。"窗"的意
思是指通过窗口使人们能够"看到""外景
（信号）"的一部分。最简单的窗是矩形窗，
其时域和频域信号如图7-7所示。矩形窗的
函数为

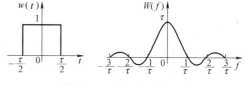

图 7-7　矩形窗及其频谱

$$w(t) = \begin{cases} 1 & |t| < \tau/2 \\ 1/2 & |t| = \tau/2 \\ 0 & |t| > \tau/2 \end{cases} \tag{7-17}$$

其频谱

$$W(f) = F[x(t)] = \tau \frac{\sin\pi f\tau}{\pi f\tau} = \tau\mathrm{sinc}(\pi f\tau) \tag{7-18}$$

对信号 $x_s(t)$ 截取一段（$-\tau/2$，$\tau/2$），相当于在时域乘以矩形窗函数 $w(t)$，由卷积定
理有

$$f[x_s(t)w(t)] = X_s(f) * W(f) \tag{7-19}$$

式中，$X_s(f)$、$W(f)$ 分别为 $x_s(t)$、$w(t)$ 的傅里叶变换。

$x_s(t)$ 截断后的频谱不同于它加窗以前的频谱。由于 $w(t)$ 是一个频带无限的函数，所以
即使 $x_s(t)$ 是带限信号，在截断以后也必然变成无限带宽的函数。这说明能量分布被扩展
了，有一部分能量泄漏到 $x_s(t)$ 的频带以外，因此信号截断必然产生一些误差。这种由于时
域上的截断而在频域上出现附加频率分量的现象称为泄漏。

在图7-7中，频域中 $|f| < 1/\tau$ 的部分称为 $W(f)$ 的主瓣，其余两旁的部分即附加频率
分量称为旁瓣。可以看出主瓣与旁瓣宽度之比是固定的。窗口宽度 τ 与 $W(f)$ 的关系可用傅
里叶变换的时间尺度改变特性和面积定理来说明。

面积定理：

由

$$W(f) = \int_{-\infty}^{\infty} w(t)\mathrm{e}^{-\mathrm{j}2\pi ft}\mathrm{d}t$$

有

$$W(0) = \int_{-\tau/2}^{\tau/2} w(t)\mathrm{d}t = \tau \tag{7-20}$$

同理

$$w(0) = \int_{-\infty}^{\infty} W(f)\mathrm{d}f = 1 \tag{7-21}$$

由此可见，当窗口宽度 τ 增大时，主瓣和旁瓣的宽度变窄，并且主瓣高度恒等于窗口宽
度 τ。所以当 $\tau \to \infty$ 时，$W(f) \to \delta(f)$。而单位脉冲函数 $\delta(f)$ 与任何 $X(f)$ 相卷积都不会使其
改变，所以加大窗口宽度可使泄漏减小，但无限加宽等于对 $x(t)$ 不截断，这是不可能的。
为了减少泄漏可尽量寻找频域中接近 $\delta(f)$ 的窗函数，即主瓣窄旁瓣小的窗函数。

设 $x(t) = \mathrm{e}^{\mathrm{j}2\pi f_0 t}$，则根据式（7-6），有

$$X_s(f) = X(f) * G(f) = \frac{1}{T_s}\sum_{n=-\infty}^{\infty} X(f - nf_s) = \frac{1}{T_s}\sum_{n=-\infty}^{\infty} \delta(f - f_0 - nf_s) \tag{7-22}$$

式中，T_s 为采样间隔；f_s 为采样频率，$f_s = 1/T_s$；n 为任意整数。

这时谱线位置在 $f = f_0 + nf_s$ 处，如图 7-8 所示。加上矩形窗后 $X_s(f)$ 要与 $\tau \mathrm{sinc}(\pi f \tau)$ 卷积（τ 为矩形窗的宽度），所得频域图形如图 7-9 所示。这时原来 f_0 处的一根谱线变成了以 f_0 为中心的形状为 $\mathrm{sinc}(\pi f \tau)$ 的连续谱线。称 $X_s(f)$ 的频率成分从 f_0 处泄漏到了其他频率处；因为，原来在一个周期 f_s 内只有一个频率上有非零值，而现在在一个周期内几乎在所有的频率上都有非零值。在图 7-9 中，为了对泄漏看得更清楚，只画出了 f_0 处的脉冲 $X_s(f)$ 与 $\tau \mathrm{sinc}(\pi f \tau)$ 的卷积结果，其他频率 $f = f_0 + nf_s$ 处相同的卷积图形都未画出。考虑到所有的卷积结果，还有混叠现象产生。

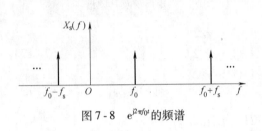

图 7-8　$\mathrm{e}^{\mathrm{j}2\pi f_0 t}$ 的频谱

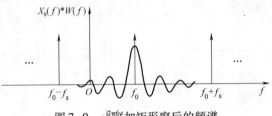

图 7-9　$\mathrm{e}^{\mathrm{j}2\pi f_0 t}$ 加矩形窗后的频谱

2. 窗函数的评价

如上所述，对时间窗的一般要求是其频谱（也叫做频域窗）的主瓣尽量窄，以提高频率分辨率；旁瓣要尽量低，以减少泄漏。但两者往往不能同时满足，需要根据不同的测试对象选择窗函数。对窗函数的一些具体要求是：

1）$w(t)$ 应是非负的实偶函数。在取非零值的区间 $(-\tau/2, \tau/2)$ 以 $t = 0$ 为对称轴，或者在非零区间 $(0, \tau)$ 以 $t = \tau/2$ 为对称轴。$w(t)$ 从对称中心开始应是非递增的，如图 7-10a 所示。

2）因为对时域函数加窗后，其频域函数为 $X(f) * W(f)$，如果 $X(f)$ 是一个慢变的谱，使得在 $W(f)$ 的主瓣内接近为常数，则有

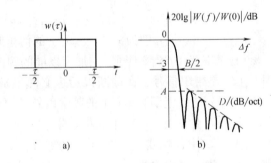

图 7-10　窗函数的频域指标

a) 窗函数 $w(t)$　b) 窗函数频谱中参数 B、A 和 D 的意义

$$X(f) * W(f) = X(f) \int_{-\infty}^{\infty} W(f)\mathrm{d}f \qquad (7\text{-}23)$$

如果能保证 $\int_{-\infty}^{\infty} W(f)\mathrm{d}f = w(0) = 1$，则有 $X(f) * W(f) = X(f)$。所以窗函数应有

$$w(0) = \int_{-\infty}^{\infty} W(f)\mathrm{d}f = 1 \qquad (7\text{-}24)$$

为了定量地比较各种窗函数的性能，特给出以下 3 个频域指标：

1）3dB 带宽 B。它是主瓣归一化幅值 $20\lg\left|\dfrac{W(f)}{W(0)}\right|$ 下降到 $-3\mathrm{dB}$ 时的带宽。当时间窗的宽度为 τ，采样间隔为 T_s 时，对应于 N 个采样点，其最大的频率分辨率可达到 $1/(NT_s) = 1/\tau$。令 $\Delta f = 1/\tau$，则 B 的单位可以是 Δf。

2）最大旁瓣峰值 A（dB）。A 越小，由旁瓣引起的谱失真越小。

3）旁瓣谱峰渐进衰减速度 D（dB/oct）。一个理想的窗口应该有最小的 B、A 和 D。B、A 和 D 的意义如图 7-10b 所示。

3. 常用的窗函数

（1）矩形窗　矩形窗的时域和频域函数分别如式（7-17）和式（7-18）所示。矩形窗及其频谱图形如图 7-7 所示。矩形窗是使用最普遍的，因为习惯中的不加窗就相当使用了矩形窗，并且矩形窗的主瓣是最窄的。

（2）汉宁（hanning）窗

$$w(t) = \begin{cases} 0.5 + 0.5\cos\dfrac{2\pi t}{\tau} & |t| \leqslant \tau/2 \\ 0 & |t| > \tau/2 \end{cases} \tag{7-25}$$

$$W(f) = 0.5Q(f) + 0.25\left[Q\left(f+\dfrac{1}{\tau}\right) + Q\left(f-\dfrac{1}{\tau}\right)\right] \tag{7-26}$$

式中，$Q(f) = \dfrac{\sin\pi f\tau}{\pi f\tau} = \mathrm{sinc}\ (\pi f\tau)$。

汉宁窗及其频谱如图 7-11 所示。它的频率窗可以看做是 3 个矩形时间窗的频谱之和，括号中的两项相对于第一个频率窗向左、右各有位移 $1/\tau$。和矩形窗比较，汉宁窗的旁瓣小得多，因而泄漏也少得多，但是它的主瓣较宽。

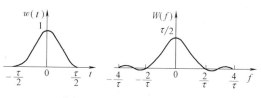

图 7-11　汉宁窗及其频谱

（3）哈明（hamming）窗

$$w(t) = \begin{cases} 0.54 + 0.46\cos\dfrac{2\pi t}{\tau} & |t| \leqslant \tau/2 \\ 0 & |t| > \tau/2 \end{cases} \tag{7-27}$$

$$W(f) = 0.54Q(f) + 0.23\left[Q\left(f+\dfrac{1}{\tau}\right) + Q\left(f-\dfrac{1}{\tau}\right)\right] \tag{7-28}$$

式中，$Q(f) = \dfrac{\sin\pi f\tau}{\pi f\tau} = \mathrm{sinc}\ (\pi f\tau)$。

哈明窗本质上和汉宁窗是一样的，只是系数不同。哈明窗比汉宁窗消除旁瓣的效果好一些而且主瓣稍窄，但是旁瓣衰减较慢是不利的方面。适当地改变系数，可以得到不同特性的窗函数。常用的窗函数及其性能见表 7-1。

表 7-1　常用窗函数及其性能

窗函数类型	3dB 带宽 $B(\Delta f)$/Hz	最大旁瓣峰值 A/dB	旁瓣谱峰渐进衰减速度 D/(dB/oct)
矩形	0.89	−13	−6
汉宁	1.44	−32	−18
哈明	1.304	−43	−6
三角	1.28	−27	−18
高斯	1.55	−55	−6

在实际的信号处理中，常使用"单边窗函数"。若把开始测量的时刻定义为 $t = 0$，截断长度为 τ，则 $0 \leqslant t < \tau$，相当于对双边窗函数做时移。根据傅里叶变换的性质，时移对应着频域做相移而其频谱不变。因此单边窗函数截断所产生的泄漏误差与双边窗函数相同。对截断长度 τ 划分 N 个采样点 0，1，2，$\cdots$，$N-1$，称窗函数的数据长度为 N。例如矩形窗函数为

$$w(n) = 1 \qquad n = 0,1,2,\cdots,N-1 \tag{7-29}$$

7.2.4 频域采样和栅栏效应

对信号 $x(t)$ 的采样和加窗处理，在时域可描述为它与采样脉冲序列 $g(t)$ 和窗函数 $w(t)$ 三者的乘积 $x(t)g(t)w(t)$，结果是长度为 N 的离散信号。由频域卷积定理可知，它的频域函数是 $X(f) * G(f) * W(f)$，这是一个频域连续函数。在计算机中，信号的这种变换是用离散傅里叶变换（Discrete Fourier Transform，DFT）进行的，其输出是离散的频域序列。也就是说，DFT 不仅算出 $x(t)g(t)w(t)$ 的频谱，而且同时对其频谱 $X(f) * G(f) * W(f)$ 实施了采样处理，使其离散化。这相当于在频域中乘以图 7-12 所示的采样函数 $D(f)$，图中，$d(t)$ 是 $D(f)$ 的时域函数。

$$D(f) = \sum_{-\infty}^{\infty} \delta\left(f - n\frac{1}{T}\right) \tag{7-30}$$

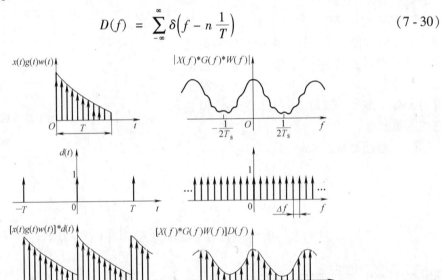

图 7-12 频域采样

DFT 在频域的一个周期 $f_s = 1/T_s$ 中输出 N 个数据点，故输出的频率序列的频率间隔 $\Delta f = f_s/N = 1/(T_s N) = 1/T$。如图 7-12 所示，计算机的实际输出是 $Y(f)$，即

$$Y(f) = [X(f) * G(f) * W(f)]D(f) \tag{7-31}$$

由卷积定理，与 $Y(f)$ 相对应的时域函数是 $y(t) = [x(t)g(t)w(t)] * d(t)$。应当说明，频域函数的离散化所对应的时域函数应当是周期函数，因此，$y(t)$ 是一个周期函数。

用数字处理频谱，必须使频率离散化，实行频域采样。频域采样与时域采样相似，在频域中用脉冲序列 $D(f)$ 乘以信号的频谱函数，在时域相对应的是信号与周期脉冲序列 $d(t)$ 卷积。在图 7-12 中，$y(t)$ 是将时域采样加窗信号 $x(t)g(t)w(t)$ 平移到 $d(t)$ 各脉冲位置重新构图，相当于在时域中将窗内的信号波形在窗外进行周期延拓。

对一函数实行采样，即是抽取采样点上的对应的函数值。其效果如同透过栅栏的缝隙观看外景一样，只有落在缝隙前的少数景象被看到，其余景象均被栅栏挡住而视为零，这种现象称为栅栏效应。不管是时域采样还是频域采样，都有相应的栅栏效应。只是当时域采样满足采样定理时，栅栏效应不会有什么影响。而频域采样的栅栏效应则影响很大，"挡住"或丢失的频率成分有可能是重要的或具有特征的成分，使信号处理失去意义。

可用减小采样间隔 Δf 即提高频率分辨力的方法减小栅栏效应。采样间隔越小，被"挡住"或丢失的频率成分就会越少。但是，由 $\Delta f = f_s/N = 1/T$ 可知，减小频率采样间隔 Δf，就必须增加采样点数。可以在满足采样定理的前提下，采用频率细化（zoom）技术解决此项矛盾，亦可改用其他把时域序列变换成频谱序列的方法。

在分析简谐信号时，需要了解某特定频率 f_0 的谱值，希望 DFT 谱线落在 f_0 上，但是减小 Δf 不一定会使谱线落在频率 f_0 上。从 DFT 的原理看，谱线落在 f_0 处的条件是 $f_0/\Delta f$ = 整数。考虑到 Δf 与分析长度 T 的关系是 $\Delta f = 1/T$，信号周期 $T_0 = 1/f_0$，可知 T/T_0 = 整数时，才可以使分析谱线落在简谐信号的频率 f_0 上，获得准确的频谱。这个结论适用于所有的周期信号。

7.3　快速傅里叶变换原理

7.3.1　离散的傅里叶变换

模拟信号经过时域采样和用窗函数截断之后得到有限长度的时间序列，序列点数 $N = T/T_s$，其中 T 为时间窗函数的宽度，T_s 为采样间隔。下面介绍如何根据这个有限长度的时间序列求其频谱。

因为离散的谱线对应于时域的周期函数，所以对离散的时间序列求频谱，首先要假定信号是周期的。对实际信号进行截取之后，"窗"外的信号已被摒弃，于是可以认为被测信号是以窗宽 T 为周期的周期信号。这样人为的周期化可能会引入误差即泄漏误差。

设 $x(n)$ 为函数 $x(t)$ 在点 $T=0$，T_s，$2T_s$，$\cdots$，$(N-1)T_s$ 的采样值；$X(k)$ 为 $x(n)$ 的傅里叶变换在点 $f=0$，$\dfrac{f_s}{N}$，$\dfrac{2f_s}{N}$，$\cdots$，$\dfrac{(N-1)f_s}{N}$ 的采样值，其中 $f_s = 1/T_s$。于是，周期函数的傅里叶级数形式可写成

$$x(t) = \sum_{k=-\infty}^{\infty} X\left(k\frac{f_s}{N}\right) e^{j2\pi f_s kt/N} \tag{7-32}$$

式中，$X\left(k\dfrac{f_s}{N}\right) = \dfrac{1}{T}\int_{-T/2}^{T/2} x(t) e^{-j2\pi f_s kt/N}dt$。

由于 $T=NT_s$，$dt \approx T_s$，$t \to nT_s$，并注意到 $Tf_s=1$，将 $x(n)$ 对应于 $x(t)$，式（7-32）可近似地写成离散的形式

$$x(n) = \frac{1}{N}\sum_{k=0}^{N-1}\Big[\sum_{n=0}^{N-1} x(n) e^{-j2\pi nk/N}\Big] e^{j2\pi nk/N} \tag{7-33}$$

令

$$X(k) = \sum_{n=0}^{N-1} x(n) e^{-j2\pi nk/N} \qquad n,k = 0,1,2,\cdots,(N-1) \tag{7-34}$$

则

$$x(n) = \frac{1}{N}\sum_{k=0}^{N-1} X(k) e^{j2\pi nk/N} \qquad n,k = 0,1,2,\cdots,(N-1) \tag{7-35}$$

式 (7-34) 和式 (7-35) 称为离散傅里叶变换对, 为了计算方便, 该两式又可写成

$$X(k) = \sum_{n=0}^{N-1} x(n) w_N^{nk} \qquad n,k = 0,1,2,\cdots,N-1 \qquad (7-36)$$

$$x(n) = \frac{1}{N} \sum_{k=0}^{N-1} X(k) w_N^{-nk} \qquad n,k = 0,1,2,\cdots,N-1 \qquad (7-37)$$

式中, $w_N = \mathrm{e}^{-\mathrm{j}2\pi/N}$。

7.3.2 傅里叶变换的快速算法 (FFT)

1. 快速傅里叶变换的矩阵形式

按照式 (7-34) 可进行 DFT 运算, 但每计算 k 为定值的一个点 $X(k)$ 就要做 N 次乘法, $N-1$ 次复数加法运算。全部 N 个 $X(k)$ 点就要做 N^2 次复数乘法, $N(N-1)$ 次复数加法运算。计算工作量随着 N 的增大而急剧增大, 因此需要一种快速算法以满足对信号实时处理的要求。1965 年, J. W. Cooley 和 J. W. Tukey 发表了他们的快速算法, 称为快速傅里叶变换, 简称为 FFT(Fast Fourier Transform)。FFT 迅速发展起来, 使数字频谱分析取得了突破性的进展。

式 (7-34) 还可以写成矩阵形式

$$X = Wx \qquad (7-38)$$

式中, X 为输出向量, $X = \{X(k)\}, k = 0,1,\cdots,N-1$; x 为输入向量, $x = \{x(n)\}, n = 1, 2,\cdots,N-1$; W 为 $N\times N$ 阶矩阵, 即

$$W = \begin{pmatrix} w_N^0 & w_N^0 & w_N^0 & \cdots & w_N^0 \\ w_N^0 & w_N^1 & w_N^2 & \cdots & w_N^{N-1} \\ w_N^0 & w_N^2 & w_N^4 & \cdots & w_N^{2(N-1)} \\ \cdots & \cdots & \cdots & \cdots & \cdots \\ w_N^0 & w_N^{N-1} & w_N^{2(N-1)} & \cdots & w_N^{(N-1)(N-1)} \end{pmatrix} \qquad (7-39)$$

现在就式 (7-39) 说明 FFT 的基本思路。

在式 (7-39) 中, 有 $w_N^0 = 1$, $w_N^{N/2} = -1$, 又因假设信号为以数据长度 N 为周期的周期信号, 故

$$w_N^{mN+r} = w_N^r \qquad (7-40)$$

特别地

$$w_N^{mN} = w_N^0 = 1 \qquad (7-41)$$
$$w_N^{mN+N/2} = w_N^{N/2} = -1 \qquad (7-42)$$

式中, m、r 皆为整数。

利用 w_N^r 的周期性及矩阵 W 的对称性可以节省大量计算, 而且 N 值越大, 效果越明显。在 FFT 算法中, 通常把 N 取为 2 的整数次幂, 即 $N=2^m$, m 为正整数。

将式 (7-40) 代入式 (7-39), 即利用 w_N^r 的周期性有

$$W = \begin{pmatrix} 1 & 1 & 1 & \cdots & 1 \\ 1 & w_N^1 & w_N^2 & \cdots & w_N^{N-1} \\ 1 & w_N^2 & w_N^4 & \cdots & w_N^{N-2} \\ \cdots & \cdots & \cdots & \cdots & \cdots \\ 1 & w_N^{N-1} & w_N^{N-2} & \cdots & w_N^1 \end{pmatrix} \qquad (7-43)$$

用二进制数表示 $n = d_{m-1}d_{m-2}\cdots d_1 d_0 \mathrm{B}$，其中 d_{m-1}，d_{m-2}，$\cdots$，d_1，d_0 表示其各位上的代码 0 或 1，并且 n 值对应于矩阵 $\boldsymbol{W}$ 的各行（列）的顺序号。

现将 $\boldsymbol{W}$ 按列重新排序，把 n 为偶数的列按 n 值从小到大依次排于第 0，1，$\cdots$，$\dfrac{N}{2}-1$ 列，把 n 为奇数的列依次排于第 $\dfrac{N}{2}$，$\dfrac{N}{2}+1$，$\cdots$，$N-1$ 列。经首次重排后将 N 列矩阵按列顺序分成两段，对每一段按上述方法重排，然后把每段再分为两小段，以此类推。重排前后的列序号分别用 $l(n)$，$l_0(n)$ 表示，其中 $n = 0,1,2,\cdots,(N-1)$。可以证明

$$l(d_{m-1}d_{m-2}\cdots d_1 d_0)\mathrm{B} = l_0(d_0 d_1 \cdots d_{m-2}d_{m-1})\mathrm{B} \tag{7-44}$$

式（7-44）说明，用上述方法将矩阵 $\boldsymbol{W}$ 按列重新排序之后，若输入列序号 $l(n)$ 按自然序列排列，即 $l(1),l(2),\cdots,l(N-1)$，则将 n 的二进制代码码位倒置即得到该列重排后所处的位置。由矩阵运算的原理可知，重排后的向量 $\boldsymbol{x}$ 的顺序同样重排才能保证原计算结果不变。所以向量 $\boldsymbol{x}$ 重排后仍按自然顺序标号，记为 $\boldsymbol{x}_0$，则计算结果 $\boldsymbol{X}$ 也是按自然顺序排列的。以下举例说明按列重排后是如何进行 FFT 运算的。

2. FFT 的时间抽取算法

把矩阵按列（即按时域变量 n）重新排序的算法称为 FFT 的时间抽取算法。

设 $m = 3$，数据长度 $N = 2^m = 8$，于是

$$\boldsymbol{W} = \begin{pmatrix} 1 & 1 & 1 & 1 & 1 & 1 & 1 & 1 \\ 1 & w_8^1 & w_8^2 & w_8^3 & w_8^4 & w_8^5 & w_8^6 & w_8^7 \\ 1 & w_8^2 & w_8^4 & w_8^6 & 1 & w_8^2 & w_8^4 & w_8^6 \\ 1 & w_8^3 & w_8^6 & w_8^1 & w_8^4 & w_8^7 & w_8^2 & w_8^5 \\ 1 & w_8^4 & 1 & w_8^4 & 1 & w_8^4 & 1 & w_8^4 \\ 1 & w_8^5 & w_8^2 & w_8^7 & w_8^4 & w_8^1 & w_8^6 & w_8^3 \\ 1 & w_8^6 & w_8^4 & w_8^2 & 1 & w_8^6 & w_8^4 & w_8^2 \\ 1 & w_8^7 & w_8^6 & w_8^5 & w_8^4 & w_8^3 & w_8^2 & w_8^1 \end{pmatrix} \tag{7-45}$$

将按列重排并注意到 $w_8^4 = -1$，得

$$\boldsymbol{W}_K = \left(\begin{array}{cccc:cccc} 1 & 1 & 1 & 1 & 1 & 1 & 1 & 1 \\ 1 & -1 & w_8^2 & -w_8^2 & w_8^1 & -w_8^1 & w_8^3 & -w_8^3 \\ 1 & 1 & -1 & -1 & w_8^2 & w_8^2 & -w_8^2 & -w_8^2 \\ 1 & -1 & -w_8^2 & w_8^2 & w_8^3 & -w_8^3 & w_8^1 & -w_8^1 \\ \hdashline 1 & 1 & 1 & 1 & -1 & -1 & -1 & -1 \\ 1 & -1 & w_8^2 & -w_8^2 & -w_8^1 & w_8^1 & -w_8^3 & w_8^3 \\ 1 & 1 & -1 & -1 & -w_8^2 & -w_8^2 & w_8^2 & w_8^2 \\ 1 & -1 & -w_8^2 & w_8^2 & -w_8^3 & w_8^3 & -w_8^1 & w_8^1 \end{array} \right) = \left(\begin{array}{c:c} \boldsymbol{L}_1\boldsymbol{A} & \boldsymbol{L}_2\boldsymbol{A} \\ \hdashline \boldsymbol{L}_1\boldsymbol{A} & -\boldsymbol{L}_2\boldsymbol{A} \end{array} \right) \tag{7-46}$$

式中，$\boldsymbol{A} = \begin{pmatrix} 1 & 1 & 0 & 0 \\ 1 & -1 & 0 & 0 \\ 0 & 0 & w_8^0 & w_8^0 \\ 0 & 0 & w_8^2 & -w_8^2 \end{pmatrix}$，$\boldsymbol{L}_1 = \begin{pmatrix} 1 & 0 & 1 & 0 \\ 0 & 1 & 0 & 1 \\ 1 & 0 & -1 & 0 \\ 0 & 1 & 0 & -1 \end{pmatrix}$，$\boldsymbol{L}_2 = \begin{pmatrix} w_8^0 & 0 & w_8^0 & 0 \\ 0 & w_8^1 & 0 & w_8^1 \\ w_8^2 & 0 & -w_8^2 & 0 \\ 0 & w_8^3 & 0 & -w_8^3 \end{pmatrix}$

于是可将矩阵 $\boldsymbol{W}_K$ 写成 3 个矩阵乘积的形式

$$\boldsymbol{W}_K = \left(\begin{array}{cccc:cccc} 1 & 0 & 0 & 0 & 1 & 0 & 0 & 0 \\ 0 & 1 & 0 & 0 & 0 & 1 & 0 & 0 \\ 0 & 0 & 1 & 0 & 0 & 0 & 1 & 0 \\ 0 & 0 & 0 & 1 & 0 & 0 & 0 & 1 \\ \hdashline 1 & 0 & 0 & 0 & -1 & 0 & 0 & 0 \\ 0 & 1 & 0 & 0 & 0 & -1 & 0 & 0 \\ 0 & 0 & 1 & 0 & 0 & 0 & -1 & 0 \\ 0 & 0 & 0 & 1 & 0 & 0 & 0 & -1 \end{array}\right) \left(\begin{array}{cccc:cccc} 1 & 0 & 1 & 0 & 0 & 0 & 0 & 0 \\ 0 & 1 & 0 & 1 & 0 & 0 & 0 & 0 \\ 1 & 0 & -1 & 0 & 0 & 0 & 0 & 0 \\ 0 & 1 & 0 & -1 & 0 & 0 & 0 & 0 \\ \hdashline 0 & 0 & 0 & 0 & w_8^0 & 0 & w_8^0 & 0 \\ 0 & 0 & 0 & 0 & 0 & w_8^1 & 0 & w_8^1 \\ 0 & 0 & 0 & 0 & w_8^2 & 0 & -w_8^2 & 0 \\ 0 & 0 & 0 & 0 & 0 & w_8^3 & 0 & -w_8^3 \end{array}\right)$$

$$\left(\begin{array}{cccc:cccc} 1 & 1 & 0 & 0 & 0 & 0 & 0 & 0 \\ 1 & -1 & 0 & 0 & 0 & 0 & 0 & 0 \\ 0 & 0 & w_8^0 & w_8^0 & 0 & 0 & 0 & 0 \\ 0 & 0 & w_8^2 & -w_8^2 & 0 & 0 & 0 & 0 \\ \hdashline 0 & 0 & 0 & 0 & 1 & 1 & 0 & 0 \\ 0 & 0 & 0 & 0 & 1 & -1 & 0 & 0 \\ 0 & 0 & 0 & 0 & 0 & 0 & w_8^0 & w_8^0 \\ 0 & 0 & 0 & 0 & 0 & 0 & w_8^2 & -w_8^2 \end{array}\right) \tag{7-47}$$

根据式（7-47）所示矩阵 $\boldsymbol{W}_K$ 做 FFT 运算，有

$$\boldsymbol{x}_3 = \boldsymbol{W}_K \boldsymbol{x}_0 \tag{7-48}$$

该 FFT 运算可按 3 个矩阵分为 3 级，每级要进行 N 次乘法和加法运算。一般地，级数 $m = \log_2 N$，所以 FFT 的运算次数为 $N\log_2 N$ 次复数乘法和加法运算，与直接 DFT 计算需要 N^2 次相比，运算量节省为原来的 $(N\log_2 N)/N^2 = (\log_2 N)/N$。例如，当 $N = 1024$ 时，运算量约可节省为原来的 1%。

利用式（7-48）运算的信号流图如图 7-13 所示。将输入 $x(n)$ 按列重排后进行运算，其结果可与 $\{X(k)\}$ 的自然顺序相对应，它们的对应关系见表 7-2。

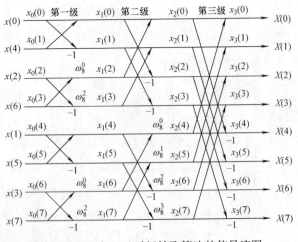

图 7-13　8 点 FFT 时间抽取算法的信号流图

表 7-2　时间抽取算法输入与输出序列的对应关系

自然顺序输出 $X(k)$ 的序列号	十进制	0	1	2	3	4	5	6	7
	二进制	000	001	010	011	100	101	110	111
码位倒置情况下输入 $x(n)$ 的序列号	二进制	000	100	010	110	001	101	011	111
	十进制	0	4	2	6	1	5	3	7

图 7-13 的计算过程为

$$
\begin{Bmatrix} x_0(0) \\ x_0(1) \\ x_0(2) \\ x_0(3) \\ x_0(4) \\ x_0(5) \\ x_0(6) \\ x_0(7) \end{Bmatrix} = \begin{Bmatrix} x(0) \\ x(4) \\ x(2) \\ x(6) \\ x(1) \\ x(5) \\ x(3) \\ x(7) \end{Bmatrix},\quad
\begin{Bmatrix} x_1(0) \\ x_1(1) \\ x_1(2) \\ x_1(3) \\ x_1(4) \\ x_1(5) \\ x_1(6) \\ x_1(7) \end{Bmatrix} = \begin{Bmatrix} x_0(0) + x_0(1) \\ x_0(0) - x_0(1) \\ [x_0(2) + x_0(3)]w_8^0 \\ [x_0(2) - x_0(3)]w_8^2 \\ x_0(4) + x_0(5) \\ x_0(4) - x_0(5) \\ [x_0(6) + x_0(7)]w_8^0 \\ [x_0(6) - x_0(7)]w_8^2 \end{Bmatrix},
$$

$$
\begin{Bmatrix} x_2(0) \\ x_2(1) \\ x_2(2) \\ x_2(3) \\ x_2(4) \\ x_2(5) \\ x_2(6) \\ x_2(7) \end{Bmatrix} = \begin{Bmatrix} x_1(0) + x_1(2) \\ x_1(1) + x_1(3) \\ x_1(0) - x_1(2) \\ x_1(1) - x_1(3) \\ [x_1(4) + x_1(6)]w_8^0 \\ [x_1(5) + x_1(7)]w_8^1 \\ [x_1(4) - x_1(6)]w_8^2 \\ [x_1(5) - x_1(7)]w_8^3 \end{Bmatrix},\quad
\begin{Bmatrix} X(0) \\ X(1) \\ X(2) \\ X(3) \\ X(4) \\ X(5) \\ X(6) \\ X(7) \end{Bmatrix} = \begin{Bmatrix} x_3(0) \\ x_3(1) \\ x_3(2) \\ x_3(3) \\ x_3(4) \\ x_3(5) \\ x_3(6) \\ x_3(7) \end{Bmatrix} = \begin{Bmatrix} x_2(0) + x_2(4) \\ x_2(1) + x_2(5) \\ x_2(2) + x_2(6) \\ x_2(3) + x_2(7) \\ x_2(0) - x_2(4) \\ x_2(1) - x_2(5) \\ x_2(2) - x_2(6) \\ x_2(3) - x_2(7) \end{Bmatrix} \quad (7\text{-}49)
$$

3. FFT 的频域抽取算法

同理，可将式（7-45）所示的矩阵 $\boldsymbol{W}$ 按行（按频域变量）重新排序，排序方法与按列排序相同，也是按偶、奇性进行分组。该算法称为 FFT 的频率抽取算法。与时间抽取算法不同的是，频率抽取算法的输出序列 $\{X(k)\}$ 是码位倒置的。重排后的矩阵记为 $\boldsymbol{W}_n$，利用矩阵 $\boldsymbol{W}_n$ 运算的信号流图如图 7-14 所示。

7.3.3　FFT 的逆变换（IFFT）

FFT 的逆变换算法称为 IFFT，由于 DFT 变换对的对称性，IFFT 的算法与前面所述的 FFT 几乎完全相同，只需做两

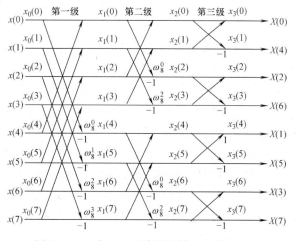

图 7-14　8 点 FFT 频率抽取算法的信号流图

个小改动。从 DFT 的变换对

$$X(k) = \sum_{n=0}^{N-1} x(n) w_N^{nk} \qquad (\text{DFT}) \qquad (7-50)$$

$$x(n) = \frac{1}{N} \sum_{k=0}^{N-1} X(k) w_N^{-nk} \qquad (\text{IDFT}) \qquad (7-51)$$

可以看出 IDFT 和 DFT 的差别在于：

1) 因子 w_N^{nk} 和 w_N^{-nk} 的指数差一个负号。

2) 相差一个因子 $1/N$。

由 IDFT 的表达式，有

$$x(n) = \frac{1}{N} \overline{\sum_{k=0}^{N-1} \overline{X(k)}\, w_N^{nk}} = \frac{1}{N} \overline{\text{FFT}[\overline{X(k)}]} \qquad (7-52)$$

因此，做 $X(k)$ 的 IFFT 可分下列 3 步：

1) 取 $X(k)$ 的共轭，得出 $\overline{X(k)}$；

2) 做 $\overline{X(k)}$ 的 FFT，得 $N x(n)$；

3) 取 $\overline{X(n)}$ 的共轭并乘以因子 $1/N$。

7.4 数据采集元件

7.4.1 多路转换器

绝大多数计算机按顺序方式执行指令，于是采集数据最简单的方法是顺序地读传感器的输出。在绝大多数情况下，计算机使用一种称为多路转换器（multiplexer，MUX）的装置从不同的通道中每次选一个读取信息。MUX 在这种用途下本质上是一个电子开关。计算机命令 MUX 选择一个特殊的通道并接着读取和处理数据。然后，计算机使 MUX 选择另一个通道，以同样的方式继续执行。对数据采集系统（Data - Acquisition System，DAS）多路转换器的机械模拟如图 7 - 15 所示。用于数据采集系统的多路转换器中的开关是半导体器件。

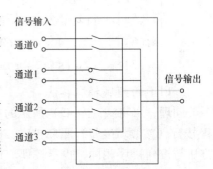

图 7 - 15 4 通道多路转换器
（通道 1 被连接）

尽管多路转换器是相当简单的器件，但它也受某些误差的影响。其中之一是串话：相邻通道可能干扰正在读数的通道。这种误差一般是精密度误差。如果输出信号电压不是严格地与输入相等，则可能有附加的误差，即多路转换器使信号发生了变化。这种特性的量度被称为传输精度。在最普通的情况下，用模拟多路转换器选择来自被连接的传感器的信号并且直接地或间接地把这些信号连接到模 - 数转换器。然而，有些传感器有数字输出，可跨过多路转换器和模 - 数转换器，被直接地输入到计算机。

7.4.2　数 - 模（D - A）转换器

由于 A – D 转换器的工作原理涉及 D – A 转换，所以首先讨论 D – A 转换器（D – A Converter，DAC）。

D – A 转换器产生正比于输入的并行数字信号（例如，8 位二进制信号 $b_7 b_6 \cdots b_1 b_0$）的输出电压。图 7 - 16 是 D – A 转换器的工作原理图，用运算放大器取电流之和，各支路电流为零或非零取决于该位的值是 0 还是 1，每个有效位对应的电流为其下一有效位的两倍。图 7 - 16a 中各有效位的电流是通过二进制加权电阻网络被获取的，如图中的 $2^0 R$，$2^1 R$，$\cdots$，$2^7 R$。

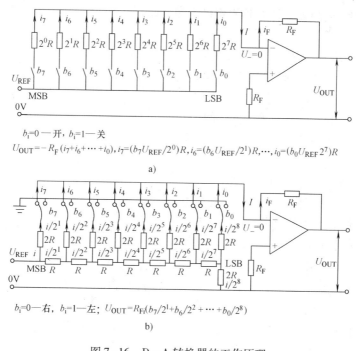

$b_i = 0$ —— 开，$b_i = 1$ —— 关

$U_{OUT} = -R_F(i_7 + i_6 + \cdots + i_0)$，$i_7 = (b_7 U_{REF}/2^0)R$，$i_6 = (b_6 U_{REF}/2^1)R$，$\cdots$，$i_0 = (b_0 U_{REF} 2^7)R$

a)

$b_i = 0$ —— 右，$b_i = 1$ —— 左；$\quad U_{OUT} = R_{Fi}(b_7/2^1 + b_6/2^2 + \cdots + b_0/2^8)$

b)

图 7 - 16　D – A 转换器的工作原理

a）二进制加权电阻网络　b）$R - 2R$ 梯形电阻网络

加权电阻式 D – A 转换器的主要问题是所需电阻的阻值范围太宽，选择 $R - 2R$ 梯形电阻网络可以解决它。在 $R - 2R$ 加权电阻式 D – A 转换器中用 $R - 2R$ 梯形网络替代了加权电阻，如图 7 - 16b 所示，只需 R 和 $2R$ 两种电阻就可以实现对应于二进制的电流分布。因为 $R - 2R$ 梯形电阻式 D – A 转换器便于集成化，所以是单片 D – A 转换器（DAC）的主流产品。

7.4.3　模 - 数（A - D）转换器

1. A – D 转换器的主要性能指标

尽管模 – 数转换器的电路的种类很多，但是从外部特性来说 A – D 转换器（A – D Converter，ADC）3 个主要的性能指标是分辨率、转换时间和输入范围。分辨率即指量化单位，有时也简单地用位数来表示。位数越多，数字输出表示模拟输入的可能状态数就会越多和越精确。转换时间指从启动转换命令施加时刻到转换结束命令开始有效时刻的时间间隔，其倒数称为转换速率或最高采样频率。A – D 转换器的输入范围是将要被其转换成相应数字输出的模拟输入电压的范围。该范围之外的输入电压不能产生对输入的有意义的数字表示。A－D 转换器的输入范围可以划分为单极性的和双极性的。单极性的转换器仅能响应同号的模拟输入，例如输入范围是 0~5V 或 -10~0V。双极性的转换器能转换正、负两种模拟输入，例如 ±5V 或 ±10V。许多计算机数据采集系统给用户提供选择单极性模式还是双极性模式的选项。

如果输入电压超出了输入范围，A－D 转换器则被说成是饱和的。所产生的误差实际上是实验错误并且不能通过误差分析来估计。在评价数据时，应把量程低端和高端的值视为可疑。值得注意的是，必须保证元器件在其量程内使用。如果输入电压过高，则有可能损坏转换器。

ADC 芯片按速度分档次的一般约定是：最高采样频率低于 1kHz 为低速；（1~1000）kHz 为中速；高于 1MHz 为高速；高于 1000MHz 为超高速。

2. 逐次逼近式 ADC

某些 A－D 转换器采用包括 DAC 的闭环回路，最通用的有计数器式和逐次逼近式。图 7-17 为逐次逼近式 ADC 的原理图。它对相应于输入模拟量 y_i 的二进制代码实行逐步猜测。首先通过 DAC 把试算代码转变成一个模拟电压，然后用比较器判别这个猜测是高于还是低于输入电压，接着以判别结果为基础做下一次猜测。重复上述过程，直至模拟电压与输入电压之差小于半个量化单位。表 7-3 表示一个 8 位二进制转换器对 0~2.55V 输入

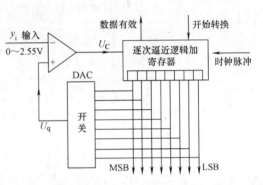

图 7-17   逐次逼近式 ADC 的原理图

电压的各次猜测。第一次猜测总是 01111111，对应于 (127)₁₀，即满量程的一半，若猜测高于输入电压，置 b_7 为 0，反之，则置为 1；第二次猜测为 00111111，对应于 (63)₁₀，即满量程的 1/4，猜测高，则置 b_6 为 0，反之，置为 1。这样继续猜测直到其余各位都被确定。计数器式转换器比较次数不固定，转换时间长；逐次逼近式 ADC 只要 n 次比较即可完成转换，是中速，是 8~16 位 ADC 的主流产品。

表 7-3   逐次逼近式 ADC 的典型猜测顺序

输入电压 $y_i = 0.515V$				
时钟脉冲	DAC 输入	DAC 输出电压	比较器输出电压	结果
1 寄存器清零	00000000	0	0	
2 第一次猜测	01111111	1.27	1 HIGH	$b_7 = 0$
3 继续猜测	00111111	0.63	1 HIGH	$b_6 = 0$
4 继续猜测	00011111	0.31	0 LOW	$b_5 = 1$
5 继续猜测	00101111	0.47	0 LOW	$b_4 = 1$
6 继续猜测	00110111	0.55	1 HIGH	$b_3 = 0$
7 继续猜测	00110011	0.51	0 LOW	$b_2 = 1$
8 继续猜测	00110101	0.53	1 HIGH	$b_1 = 0$
9 最终猜测	00110100	0.52	1 HIGH	$b_0 = 0$

数据有效→输出数字信号   00110100

3. 双斜坡积分式 ADC

双斜坡积分式 A - D 转换器框图如图 7-18a 所示，工作曲线如图 7-18b 所示。在这个器件中，模拟电压输入信号 U_i 在固定的时间段 t_0 被连接到积分器。然后模拟输入电压与积分器断开，极性与 U_i 相反的参考电压 U_r 与积分器连接。接着用计数器测量积分器电压减少到零所花费的时间 t_1。于是，时间 t_1 可用公式表示为

$$t_1 = t_0 \frac{U_i}{U_r} \tag{7-53}$$

由于 t_0 和 U_i 是固定的，所以 t_1 正比于 U_i。t_1 是计数器的数字输出，是模拟输入电压的数字表示。这种元件可能是最准确的 A - D 转换器类型并且具有因输入电压是对时间的积分而中和噪声（如 50Hz 电力线干扰）的优点。其转换时间较长，大约为 4 ~ 8ms，常用于数字板式仪表（DPM）、数字万用表（DMM）、测温仪表等低采样频率的应用中。

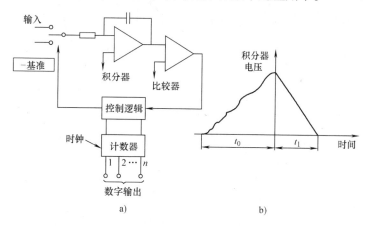

图 7-18 双斜坡积分 A - D 转换器

a）框图 b）积分过程

4. 并行 ADC

最快的 A - D 转换器类型是并行即闪光转换器。并行 A - D 转换器的框图如图 7-19 所示，在这种器件中可通过单步执行完成转换过程，转换时间可快至 10μs。它能同时进行所有可能的比较并且选择相应的数字输出。并行转换器需要大量的元器件（例如 $2N-1$ 个比较器），但是现代高元件密度芯片技术已经使这些成为现实。并行式 ADC 又称为闪光（特高速）ADC，主要用于需要非常高速转换的地方，例如视频、雷达及数字示波器等。

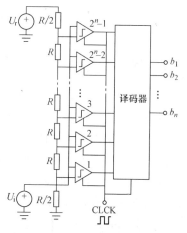

图 7-19 并行 A - D 转换器的框图

7.4.4 同步采样 - 保持子系统

如果输入信号是迅速变化的，A - D 转换器将产生误差，这是因缝隙时间即转换输入信号所需的时间引起的。因为缝隙时间总是大于零，所以输入电压通常在转换过程中会发生变化。仅可以在转

换开始时确定输入的值,其中某些误差取决于缝隙时间和输入信号的变化速度。为了解决这个问题,把一个附加器件即采样保持器插到图 7-1 所示 A-D 转换器之前。该器件非常快地读取输入值,然后在转换时间内使 A-D 转换器的输入值保持为常数。例如,对一个逐次逼近式转换器,典型的转换时间是 $10 \sim 25\mu s$,但是采样保持器可以在 $1.5\mu s$ 或更短时间内读取数据。

当 DAS 使用多路转换器时,各通道不是精确地同时读数据。如果输入信号相对于读取全部数据的时间缓慢地变化,就不成为问题。在某些情况下,重要的是使所有通道(或一个通道的子集)精确地同时被记录。为了解决这个问题,可把关注的通道逐个连接到同步采样保持子系统。图 7-20 是显示如何把同步采样保持子系统附加到图 7-15 的 DAS 上的框图。上部 4 个通道都连接到采样保持器。这些采样保持器同时被指令读数据。但是,来自这些通道的数据不是立刻被处理的。一些高速数据系统实际上对每一个必须同时读数的通道都有 A-D 转换器。这些系统被称为同步采样保持子系统。

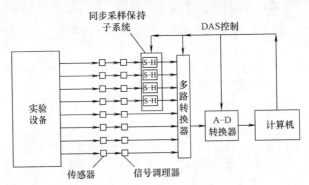

图 7-20   同步采样保持子系统附加到 DAS 上的框图

7.4.5   数据采集卡

与 IBM PC 兼容的数据采集卡在使用时可直接插在 IBM PC 系列微机的任一总线扩展槽上。这类产品中除了多路模拟转换器(AMUX)、模数转换器(ADC)、采样保持(S/H)电路和数-模转换器(DAC)之外,常有下列功能部件:

1)并行输入、输出接口 8255:在接口板上用做数字的输入、输出接口,通过它读、写信号。

2)可编程定时/计数器 8253:按着用户输入参数指定的频率产生一系列脉冲,用脉冲数做时间上的量化,控制 ADC 采样的时间和采样的频率。

下面是数据采集卡的例子。

1. PC—Labcard 系列数据采集卡

PC—Labcard 系列数据采集卡与 PC 兼容并有众多的软件支持,广泛用于试验室和工业环境的数据采集和自动控制。其中 PCL—812PG 增强形多功能卡的主要技术指标如下:

(1)16 通道 A-D 输入

1)触发方式:软件触发,可编程触发和外部触发。

2)数据传送方式:程序控制,中断管理,直接存储器存取(DMA)。

3)输入范围:$\pm 10V$、$\pm 5V$、$\pm 2.5V$、$\pm 1.25V$、$\pm 0.625V$ 可编程增益控制。

（2）2 通道 D - A 输出

1）分辨率：12 位。

2）输出范围：0 ~ 5V 或 0 ~ 10V，用跨接线选择。

（3）16 通道数字输入和 16 通道数字输出

1）电平与 TTL 兼容。

2）可编程定时/计数器 8253。

3）中断级号：IRQ　2 ~ 7，用跨接线选择。

4）DMA 通道：1 或 3，用跨接线选择。

PCL—812PG 卡配有驱动程序，在应用程序中可以利用这些驱动程序管理 I/O 界面，也可以直接读写 I/O 口命令。后一种编程方法可以满足某些特殊的要求，编程时要从说明书中了解 I/O 口地址和各寄存器的格式。该卡的 I/O 口地址分配见表 7 - 4。

表 7 - 4　PCL—812PG 卡的 I/O 口地址分配

地址	读	写	地址	读	写
基地址 + 0	计数器 0	计数器 0	基地址 + 8		清中断
基地址 + 1	计数器 1	计数器 1	基地址 + 9		增益控制
基地址 + 2	计数器 2	计数器 2	基地址 + 10		通道控制
基地址 + 3		计数器控制	基地址 + 11		工作方式控制
基地址 + 4	A - D 低位	通道 1D - A 低位	基地址 + 12		软件 A - D 触发器
基地址 + 5	A - D 高位	通道 1D - A 高位	基地址 + 13		数字输出低位
基地址 + 6	数字输入低位	通道 2D - A 低位	基地址 + 14		数字输出高位
基地址 + 7	数字输入高位	通道 2D - A 高位	基地址 + 15		

2. CRAS 系列数据采集卡

CRAS 系列数据采集卡是专为测量振动与冲击而设计的多通道并行接口卡，最大特点是采用了两片或多片 ADC，可实现两通道或多通道无差别并行采样。该卡每通道设有程控放大器，可将信号放大 1、2、4、8 倍。其中 AD34 板的主要技术指标如下：

1）分辨率：12 位。

2）最高采样频率：二路并行为 25.6kHz。

3）输入通道数：16，可编程设置为 2 × 8 或 1 × 16。

4）输入电压范围：± 5V。

5）输入阻抗：大于 1MΩ。

CRAS 数据采集程序的参数设置主要有：

1）电压范围：± 5V、± 2.5V、± 1.25V、± 0.625V 4 档，设置该参数实际上是设置程控放大倍数。

2）工程单位：mV、V、mm、mm/s、mm/s^2、N、g、$\mu\varepsilon$ 等 13 种。

3）校正因子：每一工程单位对应的毫伏数。

4）采样频率：最高采样频率，共分 13 档，单位为 Hz。

5）数据块数：1、2、4、8、16、32 共 6 档，每块数据为 1024 个采样点。

6）触发方式：包括自由运行、正触发和负触发。自由运行指键入采集开始键时开始采集；正触发指计算机接到正触发信号时开始采集；负触发指计算机接到负触发信号时开始采集。

7）触发电平：信号幅值与电压范围的百分比。该百分比像一个"门槛"，只当计算机检测到超过"门槛"的信号才开始数据采集。该设置在自由触发时无效。

8）触发延迟：指从计算机接到触发信号到开始采集所延迟的时间。负触发延迟指计算机接到触发信号之前就开始数据采集，用负延迟可获得完整的瞬态波形。该设置在自由触发时无效。

7.4.6　数据采集卡的接口编程

数据采集卡的接口编程方式不止一种，下面就 PCL—812PG 卡的功能做一简介。

1. 数据采集的触发方式

（1）软件触发　在应用程序中只要向软件 A-D 触发寄存器的口地址写任何数据即可以启动 A-D 转换。由于应用程序运行时间的限制，一般在低速 A-D 中使用软件触发方式。

（2）可编程定时触发　对可编程定时/计数器 8253 或 8254，在程序中设置计数器 1 和计数器 2，使脉冲按指定周期输出。这些脉冲能够以确定的采样频率启动 A-D 转换。可编程定时触发可与中断和 DMA 数据传送方式理想地配合，用于采样频率较高的数据采集程序。

（3）外部触发　直接由外部触发器发出脉冲，通过信号输入插座中特定的插角输入数据采集卡。这种触发方式适用于 A-D 转换器不定期的，但是有条件限制的应用场合，例如在热电偶温度控制器中的应用。

2. 数据采集卡的数据传送方式

（1）程序控制传送　在数据采集卡的 I/O 口地址中有一个端口含有 A-D 转换的状态位，即 DRDY（Data Ready）位，例如 PCL—812PG 中的基地址 +5 的 b_4 位。程序控制下的数据传送使用查询的概念，在 ADC 被触发之后，应用程序检看寄存器中的 DRDY 位。如果 DRDY 位是 0，说明 A-D 转换已经结束，应用程序将把被转换的数据传到计算机的存储器中。这种程序设计方法较简单，并且可靠性较高，但是微处理器的大量时间都用于查询或等待，实时性较差，适用于控制回路较少的控制系统。不过对于大多数控制系统来说这点等待时间是允许的，所以这种方法也有许多用途。

（2）中断程序传送　这种方法是利用中断服务程序把 A-D 数据寄存器中的数据送到已定义的存储器中。每当 A-D 转换结束，DRDY 信号即申请中断。微处理器中止当前的工作并将以后恢复时要用到的信息储存起来，进入中断服务程序，读取转换的数据，执行服务程序后又返回去做原来的工作。这样可以大大提高 CPU 的利用率。寻找服务程序的一个有效办法是利用中断向量表，中断向量表即存储服务程序地址的预先确定的存储区，响应中断时，可编程中断控制器 8259A 把中断请求信号即中断源按它们的重要性（优先级）顺序组织起来，发送到微处理器并令其指向中断向量表中正确的地址。采集卡的工作方式控制寄存器中存储触发方式和数据传送方式的信息，编中断服务程序之前要选定中断级号，设置中断控制器 8259A、中断向量和数据采集卡中控制寄存器的中断控制位。

（3）DMA 传送　DMA（Direct Memory Access）意为直接数据存取。采用 DMA 方式传送数据时，将 ADC 转换出的数据从数据采集卡直接传送到 PC 系统的存储器而不需系统 CPU 的干预。DMA 方式传送数据最快，特别适用于高速数据采集。每当 A-D 转换结束，DRDY 即发出 DMA 请求信号，整个传送过程由系统板上的 DMA 控制器 8257 控制。若使用 DMA 方式，需先选定 DMA 通道号，并设置 DMA 控制器（写口地址）和采集卡工作方式控制寄存器中的 DMA 传送有效位。

3. 用 C 语言编写 A – D 和 D – A 转换程序

对不同的用途可采用不同的触发方式和数据传送方式组合编写数据采集程序，编程时可采用汇编语言或高级程序设计语言对 I/O 端口进行读、写操作。

下面是用 C 语言编写 A – D 转换和 D – A 转换程序的简单例子。设 PCL—812PG 的基地址为 220H。其中 A – D 转换程序采用软件触发，程序控制传送数据的方式。在应用程序中每调用一次整型函数 adc( ) 即可完成一次 A – D 转换，并把转换结果作为函数值返回。在 D – A 转换程序中以 u 为实参调用函数 dac(u) 则可在指定的通道输出为 u 值的模拟控制电压。例如，输出 3.5V 电压的调用格式为"dac(3.5);"。

(1) A – D 转换函数

```c
int adc( )
{
    int al, ah, a;
    int i;
    outportb (0x22A, 0x07);          /*设定在第7通道做A–D转换*/
    outportb (0x229, 0x01);          /*选择增益为两倍，即输入电压范围为最大
                                        输出的一半*/
    outportb (0x22b, 0x01);          /*选择软件触发，程序控制传送数据方
                                        式*/
    outportb (0x22c, 0);             /*触发软件A–D触发器*/
    do {
        i = inprtb (0x225);}         /*读A–D转换状态位DRDY*/
    while( (i&0x10) = =0×10);        /*查询DRDY为0?*/
    al = inportb(0x224);             /*读A–D转换值低8位*/
    ah = inportb(0x225);             /*读A–D转换值高4位*/
    a = ah*256 + al;                 /*得到完整的12位A–D转换值a*/
    return (a);                      /*把a作为函数值返回*/
}
```

(2) D – A 转换函数

```c
void dac (float u)
{
    float dav
    int dah, dal;
    dav =4095./5.*u;                 /*把要输出的模拟电压换算成数字量*/
    dah = (int)(dav/256.);           /*取高4位的值*/
    dal = (int)(dav – dah*256);      /*取低8位的值*/
    outportb (0x226, dal);           /*从通道2输出数字量的低8位*/
    outportb (0x227, dah);           /*从通道2输出数字量的高4位*/
}
```

7.5 虚拟仪器

虚拟仪器是以计算机为基础的软硬件测试平台，是在计算机显示屏显示的虚拟面板上，用软件实现测试分析功能的计算机数据采集与分析系统。它可以代替传统的测量仪器，实现数据的采集、分析和工业过程的控制。

虚拟仪器是一项重要的计算机辅助测试（Computer Aided Testing，CAT）技术。它改变了传统仪器中测量、存储、分析和处理互相脱离的弱点，可以充分利用计算机强大的的图形显示功能、数据存储、数据处理和传输功能，实现测试的自动化、智能化，并且灵活方便地实现过程自动控制。在虚拟仪器中可通过编程方便地实现各种信号分析的最新理论和算法，例如神经网络、小波分析、混沌技术、模糊理论等。表 7-5 列举了虚拟仪器与传统仪器的比较。

表 7-5 虚拟仪器与传统仪器的比较

虚拟仪器	传统仪器
开放性、灵活性，可与计算机技术同步发展	封闭性，仪器间配合较差
以软件为基础，仪器性能的改进和功能的扩展只需更新软件，系统升级方便	以硬件为基础，系统升级成本高
仪器的功能可由用户自定义	仪器的功能只能由厂商定义
价格低廉，开发和维护费用低	价格昂贵，开发和维护费用高
仪器的资源可共享	仪器之间不能互相利用其资源
与网络和周边设备连接方便	只能连接有限的独立设备
技术更新周期短（1~2 年）	技术更新周期长（5~10 年）

7.5.1 虚拟仪器的组成

针对基于 PC 的虚拟仪器而言，它的基本构成如图 7-21 所示。

（1）功能软件 它是具有测试分析仪器功能的各种软件，包括采集卡驱动软件，软面板功能软件，信号显示、分析软件等。这部分是虚拟仪器的灵魂，是虚拟仪器的最大特色。

（2）计算机及附件 在使用虚拟仪器的个人计算机中，微处理器和总线成为最重要的因素。其中微处理器的发展是最迅速的，它使虚拟仪器的能力得以极大地提高。现在可以利用快速傅里叶变换进行高速的实时计算，并把它用于过程控制或者其他

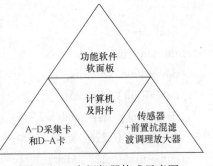

图 7-21 虚拟仪器构成示意图

控制系统中。总线技术的发展也为提高虚拟仪器的处理能力提供了必要的支持。使用 ISA 总线，可以使插在计算机中的数据采集板的采集速度达到 2MB/s；使用 PCI 总线，可以使得高速微处理器能够更快地访问数据，最高采集速度可提高到 132MB/s。由于总线速度的大大提高，现在可以同时使用数块数据采集板，甚至图像数据采集也可以和数据采集结合在一起。计算机技术是虚拟仪器的核心。

（3）A – D 采集卡和 D – A 卡　在虚拟仪器中，先进先出（First In First Out，FIFO）芯片集成在数据采集板上，直接插到个人计算机总线上。数据采集板进行数据采集，并且及时地把数据存放到 RAM 中，微处理器就可以立即访问这些数据。数据采集板技术极大地推动了虚拟仪器的发展，因为它把微处理器和总线技术的进步直接演变为输入/输出设备的改进和系统能力的提高。

（4）传感器 + 前置抗混滤波调理放大器　它们是测试系统的基础，没有高质量的传感器和各种高质量的调理放大器，测试系统就没有了基础。

7.5.2　虚拟仪器的分类与应用

1. 虚拟仪器的分类

虚拟仪器的发展随着微机的发展和采用总线方式的不同，可分为 5 种类型：

（1）PC 总线——插卡型虚拟仪器　这种方式借助于插入计算机内的数据采集卡与专用的软件如 LabVIEW 相结合（美国 NI 公司的 LabVIEW 是图形化编程工具，它可以通过各种控件组建各种仪器）。LabVIEW/CVI 是基于文本编程的程序员提供高效的编程工具，通过 3 种编程语言 Visual C ++ 、Visual Basic、LabVIEWS/CVI 构成测试系统，它充分利用计算机的总线、机箱、电源及软件的便利。但是受 PC 机箱和总线限制，且有电源功率不足、机箱内部的噪声电平较高、插槽数目不多、插槽尺寸比较小、机箱内无屏蔽等缺点。另外，ISA 总线的虚拟仪器已经淘汰，PCI 总线的虚拟仪器价格比较昂贵。

（2）并行口式虚拟仪器　最新发展的一系列可连接到计算机并行口的测试装置，它们把仪器硬件集成在一个采集盒。仪器软件装在计算机上，通常可以完成各种测量测试仪器的功能，可以组成数字存储示波器、频谱分析仪、逻辑分析仪、任意波形发生器、频率计、数字万用表、功率计、程控稳压电源、数据记录仪和数据采集器等。美国 LINK 公司的 DSO – 2XXX 系列虚拟仪器，它们的最大好处是可以与便携式计算机相连，方便野外作业，又可与台式 PC 相连，实现台式和便携式两用，非常方便。由于其价格低廉、用途广泛，特别适合于研发部门和各种教学实验室应用。

（3）GPIB 总线方式的虚拟仪器　通用接口总线 GPIB 技术是 IEEE 488 标准的虚拟仪器早期的发展阶段。它的出现使电子测量由独立的单台手工操作向大规模自动测试系统发展，典型的 GPIB 系统由一台 PC、一块 GPIB 接口卡和若干台 GPIB 形式的仪器通过 GPIB 电缆连接而成。在标准情况下，一块 GPIB 接口可带多达 14 台仪器，电缆长度可达 40m。GPIB 技术可用计算机实现对仪器的操作和控制，替代传统的人工操作方式，可以很方便地把多台仪器组合起来，形成自动测量系统。GPIB 测量系统的结构和命令简单，主要应用于台式仪器，适合于准确度要求高的，但不要求对计算机高速传输状况时应用。

（4）VXI 总线方式的虚拟仪器　VXI 总线是一种高速计算机总线 VME 总线在 VI 领域的扩展，它具有稳定的电源，强有力的冷却能力和严格的 RFI/EMI 屏蔽。由于它具有标准开放、结构紧凑、数据吞吐能力强、定时和同步精确、模块可重复利用、众多仪器厂商支持的优点，很快得到广泛的应用。经过十多年的发展，VXI 系统的组建和使用越来越方便，尤其是组建大、中规模自动测量系统以及对速度、精度要求高的场合，有其他仪器无法比拟的优势。然而，组建 VXI 总线要求有机箱、零槽管理器及嵌入式控制器，造价比较高。

（5）PXI 总线方式虚拟仪器　PXI 总线方式是 PCI 总线内核技术增加了成熟的技术规范和要求形成的，增加了多板同步触发总线的技术规范和要求，增加了多板发总线，已使用于相邻模块的高速通信的局部总线。PXI 具有高度可扩展性，它有 8 个扩展槽，而台式 PCI 系统只有 3～4 个扩展槽，通过使用 PCI—PCI 桥接器，可扩展到 256 个扩展槽。台式 PC 的性能价格比和 PCI 总线面向仪器领域的扩展优势结合起来，将形成未来的虚拟仪器平台。

2. 虚拟仪器的设计与实现

虚拟仪器的设计方法与实现步骤与一般软件相同，只不过在设计虚拟仪器时要考虑硬件部分。

（1）确定虚拟仪器的接口形式　虚拟仪器可采用不同的接口硬件，常用 DAQ、GPIB、VXI 和 PXI 4 种标准接口总线或接口标准。要求对不同的接口形式选择相应的接口卡/板。如果仪器设备具有 RS232 串行接口，则直接把仪器设备与计算机的 RS232 串行接口连接即可。

（2）确定所选择的接口卡是否具有设备驱动程序　接口卡的设备驱动程序是控制各种硬件接口的驱动程序，是连接主控计算机与仪器设备的纽带。如果有设备驱动程序，要确定其适用于用户的操作系统；如果没有或者不适用于用户的操作系统，则需要针对所采用的接口卡编写设备驱动程序。

（3）确定应用程序的编程语言　虚拟仪器的软件开发平台主要有两种：一种是通用的编程语言，主要有 Microsoft 公司的 Visual Basic 和 Visual C ++、Borland 公司的 C ++ Builder 和 Delphi 等，这些语言适应面广、开发灵活，但是要求开发者具有较多的经验和较强的调试能力；另一种是编程简单的专业化编程语言，其中影响最大的虚拟仪器编程语言是 NI 公司的 LabVIEW（Laboratory Virtual Instrument Engineering Workbanch）和 LabWindows/CVI（C for Virtual Instruments）。

LabVIEW 是图形化编程语言。它使用可视化技术建立人机界面，用图标表示功能模块，在图标之间用连线表示模块间的数据传递。LabVIEW 还继承了高级编程语言结构化、模块化编程的优点，支持模块化和层次化设计。

LabWindows/CVI 是可视化虚拟仪器编程语言。它以 ANSI C 为核心，把功能强大、使用灵活的 C 语言平台与数据采集、分析与描述等测试工具结合起来，为熟悉 C 语言的开发者建立测量系统、数据采集系统和过程控制系统提供了理想的软件开发环境。

（4）编写用户的应用程序　编写应用程序时主要涉及仪器面板设计和功能算法的设计。开发者可以在虚拟仪器开发平台上利用各种仪器控件建立用户界面即虚拟仪器的面板。根据仪器的功能要求，开发者可利用开发平台所提供的函数库，确定程序的基本框架、主要的功能算法和实现的技术方法。

（5）调试运行应用程序　用数据或仿真的方法验证仪器测量的正确性，调试并运行仪器。在计算机和仪器等硬件确定的情况下，应用程序不同，虚拟仪器就不同。

7.6　基于计算机的数据采集系统设计

7.6.1　基本原则

1. 硬件设计的基本原则

（1）经济合理　系统硬件设计中，一定要注意在满足性能指标的前提下，尽可能地降低价格，以便得到高的性能价格比，这是硬件设计中优先考虑的一个主要因素，也是一个产品争取市场的主要因素之一。

（2）安全可靠　选购设备要考虑环境的温度、湿度、压力、振动、粉尘等要求，以保证在规定的工作环境下，系统性能稳定、工作可靠。要有超量程和过载保护，保证输入、输出通道正常工作。要注意对交流市电以及电火花等的隔离。要保证连接件的接触可靠。

（3）有足够的抗干扰能力　有完善的抗干扰措施，是保证系统精度、工作正常和不产生错误的必要条件。例如强电与弱电之间的隔离措施，对电磁干扰的屏蔽，正确接地、高输入阻抗下的防止漏电等。

2. 软件设计基本原则

（1）结构合理　程序应该采用结构模块化设计。这不仅有利于程序的进一步扩充，而且也有利于程序的修改和维护。

（2）操作性好　可操作性强，使用方便。

（3）具有一定的保护措施　系统应设计一定的检测程序，例如状态检测和诊断程序，以便系统发生故障时，便于查找故障部位。对于重要的参数要定时存储，以防止因掉电而丢失数据。

（4）提高程序的执行速度。

（5）给出必要的程序说明。

7.6.2　系统设计的一般步骤

1. 分析问题和确定任务

在进行系统设计之前，必须对要解决的问题进行调查研究、分析论证，在此基础上，根据实际应用中的问题提出具体的要求，确定系统所要完成的数据采集任务和技术指标，确定调试系统和开发软件的手段等。另外，还要对系统设计过程中可能遇到的技术难点做到心中有数，初步定出系统设计的技术路线。

2. 确定采样周期 T_s

采样周期 T_s 决定了采样数据的质量和数量。利用采样定理来确定采样周期。

3. 系统总体设计

在系统总体设计阶段，一般应做以下几项工作。

（1）进行硬件和软件的功能分配　一般来说，多采用硬件，可以简化软件设计工作，并使系统的速度性能得到改善，但成本会增加，同时，也因接点数增加而增加不可靠因素。若用软件代替硬件功能，可以增加系统的灵活性，降低成本，但系统的工作速度也降低。要根据系统的技术要求，在确定系统总体方案时进行合理的功能分配。

（2）系统 A – D 通道方案的确定　在工程实践中，主要需要考虑以下问题：

1）模拟信号的输入范围、被采集信号的分辨率。

2）完成一次转换所需的时间。

3）模拟输入信号的特性，是否经过滤波，信号的最高频率。

4）模拟信号传输所需的通道数。

5）确定所需精度（包括线性度、相对精度、增益及偏置误差）。

6）各通道模拟信号的采集是否要求同步。

（3）确定微型计算机的配置方案　可以根据具体情况，采用微处理器芯片、单片微型机芯片、单板机、标准功能模板或个人微型计算机等作为数据采集系统的控制处理器。选择何种机型，对整个系统的性能、成本和设计进度等均有重要的影响。

（4）操作面板的设计　需要实现以下功能：

1）输入和修改源程序。

2）显示和打印各种参数。

3）工作方式的选择。

4）启动和停止系统的运行。

为了完成上述功能，操作面板一般由数字键、功能键、开关、显示器件以及打印机等组成。

（5）系统抗干扰设计　对于数据采集系统，其抗干扰能力要求一般都比较高。因此，抗干扰设计应贯穿于系统设计的全过程，要在系统总体设计时统一考虑。

习　题

7-1　已知被测量的最高频率成分的频率是 100Hz，要求量化信噪比大于 70dB。应如何选择 ADC 的采样速度和位数？

7-2　对 3 个余弦信号 $x(t) = \cos2\pi t$, $y(t) = \cos6\pi t$, $z(t) = \cos8\pi t$ 分别做理想采样，采样频率为 $f = 4Hz$。求 3 个采样输出序列，画出信号波形和采样点的位置并解释混叠现象。

7-3　利用矩形窗函数求积分 $\int_{-\infty}^{\infty} \text{sinc}^2(t)\,dt$ 的值。

7-4　什么是窗函数？描述窗函数的各项频域指标能说明什么问题？

7-5　试计算矩形窗函数的 3dB 带宽。

7-6　若 $x(n)$ 为一个时间序列，$n = 0, 1, \cdots, N$, $X(k)$ 为其傅里叶变换，试证明离散傅里叶变换的能量等式

$$\sum_{n=0}^{N-1} |x(n)|^2 = \frac{1}{N}\sum_{k=0}^{N-1} |X(k)|^2$$

7-7　什么是泄漏？为什么会产生泄漏？窗函数为什么能减少泄漏？

7-8　什么是"栅栏效应"？如何减少"栅栏效应"的影响？

7-9　数据采集系统设计的一般步骤是什么？

第8章 测量误差分析与处理

由于各种因素的影响，测试数据不可避免地存在误差。直接从测量、试验得到的数据经过适当的分析处理、剔除无效数据，才能提取出有效信息，通过进一步归纳整理形成知识。因此，一般测试都需要对测试数据进行分析和统计处理，分析误差的大小和数据的可信程度，找出测试数据与被测参数的内在联系，表达被测参数的变化规律。

8.1 误差的基本概念

8.1.1 测量误差与精度

测试的目的是获得待测量的数值。然而，由于各方面条件的限制及各种因素的影响，在测试中一般不能完全准确地测得待测量的真实值。通常，需要用一组重复测量数据估算待测量的大小或范围。

一个物理量客观存在的真实值称为真值（true value）。用特定测量仪器及方法对某物理量进行多次重复测量，会得到一系列不同的测量值。这是由于受测量仪器、方法、环境、操作等因素的影响，每次测量结果都或多或少地存在误差。

一个测量系统中通常有大量的误差源。例如 A－D 转换器会引起量化误差、灵敏度误差和非线性误差。系统中的每一个元器件也都会引起一些误差，这些误差源被称为基本误差源（sources of elemental error）。在一个变量 x 的测量中通常有若干个基本误差源，x 的误差是来自这些基本误差源的误差的合成。

为了识别和比较测量误差，可以将基本误差分为 3 类：标定误差、数据采集误差和数据处理误差。标定误差是标定过程中的原始误差。尽管标定之后得到的系统误差被最小化了，但是仍然有偏差。原因包括诸如标准的误差、标定过程的误差和标定过程的随机性等因素。标定误差通常包含已知但没有正确校正的误差，如滞后和非线性。数据采集误差是当测量系统用于特殊测量时被引入的，这些误差包括被测量的随机变化、装置效应、A－D 转换误差和记录以及显示装置的随机误差等。数据处理误差是由数据处理过程中的各种误差和近似引起的，插值和曲线拟合误差都是数据处理误差。

按误差的性质及其产生的原因，可分为系统误差、随机误差和粗大误差。

1. 系统误差

在重复性测量条件下，对同一被测量进行多次测量结果的平均值与被测量真值之差，称为系统误差（systematic error）。

产生系统误差的主要原因有仪器不准确、测试环境影响以及操作人员的习惯等。例如，因为测量仪器的零位没有调好，各次测量值总是偏高或偏低，是常见的系统误差，称为零位误差。

系统误差的大小决定了测量数值的准确度。显然，若系统误差超过允许的范围，所得的数值是无价值的。因此，必须在测试之前充分地了解测量装置的性能、使用方法及各种因素（温度、压力、湿度等）对测量精度的影响，并在测量中采取有效措施，尽可能减小系统误差。

2. 随机误差

单次测试结果与在重复性条件下对同一被测量进行多次测量结果的平均值之差，称为随机误差（random error）。随机误差的特点是数值大小和符号都是随机的。例如，在测量转矩时，因集电环上的接触电阻波动而引起的误差，就是一种随机误差。

随机误差难以由实验方法本身消除，但可以通过统计方法进行分析、处理。基本方法是取多次重复测量的平均值作为被测量的值，以减小随机误差的影响。

3. 粗大误差

粗大误差（gross error）又称为疏失误差（blunder error），是一种明显超出统计规律预期范围的误差。粗大误差主要是由于错误读取示值、测量器具使用不当或环境的突然干扰等原因引起，一般无规律可循。含有过失误差的测量数据无法修正，只能舍弃不用。

对测试结果，通常用准确度、精密度和精确度分别描述系统误差、随机误差以及两者的综合特征。

准确度（justness）也称为正确度（correctness），指测量数据的平均值偏离真实值的程度，是系统误差的反映。测量的准确度高，意味着测量的平均值与真实值偏离较小。

精密度（precision）是指在进行某一量的测量时，各次测量的数据彼此接近的程度，是随机误差的反映。测量精密度高，说明各测量数据比较接近和集中，但测量精密度高并不能保证测量准确度就高。同样，高准确度也不一定对应于高精密度。

精确度（accuracy）简称为精度，指测量数据集中于真实值附近的程度。测量的精确度高，说明测量的平均值接近真实值，且各次测量数据比较集中，即测量的系统误差和随机误差都比较小，测量得既准确又精密。因此，精确度是对测量结果的综合评价。

图 8-1、图 8-2 形象地表达了上述 3 种精度参数的内涵以及它们之间的关系。图中符号"×"表示各测量数据点，曲线表示测量值分布概率密度。图 8-1 所示为不同测量数据点、数据分布及测量精度情况。其中，点画线所示位置表示被测量真值，图 8-1a 所示为高准确度、低精密度的情形；图 8-1b 所示为低准确度、高精密度的情形；图 8-1c 所示为高准确度、高精密度的情形。

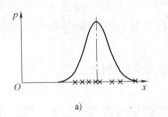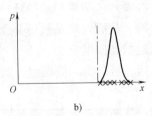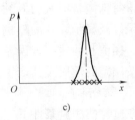

图 8-1　测量数据分布及其精度概念

a）高准确度、低精密度　b）低准确度、高精密度　c）高准确度、高精密度

8.1.2　误差的表示方法

误差是对测量精度的表述。表征误差的方式有绝对表示法和相对表示法。

1. 误差

误差（error）是测量值 x 与其真值 x_0 之差，也称绝对误差（absolute error），即

$$\delta = x - x_0 \tag{8-1}$$

由于真值无法确定，在误差服从正态分布的前提下，一般用多次测量结果的算术平均值 $\bar{x}$ 作为约定真值。

为了区别，有时把测量值与多次测量的平均值 $\bar{x}$ 之差称为偏差（deviation），用 d 表示，即

$$d = x - \bar{x} \tag{8-2}$$

显然，绝对误差反映了测量误差的大小，但不能真实反映测量精度的高低。

2. 相对误差

相对误差（relative error）定义为测量误差与真值之比

$$r = \frac{\delta}{x_0} = \frac{x - x_0}{x_0} \tag{8-3}$$

3. 引用误差

在工程中常用引用误差（quoted error）来确定仪表的准确度等级。引用误差定义为绝对误差 δ 与仪表的满量程值 A 之比，即

$$r_{\mathrm{q}} = \frac{\delta}{A} \tag{8-4}$$

8.2　随机误差

8.2.1　随机误差的分布规律

在消除了系统误差和过失误差的前提下，对同一物理量进行多次等精度重复测量，仍会得到一系列不同的测量值，表明这些实测数据中含有随机误差。在这种情况下，测量值是一个随机变量。随机变量的个体是依一定概率出现的，随机变量总体可以用统计规律描述。误差分析中，最常用的随机变量分布类型是正态分布。

正态分布（normal distribution），也称为高斯分布（Gauss distribution），其概率密度函数为

$$f(x) = \frac{1}{\sigma \sqrt{2\pi}} \mathrm{e}^{\frac{-(x-\mu)^2}{2\sigma^2}} \tag{8-5}$$

式中，x 为测量值（随机变量）；μ 为被测量的平均值，表征测量值平均水平或集中趋势的参数；σ 为被测量的标准差，表征测量值相对于其中心位置的离散程度。

正态分布曲线对称于直线 $x = \mu$（见图 8-2）。

从误差分析的角度，服从正态分布的数据具有补偿性，即当测量次数无限多时，随机误差的平均值趋于零。补偿性是随机误差的一个重要特性，凡

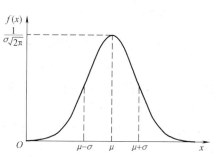

图 8-2　随机误差的正态分布曲线

是具有补偿性的误差，原则上都可按随机误差处理。

正态分布规律表达了一般随机误差的分布规律，是进行误差分析的依据。为了简化计算，可以通过变量代换，将一般正态分布转化为标准正态分布。为此，令

$$z = \frac{x - \mu}{\sigma} \tag{8-6}$$

则 z 的概率密度函数为

$$f(z) = \frac{1}{\sigma \sqrt{2\pi}} e^{\frac{-z^2}{2}}$$

当平均值 $\mu = 0$，标准差 $\sigma = 1$ 时

$$f(z) = \frac{1}{\sqrt{2\pi}} e^{\frac{-z^2}{2}} \tag{8-7}$$

式（8-7）为标准正态分布概率密度函数。显然

$$P(x_1 < x \leqslant x_2) = P(z_1 < z \leqslant z_2) = \int_{z_1}^{z_2} f(z) \, \mathrm{d}z \tag{8-8}$$

根据标准正态分布曲线在 $z = 0$ 处对称的特点，当 $z_1 < 0$，$z_2 > 0$，且 $|z_1| = |z_2|$ 时，

$$P(z_1 < z \leqslant z_2) = 2P(z_1 < z \leqslant 0) = 2P(0 < z \leqslant z_2) \tag{8-9}$$

误差分析中，常用标准差 σ 的倍数表示概率分布的区间范围。例如，在 $\mu = 0$ 的正态分布中，误差 x 落在区间 $(-c\sigma, c\sigma)$ 的概率为

$$P(-c\sigma < x < c\sigma) = \frac{2}{\sigma \sqrt{2\pi}} \int_0^{c\sigma} e^{\frac{-x^2}{2\sigma^2}} \mathrm{d}x \tag{8-10}$$

式中，c 称为置信系数；$c\sigma$ 称为置信限；$(-c\sigma, c\sigma)$ 称为置信区间；概率 P 称为置信水平。

表8-1列出了典型置信区间与相应置信水平之间的关系。

表8-1　典型置信区间与相应置信水平之间的关系

置信区间	置信水平
$\pm 0.67\sigma$	0.4972
$\pm 1\sigma$	0.6826
$\pm 2\sigma$	0.9545
$\pm 3\sigma$	0.9973
$\pm 4\sigma$	0.9999

8.2.2　随机误差统计分析

测量值和随机误差都是随机变量，有关随机变量的概念和处理方法可直接用于对随机误差和测量值的分析与处理。对于一个随机变量，基本特征是中心趋势和分散性。对于一组测量数据，一般都需要知道测量值分布的中心，并弄清测量值是如何相对于分布中心变化的。

1. 中心趋势的度量

描述随机变量中心趋势的常用参数是平均值（mean），样本均值定义为

$$\bar{x} = \frac{x_1 + x_2 + \cdots + x_n}{n} = \sum_{i=1}^{n} \frac{x_i}{n} \tag{8-11}$$

式中，x_i 为第 i 个样本的数据值；n 为测量的次数。

在测量次数足够多的条件下，可以用样本均值近似表示母体均值，即

$$\mu \approx \bar{x} \tag{8-12}$$

另外两个描述随机变量中心趋势的参数是中位数和众数。如果测量值按大小次序排列，中位数（median）是位于序列中间数据的值，或位于中间的两个数据的平均值（若序列中元素的数量为偶数）。众数（mode）是出现概率最大的随机变量的值。有些分布（例如均匀分布等），众数不存在；而另一些分布（例如双峰分布等），可能有两个或多个峰值频率，相应地也有两个或多个众数。对称分布的单峰随机变量的均值、中位数、众数是同一个值，否则这 3 个值可能存在显著的差别。

2. 分散性的度量

分散性（dispersion）表示随机变量在其均值附近分散的程度，可用以下参数表示。

每次测量的偏差

$$d_i = x_i - \bar{x} \tag{8-13}$$

平均偏差

$$\bar{d} = \sum_{i=1}^{n} \frac{|d_i|}{n} \tag{8-14}$$

总体的标准差

$$\sigma = \sqrt{\sum_{i=1}^{n} \frac{(x_i - \mu)^2}{n}} \tag{8-15}$$

样本标准差

$$S = \sqrt{\frac{1}{n-1} \sum_{i=1}^{n} (x_i - \bar{x})^2} \tag{8-16}$$

用样本的数据估计总体标准离差时，常用样本标准离差。而 σ^2 称为总体方差，S^2 称为样本方差。

3. 总体均值的区间估计

在估计总体平均值时，将其表示为

$$\mu = \bar{x} \pm \delta \quad \text{或} \quad \bar{x} - \delta \leqslant \mu \leqslant \bar{x} + \delta \tag{8-17}$$

式中，δ 为误差；$\bar{x}$ 为样本平均值；区间 $(\bar{x} - \delta, \bar{x} + \delta)$ 为关于均值的置信区间。分别称 $\bar{x} - \delta$、$\bar{x} + \delta$ 为关于均值的置信下限和置信上限。

置信区间取决于置信水平，平均值落入较大区间的置信水平比落入较小区间的置信水平高。置信水平一般通过显著性水平（level of significance）α 表示

$$P(\bar{x} - \delta \leqslant \mu \leqslant \bar{x} + \delta) = 1 - \alpha \tag{8-18}$$

可以应用中心极限定理估计在适当置信水平下的置信区间。对随机变量 x 的总体，假定其平均值为 μ，标准差为 σ。在这个总体中可以采集多个样本量为 n 的样本集。这些样本集中每一组样本都有其平均值 $\overline{x_i}$，但这些平均值会各不相同。实际上，$\overline{x_i}$ 也是随机变量。中心极限定理表述为：如果 n 足够大，则 $\overline{x_i}$ 近似服从正态分布，其标准差为

$$\sigma_{\bar{x}} = \frac{\sigma}{\sqrt{n}} \tag{8-19}$$

平均值的标准差也被称为平均值的标准误差（standard error of mean）。中心极限定理一

般适用于 $n > 30$ 的场合。

由中心极限定理可知，若原总体是正态分布的，则 $\overline{x_i}$ 服从正态分布；若原总体不是正态分布的，在 n 足够大（$n > 30$）的条件下，$\overline{x_i}$ 服从正态分布；若原总体不是正态分布的并且 $n \leqslant 30$，则 $\overline{x_i}$ 只是近似服从正态分布。

（1）大样本事件总体均值的区间估计　如果是大样本（$n > 30$），可以直接应用中心极限定理估计置信区间。因为 $\overline{x}$ 是正态分布的，所以可以使用统计量

$$z = \frac{\overline{x} - \mu}{\sigma_{\overline{x}}} = \frac{\delta}{\sigma_{\overline{x}}} \tag{8-20}$$

并且使用标准正态分布函数和标准正态分布表估计关于 z 的置信区间。z 为置信系数。σ 是总体的标准差，一般是未知的。但是对于大样本，可以把样本标准差 S 作为 σ 的近似值。

置信区间的估计如图 8-3 所示。如果 z 值为 0，则意味着估计值 $\overline{x}$ 恰好等于总体平均值 μ。然而，人们仅预料 μ 的真实值位于置信区间为 $\pm z_{\alpha/2}$ 的区间内。z 位于置信区间即位于 $z_{\alpha/2}$ 到 $z_{\alpha/2}$ 之间的概率等于这两个值之间的曲线下面的面积（$1 - \alpha$）。α 项等于图 8-3 中左边和右边尾部面积之和。

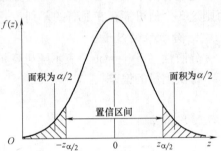

图 8-3　平均值的置信区间的概念

由式（8-18），有

$$P\left[-z_{\alpha/2} \leqslant \frac{\overline{x} - \mu}{\sigma / \sqrt{n}} \leqslant z_{\alpha/2} \right] = P\left[\overline{x} - z_{\alpha/2} \frac{\sigma}{\sqrt{n}} \leqslant \mu \leqslant \overline{x} + z_{\alpha/2} \frac{\sigma}{\sqrt{n}} \right] = 1 - \alpha \tag{8-21}$$

也可以写成

$$\mu = \overline{x} \pm z_{\alpha/2} \frac{\sigma}{\sqrt{n}} \text{（置信水平为 } 1 - \alpha\text{）} \tag{8-22}$$

【例 8-1】　对于用某种工艺制造的一批电阻元件，基于 36 个样本，平均电阻为 25Ω，样本标准差为 0.5Ω。试确定这批电阻元件的平均值的 90% 的置信区间。

解：期望的置信水平是 90%，$1 - \alpha = 0.90$，$\alpha = 0.10$。样本数大于 30，可以使用正态分布和式（8-21）确定置信区间。图 8-3 中，$z = 0$ 到 $z = \infty$ 之间的面积为 0.5，所以 $z = 0$ 与 $z_{\alpha/2}$ 之间的面积为 $0.5 - \alpha/2 = 0.45$。可以把这个概率（面积）值带进正态分布表求出相应的 $z_{\alpha/2}$ 值，该 $z_{\alpha/2}$ 值为 1.645。把样本标准差 S 作为近似的样本标准差 σ，可以估计 μ 的误差区间：

$$\overline{x} - z_{\alpha/2} \frac{S}{\sqrt{n}} \leqslant \mu \leqslant \overline{x} + z_{\alpha/2} \frac{S}{\sqrt{n}}$$

$$25 - 1.645 \times \frac{0.5}{6} \leqslant \mu \leqslant 25 + 1.645 \times \frac{0.5}{6}$$

$$24.86 \leqslant \mu \leqslant 25.14$$

因此，置信水平为 90% 的平均电阻值预计为 $(25 \pm 0.14)\Omega$。

（2）小样本事件的总体平均的区间估计　如果样本量较小（$n \leqslant 30$），用样本标准差表

示总体标准差就可能不正确。由于标准差的误差，对于同样的置信水平可以预料置信区间会变宽。在小样本的情况下，可以使用 t 分布统计量

$$t = \frac{\bar{x} - \mu}{S/\sqrt{n}} \tag{8-23}$$

式中，$\bar{x}$ 为样本平均值；S 为样本标准差；n 为样本量。

与正态分布不同，t 分布取决于样本量。t 分布函数表达式为

$$f(t,\nu) = \frac{\Gamma\left(\dfrac{\nu+1}{2}\right)}{\sqrt{\nu\pi}\,\Gamma\left(\dfrac{\nu}{2}\right)\left(1 + \dfrac{t^2}{\nu}\right)^{(\nu+1)/2}} \tag{8-24}$$

式中，$\Gamma(x)$ 为伽马函数，可从数学函数表中查出；ν 为自由度。

自由度等于独立测量的次数 n 减去理论上估计一个统计参数需要的最小测量次数。例如，在一批产品中估计轴的直径，进行估计的最小测量次数是 1。如果进行 10 次测量，则 $\nu = n - 1 = 9$。

图 8-4（式（8-24）的曲线图）所示为不同自由度 ν 的 t 分布。类似于正态分布，它们也是对称曲线。随着样本数的增加，t 分布接近于正态分布。ν 值越小，对应的分布越宽，同时峰值越低。t 分布可以用于估计小样本量（$n < 30$）样本平均值的具有一定置信水平的置信区间。除了根据 ν 值选择如图 8-5 所示曲线之外，t 分布的使用方法与正态分布基本相同。t 落入 $-t_{\alpha/2}$ 与 $t_{\alpha/2}$ 之间的概率为 $1-\alpha$，即

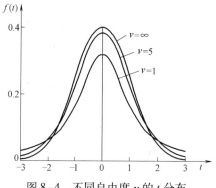

图 8-4　不同自由度 ν 的 t 分布

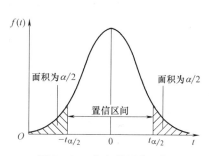

图 8-5　t 分布的置信区间

$$P(-t_{\alpha/2} \leq t \leq t_{\alpha/2}) = 1 - \alpha \tag{8-25}$$

代入 t，有

$$P\left(-t_{\alpha/2} \leq \frac{\bar{x} - \mu}{S/\sqrt{n}} \leq t_{\alpha/2}\right) = P\left(\bar{x} - t_{\alpha/2}\frac{S}{\sqrt{n}} \leq \mu \leq \bar{x} + t_{\alpha/2}\frac{S}{\sqrt{n}}\right) = 1 - \alpha \tag{8-26}$$

又可以写成

$$\mu = \bar{x} \pm t_{\alpha/2}\frac{S}{\sqrt{n}} \quad （置信水平为 1-\alpha） \tag{8-27}$$

由于完整的 t 分布表十分庞大，一般仅列出 ν 和 α 的函数 t 的临界值。这些值是式（8-26）和式（8-27）所需要的（见表 8-2）。

表 8-2　作为 ν 和 α 的函数的 t 分布

ν	$\alpha/2$				
	0.1	0.05	0.025	0.01	0.005
1	3.078	6.314	12.706	31.823	63.658
2	1.886	2.92	4.303	6.964	9.925
3	1.638	2.353	3.182	4.541	5.841
4	1.533	2.132	2.776	3.747	4.604
5	1.476	2.015	2.571	3.365	4.032
6	1.440	1.943	2.447	3.143	3.707
7	1.415	1.895	2.365	2.998	3.499
8	1.397	1.860	2.306	2.896	3.355
9	1.383	1.833	2.262	2.821	3.250
10	1.372	1.812	2.228	2.764	3.169
11	1.363	1.796	2.201	2.718	3.106
12	1.356	1.782	2.179	2.681	3.054
13	1.350	1.771	2.160	2.650	3.012
14	1.345	1.761	2.145	2.624	2.977
15	1.341	1.753	2.131	2.602	2.947
16	1.337	1.746	2.120	2.583	2.921
17	1.333	1.740	2.110	2.567	2.898
18	1.330	1.734	2.101	2.552	2.878
19	1.328	1.729	2.093	2.539	2.861
20	1.325	1.725	2.086	2.528	2.845
21	1.323	1.721	2.080	2.518	2.831
22	1.321	1.717	2.074	2.508	2.819
23	1.319	1.714	2.069	2.500	2.807
24	1.318	1.711	2.064	2.492	2.797
25	1.316	1.708	2.060	2.485	2.787
26	1.315	1.706	2.056	2.479	2.779
27	1.314	1.703	2.052	2.473	2.771
28	1.313	1.701	2.048	2.467	2.763
29	1.311	1.699	2.045	2.462	2.756
30	1.310	1.697	2.042	2.457	2.750
∞	1.283	1.645	1.960	2.326	2.576

4. 总体方差的区间估计

在许多情况下，随机变量的分散性和它的平均值同样重要。总体方差 σ^2 的最佳估计是样本方差 S^2。如同总体均值，估计方差也需要建立置信区间。对于正态分布的总体，可以应用 χ^2 统计量估计置信区间。设随机变量的平均值为 μ，标准差为 σ，则有

$$S^2 = \sum_{i=1}^{n} \frac{(x_i - \mu)^2}{n-1} \tag{8-28}$$

变量 χ^2 被定义为

$$\chi^2 = \sum_{i=1}^{n} \frac{(x_i - \mu)^2}{\sigma^2} \qquad (8\text{-}29)$$

联立式（8-28）和式（8-29），有

$$\chi^2 = (n-1)\frac{S^2}{\sigma^2} \qquad (8\text{-}30)$$

即变量 χ^2 表明了样本方差与总体方差的关系。χ^2 是随机变量，在正态分布总体的情况下其概率密度函数为

$$f(\chi^2) = \frac{(\chi^2)^{(\nu-2)/2}\mathrm{e}^{-x^2/2}}{2^{\nu/2}\Gamma(\nu/2)} \quad (\chi^2 > 0) \qquad (8\text{-}31)$$

式中，ν 为自由度数，与 t 分布相同，为样本数减 1；Γ 为伽马函数，可以查表。

图 8-6 所示为几条不同自由度的 $f(\chi^2)$ 曲线。

与其他概率密度函数一样，变量 χ^2 在任意两个值之间的取值概率等于曲线下这两个值之间的面积，表示为

$$P(\chi^2_{\nu,1-\alpha/2} \leqslant \chi^2 \leqslant \chi^2_{\nu,\alpha/2}) = 1 - \alpha \qquad (8\text{-}32)$$

式中，α 为显著性水平。将式（8-29）代入 χ^2，有

$$P(\chi^2_{\nu,1-\alpha/2} \leqslant (n-1)\frac{S^2}{\sigma^2} \leqslant \chi^2_{\nu,\alpha/2}) = 1 - \alpha \qquad (8\text{-}33)$$

因为 χ^2 总是正值，所以可以重新整理方程，给出总体方差的置信区间

$$\frac{(n-1)S^2}{\chi^2_{\nu,\alpha/2}} \leqslant \sigma^2 \leqslant \frac{(n-1)S^2}{\chi^2_{\nu,1-\alpha/2}} \qquad (8\text{-}34)$$

式中，χ^2 的临界值可通过查表获取。式（8-33）中的 α 是图 8-7 中左右尾部的两部分面积之和，每个尾部的面积是 $\alpha/2$。尽管 χ^2 分布和试验是由服从正态分布的数据导出的，但是也可以用于其他分布的总体。

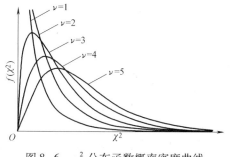

图 8-6　χ^2 分布函数概率密度曲线

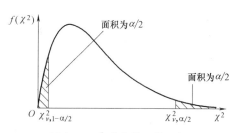

图 8-7　χ^2 分布的置信区间

8.2.3　可疑数据的取舍

实验获得的数据中，往往会有个别数据明显超出统计规律范畴，这些数据就是可疑数据，也称粗大误差（过失误差）。如果有充分的理由说明某些数据是由于错读、错记、错算等原因造成的，就可以剔除这些数据，以免对测量结果造成不良影响。如果没有充分理由剔除这些数据，则需按一定的准则，通过判别而剔除可疑数据。常用的判断准则有莱因达准则、肖维纳准则、格拉布斯准则和 t 检验准则等。

1. 莱因达准则

莱因达准则也称 3σ 准则。由表 8-1 可知，若测量值只含有随机误差，且按正态分布，则测量数据落在置信区间 $\pm 3\sigma$ 以外的概率只有 0.27%。即在统计意义上，370 个测量数据中才会有 1 个这样的数据。对于通常只进行最多几十次的测量，误差超过置信区间 $\pm 3\sigma$ 范围时，可以认为已不属于随机误差，而是过失误差。显然，也有可能将正常测量值当做含有过失误差的数据而剔除的概率，但这个概率不大于 0.27%。

莱因达准则规定，如果实测数据的误差满足以下条件

$$\delta_i = |x_i - \bar{x}| > 3\sigma \tag{8-35}$$

则将 x_i 作为异常数据舍弃。

根据统计学原理，莱因达准则不适用于测量次数 $n \leqslant 10$ 的场合。

2. 肖维纳（Chauvenet）准则

肖维纳准则也是以正态分布为前提，规定在 n 次测量中，某一误差可能出现的次数小于半次就被认为是过失误差。根据这一准则，可以确定相应的置信区间 $(-c\sigma, c\sigma)$。其中，置信系数 c 是实验次数 n 的函数，通常 $c < 3$，这在一定程度上弥补了莱因达准则的不足。所以对于较精密的测量，应采用肖维纳准则。

为推导满足肖维纳准则的置信系数 c 与实验次数 n 的函数关系，设任一次测量值的误差落在区间 $(-c\sigma, c\sigma)$ 的概率为 α，则误差落在置信区间 $(-c\sigma, c\sigma)$ 之外的概率为

$$\overline{P}(-c\sigma, c\sigma) = 1 - \alpha \tag{8-36}$$

对于 n 次测量，令随机误差落在置信区间 $(-c\sigma, c\sigma)$ 之外的次数等于 $1/2$，则有

$$n(1 - \alpha) = \frac{1}{2} \tag{8-37}$$

于是

$$\alpha = \frac{2n - 1}{2n} \tag{8-38}$$

由式（8-10），有

$$\alpha = \frac{2}{\sqrt{2\pi}} \int_0^{c\sigma} e^{-\frac{x^2}{2\sigma}} dx \tag{8-39}$$

所以，若已知测量次数 n，则可求出满足肖维纳准则的 α，再由积分表查得置信系数 c。为使用方便，已将 n 和 c 之间的关系列于表 8-3。

表 8-3　n 与 c 之间的关系

n	5	6	7	8	9	10	12	14	16
c	1.65	1.73	1.79	1.86	1.92	1.96	2.03	2.10	2.16
n	18	20	22	24	26	30	40	50	100
c	2.20	2.24	2.28	2.31	2.36	2.39	2.50	2.58	2.80

根据肖维纳准则，若某次测量所得误差绝对值大于相应的置信限 $c\sigma$，应予舍弃。

3. 格拉布斯（Grubbs）准则

格拉布斯法假定测量结果服从正态分布，根据顺序统计量来确定可疑数据的取舍。进行 n 次重复试验，试验结果为 $x_1, x_2, \cdots, x_i, \cdots, x_n$，且 x_i（$i = 1, 2, \cdots, n$）服从正态分

布。为了检验试验结果中是否有可疑值，可将其值由小到大顺序重新排列，根据顺序统计原则，给出标准化顺序统计量 g。

当最小值 $x_{(1)}$ 可疑时，则

$$g = (\bar{x} - x_{(1)})/\sigma \qquad (8\text{-}40)$$

当最大值 $x_{(n)}$ 可疑时，则

$$g = (x_{(n)} - \bar{x})/\sigma \qquad (8\text{-}41)$$

根据格拉布斯统计量的分布，在给定的显著性水平 α（一般 $\alpha = 0.05$）下，查得判别可疑值的临界值 $g_0(\alpha, n)$，见表 8-4。该检验的拒绝域为

$$|g| > g_0(\alpha, n) \qquad (8\text{-}42)$$

即标准化顺序统计量大于其临界值，即可认为其相应数据为粗大误差影响的可疑数据。利用格拉布斯准则每次只能舍弃一个可疑值，若有两个以上的可疑数据，应该一个一个数据地判断。即舍弃第一个数据后，试验次数由 n 变为 $n-1$，以此为基础再判别第二个可疑数据。

表 8-4　Grubbs 粗大误差判断临界值 g_0

n	$\alpha = 0.05$	$\alpha = 0.01$	n	$\alpha = 0.05$	$\alpha = 0.01$	n	$\alpha = 0.05$	$\alpha = 0.01$	n	$\alpha = 0.05$	$\alpha = 0.01$
3	1.153	1.155	17	2.475	2.785	31	2.759	3.119	45	2.914	3.292
4	1.463	1.492	18	2.504	2.821	32	2.773	3.135	46	2.923	3.302
5	1.672	1.749	19	2.532	2.854	33	2.786	3.150	47	2.931	3.310
6	1.822	1.944	20	2.557	2.884	34	2.799	3.164	48	2.940	3.319
7	1.938	2.097	21	2.580	2.912	35	2.811	3.178	49	2.948	3.329
8	2.032	2.221	22	2.603	2.939	36	2.823	3.191	50	2.956	3.336
9	2.110	2.323	23	2.624	3.963	37	2.835	3.204	51	2.964	3.345
10	2.176	2.410	24	2.644	2.987	38	2.846	3.216	52	2.971	3.353
11	2.234	2.485	25	2.663	3.009	39	2.857	3.228	53	2.978	3.361
12	2.285	2.550	26	2.681	3.029	40	2.866	3.240	54	2.986	3.368
13	2.331	2.607	27	2.698	3.049	41	2.877	3.251	55	2.992	3.376

4. t 检验准则

t 检验准则又称罗曼诺夫斯基准则，它是按 t 分布的实际误差分布范围来判断可疑数据的，对重复测量次数较少的情况比较合理。

t 检验准则的特点是将测量列的 n 个测得值中可疑的测得值 x_j 先剔除，然后按余下的 $(n-1)$ 个数据计算算术平均值 $\bar{x}'$ 和标准差 σ' 值，再判断数据 x_j 是否含有粗大误差。

$$\bar{x}' = \frac{1}{n-1} \sum_{i=1}^{n-1} x_i \qquad (\text{不含 } x_j) \qquad (8\text{-}43)$$

$$\sigma' = \sqrt{\frac{\sum\limits_{i=1}^{n-1} \nu_i^2}{n-2}} \qquad (\text{不含 } \nu_j = x_j - \bar{x}') \qquad (8\text{-}44)$$

根据测量次数 n 和所选取的显著度 α，从表 8-5 中查得 k 值。

若所怀疑的数据 x_j 满足

$$|x_j - \bar{x}'| > k\sigma' \qquad (8-45)$$

则可认为 x_j 为可疑数据，应予剔除。x_j 剔除后，再取一个 x_j' 值继续判断，直到数据中不含可疑数据为止。

表 8-5　t 检验准则中的系数 k 值

n＼α	0.05	0.01	n＼α	0.05	0.01	n＼α	0.05	0.01
4	4.97	11.46	13	2.29	3.23	22	2.14	2.91
5	3.56	6.53	14	2.26	3.17	23	2.13	2.90
6	3.04	5.04	15	2.24	3.12	24	2.12	2.88
7	2.78	4.36	16	2.22	3.08	25	2.11	2.86
8	2.62	3.96	17	2.20	3.04	26	2.10	2.85
9	2.51	3.71	18	2.18	3.01	27	2.10	2.84
10	2.43	3.54	19	2.17	3.00	28	2.09	2.83
11	2.37	3.41	20	2.16	2.95	29	2.09	2.82
12	2.33	3.31	21	2.15	2.93	30	2.08	2.81

根据以上 4 个准则，测量数据舍弃的步骤可归纳如下：

1）求出测量数据的算术平均值 $\bar{x}$ 及标准差（均方根误差）σ。

2）将可疑数据的误差 δ_i 按上述准则换算、比较，凡绝对值大于置信限或临界值的就舍弃。

3）舍弃数据后，重复上述过程（重新计算测量数据的算术平均值 $\bar{x}$ 及标准差 σ），看是否还有超出上述准则的数据需要舍弃。

8.3　系统误差

任何测量过程首先要注意发现与减小系统误差，确保把它限制在允许的范围内。对于在实验中无法补偿的系统误差，应对测量结果进行修正。

系统误差有恒值系统误差和变值系统误差。恒值系统误差（固定系统误差）是在整个测量过程中的大小和符号都不变的误差。例如，用标准测力计校准力传感器，如果规定的使用温度为 $(20 \pm 5)℃$，而校准过程中温度始终保持在 30℃，又没有进行温度修正，就会出现因环境条件改变而产生的固定系统误差。

变值系统误差是指在测量过程中大小和符号都可能变化的误差，变化规律可分为 3 种：

1）线性变化。测量过程中误差值随某些因素作线性变化。

2）周期性变化。系统误差的数值或符号随某些因素按周期规律变化，例如，轧辊有偏心，轧制时的精度误差。

3）复杂规律变化。按复杂规律，例如按指数规律变化。

8.3.1　系统误差对测量结果的影响

1. 恒值系统误差对测量结果的影响

如果在多次重复测量时存在恒值误差，则一组测量值 x_1，x_2，$\cdots$，x_n 中的每一个都含有

恒值系统误差 ε_0。于是，不含系统误差的测量值应为

$$x_i' = x_i - \varepsilon_0 \quad i = 1,2\cdots,n \tag{8-46}$$

其算术平均值为

$$\bar{x}' = \frac{1}{n}\sum_{i=1}^{n} x_i' = \frac{1}{n}\sum_{i=1}^{n} (x_i - \varepsilon_0) = \bar{x} - \varepsilon_0 \tag{8-47}$$

或写成

$$\bar{x} = \bar{x}' + \varepsilon_0 \tag{8-48}$$

测量值的算术平均值中包含恒值系统误差时，应对平均值 $\bar{x}$ 加以修正，以不含系统误差的平均值 $\bar{x}'$ 作为测量结果。修正的方法是在测量结果中引入与系统误差 ε_0 大小相等而符号相反的修正值 $-\varepsilon_0$。

由偏差的定义，有

$$v_i = x_i - \bar{x} = (x_i' + \varepsilon_0) - (\bar{x}' + \varepsilon_0) = x_i' - \bar{x}' \tag{8-49}$$

可见恒值系统误差只影响一系列重复测得值的算术平均值 $\bar{x}$，对测得值的偏差 v_i 没有影响，即不影响随机误差的分散性及精度参数。

2. 变值系统误差对测量结果的影响

变值系统误差对每个测量值有不同的影响，但有规律，不是随机性的。

设有一系列测得值 $x_1,x_2,\cdots,x_n$，并含有变值系统误差 $\varepsilon_1,\varepsilon_2,\cdots,\varepsilon_n$，则不含系统误差的测量值为

$$x_i' = x_i - \varepsilon_i \quad i = 1,2\cdots,n \tag{8-50}$$

其平均值为

$$\bar{x}' = \frac{1}{n}\sum_{i=1}^{n} x_i' = \frac{1}{n}\sum_{i=1}^{n} (x_i - \varepsilon_i) = \frac{1}{n}\sum_{i=1}^{n} x_i - \frac{1}{n}\sum_{i=1}^{n} \varepsilon_i = \bar{x} - \bar{\varepsilon} \tag{8-51}$$

或写为

$$\bar{x} = \bar{x}' + \bar{\varepsilon} \tag{8-52}$$

如果测量中含有变值系统误差，它将以算术平均值的形式影响测量结果，应在消除或校正后，以 $\bar{x}'$ 作为测量结果。

在偏差 d_i 的计算中有

$$d_i = x_i - \bar{x} = (x_i' + \varepsilon_i) - (\bar{x}_i' + \bar{\varepsilon}) = (x_i' - \bar{x}_i') + (\varepsilon_i - \bar{\varepsilon}) = d_i' + (\varepsilon_i - \bar{\varepsilon}) \tag{8-53}$$

式（8-53）表明，用测量值 x_i 计算出的偏差 d_i，因受变值系统误差的影响，与用测量值 x_i' 计算出的偏差 d_i' 不相同，即变值系统误差影响测量结果的精确度。

8.3.2　系统误差的识别与修正

为了减小系统误差的影响，首先要设法发现系统误差的存在，然后再根据不同性质的系统误差采取相应的措施。

1. 恒值系统误差判别方法

（1）对比检定法　要判断某一测量条件下是否有恒值系统误差，在确认没有明显变值系统误差（可用后面介绍的方法来发现和修正）的前提下，可以改用更理想的测量条件（例如改用更高精度的仪器或基准）进行检定性测量。以此两种不同的测量条件对同一量值

进行次数相同的重复测量，求出两者算术平均值之差，则该差值即为被判断的测量条件下的定值系统误差。

（2）均值与标准差比较法　对同一量值在测量条件不同，测量次数也不同的情况下进行两组（或多组）测量。设测量次数分别为 n_1 和 n_2 次，得两组平均值 $\bar{x}_1$ 和 $\bar{x}_2$ 分别为

$$\bar{x}_1 = \frac{1}{n_1} \sum x_{1i} \tag{8-54}$$

$$\bar{x}_2 = \frac{1}{n_2} \sum x_{2j} \tag{8-55}$$

如果测量条件稳定，没有明显的变值系统误差，且都服从正态分布，则两列测得值的分布中心（数学期望）均将为理论均值 μ，而 $\bar{x}_1$ 和 $\bar{x}_2$ 都将为 μ 的近似值。因为 $\bar{x}_1$ 和 $\bar{x}_2$ 也是随机变量，所以两者之间总会有些差异。根据 $\bar{x}_1$ 和 $\bar{x}_2$ 的近似程度，结合两者差异发生的概率，便可以大致确定两组测得值是只含有随机误差，还是也伴有恒值系统误差存在。

两列测得值的方差估计分别为

$$\sigma_{s_1}^2 = \frac{1}{n_1 - 1} (x_{1i} - \bar{x}_1)^2 \tag{8-56}$$

$$\sigma_{s_2}^2 = \frac{1}{n_2 - 1} (x_{2j} - \bar{x}_2)^2 \tag{8-57}$$

平均值 $\bar{x}_1$ 和 $\bar{x}_2$ 的方差估计值分别为

$$\sigma_{\bar{x}_1}^2 = \frac{\sigma_{s_1}^2}{n_1} \tag{8-58}$$

$$\sigma_{\bar{x}_2}^2 = \frac{\sigma_{s_2}^2}{n_2} \tag{8-59}$$

两个平均值之差的方差为

$$\sigma_{\Delta\bar{x}}^2 = \sigma_{(\bar{x}_1 - \bar{x}_2)}^2 = \sigma_{\bar{x}_1}^2 + \sigma_{\bar{x}_2}^2 \tag{8-60}$$

由于 $\bar{x}_1$ 和 $\bar{x}_2$ 是服从正态分布的随机变量，故其差值 $\Delta\bar{x} = \bar{x}_1 - \bar{x}_2$ 也服从正态分布（其分布的平均值为零，方差为 $\sigma_{\Delta\bar{x}}^2$）。因此，可用区间的概率估计原理来判断是否有恒值系统误差，即

$$p(-t\sigma_{\Delta\bar{x}} \leqslant \bar{x}_1 - \bar{x}_2 < t\sigma_{\Delta\bar{x}}) = p_\alpha \tag{8-61}$$

p_α 为与 t 对应的概率值，也可写成

$$p_\alpha = p(|\bar{x}_1 - \bar{x}_2| < t\sigma_{\Delta\bar{x}}) \tag{8-62}$$

在给定置信概率 p_α 时，若无定值系统误差，则 $|\bar{x}_1 - \bar{x}_2|$ 应不超过 $t\sigma_{\Delta\bar{x}}$；如果超出，则可认为 $\bar{x}_1$ 与 $\bar{x}_2$ 的差异不只是受随机误差影响，而且还有恒值系统误差存在。这样判断的置信概率为 p_α。

2. 变值系统误差的判别方法

（1）偏差观察法　偏差观察法是将一系列等精度测量值，按测量的先后顺序把测得值及其偏差值列表，观察其偏差数值及其符号的变化规律。若偏差数值有规律的递增或递减，并且在测量开始和结束时偏差符号相反，则可判定该测量列含有线性系统误差，测量数据见表 8-6。若在某一测量条件时，偏差基本上保持相同符号，当变为另一测试条件时偏差均变号，则表明测量中含有随测量条件而变的恒值系统误差，其分布如图 8-8 所示。若偏差的

符号有规律地由正变负，再由负变正，或循环交替变化多次，则可判定该测量序列含有周期性误差，测量数据见表 8-7。

表 8-6　含有线性系统误差的测量数据

测量序号 n	测得值 $\bar{x}_i$ /℃	偏差 d_i /℃
1	20.06	−0.06
2	20.07	−0.05
3	20.06	−0.06
4	20.08	−0.04
5	20.10	−0.02
6	20.12	0
7	20.14	0.02
8	20.18	0.06
9	20.18	0.06
10	20.21	0.09
$n = 10$	$\bar{x} = 20.12$	$\sum\limits_{i=1}^{5} d_i = -0.23,\ \sum\limits_{i=6}^{10} d_i = 0.23$

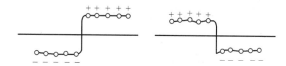

图 8-8　含有随测量条件而变的恒值系统误差分布示意图

表 8-7　含有周期性误差的测量数据

测量序号 n_i	测得值 x_i	偏差 d_i	d_i^2	$\mid \sum d_i d_{i+1} \mid$
1	50.74	−0.06	0.0036	0.0024
2	50.76	−0.04	0.0016	−0.0008
3	50.82	0.02	0.0004	0.0010
4	50.85	0.05	0.0025	0.0015
5	50.83	0.03	0.0009	−0.0018
6	50.74	−0.06	0.0036	0.0030
7	50.75	−0.05	0.0025	−0.0005
8	50.81	0.01	0.0001	0.0005
9	50.85	0.05	0.0025	0.0025
10	50.85	0.05	0.0025	
$n = 10$	$\bar{x} = 50$		$\sum d_i^2 = 0.0202$	$\mid \sum d_i d_{i+1} \mid = 0.0078$

（2）偏差核算法　如果在测量过程中出现的随机误差比较大，用上述偏差观察法往往检查不出来系统误差的存在，用偏差核算法就比偏差观察法灵敏。常用偏差核算法检查测量列中是否存在线性系统误差。分析如下：

对式（8-53），将测得值按测量先后顺序排列，并将其分为前半组 k 个和后半组 k 个，两组分别求和后相减，有

$$\Delta = \sum_{i=1}^{k} d_i - \sum_{i=k+1}^{n} d_i = \sum_{i=1}^{k} d' - \sum_{i=k+1}^{n} d' + \sum_{i=1}^{k} (\varepsilon_i - \overline{\varepsilon}) - \sum_{i=k+1}^{n} (\varepsilon_i - \overline{\varepsilon}) \qquad (8-63)$$

当测量次数 n 足够多时，$\sum_{i=1}^{k} d' - \sum_{i=k+1}^{n} d' \approx 0$，所以

$$\Delta \approx \sum_{i=1}^{k} (\varepsilon_i - \overline{\varepsilon}) - \sum_{i=k+1}^{n} (\varepsilon_i - \overline{\varepsilon}) \qquad (8-64)$$

式（8-64）表明前后两部分偏差和的差值取决于系统误差，因线性系统误差前后两组的符号相反，则 Δ 值将随 n 的增大而增大。因此，若 Δ 值显著不为零，则说明测量列中含有线性系统误差。

【例8-2】　用偏差核算法判断表8-6所列的测量结果有无系统误差存在。

解：根据式（8-64）和表8-6中的数据核算，有

$$\Delta = \sum_{i=1}^{5} d_i - \sum_{i=6}^{10} d_i = (-0.23) - (+0.23) = -0.46$$

显著不为零，故判断该测量列含有系统误差。

（3）阿贝-赫梅特判据　阿贝-赫梅特判据为：只要测量列满足下式，就认为该测量列有周期性系统误差存在：

$$\left| \sum_{i=1}^{n-1} d_i d_{i+1} \right| > \sqrt{n-1} \sigma^2 \qquad (8-65)$$

【例8-3】　对某电感测量10次，测得结果列于表8-7，试判断该测量列有无系统误差。

解：根据表8-7中数据，计算可得

$$\sqrt{n-1} \sigma^2 = \sqrt{n-1} \frac{\sum d_i^2}{n-1} = 0.0067$$

根据阿贝-赫梅特判据，有

$$\left| \sum d_i d_{i+1} \right| = 0.0078 > \sqrt{n-1} \sigma^2 = 0.0067$$

所以，可认为该测量列中有周期性系统误差。

3. 系统误差的修正

（1）恒值系统误差的修正方法

1）代替法。在对未知量进行测量以后，选择与未知量大小适当的可调的已知量重新进行一次测量，并保持测量结果不变，则可认为被测的未知量就等于这个已知量。例如用天平称重物。物体质量 M 应等于天平的砝码质量 m。假定天平两臂不等，则天平质量具有固定的系统误差。采用代替法，先测量一次未知物质量得 M，然后用一标准可调的已知质量代替未知物质量 M，使之达到原先的平衡，如已知标准质量为 P。根据两次测量，就可得 $M = P$，即物体质量等于标准质量，这就修正了因天平两臂不等而带来的误差。

2）相消法。在有定值系统误差的状态下进行一次测量，再在该定值系统误差影响相反

的另一状态下再测一次，取两次测量的平均值作为测量结果，这样，大小相同但符号相反的两定值系统误差就在相加后再平均的计算中互相抵消了。例如用千分尺测量零件的长度时，可用往返两个方向的两次读数的平均值修正由千分尺的间隙引起的空行程误差。

3）对换法。就是采用交换测量的方法来修正恒值系统误差。例如用天平称质量，可在两次测量中交换被测物与砝码的位置，用两次测量的平均值作为被测值。

（2）线性变化系统误差的修正　用对称测量法可以修正线性系统误差。

例如测量电阻，如图 8-9 所示，R_x 为被测电阻，R_0 为已知电阻。设回路电流 I 随时间线性降低，可用对称测量法修正该线性误差，方法如下：

图 8-9　用对称测量法测量电阻

第一次测 R_x 两端电压为

$$U_{x1} = I_1 R_x \qquad (8-66)$$

第二次测 R_0 两端电压为

$$U_0 = I_2 R_0 \qquad (8-67)$$

第三次测 R_x 两端电压为

$$U_{x3} = I_3 R_x \qquad (8-68)$$

将式（8-66）和式（8-68）相加，两边除以 2，得

$$\frac{1}{2}(U_{x1} + U_{x3}) = \frac{I_1 + I_3}{2} R_x \qquad (8-69)$$

因电流下降是线性变化的，所以

$$\frac{I_1 + I_3}{2} = I_2 \qquad (8-70)$$

将式（8-70）代入式（8-69），然后除以式（8-67），整理后得

$$R_x = \frac{U_{x1} + U_{x3}}{2U_0} R_0 \qquad (8-71)$$

从式（8-71）可看出，因电流变化而引起的系统误差已被修正。

（3）周期性变化系统误差的修正　只要读取相隔半周期的两次测量值，然后取平均值为测量结果，即可修正周期性变化的系统误差。这是因为根据周期性变化系统误差的变化规律，有

$$\varepsilon_1 = a\sin\varphi_1 \qquad (8-72)$$

变化半周期即 $\varphi_2 = \varphi_1 + \pi$ 时，有

$$\varepsilon_2 = a\sin(\varphi_1 + \pi) = -a\sin\varphi_1 \qquad (8-73)$$

取 ε_1 和 ε_2 的算术平均值，有

$$\bar{\varepsilon} = \frac{\varepsilon_1 + \varepsilon_2}{2} = 0 \qquad (8-74)$$

4. 系统误差修正准则

如果系统误差或偏差代数和的绝对值不超过测量结果总误差绝对值最后一位有效数字的一半，就认为系统误差已被修正。测量结果的总误差，一般只用一位或两位有效数字表示，可用公式来表达上述准则。

设测量结果的总误差绝对值为 $|\Delta_x|$，残余系统误差的代数和为 ε_x。当 $|\Delta_x|$ 用两位有效数字表示时

$$|\varepsilon_x| < \frac{1}{2} \times \frac{|\Delta_x|}{100} = 0.005|\Delta_x| \tag{8-75}$$

当 $|\Delta_x|$ 用一位有效数字表示时

$$|\varepsilon_x| < \frac{1}{2} \times \frac{|\Delta_x|}{10} = 0.05|\Delta_x| \tag{8-76}$$

只要满足上述条件，就可认为已修正系统误差对测量结果的影响。

8.3.3 消除系统误差的措施

在测量过程中，发现有系统误差存在，必须进一步分析比较，找出可能产生系统误差的因素以及减小和消除系统误差的方法。消除系统误差的方法与具体的测量对象、测量方法、测量人员的经验有关，因此要找出普遍有效的方法比较困难。下面仅介绍其中最基本的方法以及适应各种系统误差的特殊方法。

1. 从产生误差根源上消除系统误差

从产生误差根源上消除系统误差是最根本的方法，它要求测量人员对测量过程中可能产生系统误差的环节作仔细分析，并在测量前就将误差从产生根源上加以消除。例如，为了防止调整误差，要正确调整仪器，选择合理的被测件的定位面或支承点；为了防止测量过程中仪器零位的变动，测量开始和结束时都需检查零位；为了防止长期使用过程中仪器精度降低，要严格进行周期性检定与修理。如果系统误差是由外界条件引起的，应在外界条件比较稳定时进行测量，当外界条件急剧变化时应停止测量。

2. 用修正方法消除系统误差

这种方法是预先将测量器具的系统误差检定出来或计算出来，作出误差表或误差曲线，然后取与误差数值大小相同、符号相反的值作为修正值，即将实际测得值加上相应的修正值，得到不包含该系统误差的测量结果。例如，如果量块的实际尺寸不等于公称尺寸，若按公称尺寸使用，就要产生系统误差。因此应按经过检定的实际尺寸（即将量块的公称尺寸加上修正量）使用，以避免此项系统误差的产生。

由于修正值本身也包含有一定误差，因此用修正值消除系统误差的方法，不可能将全部系统误差修正掉，总要残留少量系统误差，对这种残留的系统误差则应按随机误差进行处理。

8.4 间接测量中的误差计算

实际测试中，有些待测量可以直接测出，也有些量只能间接测得。不能直接测量的指标通常需要由一个或多个直接测得的参数通过一定的函数关系计算得出。显然，间接测量指标的误差取决于其参数的测量误差和相应的函数关系。

8.4.1 间接测试参量的估计值

间接测量量 y 一般可以表示为相互独立的直接测量量 x_1，x_2，$\cdots$，x_n 的函数：

$$y = f(x_1, x_2, \cdots, x_n)$$

由于各直接测得的参量 x_1，x_2，$\cdots$，x_n 都是随机变量，间接测量量 y 是随机变量的函数，其分布参数（均值和标准差等）通常需要根据其自变量的分布参数计算。计算随机变量函数分布参数的常用方法是矩法。

用矩法求随机变量函数的均值及标准差，是通过泰勒级数展开式来近似计算的。对于 n 维函数 $y = f(x_1$，x_2，$\cdots$，$x_n)$，当 x_1，x_2，$\cdots$，x_n 相互独立，且各随机变量的变异系数 $C_{x_i} = \sigma_{x_i}/\mu_{x_i}$ 都很小（例如小于 0.1）时可用此方法。

对于多元函数 $y = f(x_1$，x_2，$\cdots$，$x_n)$，在各随机变量 x_1，x_2，$\cdots$，x_n 的均值处做泰勒级数展开，有

$$\bar{y} \approx f(\bar{x}_1, \bar{x}_2, \cdots, \bar{x}_n) + \frac{1}{2} \sum_{i=1}^{n} \frac{\partial^2 f}{\partial x_i^2}\Big|_{x_i = \bar{x}_i} \text{var}(x_i) \approx f(\bar{x}_1, \bar{x}_2, \cdots, \bar{x}_n) \tag{8-77}$$

式（8-77）即为间接测量量均值的近似估计。

8.4.2　间接测量误差计算

由于间接测量量与直接测量量之间存在函数关系，因此可以通过计算求得间接测量量的误差。

间接测量参数为 y 与各直接测量参数为 x_1，x_2，$\cdots$，x_n，两者之间的函数关系为 $y = f(x_1$，x_2，$\cdots$，$x_n)$，进行微分运算有

$$\mathrm{d}y = \frac{\partial f}{\partial x_1}\mathrm{d}x_1 + \frac{\partial f}{\partial x_2}\mathrm{d}x_2 + \cdots + \frac{\partial f}{\partial x_n}\mathrm{d}x_n \tag{8-78}$$

令 $c_i = \frac{\partial f}{\partial x_i}(i = 1, 2, \cdots, n)$，并用增量代替微分，有

$$\Delta y = \sum_{i=1}^{n} c_i \Delta x_i \tag{8-79}$$

式（8-79）右边的每一项可以是正值或负值，这些项有可能相互抵消。可用下式估计出 y 的可能最大误差

$$\Delta y = \sum_{i=1}^{n} |c_i \Delta x_i| \tag{8-80}$$

显然，由于对各误差分量取了绝对值，导致式（8-80）对 Δy 可能产生不合理的过高估计。而方均根误差估计式通常被认为是一个最佳估计：

$$\Delta y = \Big[\sum_{i=1}^{n} (c_i \Delta x_i)^2\Big]^{\frac{1}{2}} \tag{8-81}$$

使用该式时，间接测量参数 y 的误差置信水平与直接测量参数 x 的误差置信水平是相同的。

相对误差为

$$r = \frac{\Delta y}{y} = c_1 \frac{\Delta x_1}{y} + c_2 \frac{\Delta x_2}{y} + \cdots + c_n \frac{\Delta x_n}{y} \tag{8-82}$$

式（8-80）~式（8-82）是间接误差的一般表达式，式中的 c_i 称为误差传递函数。它表示第 i 个自变量的误差 Δx_i 传给函数 y（间接测量量）时放大或缩小的倍数，反映了某个参数的误差对间接测量结果影响的大小。

　　在间接测量时，可根据各基本参数的测量误差，利用上述的基本关系式，求出间接测量结果的误差。

8.5　误差分析与测试数据处理

　　任何测量数据中都或多或少地包含误差成分。为了得到合理的测量结果，需要对各种误差进行分析、处理，并对最终测试结果进行正确表达。

8.5.1　系统误差和随机误差成分分析

　　在实验设计的初期，分离系统误差和随机误差的影响常常是不现实的。例如，仪器精度一般是系统误差和随机误差的综合体现。在详细误差分析中，希望在测量中区分系统误差与随机误差，分别用符号 B 和 P 表示。系统误差影响准确度，随机误差影响精密度；随机误差有统计属性，而系统误差在重复读数过程中不变。基于这些不同的特性，在误差分析中可以分别处理其不同成分。

　　随机误差一般通过重复测量某一变量来测定，可用测得的数据计算测量样本标准差。在误差分析中，随机误差反映为精密度指数 S。

　　系统误差包括那些已知但是没有被修正的全部标定误差和在测量过程中能够计算但没有被修正的其他系统误差。如果试验在相同的条件下重复进行，则系统误差 B 保持不变。如果系统误差的估计需要大量的数据，可以通过标定试验、实验室内的试验、独立测量和数学方法相比较等方法做出合理的系统误差估计。如果测量条件不变，则系统误差不变。因此，需要用置信区间而不是置信水平来定义准确度误差极限的可信度。通常要求系统误差的置信区间与随机误差的置信水平相对应，例如 95% 的置信水平用于随机误差，同时 95% 的置信区间用于系统误差。

8.5.2　误差分析的步骤

　　完成试验的误差分析可能是复杂的，工作中需要提供文件和被分析系统的记录。下面是估计综合误差的简略步骤：

　　1）确定测量过程。这一步包括审查试验任务，识别所有独立参数和它们的正常值，确定独立参数和试验结果之间的函数关系。例如测量单个发动机效率的公称值、系统误差、随机误差和综合误差，其中，效率和独立的被测量参数（功率、燃料质量、流速和热值）之间的函数关系是明确的。

　　2）将所有基本误差源列表。这一步包括对每个被测量参数制作一个全面和详细的全部可能误差源的列表。为了识别所有的误差和清楚地记录，建议把误差分为标定、数据采集和数据处理等类别。

　　3）估算基本误差。这一步必须估计系统误差和精密度指数。如果数据可用于估计参数的精密度指数，则误差将被划分为随机误差；否则被划分为系统误差。以相同的置信水平估计所有的随机误差，并在小样本试验中把自由度数的识别与每个精密度指数相联系是重要的。表8-8可以作为划分基本误差的参考。

表 8-8　划分基本误差的参考

误差	误差类别
精密度	随机
共模电压	系统
滞后	系统
装置	系统
非线性	系统
负载	系统
噪声	随机
重复性	随机
分辨率/刻度/量化	随机
空间变化	系统
热稳定性（增益，零点等）	随机

4）计算每个被测变量的系统误差和随机误差。

5）利用系统误差和精密度指数计算单样本最终结果误差。

6）计算最终结果的综合误差。

除非特别说明，对于随机误差假定样本数大于 30。

8.5.3　测试数据的处理

广义地讲，数据处理包括数据的采集、存储、检索、加工、变换和传输。数据处理的基本目的是从大量的、可能是杂乱无章的、难以理解的数据中抽取并推导出有特定价值、有意义的数据及其反映出来的规律。

就测试技术而言，实测数据中包含许多有关被测对象特征及其内在规律的信息，采用科学方法对测试数据进行整理和分析，就可以获得可靠的测量指标及反映的本质规律。

1. 最小二乘线性拟合

在测试数据处理过程中，需要确定两个或多个变量之间的关系。通常，需要把测试数据画在坐标纸上，首先粗略地估计参数间的关系是线性、幂函数、抛物线，还是其他函数关系，然后使用数学函数拟合测试数据。线性函数是用于此目的最常用的函数形式，原本呈非线性关系的数据也可以转换为线性数据进行拟合、分析。如图 8-10 中，如有 n 对数据 (x_i, y_i)，试图拟合一条能最好的表达数据趋势的直线，形式为

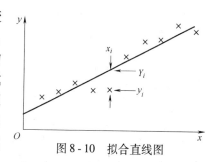

图 8-10　拟合直线图

$$y = ax + b \tag{8-83}$$

显然，若仅有两对数据，则有唯一的解，因为两点完全确定一条直线。然而，若有多个点，就需要对数据确定一个"最佳拟合"。实验者可使用直尺和目测作出一条接近这些点的

直线，这是最简单的实用方法。

更科学的方法是应用最小二乘法，即线性回归法来拟合数据。最小二乘法的实质是使按回归方程计算出来的函数值与实际测量值的差（即残差）的平方和最小。假设由实验数据构成的数据对 (x_i, y_i) 中，对于每个 x_i 值，可根据线性回归方程 $Y = ax + b$ 预测 Y_i 的值。满足最小二乘法的 a 和 b 分别为

$$a = \frac{n \sum x_i y_i - (\sum x_i)(\sum y_i)}{n \sum x_i^2 - (\sum x_i)^2}$$

$$b = \frac{(\sum x_i^2)(\sum y_i) - (\sum x_i)(\sum x_i y_i)}{n \sum x_i^2 - (\sum x_i)^2}$$

$$(8-84)$$

度量最小二乘直线描述数据效果的量是估计的标准误差，即

$$S_{yx} = \sqrt{\frac{1}{n-2} \sum_{i=1}^{n} (y_i - Y_i)^2}$$

$$(8-85)$$

S_{yx} 与 y 的单位相同，是拟合直线分散性的量度。

关于最小二乘法，有以下注意事项：

1）测量误差是在误差为无偏（即无系统误差）、正态分布且相互独立的条件下推导出来的。

2）在推导关系式 $Y = ax + b$ 的过程中，假定 y 中存在随机变量成分，而 x 值是没有误差的。

3）因为误差在 y 方向被减小，所以，如果在 y 值的基础上估计 x 值可能得出错误的结论。即 x 关于 $y(x = cy + d)$ 的线性回归不能简单地由 $Y = ax + b$ 导出。

上面的方法容易推广为多自变量线性函数，即

$$f = a_0 + a_1 x + a_2 y + \cdots$$

$$(8-86)$$

式中，x，y，$\cdots$ 为自变量；f 为因变量；a_0，a_1，a_2，$\cdots$ 为多元回归系数。这些系数的求法与单自变量的情况下的求解相似。

2. 曲线回归转化为直线回归

如果实验数据的因变量与自变量之间不是线性关系，则不能直接使用线性回归分析方法。然而，一般可以采用线性化的方法，首先把数据关系转换为线性函数，然后使用线性回归方法拟合直线。容易转换为线性形式的数据关系式包括 $y = ax^b$ 和 $y = ae^{bx}$ 等，式中 a 和 b 是常数，x 和 y 是变量。以方程 $y = ae^{bx}$ 为例，对其两边取自然对数，有 $\ln y = bx + \ln(a)$。由于 $\ln a$ 是常数，故 $\ln y$ 为 x 的线性函数。这样，就可借助最小二乘法进行回归分析。

习　题

8-1　说明误差的分类，并简述各类误差的性质、特点及其对测量结果的影响。

8-2　表 8-9 是对某个长度的测量结果。

表 8-9　题 8-2 表

n	1	2	3	4	5	6	7	8	9	10
x/mm	49.3	50.1	48.9	49.2	49.3	50.5	49.9	49.2	49.8	50.2

试计算测量数据的均值、中位数、众数和标准差。

8-3　为测定某一地区的风速，在一定时间内采集 40 个样本。测量的平均值为 30km/h，样本的标准差为 2km/h。试确定风速平均值的 95% 置信区间。

8-4　对某量进行 15 次测量，测得数据为 28.53、28.52、28.50、28.52、28.53、28.53、28.50、28.49、28.49、28.51、28.53、28.52、28.49、28.40、28.50，若这些测量值已消除系统误差，且假定服从正态分布，分别试用莱因达准则、肖维纳准则、格拉布斯准则和罗曼诺夫斯基准则判别该测量列中是否有含粗大误差的测量值。

8-5　对某量进行 12 次测量，测得数据为 20.06、20.07、20.06、20.08、20.10、20.11、20.12、20.14、20.18、20.18、20.21、20.19，试判断该测量列中是否存在系统误差。

8-6　为了计算一个电阻性电路功率消耗，已测得电压和电流为

$$U = (100 \pm 2)\mathrm{V}, I = (10 \pm 0.2)\mathrm{A}$$

求计算功率时的最大可能误差及最佳估计误差。假设 U 和 I 的置信水平相同。

8-7　用孔板流量计测量流体的流量。在实验中，孔板的流量系数 K 是通过收集在一定的时间内和恒定的水头下流过孔板的水并称其重量而获得的。K 由下式计算：

$$K = \frac{M}{tA\rho\,(2g\Delta h)^{1/2}}$$

已知在 95% 置信水平下的参数值如下：

质量 $M = (865.00 \pm 0.05)$ kg

时间 $t = (600.0 \pm 1)$ s

密度 $\rho = (62.36 \pm 0.1)$ kg/m^3

直径 $d = (0.500 \pm 0.001)$ cm（A 是面积）

水头 $\Delta h = (12.02 \pm 0.01)$ m

求 K 的值及其误差（95% 的置信水平）和最大可能误差。

8-8　在一个管道中进行温度（℃）测量，已记录了下列读数：

248.0，248.5，249.6，248.6，248.2，248.3，248.2，248.0，247.5，248.1

试计算平均温度，单样本测量的随机误差和测量均值的随机误差（置信水平为 95%）。

8-9　要遥测结构中的应变。为了估计应变测量中的总误差，分别试验应变计和传输线。从在同样负载下 10 次应变计测量的输出得出平均输出 80mV 时的标准差为 0.5mV。从 15 次传输电压的测量得到 1mV 的标准差。试确定由应变计产生的置信 95% 的应变测量精密度指数和随机误差。

8-10　热电偶（温度敏感装置）是在有限温度范围内常用的近似线性设备。表 8-10 是某品牌热电偶生产厂商所得的一对热电偶金属线的数据。

表 8-10　题 8-10 表

t/℃	20	30	40	50	60	75	100
U/mV	1.02	1.53	2.05	2.55	3.07	3.56	4.05

试确定这些数据的最佳线性拟合并在曲线图上画出这些数据。

下篇 实用测试技术

第9章 力及其导出量的测量

力是物质之间的一种相互作用。力可以使物体产生变形，在物体内产生应力；也可以改变物体的机械运动状态或改变物体所具有的动能和势能。

力属于国际单位制（SI）的导出物理量，其单位为牛顿（N）。力的单位定义如下：1N 等于使质量为 1kg 的物体获得 1m/s^2 加速度的力，即 $1\text{N} = 1\text{kg} \cdot \text{m/s}^2$。

力是由公式 $F = ma$ 来确定的，因此力的标定便取决于质量（m）和加速度（a）的标准。质量被认为是一个基本量，加速度并不是一个基本量，但却可以从长度和时间来导出，这两者均为基本量。

力的测量是通过观测受力物体的形状、运动状态或所具有的能量的变化来实现的。力值测量所依据的原理是力的静力效应和动力效应。

力的静力效应是指弹性物体受力作用后产生相应变形的物理现象。胡克定律是该物理现象的理论概括：弹性物体在力的作用下产生变形时，若在弹性范围内（严格说是在比例极限内），物体所产生的变形量 ΔX 与所受的力值 F 成正比（即 $\Delta X = KF$），从而建立起变形量与力值间的对应关系。因此，只需通过一定手段测出物体的弹性变形量，就可以间接确定物体所受的力的大小。利用静力效应测力的特征是间接测量测力传感器中"弹性元件（elastic element）"的变形量，此变形量可以直接表现为机械变形量，也可以通过弹性受力元件的物性转换为其他物理量，如用压电式、压阻式、压磁式传感器测力时，分别将力转换为电荷、电阻和铁磁材料的磁导率等物理量。

力的动力效应是指具有一定质量的物体受到力的作用时，其动量将发生变化，从而产生相应加速度的物理现象，此物理现象由牛顿第二定律描述，即 $F = ma$。

当物体质量确定后，该物体所受的力与由此产生的加速度之间，具有确定的对应关系，因此只需测出物体的加速度，就能间接测得力值。利用动力效应测力的特点是通过测量力传感器中质量块的加速度而间接获得力值。

力的测量方法从大的方面讲可分为直接比较法和通过采用传感器的间接比较法两类。在直接比较法中采用梁式天平，通过归零技术将被测力与标准质量（砝码）的重力进行平衡。直接比较法的优点是简单易行，在一定条件下可获得很高的精度（如分析天平）。这种方法基于静态重力力矩平衡，因此仅适用于作静态测量。与之相反，间接比较法采用测力传感器（force sensor），将被测力转换为其他物理量，再与标准值作比较，从而求得被测力的大小。间接法能用来作动态测量，其测量精度主要受传感器及其标定的精度所影响。

在机械工程实际中，力是机器零件、机械机构和结构最基本和最常见的工作载荷，是最基本的工作载荷物理量，又与应力（stress）、应变（strain）、弯矩、扭矩（torque moment）、功率、压力、刚度等密切相关，因此，力和扭矩的测量甚为重要。本章主要通过对它们的测量，分析其受力状况和工作状态，确定工作过程的载荷谱和某些物理现象的机理，验证设计计算结果的正确性，对发展设计理论、保证设备安全运行以及实现自动检测、自动控制等都具有重要的作用。

9.1　电阻应变计的应用

电阻应变测量是利用电阻应变计（resistance strain gauge）将被测机械量（应变）转换成电量，再经过一系列的放大与变换，得到与机械量成比例的参数或曲线，通过标定可得到被测机械量的大小。以测力为例，其测量系统与转换过程如图 9-1 所示。

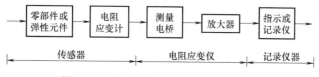

图 9-1　电阻应变测量系统与转换过程

电阻应变测量系统大致分为 3 部分，第一部分为传感器，其作用是通过机械的零部件或弹性元件将力 P 转变为应变 ε，再由电阻应变计将机械应变转变为电阻变化量 ΔR；第二部分为电阻应变仪，它将由电阻应变计组成的电桥所输出的电压信号加以放大，并以电压 ΔU 或电流 ΔI 的形式输出；第三部分为记录仪器，可以为一般的指针式仪表，也可以为光线示波器、磁带记录仪或计算机（含数据采集卡），其作用是对信号进行指示、显示、记录或分析。

9.1.1　电阻应变计的工作特性及选择

1. 电阻应变计的工作特性

在实际测量中，电阻应变计的阻值变化并不是完全由机械变形引起的，一些非测量因素，如测量时的环境温度、湿度等也会引起电阻应变计的阻值变化，其影响程度有时甚至会超过测量因素。因此，有必要分析研究电阻应变计在测量时的工作特性及其非测量因素对测量精度的影响。

（1）灵敏系数（sensitivity coefficient）　电阻应变计的灵敏系数用 K 来表示，是反映电阻应变计的电阻变化与被测试件应变关系的一个重要参数。由于影响 K 值的因素很复杂，目前尚无法用理论计算，只能由试验确定。规定的测定条件是：将电阻应变计安装在处于单向应力状态的试件表面（若采用钢质试件，其泊松比 $\mu = 0.285$），其轴线与应力方向平行，电阻应变计电阻值的相对变化 $\Delta R/R$ 与轴向应变 ε_x 的比值 $(\Delta R/R)/\varepsilon_x$ 被定义为 K。K 值一般由制造厂商给定，试验精度要求较高时，亦可用等强度梁或等弯矩梁来校验。

（2）可测应变范围　由于受电阻丝材料、基底及胶粘层性质的限制，电阻应变计所能够测量的应变大小被限制在一定范围之内。最小可测量的应变值决定于应变计的灵敏系数及测量仪器的灵敏度，常用的电阻应变仪可测量的最小应变为 $\varepsilon = 10^{-6}$，相当于钢质试件上的应力为 $\sigma = E\varepsilon = 0.196\mathrm{MPa}$。能测的最大应变值决定电阻应变计的强度、应变效应的线性范围以及粘结剂性能，一般当 $\varepsilon > 1.5\% \sim 2.0\%$ 时，会发生电阻丝和基底滑脱现象。此外，在变形较大时，$\Delta R/R = f(\varepsilon)$ 会出现明显的机械滞后现象。如当 $\varepsilon = 0.5\%$ 时，由此引起的误差可达百分之几，但该误差可用反复加载卸载的方法予以消除。

（3）温度的影响　粘贴在试件上的电阻应变计，由于测量时会受到环境温度的影响，将会导致它的电阻变化。其原因是：

1）敏感栅材料的温度效应。当温度变化 Δt 时，电阻应变计的电阻相对变化值为

$$\frac{\Delta R_1}{R} = \alpha_1 \Delta t \tag{9-1}$$

式中，α_1 为敏感栅材料的电阻温度系数。

2）零部件与电阻应变计敏感栅之间的线膨胀系数（coefficient of expansion）差异。由于零部件的线膨胀系数 $\alpha_{零}$ 与电阻应变计敏感栅材料的线膨胀系数 $\alpha_{计}$ 不同，当温度变化 Δt 时，将引起电阻应变计的电阻变化，其相对变化值为

$$\frac{\Delta R_2}{R} = \frac{K\Delta L}{L} = \frac{K[L(\alpha_{零} - \alpha_{计})\Delta t]}{L} = K(\alpha_{零} - \alpha_{计})\Delta t \tag{9-2}$$

因此，当温度变化 Δt 时，电阻应变计的电阻相对变化值为式（9-1）与式（9-2）两项之和，即

$$\frac{\Delta R_t}{R} = \frac{\Delta R_1 + \Delta R_2}{R} = [\alpha_t + K(\alpha_{零} - \alpha_{计})]\Delta t = \alpha_0 \Delta t \tag{9-3}$$

式中，α_0 为电阻应变计的电阻温度系数，$\alpha_0 = \alpha_t + K(\alpha_{零} - \alpha_{计})$。

为说明温度影响的大小，引用当量应力 σ_t 的概念，其定义为：当温度改变1℃时，引起电阻应变计的电阻变化的当量应力为

$$\sigma_t = \frac{E}{K}\frac{\Delta R_t}{R} = \frac{E}{K}\alpha_0\Delta t = \frac{E}{K}[\alpha_t + K(\alpha_{零} - \alpha_{计})]\Delta t \tag{9-4}$$

对于粘贴在钢质试件上的康铜丝电阻应变计，有 $K = 2$，$E = 0.196 \times 10^6$ MPa，$\alpha_t = 20 \times 10^{-6}$ ℃$^{-1}$，$\alpha_{零} = 11 \times 10^{-6}$ ℃$^{-1}$，$\alpha_{计} = 15 \times 10^{-6}$ ℃$^{-1}$。当 $\Delta t = 1$ ℃时，其当量应力为 $\sigma_t = 1.176$ MPa·℃$^{-1}$。这就说明温度的影响是不能忽略的，实际测量中可采用桥路补偿法或使用温度自补偿电阻应变计，以减小或消除温度变化的影响。

（4）电阻应变计的横向效应（transverse sensitivity）　普通丝式电阻应变计由于转弯处有圆弧或直线的横向部分，在测量时会产生横向效应。当电阻应变计处于任意应变场中时，其电阻变化率为

$$\Delta R/R = K_x\varepsilon_x + K_y\varepsilon_y = K_x[\varepsilon_x + (K_y/K_x)\varepsilon_y]$$
$$= K_x(\varepsilon_x + H\varepsilon_y) = K_x\varepsilon_x(1 + H\varepsilon_y/\varepsilon_x) \tag{9-5}$$

式中，K_x 为轴向灵敏系数；K_y 为横向灵敏系数；H 为电阻应变计的横向效应系数，即 $H = K_y/K_x$；ε_x 为轴向应变，当 $\varepsilon_y = 0$ 时，有

$$K_x = \frac{\Delta R/R}{\varepsilon_x};$$

ε_y 为横向应变，当 $\varepsilon_x = 0$ 时，有

$$K_y = \frac{\Delta R/R}{\varepsilon_y}。$$

（5）工作环境的影响　在实际测量时，电阻应变计往往受到水、蒸气、油以及强磁场的影响。如当空气湿度大或电阻应变计与水接触时，一方面引起胶粘层绝缘下降，使桥臂总电阻发生变化，另一方面胶粘层吸水膨胀，产生附加变形而改变电阻值，这些都会导致很大的测量误差，甚至使测量难以正常进行。因此，在现场测试中，应采取必要的防护措施。

电阻应变计的其他工作特性、试验条件及质量等级见表9-1。

表 9-1 应变计的工作特性、试验条件及质量等级

工作特性	试验条件	说　明	级别			
			A	B	C	D
电阻值	不安装、室温、无外力测定，常用值为120Ω	对标称值的偏差（±%）	1	2	5	10
		对平均值的公差（±%）	0.1	0.2	0.4	0.8
灵敏系数	安装、单向应力、轴线与应力方向重合	对平均值的相对标准差（%）	1	2	3	6
机械滞后	安装、恒温、加卸载1000$\mu\varepsilon$，指示应变之差	室温（$\mu\varepsilon$）	3	5	10	20
		极限工作温度（$\mu\varepsilon$）	10	20	30	40
蠕变	安装、恒温、加卸载1000$\mu\varepsilon$/h，指示应变随时间变化	室温（$\mu\varepsilon$）	3	5	15	20
		极限工作温度（$\mu\varepsilon$）	20	30	50	80
应变极限	安装、指示应变和真实应变相对误差为10%的真实应变	室温（k$\mu\varepsilon$）	20	10	8	6
		极限工作温度（k$\mu\varepsilon$）	8	5	3	2
绝缘电阻	安装敏感栅及引出线对试件间的电阻。用100V以下绝缘电阻测试仪测量	室温（MΩ）	5000	2000	1000	500
		极限工作温度（MΩ）	5	2	1	0.5
横向效应系数	两应变计相互垂直装在单向应变场，轴线平行或垂直ε_x	室温（%）	0.5	1	2	4
疲劳寿命	安装、恒幅交变应力，±1000$\mu\varepsilon$、20~50Hz	室温（产生脱片、断栅等）循环次数	10^7	10^6	10^5	10^4
灵敏系数随温度变化	对象：中高温应变计，以3~5℃/min升温，50~100℃测一次	极限工作温度的平均变化（%/100℃）	1	2	3	5
		每一温度下对均值的相对标准差（%）	2	3	5	10
热输出	安装、试件不受力、均匀温度场内，极限温度内升降温时的指示应变	平均热输出系数（$\mu\varepsilon$/℃）	0.5	1	2	5
		对平均热输出的标准差（$\mu\varepsilon$）	40	75	150	250
热滞后	安装、不受力、极限温度内升降温时指示应变差	每一工作温度下（$\mu\varepsilon$）	15	30	50	100
零点漂移	安装、恒温、不受力、指示应变随时间变化	极限工作温度（$\mu\varepsilon$/h）	10	25	50	150
瞬时热输出	安装、不受力、快速升、降温时的指示应变	平均热输出系数（$\mu\varepsilon$/℃）	1	1.5	2.5	4
		对平均热输出的标准差（$\mu\varepsilon$）	40	75	150	250

2. 电阻应变计的选用

（1）电阻应变计几何参数的选择 由于电阻应变计的输出是表示沿长度方向的平均应变，所以在应变场梯度大、应变波频率高时应采用小标距电阻应变计；测量平均应力时，标距可大些，而测量点应力及应力分布时，可采用小标距电阻应变计；对于混凝土、铸钢、铸铁等件，由于材质为非均匀晶体，小标距片难以反映宏观应变，这时宜采用大标距电阻应变计；一般情况下，由于小标距电阻应变计制造精度难以保证，粘贴方向不易掌握正确，需在放大镜下进行粘贴及质量检查，故标距可选大些；长期使用时，大标距电阻应变计可减少胶体的应力松弛。

（2）电阻值的选择 因电阻应变仪的桥臂电阻常按120Ω设计，故无特殊要求时，均宜选用120Ω的电阻应变计，否则应根据仪器所提供的曲线进行修正。对于不需配用电阻应变

仪的测量电路,可根据电阻应变计的允许电流、功率来选择其电阻值。

(3) 灵敏系数的选择　动态电阻应变仪通常按 $K=2$ 设计,所以一般动态测量宜选用 $K=2$ 的电阻应变计,否则应对测量结果加以修正;静态电阻应变仪多设有灵敏系数调节装置,允许使用 K 值不为2的电阻应变计,当电阻应变计与电阻应变仪 K 值相同时,测量结果不用修正。K 值越大,输出越大,有时甚至可以省去中间放大单元。为简化测量系统,可选用高 K 值电阻应变计。

(4) 应变计类型的选择　一般丝式电阻应变计的价格低、制造容易,但横向效应大,在要求不高时可以选用;短接式、箔式电阻应变计具有横向效应小、参数分散性小、精度高等优点,在重点应变测量传感器上宜采用;导体电阻应变计的体积小、频率响应好、灵敏系数高,但温度影响大,宜用在温度变化不大的场合。

(5) 基底种类的选择　纸基电阻应变计多用于70℃以下的常温测试;不同类型的胶基和浸胶纸基电阻应变计常用于150℃以下的中温和常温测试;湿度大、稳定性及精度要求高及专用传感器都应采用胶基应变计;150℃以上的高温测量多采用金属、石棉、玻璃纤维布等作为基底。

(6) 丝栅材料的选择　由于康铜的灵敏系数稳定,电阻温度系数小,所以在 $-200 \sim 300℃$ 的环境温度下所使用的电阻应变计多采用康铜制作;高温电阻应变计常采用镍铬合金、卡马合金、铂钨合金等材料;半导体电阻应变计多用P、N型锗、硅、锑化铟制成;双金属线栅温度自补偿电阻应变计可选用电阻温度系数符号相反的两种康铜、康铜-镍、康铜-镍铬合金制成。

9.1.2　电阻应变计的安装

1. 常用粘结剂的种类与性能

电阻应变计的基底材料和粘结剂的主要作用是将机械变形正确地传递给电阻敏感栅,而外界温度、湿度、油及化学物质都会影响这种传递。因此,选用合适的基底材料及粘结剂是保证在各种复杂条件下获得精确测量结果的重要手段。高性能粘结剂应具有如下特性:粘结力强、固化收缩小、弹性模量大、不吸潮、耐疲劳、耐腐蚀、绝缘性能好、蠕变小以及化学性能稳定等。常温测量中主要采用以下几种粘结剂:

(1) 氰基丙烯酸酯类粘结剂(KH501、KH502)　这种粘结剂靠吸收空气中微量水分即可在室温下短时间产生聚合反应而固化。粘结时,稍加指压数秒即可粘住,但完全固化需 $10 \sim 24h$。此胶适用于粘结各种电阻应变计,它对各种金属、玻璃、塑料(除聚乙烯、聚四氟乙烯等非极性材料外)及普通橡胶等都有很强的粘结作用。使用温度为 $-50 \sim 60℃$,这种粘结剂的缺点是保存期限短(环境温度10℃以下,保存期为半年)。

(2) 环氧树脂类粘结剂　这种粘结剂主要由环氧树脂、固化剂、增塑剂、填料组成。不同的原料配比可以得到不同性质的粘结剂。常温应变胶可用环氧树脂E42或E44、邻苯二甲酸二丁酯(增塑剂)、乙二胺(固化剂)配制,配比为100:20:(6~8),配制时需将环氧树脂加热为流态,先加入增塑剂搅拌,然后加固化剂并搅匀冷却即可使用(注意通风)。市售的914环氧树脂(常温用)粘结剂分为A、B两组,使用时按5:1体积混合均匀,约 $3 \sim 5h$ 固化即可使用。若环氧树脂中加入酚醛树脂(如J06-2)胶,亦可中温使用。环氧树脂类粘结剂粘结力强、绝缘好、固化收缩小、耐油、耐水,但耐冲击性差。

（3）酚醛树脂类粘结剂　这种粘结剂的强度高、耐热、耐潮、耐疲劳、稳定性好。当酚醛中加入有机硅、缩甲（甲乙、丁）醛或环氧树脂后，可作为中温粘结剂，工作温度为 $180 \sim 300 ℃$。这种粘结剂固化时需加热、加压并进行二次固化处理。

（4）氯仿粘结剂　这种粘结剂专用于粘结有机玻璃，其成分为三氯甲烷掺入 $3\% \sim 5\%$ 的有机玻璃粉末，搅匀后即可使用。

此外，在中高温测量中，还用聚酯树脂粘结剂、聚酰亚胺粘结剂、有机硅粘结剂、硅酸盐粘结剂、氧化物喷涂等方法安装应变计。

2. 电阻应变计的安装

使用不同的粘结剂粘贴电阻应变计时，其粘贴工艺也有所不同。现以使用常温粘结剂为例说明电阻应变计的安装过程。

（1）检查与分选电阻应变计　首先，在粘贴前要用放大镜对拟用的电阻应变计进行外观检查和阻值测量。外观检查包括查看基底和覆盖层有无破损，敏感栅有无霉斑、锈点，引线有无断丝，是否存在气泡等。若存在以上问题应剔除。

然后，用万能表或电桥测量电阻应变计的阻值并进行选配，同时剔除断路和短路的电阻应变计。阻值的测量应精确到 0.1Ω，选配的所有电阻应变计之间的阻值误差不应超过 0.3Ω，以保证后接电阻应变仪的电阻、电容的平衡调整。

（2）被测试件的表面处理　为了使电阻应变计能牢固地粘贴在被测试件上，就需要对被测试件的应变测量位置进行表面处理，表面处理的面积范围应是电阻应变计面积的 $3 \sim 5$ 倍，要求处理表面的粗糙度达到 $Ra3.2$ 以上。

首先，应除去被测试件表面上的油污、锈斑、涂料、镀层、氧化膜等，露出试件材料表面；然后，用砂布按照应变测量方向的 $45°$ 方向交叉打磨，砂布的选择视被测试件的材料而定，软质材料可选细一些（$100 \sim 150^{\#}$）的砂布，而硬质材料可选粗一些（$30 \sim 80^{\#}$）的砂布。

如果被测试件的测量部位很粗糙，可先用手持砂轮、锉刀等工具将其加工成平面，然后再用砂布打磨。

打磨完后用很细的 4H 铅笔在被测试件表面按测量方向轻轻划出细线，并先后用浸有丙酮和无水酒精的脱脂棉球对粘贴处进行多次表面清洗，直到脱脂棉球上不见任何黑迹为止，以保证后续的粘贴效果和反映被测试件的真实应变。

（3）粘贴　粘贴方法视粘结剂和电阻应变计的基底不同而定。粘贴时首先用浸有丙酮和无水酒精的脱脂棉球擦拭清洗电阻应变计的基底，晾干后分别在被测试件处理好的表面和电阻应变计的基底表面各涂上一层薄而匀的粘结剂，然后立即将电阻应变计对准试件表面的划线粘贴好，最后用一小张塑料纸（或玻璃纸，与粘结剂无粘结作用）放置其上，并用手指单方向滚压数次，其目的是挤出粘贴用的多余胶水和被测表面和电阻应变计之间的气泡，保证电阻应变计的电阻值变化反映被测试件的真实应变，干燥固化后去掉塑料。

（4）检查　首先用放大镜观察电阻应变计是否方向粘贴正确、粘贴牢固，有无气泡和褶皱扭翘，是否有断丝（引出线）现象，若不合格，按以上程序重新粘贴，若合格，再用高阻表检查电阻应变计的丝栅与被测试件之间的绝缘电阻，一般要求绝缘电阻在 $200 \sim 500M\Omega$ 以上。亦可将电阻应变计直接连接在静态电阻应变仪上，用橡皮轻压电阻应变计的丝栅，若电阻应变仪的读数改变，说明电阻应变计与被测试件之间有气泡或剥离，应予重新粘贴。

（5）组桥连线　电阻应变计的引出线应加塑料套管，使之与金属类被测试件绝缘，并将其弯曲后焊接于接线端子上。接桥导线可从接线端子引出，要求焊点光滑，不得有飞边、假焊现象。为防止导线移动，可用环氧树脂、箔条定位焊等方法以固定导线。

3. 电阻应变计与测量导线的连接

测量导线是应变测量系统的组成部分之一，起着传输应变信号的重要作用。一般要求与电阻应变计的引线有可靠的焊接，并应牢固地固定在被测试件上，在整个测量过程中不得有运动，并保证与被测试件的绝缘。测量导线一般选用屏蔽电缆，在高温环境测量时还需选用高温导线。

(1) 测量导线的焊接　测量导线与电阻应变计引线的焊接一般采用锡焊、电弧焊和电阻焊等，以锡焊最为普遍。

1) 锡焊。锡焊的钎料多采用锡铅锌或锑的共晶合金，市场有售。钎料的熔点至少应比电阻应变计的使用温度高15～20℃，市售的钎料的使用温度一般为 -70～160℃。

根据测量导线的粗细，选用的电烙铁的功率一般在20～75W。

为了保证不虚焊，测量导线和电阻应变计引线的焊接端必须除尽氧化皮、绝缘物（一般产生于放置时间较久的测量导线和电阻应变计），并用丙酮、酒精清洗。焊接要准确迅速，时间长会产生氧化物而降低焊点质量，对于箔式电阻应变计和半导体电阻应变计，还可能由于焊接时间长而导致电阻应变计引线的脱焊。焊点要丰满光滑，避免带有飞边。

2) 电弧焊。电弧焊分为直流和交流两种，都是利用短路电弧将测量导线与电阻应变计引线的接头处熔合在一起。

交流电弧焊的设备简单，如图9-2所示。在自耦变压器（0.5kW左右）输出端接出两根导线，地线接一夹子，相线接一炭精棒。焊前将测量导线焊接端打光、砸扁，然后用一段塑料管将测量导线与电阻应变计引线套在一起（若将测量导线和电阻应变计引线的焊线端拧在一起，可以取消塑料管），使它们挨紧并用夹子夹住，露出2mm左右，再用炭精棒轻碰露出的焊接端，即形成电弧。

直流电弧焊是使用可调的直流电源。炭精棒与夹子用导线分别与电源输出端连接，焊接方法与交流电弧焊相同。

3) 电阻焊。电阻焊使用的设备是小型电熔点焊机或晶闸管交流点焊机。其焊接原理是利用电流流经导体产生热量将测量导线和电阻应变计引线接触部分焊接在一起。焊前将测量导线焊接端砸扁（如果砸扁部分冷作硬化严重，可退火后再用），清洗干净。焊接时，点焊机输出端的一极接一纯铜片，将测量导线和电阻应变计引线搭在一起，如图9-3所示，点焊机的另一极压紧引线，压力适当时通电焊接。

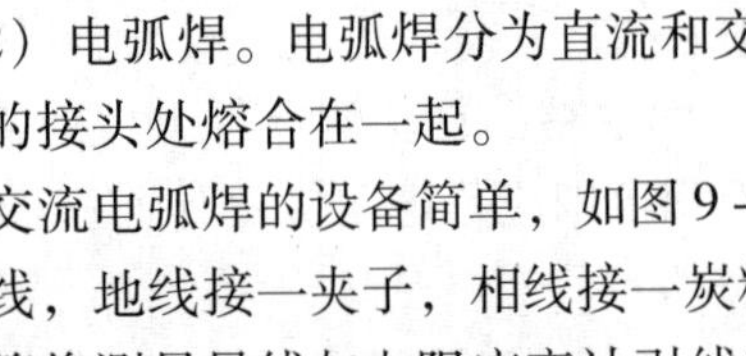

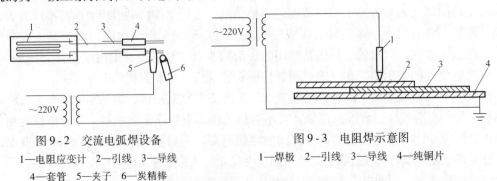

图9-2　交流电弧焊设备
1—电阻应变计　2—引线　3—导线
4—套管　5—夹子　6—炭精棒

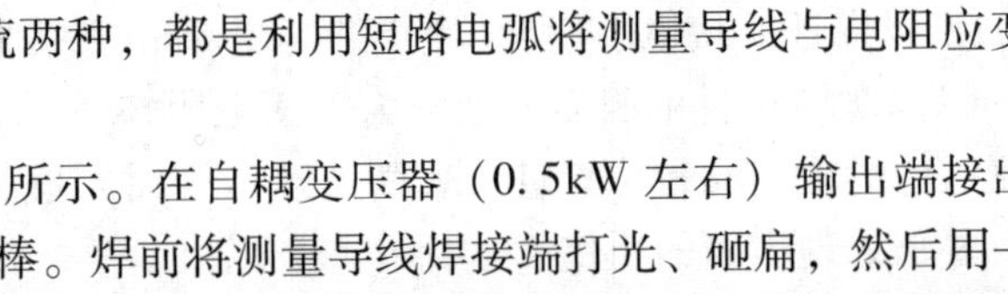

图9-3　电阻焊示意图
1—焊极　2—引线　3—导线　4—纯铜片

(2) 测量导线的固定　测量导线和电阻应变计引线焊好并初步固定后，检查通路和绝缘，然后视情况把途经被测试件的测量导线可靠固定。固定方法有用白胶布粘接、用接线端子片、胶粘和打金属卡箍等。

对于静止的被测试件上的测量导线，可视被测试件与环境条件选用上述任何一种方法固定。对于旋转的被测试件上的测量导线，则采用打金属卡箍方法比较可靠。

4. 电阻应变计的防护

粘贴好的电阻应变计必须采取防护措施，以防止因水、油、汽的侵蚀而失效，一般采用防护剂进行保护，也可采用其他方法。常用的防护剂有以下几种：

（1）合成橡胶防护剂　合成橡胶防护剂包括氯丁胶、聚硫胶和硅橡胶等。氯丁胶是用氯丁胶 100g、聚异青酸酯胶 5～10g 混合均匀即可涂用。涂胶要薄而匀，涂一层不粘手后再涂第二层，且面积逐步增大，若涂 7～8 层防水极好；氯丁胶、聚硫胶可用于 60℃ 以下温度的防水测量；硅橡胶可用于 250℃ 以下温度的防水测量。

（2）环氧树脂防潮剂　其配方比例与电阻应变计粘贴时的粘结剂的配比基本相同，使用时应适量减少固化剂的用量，914 胶可直接用于防潮涂层。

（3）凡士林　医用凡士林加热熔化并去水后，即可使用，适量加入熔点较高的松香（89～93℃）或石蜡，可以用来提高硬度和使用温度。

（4）石蜡涂层　由 45% 的石蜡、30% 的松香、15% 的凡士林及 10% 的纯机油加热熔化，搅匀后即可使用。亦可用石蜡熔化后涂覆，但效果不如前者。

9.2　应力测量

应力测量是机械量测试技术中应用最广泛的方法。其目的是掌握被测试件的实际应力大小及分布规律，进而分析机械零部件的破坏原因、寿命长短、强度储备等；验证相应的理论公式，合理安排工艺；提供生产过程或物理现象的数学模型。

应力测量可分为单向应力测量和平面应力测量两种情况，前者可用单个电阻应变计进行测量，后者一般都要采用电阻应变花进行测量。针对工程实际的具体测量问题，一般都按以下步骤进行：①对被测试件进行应力、应变分析；②确定贴片方式；③确定组桥方式；④根据测得数据进行结果计算、分析。

9.2.1　应变仪的使用

机械零部件或结构（如钢筋砌体结构等）构件的应变信号由电阻应变计转换成电阻的变化，再由测量电桥变为相应的电压或电流。由于该信号比较微弱，因此，必须对信号进行放大后，再输送给记录仪器，电阻应变仪便是为此而专门设计的。它配用专门的传感器和记录仪器，可以用来测量力、扭矩、应力、振动参数等，在工程实际中有着广泛的用途。

1. 电阻应变仪的分类

根据仪器允许测量的频率范围，电阻应变仪可分为以下几种：

（1）静态电阻应变仪　工作频率为 0Hz，用以测量机械结构、零部件在静载荷作用下的应变。若配用预调平衡箱，可进行多线测量。

（2）静动态电阻应变仪　具有静态和动态电阻应变仪的功能，静态可进行多线测量，动态的工作频率范围为 0～1500Hz，可测 1500Hz 以下的动应变或其他动载荷。

（3）动态电阻应变仪　工作频率范围为 $0 \sim 2000\text{Hz}$，可测 2000Hz 以下的动应变或其他动载荷。

（4）超动态电阻应变仪　工作频率范围为 $0 \sim 100\text{kHz}$，多用于冲击应力的测量。

此外，还有用于多点巡回检测的数字电阻应变仪和利用无线电发射接收原理制成的遥测电阻应变仪。从放大器的角度看，电阻应变仪又可分为直流放大和载波放大。直流放大式电阻应变仪的电桥采用直流供电，放大器采用差分型或调制型直流放大器。这种电阻应变仪的工作频率较高，不存在分布电容的影响，可以使用长导线，易于电阻、电容的预调平衡。但为解决零漂问题，致使其结构复杂，造价甚高。而载波放大器结构简单、性能稳定、应用广泛，但分布电容影响较大，连接导线不能太长，预调平衡较为麻烦（电阻、电容平衡均要调节）。

2. 动态电阻应变仪的结构及工作原理

这里仅介绍动态电阻应变仪的结构及工作原理。常用的载波放大动态电阻应变仪的基本结构与工作原理框图如图 9-4 所示。

动态电阻应变仪主要由电桥、放大器、振荡器、相敏检波器（phase - sensitive rectifier）、滤波器和电源等组成。其主要作用是配合电阻应变计组成电桥并对电桥的输出信号进行放大，以便推动记录仪器。

当粘贴有电阻应变计的机械零部件或结构构件受力产生变形时，测量点的应变引起电阻应变计的电阻变化，通常用来自振荡器的正弦载波信号（频率一般选在 $500 \sim 10000\,\text{Hz}$ 之间）作为电桥电源，由测量电桥对应变信号进行调制，输出一微弱的调幅波信号，送到高增益性的放大器进行放大，得到有一定功率的信号，再经过相敏检波器（由振荡器供给正弦波信号作为参考电压）检取和分辨应变信号的大小和方向，还原成带有残余载波的应变信号。动态电阻应变仪进行动态应变测量时，通过相敏检波器后面附加的低通滤波器，滤掉残余载波成分，把清晰的应变信号输送到记录仪器进行记录（或显示）。

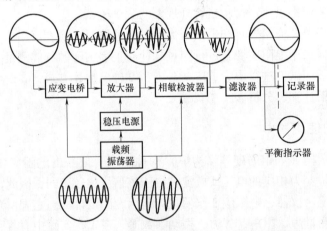

图 9-4　动态电阻应变仪的基本结构与工作原理框图

9.2.2　单向应力测量

1. 单向拉伸（压缩）

简化的单向受拉构件如图 9-5a 所示，在拉力 F 作用下，其横截面的应力是均匀分布的，而应力 $\sigma = F/A$ 为单向应力状态，A 为构件的受力截面积。因此，可沿构件表面的轴线方向粘贴电阻应变计 R_1，在温度补偿板（不受力载荷作用）上粘贴电阻应变计 R_2，将 R_1、R_2 组成半桥，如图 9-5b 所示，再连接在静态电阻应变仪的 A、B、C 3 个接线端子的旋钮上，即可测得轴向应变 ε。此时，电桥的输出电压为

$$U_{BD} = \frac{U_0}{4}\left(\frac{\Delta R_{1F} + \Delta R_{1t}}{R_1} - \frac{\Delta R_{2t}}{R_2} \right)$$

$$= \frac{U_0}{4}\frac{\Delta R_{1F}}{R_1} = \frac{U_0}{4}K\varepsilon_F \tag{9-6}$$

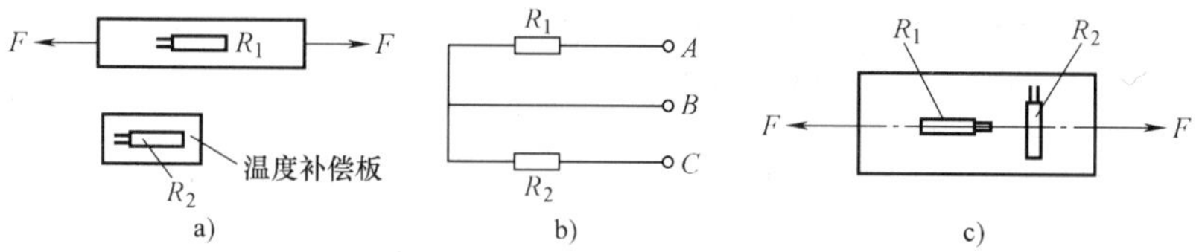

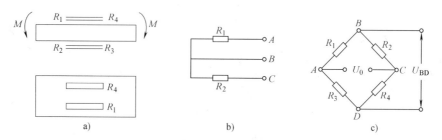

图 9-5　单向拉压下的贴片和组桥

a）简化的单向受拉构件　b）半桥方式　c）贴片方式

应当说明，这种粘贴电阻应变计（以下简称贴片）和组桥方式必须满足以下条件：工作片、补偿片完全相同；都粘贴在完全相同材料的试件上，并放在相同的温度场中，连接在相邻桥臂。因此有 $\Delta R_{1t} = \Delta R_{2t}$，静态电阻应变仪上的读数 $\varepsilon_{仪} = \varepsilon_F$，这样就消除了环境温度的影响。以下为讨论问题方便起见，凡符合以上条件者，均不再写入推导公式中。

为增加电桥输出，可采用工作片补偿法，即将工作片和补偿片都粘在受单向应力的试件上，贴片方式如图 9-5c 所示，组桥方式与前相同，此时，电桥的输出为

$$U_{BD} = \frac{U_0}{4}\left(\frac{\Delta R_1}{R_1} - \frac{\Delta R_2}{R_2} \right) = \frac{U_0}{4}K(\varepsilon_1 - \varepsilon_2)$$

$$= \frac{U_0}{4}K[\varepsilon_1 - (-\mu\varepsilon_1)] = \frac{U_0}{4}K(1+\mu)\varepsilon_1 \tag{9-7}$$

即 $\varepsilon_{仪} = (1+\mu)\varepsilon_1$，试件的实际应变 $\varepsilon_1 = \varepsilon_{仪}/(1+\mu)$。

2. 弯曲

当梁类试件受纯弯曲载荷时，如图 9-6 所示。

图 9-6　弯曲应力下的贴片和组桥

a）贴片方式　b）半桥接线图　c）全桥接线图

在弯矩 M 的作用下，其最大正应力在梁的上下表面，其值 $\sigma_{max} = M/W$，W 为抗弯截面模量。为测得弯矩 M，可将电阻应变计粘贴在梁的上、下表面的轴线上，组成半桥或全桥后，再与电阻应变仪连接，便可测得梁表面的应变值，进而求得弯矩 M。贴片方式、半桥接

线图和全桥接线图如图9-6a、b和c所示。

当接桥方式为半桥时，电桥的输出电压为

$$U_{BD} = \frac{U_0}{4}\left(\frac{\Delta R_1}{R_1} - \frac{\Delta R_2}{R_2}\right) = \frac{U_0}{4}K(\varepsilon_1 - \varepsilon_2)$$

$$= \frac{U_0}{4}K[\varepsilon_M - (-\varepsilon_M)] = \frac{U_0}{4}K(2\varepsilon_M) \qquad (9\text{-}8)$$

即 $\varepsilon_{仪} = 2\varepsilon_M$，梁的实际应变 $\varepsilon_M = \varepsilon_{仪}/2$。

当接桥方式为全桥时，电桥的输出电压为

$$U_{BD} = \frac{U_0}{4}\left(\frac{\Delta R_1}{R_1} - \frac{\Delta R_2}{R_2} - \frac{\Delta R_3}{R_3} + \frac{\Delta R_4}{R_4}\right)$$

$$= \frac{U_0}{4}K(\varepsilon_1 - \varepsilon_2 - \varepsilon_3 + \varepsilon_4)$$

$$= \frac{U_0}{4}K[\varepsilon_M - (-\varepsilon_M) - (-\varepsilon_M) + \varepsilon_M]$$

$$= \frac{U_0}{4}K(4\varepsilon_M) \qquad (9\text{-}9)$$

即 $\varepsilon_{仪} = 4\varepsilon_M$，梁的实际应变 $\varepsilon_M = \varepsilon_{仪}/4$。

弯矩 M 可由公式 $\sigma = E\varepsilon_M$，$M = W\sigma$ 得到。

3. 扭转

由材料力学知，当圆轴受扭矩作用时，将产生扭转变形，此时，圆轴的表面有最大剪应力 $\tau_{max} = T/W_n$，W_n 为抗扭截面模量，受力分析如图9-7a所示。

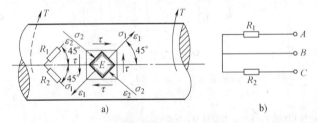

图9-7　扭矩状态下的贴片和组桥
a）受力分析　b）接桥方式

轴表面单元体 E 为纯剪应力状态，在与轴线成45°的方向上有最大正应力 σ_1、σ_2，其值为 $|\sigma_1| = |\sigma_2| = \tau_{max}$，与之对应的应变为 ε_1、ε_2，当测得应变后，便可计算出最大剪应力 τ_{max}，进而求得扭矩 T。

测量时，将电阻应变计粘贴在与轴线成45°方向的圆轴试件表面上，当接桥方式为如图11-7b所示的半桥时，组成半桥接入仪器，其点桥输出电压为

$$U_{BD} = \frac{U_0}{4}\left(\frac{\Delta R_1}{R_1} - \frac{\Delta R_2}{R_2}\right) = \frac{U_0}{4}K(\varepsilon_1 - \varepsilon_2) \qquad (9\text{-}10)$$

由于圆轴表面为平面应力状态，由材料力学知 $\varepsilon_1 = -\varepsilon_2$，因此式（9-10）改写为

$$U_{BD} = \frac{U_0}{4}K(2\varepsilon_1) \qquad (9\text{-}11)$$

即 $\varepsilon_{仪} = 2\varepsilon_1$，圆轴表面与轴线成 45°方向的实际应变为 $\varepsilon_M = \varepsilon_1 = \varepsilon_{仪}/2$，实测轴的扭矩为 $T = \tau_{\max} W_n = W_n E\varepsilon_1/(1+\mu)$。另外，贴片和组桥也可以采用全桥方式。

4. 复杂应力状态下单向应力的测量

当同时有多种载荷存在时，可以利用不同的贴片和组桥方式，达到只测一种载荷而消除其他载荷的作用。

（1）拉伸（压缩）与弯曲的组合变形　当构件受到拉伸和弯曲同时作用时，其受力状况如图 9-8 所示。

一方面，由拉力 F 引起构件的应力为 $\sigma_F = F/A$，且均匀分布于拉伸截面；另一方面，由弯矩 M 引起构件的应力为 $\sigma_M = \pm M/W$，且应力在构件的上、下表面为最大。当拉、弯同时作用时，构件上、下表面的应力、应变分别为

$$\sigma_{1,2} = \sigma_F \pm \sigma_M = F/A \pm M/W$$

$$\varepsilon_{1,2} = \varepsilon_F \pm \varepsilon_M$$

当只测弯曲引起的变形而要消除拉伸应变时，其贴片和组桥方式如图 9-8 所示。

此时，电桥的输出电压为

$$U_{BD} = \frac{U_0}{4}\Big(\frac{\Delta R_1}{R_1} - \frac{\Delta R_2}{R_2}\Big) = \frac{U_0}{4}K(\varepsilon_1 - \varepsilon_2)$$

$$= \frac{U_0}{4}K[(\varepsilon_F + \varepsilon_M) - (\varepsilon_F - \varepsilon_M)] = \frac{U_0}{4}K(2\varepsilon_M) \tag{9-12}$$

即 $\varepsilon_{仪} = 2\varepsilon_M$，实际弯曲应变 $\varepsilon_M = \varepsilon_{仪}/2$，拉伸应变已由测量电桥中自动消除。

当只测拉伸应变而消除弯曲影响时，其贴片和组桥方式如图 9-9 所示。

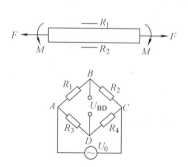
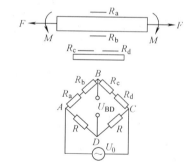

图 9-8　拉弯组合变形时测弯的贴片和组桥　　　图 9-9　拉弯组合变形时测拉的贴片和组桥

此时，电桥的输出电压为

$$U_{BD} = \frac{U_0}{4}\cdot\frac{1}{n}\Big(\sum_{i=1}^n \Delta R_i\Big)/R$$

$$= \frac{U_0}{4}\cdot\frac{1}{2}\frac{\Delta R_a + \Delta R_b}{R_1} = \frac{U_0}{4}\cdot\frac{1}{2}K(\varepsilon_a + \varepsilon_b)$$

$$= \frac{U_0}{4}\cdot\frac{1}{2}K[(\varepsilon_F + \varepsilon_M) + (\varepsilon_F - \varepsilon_M)]$$

$$= \frac{U_0}{4}K\varepsilon_F \tag{9-13}$$

即 $\varepsilon_{仪} = \varepsilon_F$，实际应变 $\varepsilon_F = \varepsilon_{仪}$。

如果采用其他贴片和组桥方式，可以得到 $\varepsilon = \varepsilon_{仪}/4$ 及 $\varepsilon = \varepsilon_{仪}/[2(1+\mu)]$ 的输出。

（2）拉伸（压缩）、弯曲和扭转的组合变形　如图9-10a所示的圆轴，受扭矩 T、弯矩 M（由横向力 q 引起）和轴向力 F 同时作用。现讨论在这3种载荷作用下，如何测量单一载荷下的变形。为了测得扭矩 T，一般都把电阻应变计粘贴在与轴线成45°的方向上。

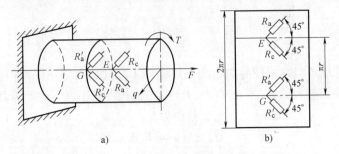

a)　　　　　　　b)

图9-10　拉、弯、扭组合变形的贴片和组桥

下面主要分析各种载荷在与轴线成45°方向上的应力应变。

在圆轴前、后面各取一单元体 G、E，并将其分解。单元体 E 和 G 可分别分解为 E_1、E_2、E_3 和 G_1、G_2、G_3，如图9-11所示。

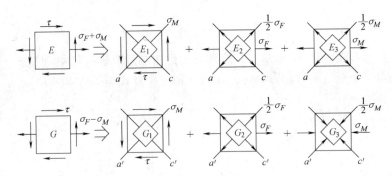

图9-11　拉、弯、扭组合变形的应力分析

E_1 为在扭矩 T 作用时的纯剪应力状态，在与轴线成45°方向截面上的应力为 $\sigma_{n45°}$，相应的应变为 $\pm\varepsilon_{n45°}$；E_2 为在拉力 F 作用时的单向应力状态，在与轴线成45°截面上的应力为 $\sigma_{F45°}$，其值为 $\sigma_{F45°} = \sigma_F/2$，相应的应变为 $\varepsilon_{F45°}$（在45°截面上，还有剪应力，因它不影响测量，故图9-11中忽略）；E_3 为弯矩 M 作用时的单向应力状态，在与轴线成 $\pm45°$ 的截面上的应力为 $\sigma_{M45°}$，其值为 $\sigma_{M45°} = \sigma_M/2$，相应的应变为 $\varepsilon_{M45°}$。在 E、G 两点与轴线成45°方向粘贴电阻应变计 R_a、R_c、R_a'、R_c'，如图9-10b所示，各电阻应变计承受的应变见表9-2。

表9-2　测点应变值

测点	应变片	45°方向变形		
		拉伸	弯曲	扭转
E	R_a	$\varepsilon_{F45°}$	$\varepsilon_{M45°}$	$\varepsilon_{n45°}$
	R_c	$\varepsilon_{F45°}$	$\varepsilon_{M45°}$	$-\varepsilon_{n45°}$
G	R_a'	$\varepsilon_{F45°}$	$-\varepsilon_{M45°}$	$\varepsilon_{n45°}$
	R_c'	$\varepsilon_{F45°}$	$-\varepsilon_{M45°}$	$-\varepsilon_{n45°}$

当只测量扭转应变而消除拉伸、弯曲影响时，组桥方式如图 9-12a 所示。此时，电桥的输出电压为

$$U_{BD} = \frac{U_0}{4}K(\varepsilon_1 - \varepsilon_2 - \varepsilon_3 + \varepsilon_4) = \frac{U_0}{4}K(\varepsilon_a - \varepsilon_c - \varepsilon_c' + \varepsilon_a')$$

$$= \frac{U_0}{4}K[(\varepsilon_{n45°} + \varepsilon_{F45°} + \varepsilon_{M45°}) - (-\varepsilon_{n45°} + \varepsilon_{F45°} + \varepsilon_{M45°}) -$$

$$(-\varepsilon_{n45°} + \varepsilon_{F45°} - \varepsilon_{M45°}) + (\varepsilon_{n45°} + \varepsilon_{F45°} - \varepsilon_{M45°})]$$

$$= \frac{U_0}{4}K(4\varepsilon_{n45°}) \tag{9-14}$$

即 $\varepsilon_仪 = 4\varepsilon_{n45°}$，与轴线成 45°方向的实际应变为 $\varepsilon_{n45°} = \varepsilon_仪/4$。

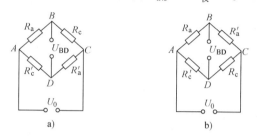

图 9-12　拉弯扭组合变形的组桥

a）只测量扭转应变　b）只测量弯曲应变

当只测量弯曲应变，而消除拉伸、扭转影响时，其贴片和组桥方式如图 9-12b 所示。此时，测量电桥的输出电压为

$$U_{BD} = \frac{U_0}{4}K(\varepsilon_1 - \varepsilon_2 - \varepsilon_3 + \varepsilon_4)$$

$$= \frac{U_0}{4}K(\varepsilon_a - \varepsilon_a' - \varepsilon_c' + \varepsilon_c)$$

$$= \frac{U_0}{4}K(4\varepsilon_{M45°}) \tag{9-15}$$

即 $\varepsilon_仪 = 4\varepsilon_{M45°}$，由 M 引起的与轴线成 45°方向的实际应变为 $\varepsilon_{M45°} = \varepsilon_仪/4$。

常用拉伸（压缩）应变测量和常用弯矩应变测量的布片组桥见表 9-3 和表 9-4。

表 9-3　拉伸（压缩）应变测量的布片组桥

受力状态简图	应变片的数量	电桥组合形式		温度补偿情况	电桥输出电压	测量项目及应变值	特　点
		电桥形式	电桥接法				
F ── R_1 ── F　R_2	2	半桥式	R_1　R_2　A　B　C	R_1 与 R_2 同温	$U_{BD} = \frac{1}{4}U_0K\varepsilon$	拉（压）应变 $\varepsilon = \varepsilon_仪$	不能清除弯矩的影响
F ── R_2 ── R_1 ── F				互为补偿	$U_{BD} = \frac{1}{4}U_0K\varepsilon(1+\mu)$	拉（压）应变 $\varepsilon = \frac{\varepsilon_仪}{1+\mu}$	输出电压提高到（1 + μ）倍，不能清除弯矩的影响

（续）

受力状态简图	应变片的数量	电桥组合形式		温度补偿情况	电桥输出电压	测量项目及应变值	特　点
		电桥形式	电桥接法				
	4	半桥式		R_1、R_2、R_1'、R_2'四片同温	$U_{BD}=\dfrac{1}{4}U_0K\varepsilon$	拉（压）应变 $\varepsilon=\varepsilon_仪$	可以清除弯矩的影响
		全桥式			$U_{BD}=\dfrac{1}{2}U_0K\varepsilon$	拉（压）应变 $\varepsilon=\dfrac{\varepsilon_仪}{2}$	输出电压提高1倍，且可清除弯矩的影响
		半桥式		互为补偿	$U_{BD}=\dfrac{1}{4}U_0K\varepsilon(1+\mu)$	拉（压）应变 $\varepsilon=\dfrac{\varepsilon_仪}{1+\mu}$	输出电压提高（1+μ）倍，且可清除弯矩的影响
		全桥式			$U_{BD}=\dfrac{1}{2}U_0K\varepsilon(1+\mu)$	拉（压）应变 $\varepsilon=\dfrac{\varepsilon_仪}{2(1+\mu)}$	输出电压提高2（1+μ）倍，且可清除弯矩的影响

表 9-4　弯矩应变测量的布片组桥

受力状态简图	应变片的数量	电桥组合形式		温度补偿情况	电桥输出电压	测量项目及应变值	特　点
		电桥形式	电桥接法				
	2	半桥式		R_2与R_1同温	$U_{BD}=\dfrac{1}{4}U_0K\varepsilon$	弯曲最大应变 $\varepsilon=\varepsilon_1$	不能清除拉伸的影响
				互为补偿	$U_{BD}=\dfrac{1}{4}U_0K\varepsilon(1+\mu)$	弯曲最大应变 $\varepsilon=\dfrac{\varepsilon_1}{1+\mu}$	输出电压提高（1+μ）倍，不能清除拉伸的影响
		半桥式		互为补偿	$U_{BD}=\dfrac{1}{2}U_0K\varepsilon$	弯曲最大应变 $\varepsilon=\dfrac{\varepsilon_1}{2}$	输出电压提高1倍，且可清除拉伸的影响
	4	全桥式		互为补偿	$U_{BD}=\dfrac{1}{2}U_0K\varepsilon(1+\mu)$	弯曲最大应变 $\varepsilon=\dfrac{\varepsilon_1}{2(1+\mu)}$	输出电压提高到2（1+μ）倍，且可清除拉伸的影响

9.2.3　平面应力状态下主应力的测量

在工程实际测量中，许多机械零部件和结构都处在平面应力状态下，下面分两种情况来讨论平面应力的测量问题。

1. 主应力方向已知的平面应力测量

在平面应力状态下，若主应力方向已知时，只需沿主应力方向粘贴两个电阻应变计，并采取温度补偿措施，如图 9 - 13a 所示，而组桥方式如图 9 - 13b 所示。通过两次测量可直接测量得到 ε_1 和 ε_2，再由胡克定律求得主应力的大小为

$$\left.\begin{array}{l} \sigma_1 = \dfrac{E}{1 - \mu^2}(\varepsilon_1 + \mu\varepsilon_2) \\[2mm] \sigma_2 = \dfrac{E}{1 - \mu^2}(\varepsilon_2 + \mu\varepsilon_1) \end{array}\right\} \tag{9 - 16}$$

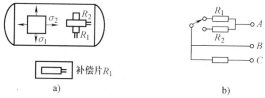

图 9 - 13　主应力方向已知的平面应力测量的布片和组桥

a）采取温度补偿　b）组桥方式

2. 主应力方向未知的平面应力测量

在平面应力状态下，若主应力方向未知，要想测取任意点 O 的主应力大小和方向，可在该点粘贴 3 个相互间有一定角度的电阻应变计，如图 9 - 14 所示。只要测取这 3 个方向的应变值 ε_a、ε_b、ε_c 后，并利用材料力学的平面应力状态下的应力与应变公式，就可以求得主应力 σ_1、σ_2 的大小和方向。

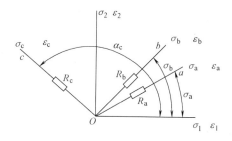

图 9 - 14　应变花实用公式的推导

在图 9 - 14 中，σ_a、σ_b、σ_c 是 a、b、c 这 3 个方向的应力，ε_a、ε_b、ε_c 为 a、b、c 这 3 个方向的应变；α_a、α_b、α_c 表示 a、b、c 这 3 个方向与主应力 σ_1 之间的夹角；图中未画出的 a'、b'、c' 这 3 个方向表示与 a、b、c 这 3 个方向互成直角。由材料力学可知，在单元体中，在与正应力 σ_x 成 α 角的任一截面上的正应力为

$$\sigma_{\mathrm{a}} = \frac{\sigma_x + \sigma_y}{2} + \frac{\sigma_x - \sigma_y}{2}\cos2\alpha + \tau_{xy}\sin2\alpha \qquad (9\text{-}17)$$

当正应力 σ_x、σ_y 分别变为主应力 σ_1、σ_2 时，则式（9-17）变为

$$\sigma_{\mathrm{a}} = \frac{\sigma_1 + \sigma_2}{2} + \frac{\sigma_1 - \sigma_2}{2}\cos2\alpha \qquad (9\text{-}18)$$

而与 α 成 $90°$ 的平面上的正应力为

$$\sigma_{\alpha+90°} = \frac{\sigma_1 + \sigma_2}{2} - \frac{\sigma_1 - \sigma_2}{2}\cos2\alpha \qquad (9\text{-}19)$$

对式（9-18）、式（9-19）两端分别应用胡克定律，经整理得

$$\left.\begin{aligned}
\varepsilon_{\mathrm{a}} + \mu\varepsilon_{\mathrm{a}'} &= \frac{(\varepsilon_1 + \varepsilon_2)(1+\mu)}{2} + \frac{(\varepsilon_1 - \varepsilon_2)(1-\mu)}{2}\cos2\alpha \\
\varepsilon_{\mathrm{a}'} + \mu\varepsilon_{\mathrm{a}} &= \frac{(\varepsilon_1 + \varepsilon_2)(1+\mu)}{2} - \frac{(\varepsilon_1 - \varepsilon_2)(1-\mu)}{2}\cos2\alpha
\end{aligned}\right\} \qquad (9\text{-}20)$$

解方程组消去 $\varepsilon_{\mathrm{a}'}$ 可得到 ε_{a}，同理求得 ε_{b}、ε_{c}，即

$$\left.\begin{aligned}
\varepsilon_{\mathrm{a}} &= \frac{1}{2}(\varepsilon_1 + \varepsilon_2) + \frac{1}{2}(\varepsilon_1 - \varepsilon_2)\cos2\alpha_{\mathrm{a}} \\
\varepsilon_{\mathrm{b}} &= \frac{1}{2}(\varepsilon_1 + \varepsilon_2) + \frac{1}{2}(\varepsilon_1 - \varepsilon_2)\cos2\alpha_{\mathrm{b}} \\
\varepsilon_{\mathrm{c}} &= \frac{1}{2}(\varepsilon_1 + \varepsilon_2) + \frac{1}{2}(\varepsilon_1 - \varepsilon_2)\cos2\alpha_{\mathrm{c}}
\end{aligned}\right\} \qquad (9\text{-}21)$$

式（9-21）为所测量的应变 ε_{a}、ε_{b}、ε_{c} 与平面应力状态下主应变 ε_1、ε_2 关系的通用式。为了制作方便、提高精度，生产电阻应变计的厂家通常把几个电阻应变计的片间角度定为 $45°$、$60°$ 和 $90°$ 等，并且，把 3 片或 4 片电阻应变计制作成为一个电阻应变花。各种电阻应变花的结构形式参见表 9-5 中的图例。

下面以 $45°$ 的电阻应变花为例，说明如何测量平面应力状态下的主应力的大小和方向。

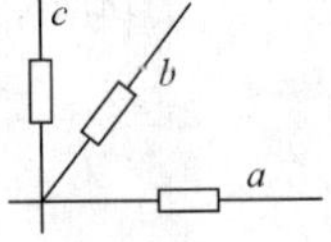

令 $\alpha_{\mathrm{a}} = \alpha$、$\alpha_{\mathrm{b}} = \alpha + 45°$、$\alpha_{\mathrm{c}} = \alpha + 90°$，如图 9-15 所示。将其代入式（9-21），可得主应变的大小和方向，即

图 9-15　$45°$电阻应
变花的结构形式

$$\left.\begin{aligned}
\varepsilon_{1,2} &= \frac{1}{2}(\varepsilon_{\mathrm{a}} + \varepsilon_{\mathrm{c}}) \pm \frac{\sqrt{2}}{2}\sqrt{(\varepsilon_{\mathrm{a}} - \varepsilon_{\mathrm{b}})^2 + (\varepsilon_{\mathrm{b}} - \varepsilon_{\mathrm{c}})^2} \\
\alpha &= \frac{1}{2}\arctan\frac{2\varepsilon_{\mathrm{b}} - \varepsilon_{\mathrm{a}} - \varepsilon_{\mathrm{c}}}{\varepsilon_{\mathrm{a}} - \varepsilon_{\mathrm{c}}}
\end{aligned}\right\} \qquad (9\text{-}22)$$

进而求得主应力的大小和方向为

$$\left.\begin{aligned}
\sigma_{1,2} &= \frac{E}{2}\left[\frac{\varepsilon_{\mathrm{a}} + \varepsilon_{\mathrm{c}}}{1-\mu} \pm \frac{\sqrt{2}}{1+\mu}\sqrt{(\varepsilon_{\mathrm{a}} - \varepsilon_{\mathrm{b}})^2 + (\varepsilon_{\mathrm{b}} - \varepsilon_{\mathrm{c}})^2}\right] \\
\alpha &= \frac{1}{2}\arctan\frac{2\varepsilon_{\mathrm{b}} - \varepsilon_{\mathrm{a}} - \varepsilon_{\mathrm{c}}}{\varepsilon_{\mathrm{a}} - \varepsilon_{\mathrm{c}}}
\end{aligned}\right\} \qquad (9\text{-}23)$$

表 9-5　各种应变花的结构形式

应变花形式\\计算公式\\需求项目	90°应变花	45°应变花	4 片 45°应变花	60°应变花	4 片 60°应变花
应变花形式					
最大主应力 σ_1	$\dfrac{E}{1-\mu^2}(\varepsilon_a+\mu\varepsilon_b)$	$\dfrac{E}{2(1-\mu)}(\varepsilon_a+\varepsilon_c)+\dfrac{E}{\sqrt{2}(1+\mu)}\times\sqrt{(\varepsilon_a-\varepsilon_b)^2+(\varepsilon_b-\varepsilon_c)^2}$	$\dfrac{E}{2}\left[\dfrac{\varepsilon_a-\varepsilon_c}{1-\mu}+\dfrac{1}{1+\mu}\times\sqrt{(\varepsilon_a-\varepsilon_c)^2+(\varepsilon_b-\varepsilon_d)^2}\right]$	$\dfrac{E}{3(1-\mu)}(\varepsilon_a+\varepsilon_b+\varepsilon_c)+\dfrac{\sqrt{2}E}{3(1+\mu)}\times\sqrt{(\varepsilon_a-\varepsilon_b)^2+(\varepsilon_b-\varepsilon_c)^2+(\varepsilon_c-\varepsilon_a)^2}$	$\dfrac{E}{2}\left[\dfrac{\varepsilon_a+\varepsilon_d}{1-\mu}+\dfrac{1}{1+\mu}\times\sqrt{(\varepsilon_a-\varepsilon_d)^2+\dfrac{4}{3}(\varepsilon_b-\varepsilon_c)^2}\right]$
最小主应力 σ_2	$\dfrac{E}{1-\mu^2}(\varepsilon_b+\mu\varepsilon_a)$	$\dfrac{E}{2(1-\mu)}(\varepsilon_a+\varepsilon_c)-\dfrac{E}{\sqrt{2}(1+\mu)}\times\sqrt{(\varepsilon_a-\varepsilon_b)^2+(\varepsilon_b-\varepsilon_c)^2}$	$\dfrac{E}{2}\left[\dfrac{\varepsilon_a-\varepsilon_c}{1-\mu}-\dfrac{1}{1+\mu}\times\sqrt{(\varepsilon_a-\varepsilon_c)^2+(\varepsilon_b-\varepsilon_d)^2}\right]$	$\dfrac{E}{3(1-\mu)}(\varepsilon_a+\varepsilon_b+\varepsilon_c)-\dfrac{\sqrt{2}E}{3(1+\mu)}\times\sqrt{(\varepsilon_a-\varepsilon_b)^2+(\varepsilon_b-\varepsilon_c)^2+(\varepsilon_c-\varepsilon_a)^2}$	$\dfrac{E}{2}\left[\dfrac{\varepsilon_a+\varepsilon_d}{1-\mu}-\dfrac{1}{1+\mu}\times\sqrt{(\varepsilon_a-\varepsilon_d)^2+\dfrac{4}{3}(\varepsilon_b-\varepsilon_c)^2}\right]$
最大剪应力 τ_{max}	$\dfrac{E}{2(1+\mu)}\varepsilon_b$	$\dfrac{\sqrt{2}E}{2(1+\mu)}\times\sqrt{(\varepsilon_a-\varepsilon_b)^2+(\varepsilon_b-\varepsilon_c)^2}$	$\dfrac{E}{2(1+\mu)}\times\sqrt{(\varepsilon_a-\varepsilon_c)^2+(\varepsilon_b-\varepsilon_d)^2}$	$\dfrac{\sqrt{2}E}{3(1+\mu)}\times\sqrt{(\varepsilon_a-\varepsilon_b)^2+(\varepsilon_b-\varepsilon_c)^2+(\varepsilon_c-\varepsilon_a)^2}$	$\dfrac{\sqrt{2}E}{2(1+\mu)}\times\sqrt{(\varepsilon_a-\varepsilon_d)^2+\dfrac{4}{3}(\varepsilon_b-\varepsilon_c)^2}$
主应力方向与 a 片方向夹角	0	$\dfrac{1}{2}\tan^{-1}\dfrac{2\varepsilon_b-\varepsilon_a-\varepsilon_c}{\varepsilon_a-\varepsilon_c}$	$\dfrac{1}{2}\tan^{-1}\dfrac{\varepsilon_b-\varepsilon_d}{\varepsilon_a-\varepsilon_c}$	$\dfrac{1}{2}\tan^{-1}\dfrac{\sqrt{3}(\varepsilon_c-\varepsilon_b)}{2\varepsilon_a-\varepsilon_b-\varepsilon_c}$	$\dfrac{1}{2}\tan^{-1}\dfrac{2(\varepsilon_c-\varepsilon_b)}{\sqrt{3}(\varepsilon_a-\varepsilon_d)}$

9.2.4　常用的测力装置

测力传感器（或测力装置）的形式很多，根据其转换原理不同，有电阻式、电感式、电容式、压磁式、压电式等类型。这些传感器的变换原理已在前面的章节论述过，这里主要介绍应用最为广泛的电阻应变式的测力传感器，并介绍基于上述变换原理的其他种类测力传感器。

1. 电阻应变式测力传感器

力的测量可以在被测对象上直接粘贴电阻应变计和组桥（见前文内容），也可以在弹性元件上粘贴电阻应变计和组桥，构成各种测力传感器。常用的弹性元件有柱式、梁式、环式、轮辐式等多种形式。电阻应变式测力传感器具有结构简单、制造方便、精度高等优点，在静态和动态测量中获得了广泛的应用。

（1）圆柱式弹性元件　圆柱式弹性元件分为实心和空心两种，如图 9-16 所示。在外力的作用下，若应力在弹性范围内，则应力和应变成正比关系，即

$$\varepsilon = \frac{\Delta l}{l} = \frac{\sigma}{E} = \frac{F}{AE} \qquad (9-24)$$

式中，F 为作用在弹性元件上的集中力（N）；E 为材料的弹性模量（Pa）；A 为圆柱的横截面积（m^2）。

圆柱的直径则根据材料的许用应力 $[\sigma]$ 来计算，保证 $F/A \leqslant [\sigma]$。

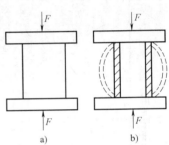

图 9-16　柱式弹性元件
a）实心圆柱　b）空心圆柱

1）实心圆柱式弹性元件。因为实心圆柱的横截面积 $A = \pi D^2/4$，所以实心圆柱式弹性元件的直径 D 为

$$D \geqslant \sqrt{\frac{4}{\pi} \frac{F}{[\sigma]}} \qquad (9-25)$$

由式（9-24）可知，若想提高灵敏度，必须减小横截面积 A。但 A 的减小受到许用应力和线性要求的限制，同时 A 的减小，对横向力干扰敏感。为此在集中力不是很大的情况测量时，多采用空心圆柱（圆筒）式弹性元件。在同样横截面积情况下，空心圆柱式弹性元件的横向刚度大，横向稳定性好。

2）空心圆柱弹性元件。根据许用应力计算，其外径必须满足

$$D \geqslant \sqrt{\frac{4}{\pi} \cdot \frac{F}{[\sigma]} + d^2} \qquad (9-26)$$

式中，D 为空心圆柱式弹性元件的外径；d 为空心圆柱式弹性元件的内径。

由材料力学可知，当高度与直径的比值 $H/D \gg 1$ 时，沿中间断面上的应力状态和变形状态与其端面上作用的载荷性质和接触条件无关。为了减少端面上接触摩擦和载荷偏心对变形的影响，一般应使 $H/D \gg 3$。但是高度 H 太大时，其弹性元件的固有频率会降低，且横向稳定性会变差。为此实心弹性元件和空心弹性元件的高度分别取

$$H \geqslant 2D + l$$

或

$$H \geqslant D - d + l \qquad (9-27)$$

式中，l 为应变片基底长度。

　　弹性元件上应变片的粘贴和电桥连接，应尽可能消除偏心和弯矩的影响，一般应将电阻应变计对称地粘贴在应力均匀的圆柱表面中部，在位置允许的条件下，桥臂上的电阻应变计 R_1 和 R_3、R_2 和 R_4 串联，且处于相对臂位置，以减小弯矩的影响。圆柱式测力传感器可以测量 $0.1 \sim 3000\mathrm{t}$ 的载荷，常用于大型轧钢设备的轧制力的测量。

　　（2）梁式弹性元件

　　1）等截面梁。弹性元件为一端固定的悬臂梁，且各处的截面相同，并在自由端作用有集中力 F，如图 9-17a 所示。

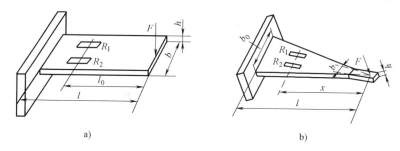

图 9-17　梁式弹性元件

a）等截面梁　b）等强度梁

　　等截面梁的宽度为 b，厚度为 h，长度为 l。当力 F 作用在自由端时，悬臂梁的固定端处截面中产生的应力最大，而自由端产生的挠度最大，在距受力点为 l_0 的上、下表面，沿 l 方向粘贴电阻应变计 R_1 和 R_3、R_2 和 R_4。在粘贴电阻应变计处的应变为

$$\varepsilon = \frac{\sigma}{E} = \frac{6Fl_0}{bh^2E} \tag{9-28}$$

　　2）等强度梁。等强度梁的结构和受力状态如图 9-17b 所示，梁的厚度为 h，长度为 l，固定端处宽度为 b_0，自由端宽度为 b。梁的截面成等腰三角形，集中力 F 作用在三角形顶点。由于悬臂梁内各横截面产生的应力是相等的，表面上任意位置的应变也相等，因此称为等强度梁。由于梁表面上的各点应变相等，故对电阻应变计的粘贴位置要求不严格。在粘贴电阻应变计处的应变为

$$\varepsilon = \frac{\sigma}{E} = \frac{6Fl}{b_0h^2E} \tag{9-29}$$

　　设计梁式弹性元件时，需根据最大载荷 F 和材料的许用应力 $[\sigma]$ 来确定梁的尺寸。梁式弹性元件制作的力传感器适于测量 $500\mathrm{kg}$ 以下的载荷，最小可测几克重的力。这种传感器结构简单、加工容易、灵敏度高，常用于小压力的测量。

　　3）双端固定梁。梁的两端都固定，中间作用有集中力 F，梁的宽度为 b，梁的厚度为 h，梁的长度为 l，电阻应变计 R_1、R_2、R_3 和 R_4 粘贴在梁的中间位置的上、下表面，则粘贴电阻应变计处的应变为

$$\varepsilon = \frac{\sigma}{E} = \frac{3Fl}{4bh^2E} \tag{9-30}$$

　　双端固定梁的结构在相同力 F 的作用下产生的挠度要比悬臂梁小。

　　（3）环式弹性元件　圆环式和八角环式弹性元件的结构、贴片和组桥方式如图 9-18

所示。

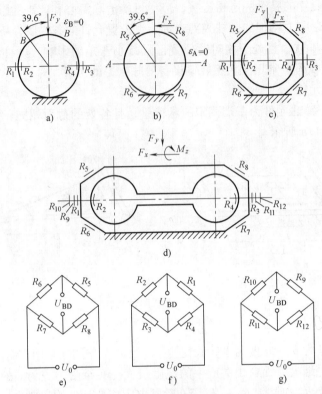

图 9-18　圆环式和八角环式弹性元件结构和组桥方式

1）圆环式。在圆环式弹性元件上施加垂直的径向力 F_y 时，圆环各处的应变不同，其中与径向力 F_y 成 39.6°处的 B 点的应变等于零，如图 9-18a 所示。在水平中心线上则有最大的应变，其应变为

$$\varepsilon = \pm \frac{3F[R - (h/2)]}{bh^2 E}(1 - 2/\pi) \tag{9-31}$$

式中，R 为圆环外径；h 为圆环壁厚；b 为圆环宽度。

将电阻应变计 R_1、R_2、R_3 和 R_4 粘贴在水平中心线上，R_1、R_3 受拉应力；R_2、R_4 受压应力。如果圆环式弹性元件的一侧固定，另一侧受到切向力 F_x 作用时，与受力点成 90°处的 A 点的应变等于零，如图 9-18b 所示。将电阻应变计 R_5、R_6、R_7 和 R_8 粘贴在与垂直中心线成 39.6°处，此时，R_5、R_7 受拉应力，R_6、R_8 受压应力。当圆环式弹性元件上同时作用有 F_x 和 F_y 时，将电阻应变计 $R_1 \sim R_4$、$R_5 \sim R_8$ 粘贴成如图 9-18c 所示的形式，并组成如图 9-18e 和图 9-18f 所示的电桥，就可以互不干扰地测量力 F_x 和 F_y。

2）八角环式。由于圆环式弹性元件不易固定，实际上常用八角环式弹性元件代替，如图 9-18c 所示。八角环元件的厚度为 h，平均半径为 r。当 h/r 较小时，零应变点在 39.6°附近。随着 h/r 值的增大，当 $h/r = 0.4$ 时，零应变点则在 45°处，因此，用八角环式弹性元件来测量力 F_x 时，电阻应变计粘贴在 45°处。图 9-18d 只是将八角环式弹性元件的上、下表面增大，并无本质差别。当测量力为 F_z（此力垂直于八角环平面）或由 F_z 形成的弯矩 M_z 时，在八角环弹性元件的水平中心线产生最大应变，电阻应变计 R_9、R_{10}、R_{11} 和 R_{12} 粘贴在

该处，方向为斜向 ±45°，并组成如图 9 - 18g 所示的测量电桥。

（4）轮辐式　通常，弹性元件受力状态可分为拉压、弯曲和剪切。前两类测力弹性元件经常采用，并且构成的测力传感器的精度和稳定性已达到一定水平，但在工程实际中，传感器的安装条件变化或受力点的移动，会引起难以估计的误差。剪切受力的弹性元件一般具有对加载方式不敏感、抗偏载、侧向稳定和外形矮等特点，而轮辐式弹性元件就具备这样的特点。轮辐式弹性元件形似带有辐条的车轮，如图 9 - 19 所示。电阻应变计沿轮辐轴线成 45°角的方向粘贴于辐条的两个侧面，辐条的宽度、厚度和长度分别为 b、h 和 l，材料的弹性模量（modulus of elasticity）及剪切弹性模量分别为 E 和 G。

由材料力学可知，在力 F 的作用下，轮辐式弹性元件的辐条的最大剪切应力及弯曲应力分别为

$$\tau_{max} = \frac{3F}{8bh} \tag{9 - 32}$$

$$\sigma_{max} = \frac{3Fl}{4bh^2} \tag{9 - 33}$$

若令 $h/l = a$，则有

$$\frac{\tau_{max}}{\sigma_{max}} = \frac{h}{2l} = \frac{a}{2} \tag{9 - 34}$$

由式（9 - 34）可知，h/l 值越大，剪切应力所占的比例就越大。在工程实际中，轮辐式弹性元件的设计应结合具体条件，进行剪切和弯曲强度的校核。为了使轮辐式弹性元件具有足够的输出灵敏度而又不发生弯曲破坏，h/l 的比值范围一般在 1.2 ~ 1.6 之间。

2. 其他测力传感器

（1）电容式测力传感器　在矩形的特殊弹性元件上，加工若干个贯通的圆孔，每个圆孔内固定两个端面平行的"丁"字形电极，每个电极上贴有铜箔，构成由多个平行板电容器并联组成的测量电路。在力 F 作用下，弹性元件变形使极板间距发生变化，从而改变电容量，如图 9 - 20 所示。

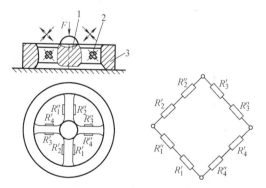

图 9 - 19　轮辐式弹性元件的结构和组桥方式
1—轮毂　2—应变片　3—轮缘

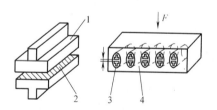

图 9 - 20　电容式测力传感器
1—绝缘物　2—导体　3—电极　4—铸件

电容式测力传感器的特点是：结构简单，灵敏度高，动态响应快，但是由于电荷泄漏难以避免，不适宜静态力的测量。

（2）压电式测力传感器　压电式测力传感器的结构如图 9 - 21 所示。其特点是：体积

小，动态响应快，但是也存在电荷泄漏问题，一般也不适宜静态力的测量。使用中应防止承受横向力和施加预紧力。

（3）压磁式测力传感器　某些铁磁性材料受到外力作用时，引起磁导率的变化，这种效应称之为压磁效应（piezomagnetic effect）。

图 9-22 是 1000t 压磁测力传感器的结构示意图，它应用于冶金、矿山、运输等部门，作为自动称重和测力装置。在使用时，通过吊环 2、传力板 4 及压环 3 对载荷的传导，使得压磁铁心 5 发生形变，磁力线分布发生变化，部分磁力线和测量绕组交链，并在测量绕组中产生感应电动势，且作用力越大，感应电动势就越大。关于压磁式传感器的具体工作原理参见第 5 章。

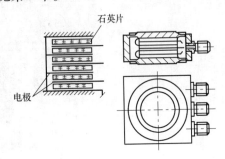

图 9-21　压电式测力传感器的结构

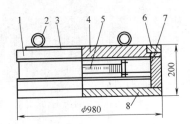

图 9-22　1000t 压磁式测力传感器的结构

1—外壳　2—吊环　3—压环　4—传力板
5—压磁铁心　6—密封圈　7—固定板　8—底座

压磁式测力传感器的特点是：硅钢材料受力面加大后，可以进行数千吨力的测量，且输出电动势较大，甚至只需滤波整流而无需放大处理，常用于大型轧钢机的轧制力的测量。工程实际测量中应防止有侧向力干扰，而破坏硅钢的叠片结构。

（4）差动变压器式测力传感器　差动变压器式测力传感器的结构示意图如图 9-23 所示。这类传感器中的弹性元件是一个薄壁圆筒（即外壳），在外力 F 作用下，变形使差动变压器的铁心介质微位移，变压器二次侧产生相应电信号。

差动变压器式测力传感器的特点是工作温度范围较宽。为了减小横向力或偏心力的影响，传感器的高径比应尽量小。

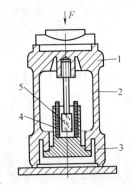

图 9-23　差动变压器式测力
传感器的结构

1—上部　2—变形部　3—下部
4—差动变压器线圈　5—铁心

9.2.5　力参数测量实例

1. 轧制力的测量

目前广泛采用两种测量轧制力的方法。第一种是通过测量基架立柱的拉伸应变测量轧制力，又称应力测量法；第二种是用专门设计的测力传感器直接测量轧制力，至于所用的变换原理及传感器形式，则有电阻应变式、轧磁式、电容式及电感式等。这里主要讨论应力测量法。

轧制时，轧机牌坊立柱产生弹性变形，其大小与轧制力成正比，所以测出轧机牌坊立柱的应变就可推算出轧制力。其测量方法如图 9-24 所示。

对于闭口牌坊，轧制时轧机牌坊立柱同时受拉伸应力 σ_P 和弯曲应力 σ_N，其应力分布图如图 9-24 所示。

由图 9-24 可见，最大应力发生在立柱内表面 $b-b$ 上，其值为

$$\sigma_{max} = \sigma_P + \sigma_N \tag{9-35}$$

最小应力发生在立柱外表面 $d-d$ 上，其值为

$$\sigma_{min} = \sigma_P - \sigma_N \tag{9-36}$$

在中性面 $c-c$，弯曲应力等于零，只有轧制力引起的拉应力 σ_P，即

$$\sigma_P = (\sigma_{max} + \sigma_{min})/2 \tag{9-37}$$

由此可见，为了测得拉伸应力，必须把应变片粘贴在轧机牌坊立柱的中性面 $c-c$ 上，以消除弯曲应力。一扇牌坊所受到拉力为

$$p_1 = 2\sigma_P A \tag{9-38}$$

式中，A 为牌坊一个立柱的横截面积。

若 4 根立柱受力条件相同，则总轧制力为

$$p = 2p_1 = 4\sigma_P A \tag{9-39}$$

2. 切削力的测量

切削力的测量是一种比较典型的多向动态力测量。切削力信号是复杂的信号，一般情况下是随机信号。图 9-25 所示的八角环形车削测力仪为典型的切削力测量装置。

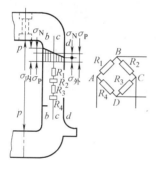

图 9-24　轧机立柱上应变片的应力分布

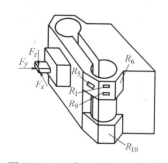

图 9-25　八角环形车削测力仪

该测力仪的弹性元件是由整体钢材加工成八角状结构，从而避免接触面间的摩擦和螺钉夹紧的影响。在八角环弹性元件的适当位置粘贴电阻应变片。测试时，将测力仪安装在刀架上，车刀安装在测力仪的前端。车削时，进给力 F_x 使八角环受到切向推力，背向力 F_y 使八角环受到压缩，主切削力 F_z 使八角环上面受拉伸、下面受压缩。对这种不同的受力情况，在八角环上适当地布置应变片就可在相互极小干扰的情况下分别测出各个切削分力。

八角环弹性元件是由圆环演变来的（如图 9-26 中的八角环上的布片和组桥），若在圆环上施加单向径向力 F_y，其各处的应变不同，其中在与作用力成 $39.6°$ 处（大约是 R_5、R_6 处）应变为零，此处称为应变节点。在水平中心线上则有最大应变，因此

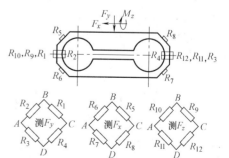

图 9-26　八角环上的布片和组桥

将应变片 $R_1 \sim R_4$ 粘贴在水平中心线上时, R_1 和 R_3 受拉应力, R_2 和 R_4 受压应力。

若测力仪受力 F_x 作用, 则应变片 R_5、R_7 受拉应力, R_6、R_8 受压应力。当圆环同时受 F_y、F_x 作用时, 把应变片 $R_1 \sim R_4$、$R_5 \sim R_8$ 组成如图 9 - 26 所示的电桥, 就可互不干扰地分别测得 F_y 和 F_x。由于八角环易于固定夹紧, 所以常用它代替圆环。八角环的应变节点位置随环的厚度与平均半径的比值不同而变化。在径向力作用下, 此比值较小时应变节点随着比值的增大, 此角度也变大。当比值为 0.4 时, 应变节点将在 45° 的位置。

当测力仪受主切削力 F_z 的作用时, 其八角环既受到垂直向下的力, 又受到由于 F_z 引起的弯矩 M_z 的作用。力与各应变片轴向垂直不起影响, M_z 测力仪上部环受到拉应力, 下部环受到压应力, 因此将应变片组成如图 9 - 26 所示电桥就可测出 F_z。

车削测力仪在结构和贴片方式上作适当的改变, 还可用于测试铣削、钻削、磨削和滚齿等加工过程中的切削力。

3. 压电式切削力测力系统

压电式切削力测力系统的核心是压电式测力传感器。根据所测切削力的类型和特征, 选择若干压电式测力传感器和弹性元件适当组合, 再配上附加构件和测量变换电路、量值指示装置或数据采集与处理系统, 即可构成各类压电式切削力测量系统。

图 9 - 27 所示为一种压电石英动态车削测力仪的结构示意图, 它用于测量主切削力 F_z (单向)。该测力仪采用整体结构, 压电式测力传感器从下方装入体内, 其上承载面与背向力 F_y 处于同一平面内, 可在一定程度上减小 F_y 对 F_z 的干扰。由于此种测力仪类似于刀架, 从而保证了测力仪所测得的力与刀具实际承受的力一致。

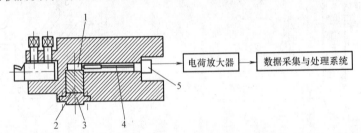

图 9 - 27 压电石英动态车削测力仪的结构示意图
1—压电式力传感器 2—分载调节柱 3—压盖 4—低噪声电缆 5—密封接头

所有的压电测力传感器在作用前都必须预加一定的载荷, 然后将其产生的电荷消除, 使传感器处于预载状态。预载的作用是消除传感器内外接触表面间的间隙, 以便获得良好的静、动态特性。借助预载可调整测力仪的线性度和灵敏度, 特别是安装有多个传感器的测力仪, 预载是实现各传感器灵敏度匹配的有效手段。预载使传感器获得足够的正压力, 可靠摩擦传递切向力, 实现对剪切力和扭矩的测量。预载多采用螺纹压紧来实现, 如图 9 - 27 中的压盖 3。当外力作用在预载后的传感器上时, 预紧件和传感器同时产生变形 x, 有

$$F = x(K_T + K_P) \tag{9 - 40}$$

式中, K_T、K_P 分别为传感器和预紧件的刚度。由此式可知, 外力 F 由传感器和预紧件共同承受, 两者的受力比等于两者的刚度比, 即所谓的分载原理。改变预紧件的刚度也就调节了两者的受力比, 所以预紧件又称为载荷调节元件, 如图 9 - 27 中的分载调节柱。通过分载调节可以改变传感器的灵敏度和量程。预载和分载往往是同时考虑的。

测力传感器在测力仪中的安装位置（即支承点）的合理选择，对提高测力系统的刚度、灵敏度和降低横向干扰都有重要作用。

9.3 扭矩的测量

作用在机器上并使其部分原件产生旋转运动的力矩或力偶称为转矩。通常，机械元件在转矩作用下会发生扭转变形，所以这时的转矩又被称为扭矩，用 M 表示。

由物理学的知识可知，力矩是一个不通过旋转中心的力对物体形成的作用，而力偶是一对大小相等、方向相反的平行力对物体的作用，所以扭矩在数值上等于力与力臂或力偶臂的乘积 $M = Fl$ ，国际计量单位为牛·米（N·m）。扭矩往往与动力机械的工作能力、能量消耗、效率、运转寿命及安全等因素紧密联系，是动力机械的一般性能试验中需测量的重要参数之一。

力矩测量在过程监测和控制中，以及在实验室对转子发动机等试验机器的转矩特性等技术指标进行运行验收试验和研究中，都有着重要的意义。

9.3.1 应变式扭矩测量的机理

旋转机械是一种常用机械，如电力行业的汽轮发电机组、冶金行业的轧钢机组、机械行业的通风机、引风机等。目前，对旋转机械转轴的静态扭矩测量和动态扭矩（即扭转振动）测量，最常用的方法是采用电阻应变计作为传感器来测量转轴的应变，进而利用材料力学的相关理论计算出作用在转轴上的扭矩。旋转机械的转轴在扭矩 M_n 的作用下，其表面任一单元面积处于纯剪切应力（τ）状态，它等效于与轴线成 $\pm 45°$ 角的主应力 σ_1 和 σ_2 。因此，沿与轴线成 $\pm 45°$ 方向粘贴电阻应变计，就可以测量出应变。转轴的受力状态、电阻应变计的粘贴与组桥方式如图 9-28 所示。

由材料力学的平面应力胡克定律公式可得

$$\sigma_1 = \frac{E}{1 - \mu^2}(\varepsilon_1 + \mu\varepsilon_2) = \frac{E\varepsilon_1}{1 + \mu}$$

$$\sigma_2 = \frac{E}{1 - \mu^2}(\varepsilon_2 + \mu\varepsilon_1) = \frac{-E\varepsilon_1}{1 + \mu}$$

或

$$\varepsilon_1 = \frac{(1 + \mu)\sigma_1}{E} = -\frac{(1 + \mu)\sigma_2}{E}$$

进而可求得作用在转轴上的扭矩 M_n 为

$$M_n = W_n\tau_{max} = W_n|\sigma_1| = \frac{W_n E\varepsilon_1}{1 + \mu} \tag{9-41}$$

式中，W_n 为抗扭截面模量（m^3）；τ_{max} 为最大剪切应力（Pa），并有 $\tau_{max} = |\sigma|$ ；μ 为泊松比。

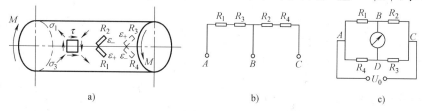

图 9-28 转轴扭矩平面应力状态

9.3.2 扭矩测量信号的传输

旋转机械的转轴应变测量的主要问题是解决其应变信号的传递。目前，主要的采集方式为有线传输和无线传输两种。

1. 有线传输方式

有线传输时，转轴的扭矩信号是通过集流器（slip ring）传输到检测仪表的。根据集流装置的结构及工作原理的不同，有线传输又分为拉线式集电装置和电刷式集电装置两种方式。

（1）拉线式集电装置 拉线式集电装置的结构如图9-29所示。

用螺栓9把两个半圆形集电环4固定在转轴1上，并随转轴一起转动，集电环与转轴不能有相对运动。在集电环的外层加工有4条沟槽（依半桥或全桥而定），槽中嵌有铍青铜或黄铜带5。铜带两端固定在集电环的两个剖分面上，其端头（也可在其他部位）焊上导线，以便与电阻应变计2、引线3连接。拉线（采用裸铜丝编织的扁线）6放置于集电环之上，并经两端的绝缘子7，用弹簧8拉紧固定。与电阻应变仪的电桥连接的导线另一端焊在拉线6上，这样，就可将电信号由拉线6引至后续的测量仪器。

拉线的包角（与水平线的夹角）视转轴的轴径而定，轴径较大时，包角小些；轴径较小时，包角大些。包角太小，接触不良；包角太大，磨损快，因摩擦生热，甚至局部熔化而造成拉线接触表面不平，一般在30°~90°之间。

（2）电刷式集电装置 电刷式集电装置可分为径向电刷式与侧向电刷式两种。

径向电刷式集电装置是在轴上安装用绝缘胶木（或尼龙）做成的集电环，然后在其4个槽内镶有铜环，其上为电刷，用弹簧片把它压紧在铜环上，如图9-30所示。在转轴上粘贴电阻应变计，组桥后的引线分别焊在4个铜环上。当电桥有信号输出时，通过铜环和电刷可以将转轴上的信号传递到电阻应变仪上。侧向电刷式集电装置在这里就不作介绍了。

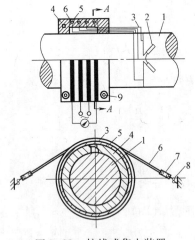
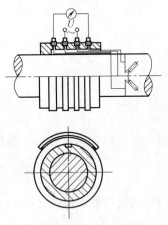

图9-29 拉线式集电装置　　　　　图9-30 电刷式集电装置

1—转轴　2—电阻应变计　3—引线　4—半圆集电环
5—铜带　6—拉线　7—绝缘子　8—弹簧　9—螺栓

2. 无线传输方式

无线传输方式是一种比较先进的转轴扭矩测量传输方式，它可以克服有线传输的缺点。

目前，这种信号传输方式得到越来越多的应用，并有取代有线传输的趋势。

无限传输方式分为电波收发方式和光电脉冲传输方式。这两种无线传输方式从使用的角度来看，都取消了中间接触环节、导线和专门的集流装置。但电波收发方式测量系统需要有可靠的发射、接收和遥测装置，且其信号容易受到干扰；光电脉冲测量则是把测量数据数字化后通过光信号无接触地从转动的测量盘传输到固定的接收器上，然后经解码器还原所需信号，这种方式的抗干扰能力较强。

9.3.3　扭矩的标定

转轴的扭矩标定就是在所测转轴上施加已知标准力矩，以求得电桥输出与力矩之间的关系，所得公式称为标定方程，所得曲线称为标定曲线。扭矩的标定方法有直接标定法和间接标定法两种。

1. 直接标定

直接标定是在现场对所测转轴施加已知力矩，并记录相应的应变输出，进而得到对应的标定方程或标定曲线。对于小轴，可把转轴一端卡住，使之没有转角位移，另一端固定一根水平放置的杠杆，在杠杆端部逐渐增加砝码的重量，形成不同的扭矩；对于大轴，可用吊车来盘轴，在吊车提升机械上安装一个测力传感器，以得到所施加的对应扭矩值。这种标定法虽然准确，但往往由于现场条件不允许进行这样的直接标定，所以多数采用间接标定。

2. 间接标定

间接标定一般采用如下方法：做一个材质与实测转轴相同且直径为 d 的小轴，在此小轴上粘贴电阻应变计并组桥，要求粘贴的电阻应变计性能、贴片工艺、组桥方法、电阻应变仪的通道（一般电阻应变仪的通道数都在四通道以上）以及其他测量仪器的通道、连接导线的长短均应与实测轴的条件完全一样。然后将标定小轴放在扭转试验机上或加载支架上，间接标定法的示意图如图 9-31 所示。

当对标定系统加一系列不同质量的砝码 3 时，通过杠杆 2，则对标定小轴 1 施加了一系列相应的扭矩，这时标定小轴就会产生对应的应变值，经电阻应变仪，并由记录仪器进行记录。若以横坐标表示作用于标定小轴上的扭矩，以纵坐标表示对应的应变值（实际是相对应的电压值），由此可得到一条标定曲线。在线性范围内，标定曲线则为一条斜线，如图 9-32 所示。

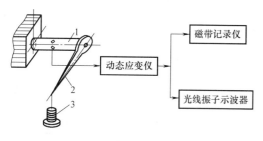

图 9-31　间接标定法示意图

1—标定小轴　2—杠杆　3—砝码

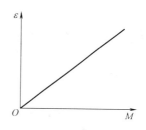

图 9-32　标定曲线

由材料力学的扭转理论和胡克定律可知：对标定小轴施加已知扭矩 $M_标$，则有

$$\tau_{标} = \frac{M_{标}}{0.2d^3} \tag{9-42}$$

同样，对实测轴有

$$\tau_{测} = \frac{M_{测}}{0.2D^3} \tag{9-43}$$

式中，$\tau_{标}$ 为标定小轴的剪切应力（N）；$\tau_{测}$ 为实测转轴的剪切应力（N）；d 为标定小轴的贴片处直径（m）；D 为实测转轴的贴片处直径（m）。

当标定小轴与实测转轴的测试条件相同，并且输出应变值也相同时，则表示该两轴各自产生的剪切应力 $\tau_{标}$、$\tau_{测}$ 相等，即 $\tau_{实} = \tau_{测}$，因而，由式（9-42）、式（9-43）可得

$$\frac{M_{标}}{0.2d^3} = \frac{M_{测}}{0.2D^3} \tag{9-44}$$

由式（9-44）可求得实测转轴的扭矩 $M_{测}$ 和标定小轴的扭矩 $M_{标}$ 之间的关系

$$M_{测} = M_{标} \left(\frac{D}{d}\right)^3 \tag{9-45}$$

由式（9-45）可知，标定小轴的标定曲线可作为实测转轴的标定曲线使用，只是将标定小轴的扭矩 $M_{标}$ 乘以 $(D/d)^3$，即为实测转轴的扭矩 $M_{测}$。

习　题

9-1　用应变片作为传感器件来测量应变、应力、弯矩、扭矩等具有什么优点？

9-2　如何选用应变片？

9-3　以单臂工作为例，说明在进行电阻应变测量时，消除温度影响的原理和条件。

9-4　转轴扭矩的测量方法有哪几种？试述采用应变原理测量转轴扭矩的原理和方法。

9-5　一等强度梁上、下表面贴有若干参数相同的应变片，如图9-33所示。

梁材料的泊松比为 μ，在力 P 的作用下，梁的轴向应变为 ε，用静态应变仪测量时，如何组桥方能实现下列读数？

1) ε；2) $(1+\mu)\varepsilon$；3) 4ε；4) $2(1+\mu)\varepsilon$；5) 0；6) 2ε

9-6　如图9-34所示，在一受拉弯综合作用的构件上贴有4个电阻应变片。试分析各应变片感受的应变，将其值填写在应变表中，并分析如何组桥才能进行下述测试：1) 只测弯矩，消除拉伸应力的影响；2) 只测拉力，消除弯矩的影响。两种情况下的电桥输出各为多少？

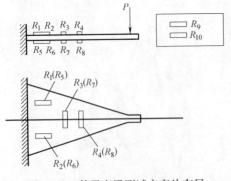

图9-33　等强度梁测试应变片布局

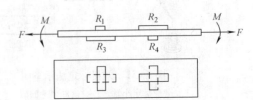

图9-34　拉弯组合试件应变片布局

9-7　用YD—15型动态应变仪测量钢柱的动应力，测量系统如图9-35所示，若 $R_1 = R_2 = 120\Omega$，圆柱

轴向应变为 $220\mu\varepsilon$，$\mu=0.3$，应变仪外接负载为 $R_{fz}=16\Omega$，试选择应变仪衰减档，并计算其输出电流大小（YD—15 型动态应变仪的参数参见表 9-6 和表 9-7）。

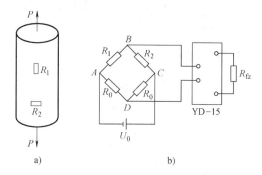

图 9-35　钢柱动应力测量系统

表 9-6　YD—15 型动态应变仪的衰减档位

衰减档位置	1	3	10	30	100
衰减档总电阻/Ω	600	600	600	600	600
衰减档用电阻/Ω	600	200	60	20	6
信号衰减比（%）	100	33	10	3.3	1
量程/$\mu\varepsilon$	±100	±300	±1000	±3000	±10000

表 9-7　YD—15 型动态应变仪输出及灵敏度

匹配电阻/Ω	12，2	16	20	50	1000
输出灵敏度/（mA/$\mu\varepsilon$）	0.25	0.093	0.025	0.01	10（mV/$\mu\varepsilon$）
满量程输出/mA	±25	±9.3	±2.5	±1	±1（V）

9-8　用一电阻应变片测量一结构上某点的应力，电阻 $R=120\Omega$，灵敏度系数 $S=2.03$ 的应变片接入电阻的一臂。若电桥由 10V 直流电源供电，测得输出电压为 5mV，求该点沿应变片敏感方向的应变和应力。构件材料的弹性模量 $E=20\times10^{10}\text{Pa}$。

9-9　用三轴 45° 应变花测得受力构件一点的应变值如下：$\varepsilon_a=-267\mu\varepsilon$，$\varepsilon_b=-570\mu\varepsilon$，$\varepsilon_c=79\mu\varepsilon$。已知材料的弹性模量 $E=1.9613\times10^5\text{MPa}$，$\mu=0.3$，试计算主应力大小和方向。

9-10　用三角形应变花测得受力构件某点的应变值如下：$\varepsilon_a=400\mu\varepsilon$，$\varepsilon_b=-250\mu\varepsilon$，$\varepsilon_c=-300\mu\varepsilon$。已知材料的弹性模量 $E=1.9613\times10^5\text{MPa}$，$\mu=0.3$，试计算主应力大小和方向。

9-11　有一扭矩标定小轴，材料的弹性模量 $E=1.9613\times10^5\text{MPa}$，$\mu=0.25$，直径 $D=30\text{mm}$，加载力臂 $l=1000\text{mm}$。若用静态应变仪全桥接线测量其应力，试问当加载 49N 时，应变仪数为多少？

9-12　用应变计测量一模拟小轴的扭矩，测量系统框图如图 9-36 所示，电桥电源电压为 15V，应变计灵敏度系数为 2.0。试在图 9-37 中表示如何布片和组桥，要求电桥的灵敏度最高并消除附加弯曲和拉、压载荷的影响。已知小轴的直径 $D=30\text{mm}$，弹性模量 $E=2\times10^5\text{MPa}$，泊松比 $\mu=0.28$；应变放大器有 1、10、100、1000 等 4 个增益档，其电压放大倍数分别为 1、10、100、1000，满量程输出为 ±5V；由 A-D 转换器和 PC 构成虚拟仪器，A-D 输入范围为 ±5V，虚拟仪器对应的显示值是 ±5000mV。

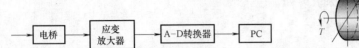

图 9 - 36　小轴扭矩测量系统框图　　　　　　图 9 - 37　小轴扭矩测量布片与组桥

　　当小轴加载扭矩为 $T = 50\text{N} \cdot \text{m}$ 时，请选择应变放大器增益档，如果把显示值标定为输入扭矩，标定系数应为多少？

　　9-13　减速器速比 $i = 3.5$，输入轴径 $d = 50\text{mm}$，输出轴直径 $D = 80\text{mm}$，利用应变计按扭矩测量方法测得输入轴应变读数 $\varepsilon_d = 700\mu\varepsilon$，输出轴应变读数 $\varepsilon_D = 540\mu\varepsilon$，两轴材料相同，布片接桥相同，求减速机的机械效率。

第 10 章 振动的测量

振动是在自然界、工程实际及人们日常生活中普遍存在的现象。在工程实际中，各种各样的机械（机器）在运行过程中总是伴随着振动。机械结构连同它的基础以及建筑结构每时每刻都处于不同程度的振动之中。例如，矿山的矿井提升机在提升过程中的振动、冶金生产用的高炉、转炉及轧钢机的振动、各行各业使用的风机在工作时的振动及管路中由流体而引起的振动等。

10.1 概述

机械振动是一种特殊的运动形式。它是指机械的零部件或整个机械结构在其平衡位置附近所作的往复运动。在大多数情况下，机械振动是有害的，它会破坏机器的正常工作，影响机械的工作性能及其寿命，导致机械零部件的过早失效破坏，甚至造成机毁人亡的灾难性事故。因此，有害的机械振动必须予以控制或消除。另一方面，也可以利用机械振动的特点来完成一些有益于工程实际和人们日常生活所需要的工作，例如振动筛、振动搅拌器、振动输送机，振动夯实机等，这时必须正确地选择振动参数，充分发挥这些机械的振动性能。

各种机器、仪器和设备，当它们处于运行状态时，由于不可避免地存在由回转件的不平衡、负载不均匀、结构刚度的各向异性、润滑不良及间隙等原因引起受力的变动、碰撞和冲击，以及由于使用、运输和外界环境条件下能量的传递、存储和释放等，都会诱发或激励机械振动。所以，任何一台运行着的机器、仪器和设备都存在着振动现象。

现代设计对各种机械提出了低振级和低噪声的要求，要求各种结构有高的抗振能力，因此有必要进行机械动力结构的振动分析或振动设计，这些都离不开振动的测量。在现代生产中，为了使设备安全运行并保证产品质量，往往需要检测设备运行中的振动信息，进行工况监测、故障诊断，这些都需要通过振动的测试和分析才能实现。

总之，机械振动的测试在生产和科研的许多方面占有重要的地位，振动测试作为一种现代技术手段，广泛应用于机械制造、建筑工程、地球物理勘探和生物医学等各种领域。

10.1.1 振动测量的内容与目的

振动测量包括两个方面的内容：一是测量机械或结构在工作状态下的振动，如其上某处的位移、速度、加速度、频率和相位等，以便了解被测对象的振动状态；二是对机械或结构施加某种激励，测量其动态特性参数，如固有频率、阻尼比（或阻尼率）、刚度和振型等参数。

振动测量的目的是：

1）分析、判断振源。

2）按国家规范和评定等级标准，进行振动测量。

3）分析振动的形态（振型等振动系统的动态特性）。

4）通过测量，以便研究减振、隔振和抗冲击的理论及材料。

5）确定作用在机械或结构上的动载荷。

6）检查其在运转时的振动特性，检验产品质量，为设计零部件提供依据。

7）校验动力学的理论计算方法（如有限元法）。

8）对运行中的机械或结构进行在线监测、故障诊断及趋势预报，以避免重大事故的发生。

10.1.2 振动测量系统的基本组成和各部分功能

一个振动测量系统的基本组成如图 10-1 所示。图中各部分的功能如下：

（1）激振设备 对被测系统的局部或整体施加某种形式的可调的激励力，使之产生预期的振动，以便测得系统的动态特性参数。使用的激振设备通常有激振器（振动台）和激振锤两类。如果被测系统本身就是一个振动系统，就不需要激振设备。

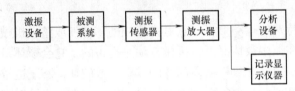

图 10-1 振动测量系统的基本组成

（2）测振传感器 测振传感器也称拾振器，是振动测量系统中的基本环节，对准确识别振动系统的动态性能至关重要。在电测法中，它将被测系统的振动参量（如位移、速度、加速度等）转变为电信号。常用的测振传感器有磁电式传感器、压电式传感器、应变式传感器和电涡流传感器等。

（3）测振放大器 它将测振传感器转换后的电信号加以放大，以便分析设备的后续分析、处理以及记录显示仪器的记录、显示、绘图等。常用的测振放大器类型有电荷放大器、电压放大器和调制型放大器等。通常在测振放大器中，还设置了微积分网络，以便用一种传感器实现多个振动参量的测量。

（4）分析设备 主要有频谱分析仪，可分为模拟式和数字式两大类。由于快速傅里叶变换（FFT）技术的出现，使频谱分析设备处理数据的速度和能力有了飞跃地发展。由于计算机的快速发展，频谱分析仪的分析功能已完全可在一台工业控制计算机上实现。

（5）记录显示仪器 根据振动测量的不同目的，可将振动测量结果以数据或图表的形式进行记录或显示。常用的记录显示仪器有示波器（oscilloscope）、磁带记录仪、绘图仪、打印机和计算机软盘等。

10.2 测振传感器

10.2.1 测振传感器的分类及原理

1. 测振传感器的分类

机械振动的测量方法一般有机械法、光学法和电测法。机械法常用于振幅大、振动频率范围窄、精度不高的场合，目前已很少使用。光学法主要用于精密测量和振动传感器的标定，适于在实验室环境采用。电测法是将机械振动量转化成电量的一种测量方法，与前两种方法相比，电测法具有使用频率宽、动态范围广、灵敏度高的特点，是当前广泛使用的一种方法。每种测量方法要采用相应的传感器。

振动测量用的传感器通常称为拾振器，它是将被测对象的机械量（即振动参数）转换成电信号的一种传感器件。测振传感器按照不同原则有不同的分类方法。一般情况下的分类方法见表 10 - 1。

相对式传感器是以空间某一固定点作为参考基准，测量物体上的某点对参考基准的相对振动。绝对式传感器是以大地为参考基准，即以惯性空间为基准测量物体相对于大地的绝对振动，又称为惯性式传感器（Inertial Transducer）。

接触式传感器有磁电式、压电式及电阻应变式等；非接触式传感器有电涡流式和光学式等。在振动测量中所用的传感器多数是磁电式、电阻应变式、压电式和电涡流式，其中以压电式最为普遍，近年来用于旋转机械振动测量的非接触式的电涡流传感器也较为普遍。

表 10 - 1　测振传感器的分类方法

分类原则	传感器名称
按测振参数分类	位移传感器
	速度传感器
	加速度传感器
按参考坐标分类	相对式传感器
	绝对式传感器
按变换原理分类	磁电式传感器
	压电式传感器
	电阻应变式传感器
	电感式传感器
	电容式传感器
	光学式传感器
按传感器与被测物关系分类	接触式传感器
	非接触式传感器

2. 惯性式传感器的力学原理

惯性式传感器属于绝对式传感器，是由质量元件、弹簧及阻尼器组成的单自由度有阻尼受迫振动系统，如图 10 - 2 所示。质量元件的质量为 m，弹簧的刚度为 k，阻尼系数为 c。振动测量时，传感器固定在被测物体上，当被测物以 $x = x_0 \cos\omega t$ 规律振动时，被测物相对基准的振动位移为 x，惯性质量元件 m 相对于传感器外壳的位移为 y，则质量元件相对于基准的位移为 $x + y$。以质量元件为研究对象，质量元件同时受有弹簧恢复力 ky，阻尼力 $c\dot{y}$ 及惯性力的作用，由牛顿第二定律得

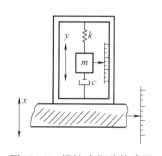

图 10 - 2　惯性式位移传感器

$$-(ky + c\dot{y}) = m(\ddot{y} + \ddot{x}) \tag{10-1}$$

或

$$m\ddot{y} + c\dot{y} + ky = -m\ddot{x} \tag{10-2}$$

将 $x = x_0\cos\omega t$ 代入式（10-2），得

$$m\ddot{y} + c\dot{y} + ky = m\omega^2 x_0\cos\omega t \tag{10-3}$$

式（10-3）表明惯性式传感器是二阶测量系统，其系统频率响应函数为

$$H(j\omega) = \frac{K\omega_n^2}{(j\omega)^2 + 2j\zeta\omega_n\omega + \omega_n^2} \tag{10-4}$$

幅频特性 $A(\omega)$ 为

$$A(\omega) = \frac{K}{\sqrt{[1 - (\omega/\omega_n)^2]^2 + 4\zeta^2(\omega/\omega_n)^2}} \tag{10-5}$$

式中，ω_n 为传感器的固有频率；K 为传感器的静态灵敏度，由式（10-3）知 $K = m\omega^2/k = \omega^2/\omega_n^2$。

相频特性 $\varphi(\omega)$ 为

$$\varphi(\omega) = -\arctan\frac{2\zeta(\omega/\omega_n)}{1 - (\omega/\omega_n)^2} \tag{10-6}$$

当测试系统输入为 $x = x_0\cos\omega t$ 时，其响应的稳态输出为 $y = y_0\cos(\omega t + \varphi)$，于是式（10-5）可写为

$$\frac{y_0}{x_0} = \frac{(\omega/\omega_n)^2}{\sqrt{[1 - (\omega/\omega_n)^2]^2 + 4\zeta^2(\omega/\omega_n)^2}} \tag{10-7}$$

可见，惯性传感器的质量元件相对于外壳的运动与被测物体运动规律一致，振幅比及相位差值由传感器的固有频率及阻尼比的大小而定。

惯性传感器根据所测振动参数的不同，其动态特性与应用条件也不相同，现具体分析如下：

（1）位移传感器（displacement transducer） 当惯性式传感器的输入为 x，输出为 y，称为位移传感器。对于位移传感器，式（10-7）就是惯性位移传感器的幅频特性（amplitude-frequency characteristic）表达式。其中幅频特性与相频特性（phase-frequency characteristic）曲线分别如图10-3和图10-4所示。

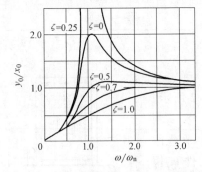

图10-3 惯性式位移传感器的幅频特性

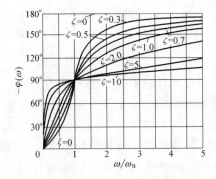

图10-4 惯性式位移传感器的相频特性

由图10-3可知，只有当 $\omega/\omega_n \gg 1$ 的情况下，才有 $y_0/x_0 \approx 1$。在 $\zeta = 0.6 \sim 0.7$ 之间的情况（亦称最佳阻尼）下，当 $\omega > 1.7\omega_n$ 时，由质量元件的相对位移能准确地测得被测振动位

移，且误差不大于 5% 。但低频段性能较差，为了能准确测到低频部分，惯性式位移传感器的固有频率设计得比较低。

由图 10-4 可知：只有当 $\zeta < 1$，$\omega \gg \omega_n$ 时，才能得到趋于 180° 的相位差。

根据以上分析，惯性式传感器在 $\omega \gg \omega_n$、$\zeta = 0.6 \sim 0.7$ 的情况下用来测量高频振动只能保证幅值精度，无法保证相位精度和多频率成分的波形不失真。

（2）速度传感器（velocity transducer） 当惯性传感器的输入为 $\dot{x}$，输出为 $\dot{y}$ 时，称为速度传感器。对于速度传感器，可将式（10-7）的分子和分母同乘以被测振动频率 ω，得

$$\frac{y_0 \omega}{x_0 \omega} = \frac{(\omega/\omega_n)^2}{\sqrt{[1 - (\omega/\omega_n)^2]^2 + 4\zeta^2 (\omega/\omega_n)^2}} \qquad (10-8)$$

此时，幅值比 $y_0\omega/(x_0\omega)$ 的物理意义为振动传感器速度的放大倍数。比较式（10-8）与式（10-7）可知：惯性式速度传感器与惯性式位移传感器有着相同的幅频特性和相频特性。故对于位移传感器的讨论也适用于速度传感器。

（3）加速度传感器（acceleration transducer） 由式（10-7）得

$$\frac{y_0}{x_0 \omega^2} = \frac{1/\omega_n^2}{\sqrt{[1 - (\omega/\omega_n)^2]^2 + 4\zeta^2 (\omega/\omega_n)^2}} \qquad (10-9)$$

若 $y_0/(x_0\omega^2)$ 为一常数，则传感器质量元件相对壳体的位移与被测振动体的加速度成正比，故称为加速度传感器。为便于分析幅频特性，将式（10-9）改写成

$$\frac{y_0 \omega_n^2}{x_0 \omega^2} = \frac{1}{\sqrt{[1 - (\omega/\omega_n)^2]^2 + 4\zeta^2 (\omega/\omega_n)^2}} \qquad (10-10)$$

加速度传感器的幅频特性曲线如图 10-5 所示。

由图（10-5）可知：当 $\omega \ll \omega_n$ 时，若取 $\zeta = 0.7$，则有 $(y_0\omega_n^2)/(x_0\omega^2) \approx 1$。此时质量元件相对壳体的位移与被测振动体的加速度成正比。

加速度传感器的相频特性曲线与位移传感器的相频特性曲线相同，如图 10-4 所示。

由于幅值不失真的条件是 $\omega \ll \omega_n$，即在 $\omega/\omega_n \ll 1$ 范围内，若取 $\zeta = 0$，则各被测谐波的相位均为零，无相位差。但这不利于迅速消除传感器弹性系统的自由振动，故无实际意义。由图 10-4 可知，当 $\zeta = 0.7$ 时，ω/ω_n 在 $0 \sim 1$ 之间的相频特性近似于一条斜直线，由此可写出

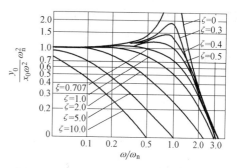

图 10-5 加速度传感器的幅频特性曲线

$$\varphi(\omega) = \frac{\pi}{2} \frac{\omega}{\omega_n} \qquad (10-11)$$

设振动信号为谐波组成的周期信号

$$x(t) = \sum_{i=1}^{\infty} x_{mi} \cos(i\omega_0 t) \qquad (10-12)$$

当信号经过传感器时，若幅值不失真，则其响应为

$$y(t) = \sum_{i=1}^{\infty} x_{mi}\cos(i\omega_0 t - \varphi_i) \qquad (10\text{-}13)$$

若将式（10-11）代入式（10-13），则得

$$y(t) = \sum_{i=1}^{\infty} x_{mi}\cos\left[i\omega_0 t - \left(\frac{\pi}{2}\cdot\frac{i\omega_0}{\omega_n}\right)\right] = \sum_{i=1}^{\infty} x_{mi}\cos(i\omega_0 t') \qquad (10\text{-}14)$$

式中，$t' = t - \pi/(2\omega_n)$。

由此，保证了原波形没有相位失真；仅是其响应值在时间上有些延迟。从而保证了复杂周期信号测量不失真。

10.2.2　常用的测振传感器

1. 磁电式速度传感器

磁电式惯性速度传感器利用电磁感应原理将质量块与壳体的相对速度 $\dot{x}(t)$ 变换为电压信号输出。

图 10-6 为动圈式速度传感器（CD—1型）的结构图。

磁钢用铝架固定在外壳上，外壳由导磁材料制成以形成磁回路。磁钢的两极和外壳之间有间隙，间隙中放有线圈架、线圈和阻尼环。线圈导线引至插座处，线圈架与阻尼环用穿过磁钢中心孔的芯杆相连，并由弹簧

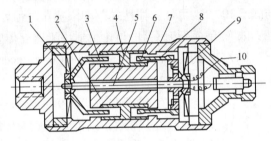

图 10-6　动圈式速度传感器（CD—1型）
1—弹簧片　2—磁钢　3—阻尼环　4—铝架　5—芯杆
6—线圈架　7—外壳　8—线圈　9—弹簧片　10—导线

片支撑在外壳上，称为传感器的活动部分。测振时将此传感器固定在被测振动体上，随之一起振动。此时，芯杆带动线圈相对于壳体振动，由于线圈切割磁力线，产生感应电动势 e，其表达式为

$$e = -Blv_r \qquad (10\text{-}15)$$

式中，B 为磁通密度（T）；l 为线圈的工作长度（m）；v_r 为线圈在磁场中的相对速度，实际上就是线圈切割磁力线的速度（m/s）。

式（10-15）也可改为有效值形式，即

$$E = -Bl\dot{x}_{rms} \qquad (10\text{-}16)$$

式中，$\dot{x}_{rms}$ 为线圈对磁场相对速度的有效值，即

$$\dot{x}_{rms} = \sqrt{\frac{1}{T}\int_0^T v_r^2 \,\mathrm{d}t}$$

传感器一般采用刚度较小的弹簧片，从结构的这一特点分析，有 $\omega \gg \omega_n$。

若被测振动体的位移为

$$x = x_m\sin\omega t$$

根据惯性式传感器的原理可知

$$x_r = x_m\sin(\omega t - \varphi)$$

因此有

$$v_r = \dot{x}_r = \dot{x}_m\cos(\omega t - \varphi)$$

所以

$$\dot{x}_{\text{rrms}} = \dot{x}$$

故

$$E = -Bl\dot{x}$$

这就说明了在结构上是位移传感器的磁电式传感器实际上是一个速度拾振器，即磁电式速度传感器的输出电动势同被测振动体的速度成正比。

动圈式速度传感器的弹簧片一般采用较小的刚度，使传感器的固有频率降低，以便扩展被测频率的下限。采用阻尼环既可增加质量元件系统的质量，又由此产生反向电动势起到阻尼作用。常见的磁电式速度传感器的技术指标参见表 10-2。

表 10-2　常见磁电式速度传感器性能

传感器型号	灵敏度/（mV·s/cm）	频率范围/Hz	最大可测位移/mm	最大可测加速度/g	尺寸/mm	测量方式
CD—1	600	10～500	±1	5	φ45×160	绝对式
CD—2	300	2～500	±1.5	10	φ50×100	相对式
CD—4A	600	2～300	±20	100	φ65×210	相对式
CD—6A	1500	1～300	±1	10	φ45×56	相对式
CD—7S	6000	0.5～20	±6	10	70×70×113	绝对式
CD—8	>20	2～500	—	—	φ20×55	非接触式
CD—21—t	280	10～1000	±1	500（冲击）	φ36×80	绝对式

动圈式速度传感器还有一种形式，即 CD—2 型，如图 10-7 所示，这是一种相对式速度传感器。其原理与 CD—1 型相同，只是在使用安装时有区别。使用时，顶杆压在被测件上，顶杆带动线圈切割磁力线产生正比于相对速度的感应电动势。这种传感器要求弹簧力必须大于线圈—顶杆的惯性力，保证正常工作时顶杆不与被测件脱开。

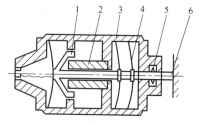

图 10-7　动圈式速度传感器（CD—2 型）
1—线圈　2—磁钢　3—壳体
4—弹簧　5—限幅器　6—顶杆

动磁式速度传感器与动圈式速度传感器的原理基本相同，其差别在于将运动的线圈改换为运动的磁钢，当壳体随被测振动体振动时，磁钢相对于壳体运动，产生感应电动势，通过引线接入测量回路中。

2. 电涡流式位移传感器

电涡流式位移传感器（eddy-current transducer）是一种非接触式测振传感器（见图 10-8），其基本原理是利用金属体在交变磁场中的电涡流效应。

在实际振动测量中电涡流传感器主要应用于位移的测量，这种传感器是由电感 L 和电容 C 组成的并联谐振回路。晶体振荡器产生 1MHz 等幅高频信号经电阻 R 加到传感器上，当 L 随传感器与转轴的间隙变化时，即振动体的位移变化时，其振动信号用 1MHz 高频载波来调制，该调制信号经高频放大、检波后输出。输出电压 u_o 与振动的位移成正比。

图 10-8 电涡流位移传感器结构框图

电涡流位移传感器的示意图如图 10-9 所示。

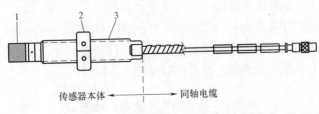

传感器本体 ← | → 同轴电缆

图 10-9 电涡流位移传感器示意图

1—探头 2—六角螺母 3—壳体罗纹

电涡流位移传感器已成系列，测量范围为 $\pm(0.5 \sim 1)$ mm，甚至更大，灵敏度约为测量范围的 0.1%。例如，MYW102 电涡流传感器外径为 8mm，它与工件的安装间隙约 1mm，线性误差为 $\pm 1\%$。

这类传感器具有线性范围大、灵敏度高、频率范围宽、抗干扰能力强、不受油污等介质影响以及具有非接触测量等特点。电涡流位移传感器属于相对式拾振器，能方便地测量运动部件与静止部件间的间隙变化。表面粗糙度对测量几乎没有影响，但表面的微裂缝和被测材料的电导率和磁导率对灵敏度有影响。电涡流位移传感器除用来测量静态位移外，还被广泛用来测量汽轮机、压缩机、电动机等旋转机械的轴系横向振动、轴向振动、转速等，在设备的状态监测与故障诊断中应用甚广。图 10-10 为电涡流位移传感器测量轴振动的示意图，图 10-11 为其轴心轨迹和两个传感器的时域波形图。轴心轨迹是指机器在给定的转速下，轴心相对于轴承座在其与轴线垂直平面内的运行轨迹，

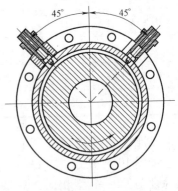

图 10-10 电涡流位移传感器
测量轴振动示意图

它为平面曲线。机器运行时若作用于转子的各种约束力在所有径向都相等，且只有其残余不平衡力作用于转轴上，这时轴心轨迹将是一个圆形。若作用于转轴上的预载荷有了变化，可能导致转轴振动加剧，并使轴心轨迹形状发生改变。因此，通过观察轴心轨迹形状的变化，就可以获得重要的机器运行信息。具体地说，轴心轨迹可用于确定转轴最大振幅值及其方向，确定转轴涡动方向及其频率，测量轴系的振型，诊断机器不平衡、不对中、油膜涡动等故障。轴心轨迹图形是由两个电涡流位移传感器获得的时域波形信号，通过前置放大器和数据采集输送给计算机，经过软件处理后得到的图形。

图 10-11 中，轴心轨迹变成长椭圆形，表示该机器已出现不对中的故障征兆，轴系不对中产生的预载力已作用于转轴上。

3. 应变式加速度计

应变式加速度计属于惯性式传感器，其结构如图 10-12 所示。它主要由壳体、质量块、

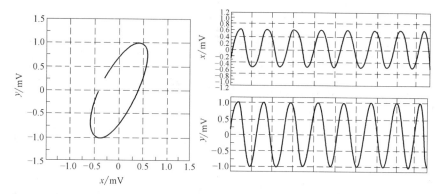

图 10 - 11　轴心轨迹和两个电涡流位移传感器的时域波形

弹性应变梁（等强度梁）和应变片组成。传感器固定在被测振动体上。当传感器受到与等强度梁相垂直方向的振动时，梁上产生的应变与振动的幅值成正比，当在 $f \ll f_n$ 及 $\zeta = 0.7$ 的条件下，梁上的应变值与传感器壳体的加速度成正比。应变值通过贴于梁上的应变计变成电阻的变化，通过电桥测量电路输出电压，则可测出振动加速度的模拟信号。为获得合适的阻尼，在传感器内部充满硅油，调节其浓度，使 ζ 在 0.7 左右。这种传感器的低频响应信号较好，适用于低频测振。如 XL110X 加速度传感器，供电电源 5 ~ 16V DC，零点偏置电压为（2.5 ±0.1）V DC，横向灵敏度 ≤3%，非线性 ≤0.5%。该系列传感器连接导线 3m，用户可根据具体需要定制量程、灵敏度、频响非标产品。

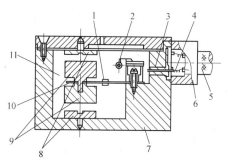

图 10 - 12　惯性应变式加速度计结构图
1—应变片　2—温度补偿电阻
3—绝缘护套　4—接线柱　5—电缆
6—压线板　7—壳体　8—保护块
9—质量块　10—应变梁　11—硅油阻尼液

4. 压电式加速度传感器

压电式加速度传感器又称为压电加速度计，它也属于惯性式传感器。它是利用某些晶体的压电效应，即压电加速度计与被测振动体一起振动时，质量块加在压电元件上的力也会随之变化。当被测振动频率远低于加速度计的固有频率时，则力的变化与被测振动体的加速度成正比。由于压电效应，在压电元件中便产生了与被测振动体的加速度成正比的电荷量。

（1）压电加速度计的结构与特点　压电加速度计主要由 3 部分组成：压电元件 P、质量快 M 和附加件，附加件包括压紧弹簧 S 和机座 B。常见的压电加速度计的结构形式如图 10 - 13 所示。

图 10 - 13a 为外缘固定型，其弹簧沿外缘与壳体紧固在一起。这种结构，因底座与壳体构成弹簧质量系统一部分，故易受外界温度与噪声的影响；图 10 - 13b 为中间固定型，其结构避免了受壳体的影响；图 10 - 13c 为倒置中间固定型，由于中心轴不直接固定于机座，因此可避免安装压电加速度计时机座的影响，但其壳体成为“弹簧”的一部分，因而它的固有频率低；图 10 - 13d 为剪切型，它是将 3 块压电材料按三角形粘贴在中心轴上，外部粘结一个质量块。当加速度方向沿轴向时，压电材料因受剪切变形而产生电荷。这种结构较好地避免了外界条件的影响，并保证了长期的稳定性和抗冲击性；图 10 - 13e 为弯曲型，它是由特殊的压电元件制成悬臂结构，使加速度计有很高的灵敏度和很低的工作频率下限值。

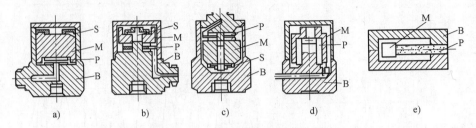

图 10-13　压电加速度计的结构形式

a) 外缘固定型　b) 中间固定型　c) 倒置中间固定型　d) 剪切型　e) 弯曲型

S—弹簧　B—基座　M—质量块　P—压电元件

（2）压电加速度计的主要特性

1）灵敏度。压电加速度计可以看成一个电荷源，也可以看成电压源。因此它的灵敏度可以用电荷灵敏度 S_q 和电压灵敏度 S_u 表示，即

$$\begin{cases} S_q = q/a \\ S_u = e_a/a \end{cases} \tag{10-17}$$

式中，q 为压电加速度计产生的电荷（C）；a 为压电加速度计所测得的加速度（m/s^2）；e_a 为压电加速度计的开路电压（mV 或 V）。

对于某一压电材料的压电加速度计，质量越大，灵敏度越高；但传感器的固有频率会下降，影响可测频率范围。

2）横向灵敏度。理想的压电加速度计只对主轴的加速度有响应输出，而对非主轴方向的加速度没有响应，但实际中并非如此。由于各种原因，加速度计的最大灵敏度轴不与主轴重合，因而在垂直于主轴的平面内的振动也会影响加速度输出，其大小用横向灵敏度表示。一般横向灵敏度不得大于轴向灵敏度的 3%。

3）频率响应特性。图 10-14 为丹麦 B&K 公司生产的各种压电加速度计在不同频率下灵敏度的变化特性曲线。对具体的压电加速度计而言，其可用范围只在特性曲线的平直段。压电加速度计的固有频率越高，则其可用范围越宽。目前可测的最低频率达 0.1Hz。常见压电加速度计性能见表 10-3。

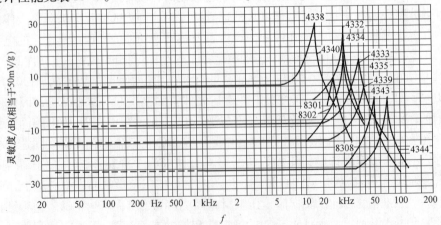

图 10-14　各种压电加速度计的典型频率特性

表 10 - 3　常见压电加速度计性能

型号	最大可测加速度/g①	灵敏度/(mv·g^{-1})	分辨率/g①	重量/g	应用及特点
350B04	5000	0.5	0.02	4.5	适用于爆破、撞击等
350B21	100000	0.05	0.3	4.4	适用于爆破、撞击、爆炸分离等
351B03	150	10	0.003	10.5	可在 -196℃的低温环境下工作
352A	5	1000	0.00004	35	高分辨率型
352C22	500	10	0.0015	0.5	微型,适用于小型结构
352C65	50	100	0.00016	2	小型、高灵敏度、高分辨率,各种用途
353B18	500	10	0.005	2	高频、小型、石英剪切,各种用途
353B33	50	100	0.0005	27	三角剪切结构,石英通用加速度传感器
353M255	2000	2.5	0.04	17.9	冲击传感器、内置滤波器、桩基检测
355B03	500	10	0.0005	10	环形
356B03	500	10	0.0002	20	3 轴、结构实验
356A40	10	100	0.0002	180（片状）	3 轴坐标传感器,汽车实验
356M41	500	10	0.001	4（方形）	3 轴、小型,模态、振动、噪声实验
393C	5	1000	0.0001	1000	超低频地震传感器,长期稳定性良好
393B31	0.5	10000	0.000001	635	超低频地震传感器,高灵敏度

①g 为重力加速度,$1g = 9.8\text{m/s}^2$。

（3）安装方法　常用的安装方法如图 10 - 15 所示。在振动测量过程中,压电加速度计需要与被测振动体有良好的接触,理论上要求传感器与被测振动体有牢固的连接,以保证随振动体一起振动,反映振动体的真实振动情况。如果在振动的垂直方向产生滑动,或者在振动方向脱离接触,都会使测量结果产生畸变,使数据无法使用。如在固定时采用固定件,相当于在传感器与被测振动体之间增加了一个弹性元件,固定件本身所产生的振动（寄生振动）也会叠加在振动信号中,增加信号的处理与分析难度。在振动测量中,首先应尽量减少不必要的固定件,最好使传感器直接固接于被测振动体上,仅在必要时才设置固定件。良好的固定连接,要求固定件的自振频率大于被测振动频率的 5 ~ 10 倍,这时可使寄生振动减小。可见压电加速度计的安装形式会直接影响振动测量结果。

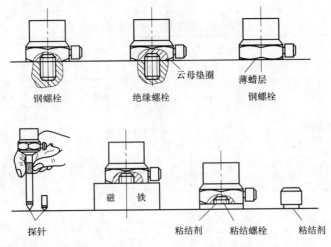

图 10-15 压电加速度计的安装方法

10.2.3 接触式测振传感器的校准

传感器出厂前及使用一定年限后，为了保证振动测量的可靠性和精确度，必须对传感器及其测量系统进行校准。传感器生产厂商对于每只传感器在出厂前都进行了检测，并给出其灵敏度等参数和频率响应特性曲线；传感器使用一定时间后，其灵敏度会发生变化，如压电材料的老化会使灵敏度每年降低 2%～5%。同样，测量仪器在使用一定时间或检修后也必须进行校准。

对于压电式加速度传感器来说，主要关心的是灵敏度和频率响应特性，对于常见的接触式传感器（如速度计、加速度计等）常用的校准方法有绝对法和相对法。

1. 绝对法

将传感器固定在校准振动台上，由正弦信号发生器经功率放大器推动振动台，用激光干涉振动仪直接测量振动台的振幅，再和被校准传感器的输出比较，以确定被校准传感器的灵敏度，这便是用激光干涉仪的绝对校准法。如常用校准仪的校准误差在 20～2000Hz 范围内为 1.5%，在 2000～10000Hz 范围内为 2.5%，在 10000～20000Hz 范围内为 5%。此方法可以同时测量传感器的频率响应。

采用激光干涉仪的绝对校准法设备复杂，操作和环境要求高，只适合计量单位和测振仪器制造厂商使用，其原理如图 10-16 所示。

传感器校准时，信号发生器发出正弦信号，通过功率放大器放大，再推动振动台的台面作上下振动，被校准的传感器安装在振动台台面上，测量反射镜贴在振动台台面或压电加速度计上。He－Ne 激光器发射出波长 $\lambda = 0.6328\mu m$ 的激光由分光镜分成两束，一束至参考反射镜，另一束至测量反射镜，这两束光再反射回到分光镜，这两束光因存在光程差而发生干涉，即出现明暗相间的干涉条纹，该干涉光束经分光镜投射到光敏元件上，将光的强弱转换为一个个电脉冲送至计数器计数，从而将振动台的振幅变为电脉冲信号。

根据光的干涉原理，振动台台面上下移动 $\lambda/2$，光程变化一个波长 λ，干涉条纹移动一条，所以根据移动条纹的计数可以测出台面振幅。再根据实测的频率可以算出传感器所经受的速度和加速度。

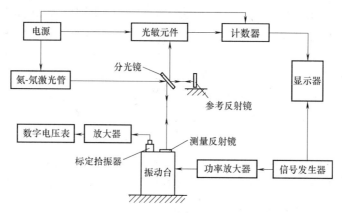

图 10 - 16　激光干涉仪的绝对校准法

振动仪器厂商常生产一种小型的、经过校准的已知振级的激振器。这种激振器只产生加速度为已知定值的几种频率的激振。它不能全面标定频率响应曲线，但可以在现场方便地核查传感器在这给定频率点的灵敏度。

2. 相对法

相对法又称为背靠背比较校准法。此法是将待校准的传感器和经过国家计量等部门严格校准过的传感器背靠背地（或仔细地并排地）安装在振动试验台上承受相同的振动，如图 10 - 17 所示。将两个传感器的输出进行比较，就可以计算出在该频率点待校准传感器的灵敏度。这时，严格校准过的传感器起着"振动标准传递"的作用，通常称为参考传感器。

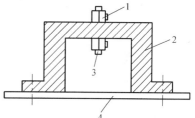

图 10 - 17　背靠背比较校准法
1—被标定传感器　2—标定支架
3—标准传感器　4—振动台面

10.3　常用的测振放大器

测振放大器是测量系统中传感器与记录仪的中间环节，其输入特性必须满足传感器的要求，而其输出特性又必须与记录仪相匹配。

测振放大器不但具有放大作用，还兼有积分、微分及滤波等功能。常用的放大器有电压放大器、电荷放大器及调制型放大器。调制型放大器主要适用于参量变化型传感器，如应变式、电磁式、电容式等。电压放大器和电荷放大器适用于发电型传感器，如压电式、磁电式等。对压电加速度计产生的电荷有两种放大形式：一种是把电荷变成电压，再放大传输，即为电压放大器；另一种是将电荷直接放大，再进行传输，即为电荷放大器。这两种放大器都是测量系统的前级放大，以便信号的传输和测量，故又称前置放大器。

10.3.1　电压放大器

电压放大器是把压电加速度计的电荷变成电压后，再进行放大，并将压电加速度计的高输出阻抗变成低输出阻抗，以便与主放大器连接。目前，通用的电压放大器的放大倍数甚小，主要起阻抗变换作用，故又称为阻抗变换器。

图 10-18 是压电加速度计与电压放大器的组合电路。图中，q_a 为压电加速度计产生的总电荷；C_a 为压电加速度计的内部电容；C_c 为连接电缆的分布电容；C_i 为电压放大器输入端的电容；R_a 为压电加速度计的内部绝缘电阻；R_i 为电压放大器输入端的电阻。

为了讨论的方便，将图 10-18 简化成如图 10-19 所示的等效电路。在图 10-19 中，C 为等效电容，$C = C_a + C_c + C_i$；R 为等效电阻，$R = R_a R_i / (R_a + R_i)$。

由图 10-18 可知，压电加速度计产生的总电荷量为

$$q_a = q_{a1} + q_{a2} = DF \tag{10-18}$$

式中，D 为压电晶体的压电系数（C/N）；F 为压电晶体受到的交变力（N）；q_{a1} 为使电容 C 充电到电压 u 的电荷（C），与电压和电容的关系为

$$u = \frac{q_{a1}}{C}$$

q_{a2} 为经电阻 R 泄漏的电荷（C），它在电阻 R 上产生电压降，其值相当于电压 u，与电压和电阻的关系为

$$u = \frac{\mathrm{d}q_{a2}}{\mathrm{d}t}R$$

将式（10-18）取微分得

$$\frac{\mathrm{d}q_a}{\mathrm{d}t} = \frac{\mathrm{d}q_{a1}}{\mathrm{d}t} + \frac{\mathrm{d}q_{a2}}{\mathrm{d}t} = D\frac{\mathrm{d}F}{\mathrm{d}t} \tag{10-19}$$

也可写成

$$C\frac{\mathrm{d}u}{\mathrm{d}t} + \frac{u}{R} = D\frac{\mathrm{d}F}{\mathrm{d}t} \tag{10-20}$$

或

$$RC\frac{\mathrm{d}u}{\mathrm{d}t} + u = RD\frac{\mathrm{d}F}{\mathrm{d}t} \tag{10-21}$$

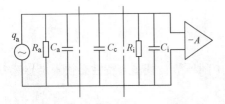

图 10-18　加速度计—电缆—电压放大器组合电路

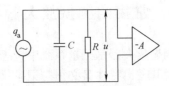

图 10-19　等效电路

若将被测信号使压电加速度计产生的周期力 $F = F_0 \sin\omega t$ 代入式（10-21），并解微分方程，可得其特解为

$$u = u_m \sin(\omega t - \varphi) \tag{10-22}$$

式中

$$u_m = \frac{DF_0\omega R}{\sqrt{1 + (\omega RC)^2}} = \frac{DF_0\omega}{\sqrt{1/R^2 + (\omega C)^2}} \tag{10-23}$$

从式（10-23）可以得出以下结论：

1）输入到放大器的电压幅值 u_m，在低频段将随被测频率的增加而增加。当 $\omega = 0$ 时，$u = 0$，因此不能进行静态测试。

2）当测量的频率 ω 足够大（$\omega C \gg 1/R$）时，有

$$u_m \approx \frac{DF_0}{C}$$

即电压放大器的输入电压 u 可以认为与频率 ω 无关，不随频率变化。

3）当测量低频振动（$\omega C \ll 1/R$）时，则

$$u_m \approx DF_0 \omega R$$

即电压放大器的输入电压 u_m 是频率的函数，随着频率的下降而下降。

通常，将下限截止频率规定为电压放大器的输入电压下降到相当于高频时的输入电压 -3dB（即 $0.707u_m$，因为 -3dB 的值等于 $20\lg(1/\sqrt{2})$）值处的频率。所谓下降到 $0.707u_m$，即

$$\frac{u_m}{DF_0/C} = \frac{\omega C}{\sqrt{1/R^2 + (\omega C)^2}} = \frac{1}{\sqrt{2}} = 0.707$$

此时，$1/R = \omega C$，即 $R\omega C = 1$。如用 $f_\text{下}$ 表示截止频率，则

$$R 2\pi f_\text{下} C = 1$$

或

$$f_\text{下} = \frac{1}{2\pi RC} \tag{10-24}$$

由式（10-24）可以看出，增大 RC（称为时间常数）的数值可以使低频工作范围加宽。但是，加大总电容量 C 势必造成传感器的灵敏度下降（因为 $e_a = q_a/C_a$，而 e_a 变小即为开路输出电动势变小）。因此，只有设法增大等效电阻 R，即最大限度增大放大器的输入电阻 R_i 和绝缘电阻 R_a。输入电阻越大，绝缘性能越好，低频响应也就越好。反之，由于传感器的漏电和放大器输入电阻上的分流作用就会产生很大的低频误差。

在实际中 R_a 与 R_i 的电阻值较大，即等效电阻 R 的值也相应较大，因此式（10-23）可改写为

$$u_m \approx \frac{DF_0}{C} = \frac{DF_0}{C_a + C_c + C_i} \tag{10-25}$$

测量时，由于测量系统已定，因而 C_a 与 C_i 为定值。而电缆的电容 C_c 则随接线电缆的种类和长度而变化；进而放大器的输入电压 u 也随之改变，造成灵敏度变化。若采用长导线电缆，则使测量的灵敏度下降。同时，使用频率下限 $f_\text{下}$ 也要变化。这些变化在实际测量中是不允许的。因此，测量时必须用一根专用的电缆（电缆的长度应尽可能的短，采用低噪声电缆），同时，配用的放大器也要相对固定，至少应使用同型号的放大器。

为避免电缆长度对加速度计灵敏度的影响，已出现一种内装超小型阻抗变换器的压电加速度计。

10.3.2　电荷放大器

电荷放大器是一种输出电压与输入电荷量成正比的前置放大器。实际上是由一个运算放大器与一个电容并联负反馈网络所组成的。图 10-20 为压

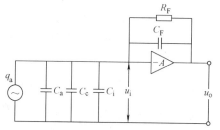

图 10-20　加速度计—电荷
放大器的等效电路

电加速度计—电荷放大器的等效电路图。

图 10-20 中 C_F 为负反馈网络的电容，A 为运算放大器的增益（即放大倍数），为推导出 u_o 的表达式，首先研究反馈电容 C_F 上的电荷量 q_F

$$q_F = C_F(u_i - u_o) = C_F\left(-\frac{u_o}{A} - u_o\right) = -C_F\left(\frac{u_o}{A} + u_o\right) \qquad (10-26)$$

而电荷放大器的输入端电压，即为电荷差在电容 $C(C_a + C_c + C_i)$ 两端上形成的电位差 u_i，即

$$u_i = \frac{q_a - q_F}{C} = \frac{q_a - q_F}{C_a + C_c + C_i} \qquad (10-27)$$

将式（10-26）代入式（10-27），经整理得

$$u_o = -\frac{Aq_a}{C_a + C_c + C_i + (1+A)C_F} \qquad (10-28)$$

因为电荷放大器是高增益的，即 $A \gg 1$，所以 $(1+A)C_F \gg (C_a + C_c + C_i)$，则有

$$u_o \approx \frac{-Aq_a}{(1+A)C_F} \approx -\frac{q_a}{C_F} \qquad (10-29)$$

由此可见，电荷放大器的输出电压与压电加速度计产生的电荷量 q_a 成正比，与负反馈网络的电容 C_F 成反比，而与连接电缆的分布电容无关。因此在长距离（电缆较长）测量或经常要改变输入电缆长度时，采用电荷放大器是很有利的。

电荷放大器的下限截止频率 f_F 主要取决于负反馈网络的参数。为使运算放大器的工作稳定，常在负反馈网络中跨接一个电阻 R_F，根据电路方程可得电荷放大器的输出电压与压电加速度计产生的电荷量的关系为

$$u_o \approx -\frac{q_a}{C_F + \dfrac{G_F}{j\omega}} \qquad (10-30)$$

式中，$j\omega$ 为频率的复数形式；G_F 为负反馈网络的电导，是负反馈网络的电阻 R_F 的倒数。

由式（10-30）可以知道：实际电荷放大器的输出电压不仅取决于压电加速度计产生的电荷量和负反馈网络的参数，还与信号的频率有关。当信号频率越低时，G_F 项越不易忽略。若使 $|G_F/\omega| = |C_F|$，则有

$$u_o = -\frac{q_a}{C_F} \times \frac{1}{\sqrt{2}}$$

即输出电压下降到理想状态 q_a/C_F 的 $1/\sqrt{2}$，亦即下降到半功率点（因为功率的比等于电压的平方比，故电压比为 $1/\sqrt{2}$ 时，功率比为 $1/2$，即功率比理想状态时减少一半，故称半功率点）处。这时，对应的频率称为电荷放大器的下限截止频率，即

$$f_F = \frac{1}{2\pi \dfrac{C_F}{G_F}} = \frac{1}{2\pi R_F C_F} \qquad (10-31)$$

最好的电荷放大器可以做到 $f_F = 0.003\,\mathrm{Hz}$。电荷放大器的频率上限，主要取决于运算放大器的影响。

由于电荷放大器是一种精密的仪器，因此使用时必须严格地按照说明书的规定使用和保

养。一般要注意以下几点：

1）电荷放大器的输入端不能直接接入诸如磁电式传感器、信号发生器或直流电压等类的电压信号。

2）由于电荷放大器的输入端绝缘电阻要求很高，因此要保持输入插座及电缆插头的清洁与干燥，甚至不允许用手触摸。

3）由于电荷放大器的输入阻抗极高，因此千万不能在仪器接通电源后再装卸输入插头，以免损坏仪器，仪器的输出端也不能短接。

4）虽说电荷放大器不受连接电缆的限制，但这只是在理想的情况下，因此输入端的连接电缆也不宜过长。

5）要合适地选择上、下限频率范围（根据被测振动体的振动频率范围），这样有助于减少噪声和干扰。

从以上分析可以看出，电压放大器和电荷放大器各自都具有一定的特点。电压放大器受连接电缆长度的影响，低频特性也要受到输入电阻的影响，但它的结构简单、价格低廉、性能可靠，因此，适用于一般频率范围内的振动测量；而电荷放大器的输出电压不受电缆长度的影响（也不宜过长），低频特性也很少受到输入电阻的影响，下限截止频率几乎可达零，但它的结构复杂、价格贵、使用要求较严格。

在振动测试中，由于位移、速度、加速度具有微积分关系，所以只要测试其中一个参量，就可通过微积分电路转换得到其余两个参量。最常见的是阻容式微积分网络。

10.4　振动的激励与激振器

在振动测量和机械故障诊断中，对于各种振动量的测量大多数是在现场已经产生振动的机器上进行的，即测定机器各部位产生振动量的大小及它的频率或频谱图，以及自、互相关函数等，进而可以了解机器产生振动的原因或传递特性。这时不需要对机器进行激振（例如另外给机器或零部件施加频率连续可调的简谐激振力）。但是，为了了解机器的动力特性（例如系统固有频率、振型、刚度和阻尼等）、耐振寿命、工作的可靠性，以及对传感器和测振系统的校准等，则必须对机器或模型进行激振试验。所以说，对某些机械或零部件及结构进行激振也是振动测量中的重要环节之一，而激振设备必然是振动测量中不可缺少的重要工具。根据振动测量的要求不同，激振设备可分成激振器和振动台两种。前者是将激振器装在另外的物体上，由激振器产生一定频率和大小的激振力，作用于试验对象的某一局部区域上，使试验对象产生受迫振动；后者是将试验对象置于振动台的台面上，由台面提供一定频率、振幅的振动。

10.4.1　振动的激励

在振动试验中需要对被测系统进行振动激励。振动的激励通常可分为稳态正弦激振、随机激振和瞬态激振。

1. 稳态正弦激振

稳态正弦激振是最普遍的激振方法。它是对被测对象施加一个稳定的单一频率的正弦激振力，并测定振动响应和正弦激振力的幅值比与相位差。为测得整个频率范围中的频率响应，必须改变激振力的频率，这一过程称为扫频或扫描。值得注意的是必须采用足够缓慢的扫描速度，以保证被测对象处于稳态振动之中，对于小阻尼系统，尤其应该注意这一点。

稳态正弦激振通常采用模拟的测量仪器，如传递函数分析仪、以小型计算机和 FFT 为核心的频谱分析仪和数据处理机。

2. 随机激励

随机激励一般用白噪声或伪随机信号发生器作为信号源，是一种宽带激振的方法。它使被测对象在一定频率范围内产生随机振动。与频谱分析仪相配合，获得被测对象的频率响应。随机激振系统可实现快速的在线测量，但其设备复杂、价格昂贵。

3. 瞬态激振

瞬态激振也属于宽带激振法。目前常用的方法如下：

（1）快速正弦扫描激振　这种方式的激振信号频率在扫描周期 T 中呈线性地增大，但幅值保持不变。激振函数为

$$\begin{cases} f(t+T) = f(t) \\ f(t) = \sin 2\pi(at+b)t \end{cases} \qquad 0 < t < T \qquad (10\text{-}32)$$

式中，系数 $a = (f_{max} - f_{min})/T$；$b = f_{min}$。

激振信号的上、下限频率 f_{max}、f_{min} 及扫描周期 T 都根据振动试验要求而定。激振函数 $f(t)$ 有着与正弦函数相似的表达式，但因频率不断变化，所以并非正弦激振而属于瞬态激振。

（2）脉冲激振　脉冲激振是最方便，也是最常用的一种激振方法。所用的激振设备也最简单。可由一把装有压电式力传感器的锤子来实现，该锤子称为激振锤，又称脉冲锤或力锤，其结构示意图如图 10-21 所示。锤头 4 与锤体 1 之间装有压电式力传感器 3，有的还在锤的顶部装有一个可以更换的配重 2。

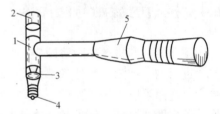

图 10-21　激振锤的结构示意图
1—锤体　2—配重　3—压电式力传感器
4—锤头　5—手柄

脉冲激振时，一个重要的问题是应设法控制其激振力所包含的频率分量的频率范围。为了使响应有足够宽的频率范围，能包括机械或结构中感兴趣的高频成分，则激振的持续时间就应该短一些。通常，希望激振时间比高阶模态的周期短。但是，持续时间太短，由于能量水平太低又激不起所需要的模态，影响响应的测量。另外，激振力的大小又取决于激起各阶模态所需要的能量水平，而过大的激振力对轻小机械或结构可能造成局部的非线性现象。因此，在用激振锤敲击被测量的机械或结构时，其敲击力的大小及脉冲的持续时间 τ 的长短决定了测量结果的好坏。通常，测量者需要通过一定时间的操作训练才能掌握。当要求所激起的响应偏于低频范围时，则持续时间应当稍长一些。

为了改变激振的持续时间，激振锤的锤头可以用不同硬度的材料制作，如橡胶、塑料（或尼龙）、铝或钢等。材料的硬度越大，敲击的持续时间就越短，测量的频率范围就越宽。

（3）阶跃激振　阶跃激振的激振力来自一根刚度大、重量轻的弦。试验时，在激振点

处，由力传感器将弦的张力施加于试件上，使之产生初始变形，然后突然切断张力弦，因此相当于对试件施加一个负的阶跃激振力。阶跃激振属于宽带激振，在电力行业的输电塔结构和建筑行业的建筑结构的振动测量中被普遍应用。

10.4.2　激振器

激振器（vibration generator）是对被测对象施加某种预定要求的激振力，激起被测对象的受迫振动的装置。激振器应该在一定频率范围内提供波形良好、幅值足够的交变力和一定的稳定力。此外，激振器应尽量体积小、重量轻。常用的激振器有电动式、电磁式和电液式3 种。

1. 电动式激振器

电动式激振器的结构如图 10 - 22 所示。它由弹簧、壳体、磁钢、顶杆、磁极板、铁心和驱动线圈等部分组成。驱动线圈和顶杆相固连，并由弹簧支撑在壳体上，使驱动线圈正好位于磁极所形成的高磁通密度的气隙中。当驱动线圈有交变电流通过时，线圈受电动力作用，力通过顶杆传给试件，即为所需激振力。

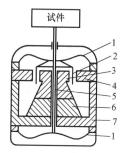

图 10 - 22　电动式激振器的结构
1—弹簧　2—驱动线圈　3—铁心
4—磁极板　5—顶杆
6—磁钢　7—壳体

电动式激振器的安装如图 10 - 23 所示。图 10 - 23a 适用于高频率的垂直激振，它采用软弹簧将激振器悬挂起来，并在激振器上加以适当的配重，以降低悬挂系统的固有频率。实践表明，当降低为激振频率的 1/3 时，认为激振器运动部件的支撑刚度和质量对试件的振动可以忽略。在进行较低频率的垂直激振时，使悬挂系统的固有频率低于激振频率的 1/3 是有困难的。此时可将激振器固定在刚性基础上，如图 10 - 23b 所示，并使安装后激振器的固有频率高于激振频率的 3 倍，这时也可忽略激振器支撑带来的影响。在进行水平激振时，若激振频率较高，可将激振器悬挂成单摆形式，如图 10 - 23c 所示。当摆长足够大时，悬挂系统的固有频率很低，也可略去激振器部件对试件振动的影响。水平低频振动时，则用刚性基础安装。

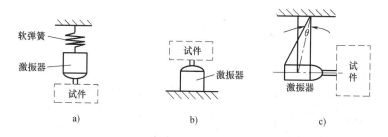

a)　　　　　　　　　　b)　　　　　　　　　　c)

图 10 - 23　电动式激振器的安装
a）用软弹簧悬挂激振器　b）将激振器固定在刚性基础上　c）将激振器悬挂成单摆

2. 电磁激振器

电磁式激振器是直接利用电磁力作为激振力，常用于非接触激振场合，特别是对回转件的激振，如图 10 - 24 所示。励磁线圈包括一组直流线圈和一组交流线圈，当电流通过励磁线圈，便产生相应的磁通，从而在铁心和衔铁之间产生电磁力，实现两者之间无接触的相对激振。用力检测线圈检测激振力，用位移传感器测量激振器与衔铁之间的相对位移。

电磁激振器的工作原理如下：励磁线圈通过电流时，铁心对衔铁产生的吸引力为

$$F = \frac{B^2 A}{2\mu_0} \qquad (10\text{-}33)$$

式中，B 为气隙磁感应强度（T）（$1T = 1Wb \cdot m^{-2}$）；A 为导磁体截面积（m^2）；μ_0 为真空磁导率，$\mu_0 = 4\pi \times 10^{-7} H \cdot m^{-1}$。

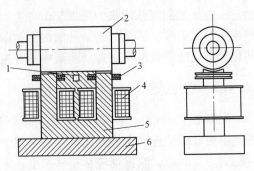

图 10-24　电磁式激振器
1—位移传感器　2—衔铁　3—力检测线圈
4—励磁线圈　5—铁心　6—底座

若直流励磁线圈电流为 I_0，交流励磁线圈电流为 I_1，则铁心内产生的磁感应强度为

$$B = B_0 + B_1 \sin\omega t \qquad (10\text{-}34)$$

式中，B_0 为直流电流 I_0 产生的不变磁感应强度；B_1 为交流电流 I_1 产生的交变磁感应强度的峰值。

由式（10-33）及式（10-34）可得电磁吸力为

$$F = \frac{A}{2\mu_0}\left(B_0^2 + \frac{B_1^2}{2}\right) + \frac{AB_0 B_1}{\mu_0}\sin\omega t + \frac{AB_1^2}{4\mu_0}\cos 2\omega t \qquad (10\text{-}35)$$

由式（10-35）可看出电磁力 F 由 3 部分组成，即固定分量（静态力）

$$F_0 = \frac{A}{2\mu_0}\left(B_0^2 + \frac{B_1^2}{2}\right)$$

一次分量（交变分量）

$$F_1 = \frac{AB_0 B_1}{\mu_0}\sin\omega t$$

及二次分量

$$F_2 = \frac{AB_1^2}{4\mu_0}\cos 2\omega t$$

电磁力与磁感应强度的关系如图 10-25 所示。

如果直流电流 $I_0 = 0$，即 $B_0 = 0$，此时工作点在 $B = 0$ 处，则 $F_1 = 0$，亦即力的一次分量消失。由图 10-25 可知，由于 B-F 曲线的非线性，且无论 B_1 是正是负，F 总是正的，因此当 B 变化半周，F 变化一周，后者的频率为前者的两倍，波形又严重失真，幅值也很小。当加上直流电流后，直流磁感应强度 B_0 不再为零，将工作点移到 B-F 近似直线的中段 B_0 处，这时产生的电磁交变吸力 F_1 的波形与交变磁感应波形基本相同。由于存在二次分量，电磁吸力的波形有一定失真，二次分量与一次分量的幅值比为 $B/(4B_0)$，若取 $B_0 \gg B_1$，则可忽略二次分量的影响。电磁激振器的特点是与被激振对象不接触，因此没有附加质量和刚度的影响，其频率上限约为 $500 \sim 800Hz$。

3. 电液激振器

电液激振器由伺服阀（包括激振器、操纵阀和功率阀）和液压执行件（活塞）组成。电液激振器推动操纵阀，操纵阀控制功率阀的位置，从而使液压执行元件往复运动，以激振被测试件。

图 10-26 是电液式激振器的原理图。电液激振器的最大优点是激振力大、行程大，且结构紧凑；缺点是高频特性差，一般适于 500～1000Hz 以下激振。它的波形比电动式激振器差。此外，它的结构复杂，制造精度及成本高。

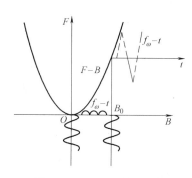

图 10-25　电磁力与磁感
应强度的关系

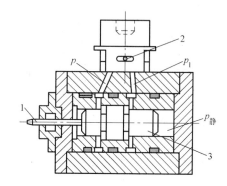

图 10-26　电液式激振器的原理
1—顶杆　2—电液伺服阀　3—活塞

10.5　振动的检测方法及实例

机械系统（或结构）的振动测量主要是指测定振动体（或振动体上某一点）的位移（或结构的应力与应变）、速度、加速度的大小，以及振动的频率、周期、相位角、阻尼等。在振动研究中，还需通过实验测定（或确定）振动系统的动态参数，即固有频率、阻尼、振型、广义质量、广义刚度等。对于不同振动物理量的测量，其测量方法也就不同。这里仅介绍几种主要物理量测量的常用基本方法及实例。

10.5.1　振幅的测量方法

在振动测量中，有时往往不需要测量位移的时间历程（响应）曲线，而只需要测量其振动体的位移幅值（峰值）。测量振动体振幅的方法很多，如读数显微镜法、电测法、全息摄影法等。

1. 读数显微镜法

读数显微镜测量振幅装置示意图如图 10-27 所示。

测量时，读数显微镜必须严格固定在不动的支架上。另外，在振动体上安装一个能被照亮的目标，在此目标上划一细痕，或粘上一个贴有人造彩色蛛丝的微小反射镜，也可贴上一小块金刚砂纸，如图 10-28 所示。在灯光照射下，反射光通过读数显微镜，就可以测量出振动体的位移峰值。

读数显微镜可以测量的振幅范围，主要是由读数显微镜厂商的放大倍数来确定。常用的有 0.5μm～1mm，1μm～1mm，50μm～50mm 等几种类型。例如合肥远中计量检测仪器有限公司生产的 JC—10 型读数显微镜的规格如下：测量范围：0 ~ 1mm，放大倍数：20 倍，读数鼓刻度值：0.01mm。

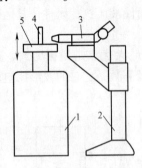

图 10 - 27　读数显微镜测量振幅装置示意图

1—振动台　2—支架　3—显微镜

4—目标　5—振动体

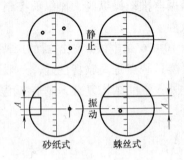

图 10 - 28　读数显微镜的目标刻画与测量

2. 电测法

由于振动测量时所使用的传感器及放大器等仪器不同，相应的测量系统也不同。这里仅介绍由 CD—1 型磁电式速度传感器及 GZ—2 型测振仪所组成的测量系统。GZ—2 型测振仪的原理框图如图 10 - 29 所示。

如前所述，CD—1 型磁电式速度传感器的输出电动势正比于被测振动体的振动

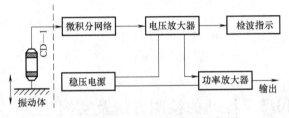

图 10 - 29　GZ—2 型测振仪原理框图

速度，而且能提供比较大的测量功率。因此，针对配用磁电式速度传感器的 GZ—2 型测振仪就不用设置阻抗变换器了。为了测量振动的位移和加速度，该仪器配置了一个微积分网络。使用积分网络即可测得振动体的位移；使用微分网络则可测得振动体的加速度。

该仪器的电压放大器和检波指标计实际上是一个指示电信号有效值的电压表。因此，在测量时存在着读数换算的问题。

10.5.2　振动频率的测量方法

简谐振动的频率测量是频率测量中最简单的，它是测量复杂振动频谱的基础。因此，这里仅介绍简谐振动频率的测量方法。

1. 比较法

比较法就是用同类的已知量与被测的未知量进行比较，从而确定未知量的大小。常用的比较法有李萨如图形法和录波比较法。

（1）李萨如图形法　用李萨如图形法测量简谐振动频率的测量系统框图如图 10 - 30 所示。测量时，振动体的振动信号通过 CD—1 型磁电式速度传感器、GZ—2 型六线测振仪，输入到阴极射线示波器的 y 轴，而在示波器的 x 轴，由信号发生器输入一个已知的周期信号。当振动体的振动频率恰好等于已知的输入周期信号的频率时，示波器的屏幕上将出现一个椭圆图形，称为李萨如图形。在实际测量中，调节信号发生器中的频率，使示波器上得到

椭圆图形，此时，从信号发生器上读得的频率即为振动体的振动频率。

图 10-30　用李萨如图形法测量简谐振动频率的测量系统框图

（2）录波比较法　所谓录波比较法，就是把被测振动信号和时标信号（信号发生器提供一个等间距的脉冲信号，称为时标信号）一起输入到记录和分析仪器（如计算机中的数据采集卡）的两路，再对该两路信号的周期（周期的倒数是频率）进行比较，从而确定被测信号的频率。用录波比较法测量振动频率的测量系统框图如图 10-31 所示。

测量时，将 CD—1 型磁电式速度传感器获得的振动信号经 GZ—1 型测振仪积分并放大后输入到数据采集卡的其中一路。另由信号发生器发生的时标脉冲信号也输入到数据采集卡的另一路。如果把零线的位置和幅度的大小都调节适当，就可得到如图 10-32 所示的波形。

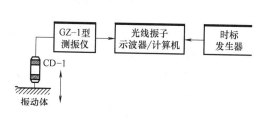

图 10-31　用录波比较法测量
振动频率的测量系统框图

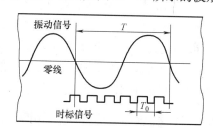

图 10-32　采集卡记录的波形

由图 10-32 可知，$T = nT_0$（T 为被测振动信号的周期，T_0 为时标脉冲信号的周期），故有

$$f = \frac{1}{n}f_0 \qquad (10-36)$$

式中，f 为被测振动信号的频率（Hz）；f_0 为时标脉冲信号的频率（Hz）；n 为时标脉冲信号与被测振动信号的频率之比，可以在图上直接数出。一般取 n 在 5 ~ 10 之间。

2. 直读法

直读法就是直接用专用仪表读出频率。测量频率的直读仪器有两种：一种是指针式频率计，另一种是数字式频率计。数字式频率计由于采用数字化显示，使用起来更为方便和精确，因此得到了广泛的应用。无论采用哪种频率计，首先要用传感器将振动信号转变成交变的电压信号，再将这一电压信号输入到频率计，便可测出其频率。图 10-33 为直读法测频系统框图。

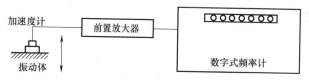

图 10-33　直读法测频系统框图

10.5.3　同频简谐振动相位差的测量方法

测量同频简谐振动相位差的方法有很多种，如线性扫描法、椭圆法和利用相位计直接测量法（相位计法）等。由于线性扫描法和椭圆法均需要进行作图或计算求得，使用时就很不方便，目前很少采用。这里仅介绍相位计法。

目前通用的相位计有指针式和数字式两种，后者由于采用数字化显示，使用起来更为方便和精确。

相位计所指示的数值，是输入相位计的两个电信号之间的相位差，因此，在将振动信号转换成相位计的输入信号的过程中，要注意防止相位失真。用相位计测量相位差的测量系统框图如图 10 - 34 所示。

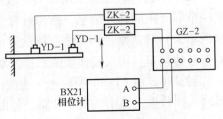

图 10 - 34　用相位计测相位差
的测量系统框图

测量时，必须采用两个相同型号的压电式加速度计和两个相同型号的阻抗变换器，并用同一台测振仪的两路来放大信号，最后将测振仪输出的两个信号分别接到相位计的 A 和 B 通道。此时，在相位计上显示出一个相位角数值，这就是 A 通道信号超前 B 通道信号的相位角。如果振动信号是由几个频率叠加而成时，就必须作滤波处理后再进行相位测量。

10.5.4　机械系统固有频率的测量方法

固有频率是机械振动系统的一个重要特征，它由振动系统本身的参数所决定。研究振动问题时，在很多情况下，需要首先确定系统的固有频率。

1. 固有频率和共振频率的定义

（1）对于无阻尼单自由度振动系统　其运动方程为

$$x = A\sin(\omega_n t + \alpha) \tag{10-37}$$

式中，A 为无阻尼自由振动的振幅；ω_n 为系统的固有频率，即 $\omega_n = \sqrt{k/m}$。

（2）对于有阻尼单自由度振动系统　其运动方程为

$$x = Ae^{-nt}\sin(\omega_{n1} t + \alpha) \tag{10-38}$$

式中，ω_{n1} 为有阻尼系统的固有频率；n 为阻尼系数，$n = c/2m$。

（3）对于有阻尼单自由度受迫振动（激振力为 $F = F_0\sin\omega t$）　其稳态运动方程为

$$
\begin{aligned}
x &= B\sin(\omega t - \varphi) \\
&= \frac{F_0/m}{\sqrt{(\omega_n^2 - \omega^2)^2 + 4n^2\omega^2}}\sin(\omega t - \varphi)
\end{aligned} \tag{10-39}
$$

式中，B 为受迫振动的振幅；φ 为受迫振动的相位；ω 为激振力的频率。

稳态振动速度为

$$\dot{x} = \omega B\cos(\omega t - \varphi) \tag{10-40}$$

稳态振动加速度为

$$
\begin{aligned}
\ddot{x} &= -\omega^2 B\sin(\omega t - \varphi) \\
&= \omega^2 B\sin(\omega t + \pi - \varphi)
\end{aligned} \tag{10-41}
$$

从上述关系式可以看出：假定激振力的力幅 F_0 不变，但频率 ω 变化时，振动的位移幅值 B、速度幅值 ωB 以及加速度幅值 $\omega^2 B$ 也将随之而变化。下面将分别研究这些幅值各自在什么条件下达到它们各自的最大值。

首先研究位移幅值的极值条件。由式（10-39）可知位移幅值为

$$B = \frac{F_0/m}{\sqrt{(\omega_n^2 - \omega^2)^2 + 4n^2\omega^2}}$$

可以推断，B 在它的极值时取得最大值，则可求 $1/B^2$ 的极值。于是可得

$$\frac{\mathrm{d}}{\mathrm{d}\omega}\left[(\omega_n^2 - \omega^2)^2 + 4n^2\omega^2\right] = 0$$

解此式得

$$\omega = \omega_n \sqrt{1 - 2\zeta^2} \tag{10-42}$$

式中，ζ 为阻尼比（或称相对阻尼系数），$\zeta = n/\omega_n$。

用同样的方法可求得速度幅值的极值条件为

$$\omega = \omega_n \tag{10-43}$$

加速度幅值的极值条件为

$$\omega = \omega_n \sqrt{1 + 2\zeta^2} \tag{10-44}$$

通常所说的共振，是指当激振频率达到某一频率时，振动的幅值达到最大的现象。但以上分析说明：振动的位移幅值、速度幅值和加速度幅值其各自达到极值（对单自由度系统来说，这里的极值就是最大值）时的频率是互不相同的，只有"速度共振频率"等于无阻尼固有频率。由此可见，在简谐激振力激振的条件下，可以有 3 种"共振"频率，分别称之为"位移共振频率"、"速度共振频率"、"加速度共振频率"。但是，在小阻尼情况下，上述 4 种频率相差极小。

2. "速度共振"相位判别法

用简谐力来激振，造成系统共振，以寻找系统的固有频率的方法，是一种很常用的方法。这时，人们可以根据任一种振动量的幅值共振来判定共振频率。但在阻尼较大的情况下，不同的测量方法得出的共振频率将略有差别，而且，用幅值变化来判定共振频率，有时不够敏感。

在用简谐力激振的情况下，用相位法来判定"速度共振"是一种较为敏感的方法，而且速度共振时的频率就是系统的无阻尼固有频率，可以排除阻尼因素的影响。

相位判别法是根据速度共振时的特殊相位值以及共振点前后的相位变化规律所提出来的一种共振判别法。

"速度共振"相位判别法测量系统框图如图 10-35 所示。

测量时，将激振信号与经磁电式速度传感器、测振仪的输出信号分别接入示波器的 x 轴与 y 轴输入端，这时示波器的屏幕上将显示出一个椭圆图像。根据图像来判别共振的方法可分以下两种情况：

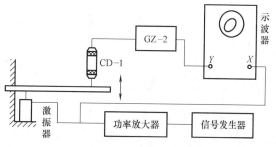

图 10-35　"速度共振"相位判别法测量系统框图

（1）磁电式速度传感器判别共振 用磁电式速度传感器作为拾振时，经测振仪放大后所反映的是振动体的速度信号，即 $\omega B\cos(\omega t - \varphi)$，该信号输入示波器的 y 轴，而示波器的 x 轴则输入激振力的信号 $F_0\sin\omega t$。此时，示波器的 x 轴与 y 轴上的信号分别为

$$x = F_0\sin\omega t$$

$$y = \omega B\cos(\omega t - \varphi) = \omega B\sin\left(\omega t + \frac{\pi}{2} - \varphi\right)$$

$$\tan\varphi = \frac{2n\omega}{\omega_n^2 - \omega^2}$$

上述信号使示波器的屏幕上显示椭圆图像。发生速度共振时，$\omega = \omega_n$，$\varphi = \pi/2$。因此，x 轴的信号与 y 轴的信号相位差为 0°。根据李萨如原理可知，屏幕上的图像应是一条直线。而当 ω 略大于 ω_n 或略小于 ω_n 时，图像都由直线变为椭圆，其变化过程如图 10 - 36a 所示。因此，记下图像变为直线时的频率，便是振动体的速度共振频率。

使用速度传感器来判定共振频率时，应注意所用的传感器本身的使用频率下限应远小于振动体的固有频率。

（2）压电式加速度传感器判别共振 若用压电式加速度传感器拾振时，则将图 10 - 35 所示的 CD—1 磁电式速度传感器换成压电式加速度传感器，同时，将图中的 GZ—2 测振仪换成电荷放大器即可。此时，x 轴与 y 轴上的信号分别为

$$x = F_0\sin\omega t$$

$$y = -\omega^2 B\sin(\omega t - \varphi) = \omega^2 B\sin(\omega t + \pi - \varphi)$$

$$\tan\varphi = \frac{2n\omega}{\omega_n^2 - \omega^2}$$

发生共振时，$\varphi = \pi/2$，这时 x 轴与 y 轴的相位差为 $\pi - (\pi/2) = \pi/2$。根据李萨如原理，屏幕上的图像将是一个正椭圆，如图 10 - 36b 所示。而当 ω 略大于或略小于 ω_n 时，图像将变为斜椭圆，并且其轴线所在象限也将发生变化。因此，记下图像变为正椭圆时的频率，便为振动体的无阻尼固有频率。

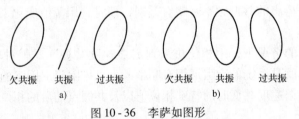

欠共振　共振　过共振　　　欠共振　共振　过共振

a)　　　　　　　　　　　b)

图 10 - 36 李萨如图形

使用加速度传感器来判定共振频率时，应注意所用的传感器本身的使用频率上限远大于被测振动体的固有频率。

10.5.5 阻尼的测量方法

振动系统的衰减系数是一种导出量，虽然它和阻尼有直接关系，但系统的阻尼是很难直接测量的。相反，人们往往是通过测量衰减系数再来推算阻尼。而衰减系数的测量也不能直接进行，它是通过测量振动系统的某些参量，计算而得到的。

一个有阻尼的单自由度振动系统，其自由振动的波形图如图 10 - 37 所示。这是一个逐渐衰减的振动，它的振幅按指数规律衰减，衰减系数为 n。在振动理论中，常用"对数衰减比"来描述其衰减性能，它定义为两个同相相邻波的幅值比的自然对数值。根据图 10 - 37 所示的波形可知其对数衰减比 δ 为

$$\delta = \ln \frac{A_1}{A_3} = nT_d \qquad (10 - 45)$$

由此得

$$n = \left(\ln \frac{A_1}{A_3} \right) \frac{1}{T_d} \qquad (10 - 46)$$

式中，T_d 为衰减振动周期。

从图 10 - 37 中的振动波形图上量得 A_1、A_3、T_d 3 个值，则可按式（10 - 46）即可算出衰减系数比 n。若将 $T_d = 2\pi / \sqrt{\omega_n^2 - \omega^2}$ 代入式（10 - 45），则可得

$$\delta = \frac{2\pi n}{\sqrt{\omega_n^2 - \omega^2}} = \frac{2\pi \zeta}{\sqrt{1 - \zeta^2}}$$

当阻尼比 ζ 较小时，$\sqrt{1 - \zeta^2} \approx 1$，则有

$$\delta \approx 2\pi \zeta \qquad (10 - 47)$$

式（10 - 47）只有在 $\zeta < 0.2$ 时才有较好的近似性。

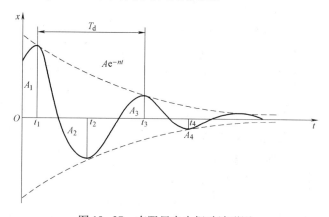

图 10 - 37　有阻尼自由振动波形图

对于单自由度系统，求出衰减系数后，就可以用来计算其阻尼系数 c。

对于单自由度直线振动系统，阻尼系数为

$$c = 2mn \qquad (10 - 48)$$

对于有阻尼单自由度扭振系统，阻尼系数为

$$c = 2In \qquad (10 - 49)$$

式中，I 为扭振系统对转轴的转动惯量。

自由振动法通常只能用来测量第一阶振型的衰减系数，若用此法来测量高阶振型衰减系数，则必须首先激振出该阶振型，然后再突然撤去激振力，以获得该阶振型的衰减过程，记录波形后便可用同样的方法来计算衰减系数。

10.5.6　振型的测量方法

在振动测量中，振型的测量是很重要的一个方面，其方法很多，这里仅介绍用常规仪器来测量振型的方法。所谓振型就是振动时系统中各质点的振幅比。

例如简支梁，其振动位移表达式为

$$y(x,t) = Y(x)T(t) \tag{10-50}$$

式中，$Y(x)$ 为振型。

当简支梁以某一固有频率振动时，就有一个相应的振型函数。如当 $\omega = \omega_{n1}$，ω_{n2}，ω_{n3}，…，相应的振型函数为

$$\begin{cases} Y_1(x) = A_1\sin\dfrac{\pi x}{l} \\[2mm] Y_2(x) = A_2\sin\dfrac{2\pi x}{l} \\[2mm] Y_3(x) = A_3\sin\dfrac{3\pi x}{l} \\[2mm] \qquad\qquad \cdots \end{cases} \tag{10-51}$$

$Y_1(x)$、$Y_2(x)$、$Y_3(x)$ 称为该梁振动时的一阶振型、二阶振型、三阶振型。简支梁的前 3 阶振型如图 10-38a 所示。从图 10-38a 中可见，二阶振型除两个端点由于边界条件的约束而没有位移以外，在梁的跨中还有一点在振动的过程中没有位移，称这样的点为振型节点。对于简支梁，二阶振型有一个节点，三阶振型有两个节点。

又如悬臂方板，可以看成二维弹性体（简支梁视为一维弹性体）。振动时其上不动点（除约束处外）形成的线称

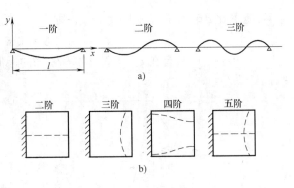

图 10-38　简支梁与悬臂方板的振型图
a）简支梁与前 3 阶振型
b）悬臂方板的二、三、四、五阶振型的节线

为节线。图 10-38b 所示为悬臂方板的二、三、四、五阶振型的节线。因为在节线上各点不产生位移，因而在节线两边的各点，其振动方向必反相，而在两节线之间必有一处其振幅最大，即必然存在振型波峰。找到了各阶振型节线，便可大概估计各阶振型。

下面介绍两种测量（或寻找）节点、节线的方法。

1. 细砂颗粒跳动法

这种方法只能找到处于水平面上的节线，故适用于板类被测振动体的振型测定。即将振动体激振，使其达到某阶共振，在物体表面撒上细砂粒，只要振动加速度超过重力加速度 g，表面上的砂粒就会跳动，集中移动到节线附近，从而显示出节线的位置和形状来。

2. 示波器测量法

图 10-39 所示为一悬臂梁振型节点的测量系统框图。这一方法的原理是：节点（节线）上的位移、速度始终为零，节线两边的位移、速度、加速度必反相。当激振力的频率等于梁

的某一阶固有频率时，梁便以该阶振型振动。信号发生器产生的同一频率信号输入示波器的 x 轴，将加速度传感器拾振信号通过测振仪输入到示波器的 y 轴，此时示波器的屏幕上出现椭圆图像。

当传感器放在梁上不同位置时，示波器的椭圆图像将发生变化，如图 10-40 所示。

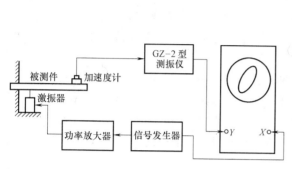

图 10-39 悬臂梁振型节点的测量系统框图

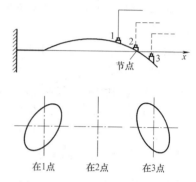

图 10-40 图像随位置变化图形

当传感器放在节点上时，椭圆变成了 x 轴上的一条横线，当传感器放在节点左侧或右侧时，椭圆长轴的方位发生变化。根据上述现象，只要将传感器在梁的长度方向逐点移动，便可找到节点的位置。对于二维振动体，用同一方法便可找到节线的位置。

利用激光全息摄影来测振型的方法，是目前比较先进的方法，近几年来发展很快。

具体的方法有时间平均法、闪频法和实时法 3 种，详尽的方法可参考有关书籍。

10.5.7 振动测量实例

1. 轴的径向振动测量

采用电涡流式传感器来测量轴的径向振动，图 10-41 所示为相应的传感器安装示意图和结构示意图。

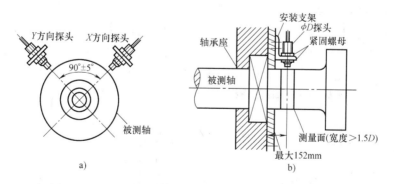

图 10-41 电涡流式传感器在轴的径向振动测量中的应用
a）探头安装示意图 b）系统结构示意图

在每个测点应安装两个传感器探头，两个探头分别安装在轴承两边的同一平面上，相隔 $90°$（ $±5°$）。通常将两个探头分别安装在垂直中心线每一侧 $45°$，定义为 X 方向探头（水平方向）和 Y 方向探头（垂直方向）。通常从原动机端看，X 方向探头应该在垂直中心线的右侧，Y 方向探头应该在垂直中心线的左侧，如图 10-41a 所示。

理论上只要安装位置可行，两个探头可安装在轴承圆周的任何位置，保证其90°（±5°）的间隔，都能够准确地测量轴的径向振动。实际上探头应尽量靠近轴承，如图10-41b所示，否则由于轴的挠度，得到的测量值将包含附加误差。

2. 用脉冲激励法测立式钻床振型

立式钻床脉冲激励法测试系统框图如图10-42所示。

脉冲激励锤由锤头、力传感器、附加质量及锤柄4部分构成，更换不同的锤头，可获得不同的激励频带宽度。力与响应信号经电荷放大器放大，输入至数据处理设备，可求出钻床的振型等模态参数。

图10-43是用此冲击法求得的谐振频率和振型，图10-43a表示立式钻床外形，图10-43b表示振型，细实线表示未振动时钻床立柱的中心线，其中，10.3Hz是整机摇晃振型，14.6Hz相当于立柱下端固定、另一端自由的一阶弯曲振动；49.5Hz相当于同样状态下的二阶弯曲振动，70Hz和176Hz是主轴箱中点为节点时的振型；70Hz是一阶振型，176Hz是二阶振型，259Hz是更高阶的振型。

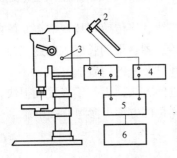

图10-42 脉冲激励法测试系统框图

1—立式钻床 2—冲击锤 3—加速度传感器
4—电荷放大器 5—分析仪 6—绘图仪

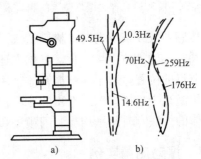

图10-43 立式钻床固有振型

a) 立式钻床外形 b) 振型

3. 车辆的振动测试与分析

一台收割机在土路上以30km/h的最高速度行驶时，4个车轮振动对座椅振动的影响，需做振动测试与分析。传感器采用应变式加速度计，布置如图10-44所示，测试仪器连接如图10-45所示。将磁带记录仪所记录各测点振动加速度信号，送到FFT信号分析仪中进行自谱、互谱、传递函数及相干函数分析，如图10-46所示。

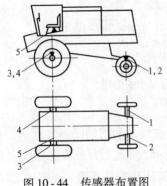

图10-44 传感器布置图

1、2、3、4、5—应变式加速度计

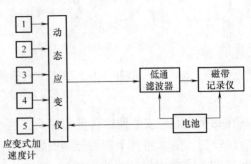

图10-45 测试仪器连接

座椅振动加速度的自功率谱图 $G_5(f)$ 如图 10-46a 所示。由图中可以看出，座椅振动的频率范围主要在 3Hz 以下。凝聚函数分析结果如图 10-46b 所示，图中 $\gamma_{1,5}^2(f)$ 表示右后轮与座椅振动之间的关系，$\gamma_{3,5}^2(f)$ 表示左前轮与座椅振动之间的关系，$\gamma_{4,5}^2(f)$ 表示右前轮与座椅振动之间的关系。由图 10-46 可以看出

1）右后轮与座椅的振动之间的凝聚函数 $\gamma_{1,5}^2(f)$ 的值都在 0.2 左右，说明座椅的振动主要不是右后轮引起的。左后轮振动对座椅振动影响也很小，其凝聚函数图未再画出。

2）左前轮与座椅的振动之间的凝聚函数 $\gamma_{3,5}^2(f)$ 值在（0.2 ~ 1.3）Hz 的频率范围内较大，达到 0.7 以上，可见在这个频率范围内左前轮处振动对座椅振动影响较大。

3）右前轮与座椅的振动之间的凝聚函数 $\gamma_{4,5}^2(f)$ 值在（0 ~ 1.1）Hz 和（1.6 ~ 2.2）Hz 的频率范围内达到 0.7 以上，在这两个频率范围内右前轮处振动对座椅振动影响较大。

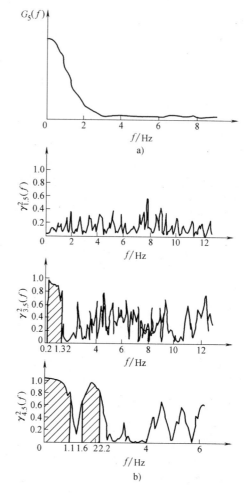

图 10-46　座椅振动自谱及凝聚函数图

a) 自功率谱图　b) 相干函数图

习　题

10-1　如何校准压电加速度传感器？

10-2　压电式传感器的放大电路有哪些？为什么多采用电荷放大器？

10-3　质量为 0.05kg 的传感器安装在一个 50kg 质量的振动系统上，若安装传感器前系统的固有频率为 10Hz，装上传感器后，试确定新的系统固有频率。

10-4　质量为 60kg、直径为 40cm 的圆桶，盛有密度为 1100kg/m³ 的废料，圆桶被直径为 30mm 的钢缆所吊起（$E = 210 \times 10^9 \text{N/m}^2$）。当吊圆桶的钢缆长度为 10m 时，测出系统的固有频率为 40Hz，求圆桶中的废料体积。

10-5　某车床加工外圆表面时，表面振纹主要由转动轴上齿轮的不平衡惯性力而使主轴箱振动所引起。振纹的幅值谱如图 10-47a 所示，主轴箱传动示意图如图 10-47b 所示。传动轴 I、传动轴 II 和主轴 III 上的齿轮齿数为 $z_1 = 30$，$z_2 = 40$，$z_3 = 20$，$z_4 = 50$。传动轴转速 $n_1 = 2000 \text{r/min}$。试分析哪一根轴上的齿轮不平衡量对加工表面的振纹影响最大？为什么？

10-6　某产品性能试验需要测试溢流阀的压力响应曲线（即流量阶跃变化时，溢流阀压力上升的过渡曲线）。已知该阀为二阶系统，稳态压力 10MPa，超调量小于 20%。阀的刚度 $K = 6400 \text{N/m}$，运动部分质量

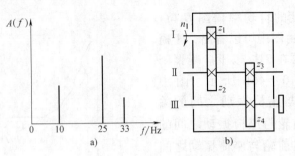

图 10-47 主轴箱示意图及其频谱

a) 振纹的幅值谱 b) 传动示意图

$m = 0.1\text{kg}$。试:

1) 计算阀的固有频率。

2) 选用一种精度高、抗振性能好、可靠性高、频率响应特性能满足上述测试要求的压力传感器。写出其名称、工作原理、量程和选用理由等。

10-7 用压电式加速度传感器及电荷放大器测量振动,若传感器灵敏度为7pC/g,电荷放大器灵敏度为100mV/pC,试确定输入 $a = 3g$ 时系统的输出电压。

10-8 若某旋转机械的工作转速为 3000r/min,为分析机组的动态特性,需要考虑的最高频率为工作频率的10倍,问:

1) 应选择何种类型的振动传感器?并说明原因。

2) 在进行 A-D 转换时,选用的采样频率至少为多少?

10-9 设一振动体作简谐振动,在振动频率为10Hz及10kHz时,

1) 如果它的位移幅值是1mm,求其加速度幅值。

2) 如果加速度幅值为1g,求其位移幅值。

10-10 用绝对法标定某加速度计,振动台位移峰值为2mm,频率为80Hz,测得加速度计的输出电压为640mV,求该加速度计的灵敏度。

10-11 惯性式位移传感器具有1Hz的固有频率,认为是无阻尼的振动系统,当它受到频率为2Hz的振动时,仪表指示振幅为1.25mm,求该振动的真实振幅。

10-12 一电涡流测振仪测量某主轴的轴向振动。已知传感器的灵敏度为15mV/mm,最大线性范围为6mm。现将传感器安装在主轴的右侧,如图 10-48a 所示。用记录仪记录振动波形如图 10-48b 所示,问:

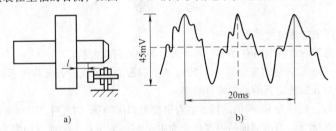

图 10-48 电涡流测振仪测量某主轴的轴向振动

a) 传感器安装示意图 b) 振动波形

1) 传感器与被测金属的安装距离 l 为多少毫米时,可得到较好的测量效果?

2) 轴向振幅的最大值 A 为多少?

3) 主轴振幅的基频 f 是多少?

10-13 设一振动时间历程为 $x(t) = X\sin 100\pi t$,用一惯性式速度计测量此振动。速度计的固有频率 $f_t = 10\text{Hz}$,阻尼比 $\zeta = 0.7$,其速度—电动势比值为 k,求速度计的输出 $y(t)$。

第 11 章　噪声的测量

声音是在某种弹性介质中的一种振动过程。介质的基本类型有 3 种：气体、液体、固体。在这些弹性介质中，当产生振动的振源频率在 20 ~ 20000Hz 之间时，人的耳朵可以听到它，称为声波。而当振源频率低于 20Hz 或高于 20000Hz 时，人的耳朵无法听到。低于 20Hz 的波动称为次声波，高于 20000Hz 的波动称为超声波。

振动在弹性介质中引起波动，但振动和波动的区别在于：振动是指质量在一定的位置附近做来回往复运动，亦称为振荡；波动是振动的传播过程，即振动状态的传播。各质点的振动方向与波的传播方向相同，这个波称为纵波，声音是声波以纵波形式在空气介质中的传播。声源的振动形成了声压，噪声测量就是将声压信号变换为相应的电信号。

在日常生活中，和谐悦耳的声音是人们所希望的；而另一些刺耳的声音则是不需要的，统称为噪声，在物理意义上，噪声是指不规则、间歇的或随机声振源产生的声音。噪声的起源很多，就工业噪声而言，主要有机械性噪声、空气动力性及电磁性噪声等。随着现代工业的高速发展，工业和交通运输业的机械设备都向着大型、高速、大动力方向发展，所引起的噪声越来越大，已成为环境污染的主要公害之一，尤其在繁华的城市更加严重。噪声对人体的危害也很大，90dB 以上的噪声将使听力受损，长时期受强噪声（一般指 115dB 以上）刺激，可导致听力损失、引起心血管系统、神经系统和内分泌系统的疾病。因而，对噪声进行正确的测试、分析，以便采取必要的防治和控制措施，已经成为人们关心的主要科研课题。

11.1　声音的特征

当声波（sound wave）在空气中传播时，空气质点被迫在原位置上沿传播方向做振动，如图 11 - 1 所示，空气密度因此发生周期性疏密变化，空气压强也随之增高和降低。因此，声波是一种叠加在大气压力上的压力波，声压是大气压力的一种附加变化量。

声波的频率 f、周期 T、波长 λ 和声速 c 的关系为

$$\lambda = cT = \frac{c}{f} \qquad (11-1)$$

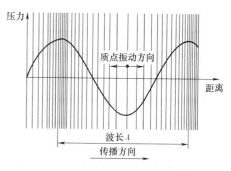

图 11 - 1　声波示意图

声波传播的区域称为声场。当传播时不受到任何阻碍，无反射现象存在，这种声场称为自由声场。当传播时只受到地面的反射，其他方面不受到任何阻碍，则这种声场称为半自由声场。如果声波在声场中受到边界面的多次反射，使得声场中各点的声压相同，这种声场称为扩散声场（也称为混响声场）。

声波具有一般波动特性，如反射、折射、衍射和干涉。同频率的声波在传播中相遇会发

生干涉，相遇处的声波互相加强或削弱。在传播路程中，声波会因受到介质的吸收而衰减。最简单的声音是纯音，它只有单一的频率，但要制造这样的信号源却极其困难。除了信号源本身固有的纯度和它与空气的耦合作用外，还要求消除来自周围物体的所有反射。这些反射，或称回响，在观察点附近会导致声音畸变，该畸变是由直接的入射波和返回来的反射波相互作用造成的。为消除这种畸变，可以在一个消音（无回音）室内近似产生一种自由声场条件。消音室中的墙壁上排列布置着很多楔形的吸音材料，用来将最初与墙壁碰撞所产生的微小反射一次又一次地导向到吸音材料中，直到最终所有的能量都被吸收为止，以此来达到消音效果。在这样的环境中，声音只是从信号源向外传播出去，而没有反射。但即便如此，在测量声音时，单单将一个传感器放置到该消音室中也会引起不希望的畸变，因此理想的消音效果是不可能达到的。

11.2　基本声学参数

11.2.1　声压与声压级

声波是在弹性介质中传播的疏密波即纵波，其压力随着疏密程度的变化而变化，所谓声压（sound press）是指某点上各瞬间的压力与大气压力之差值，单位为 N/m^2，即帕（Pa）。

在空气中，正常人耳刚能听到的 1000Hz 声音的声压为 $2 \times 10^{-5}Pa$，称为听阈声压，并规定为基准参考声压，记为 P_0。当声压为 20Pa 时，能使人耳开始产生疼痛，称之为痛阈声压。声音的强弱变化和人的听觉范围非常宽广，用声压的绝对值来衡量声音的强弱是很不方便的。为此，引用一个成倍比关系的对数量，称为声压级。它是一个相对比较的无量纲量。相对于声压 P 的声压级 L_P（dB）定义为

$$L_P = 20\lg\frac{P}{P_0} \tag{11-2}$$

式中，P_0 为基准参考声压，即频率在 1000Hz 时的听阈声压，其值为 $2 \times 10^{-5}Pa$。

典型声压源的声压和声压级值如图 11-2 所示。0dB 并不表示没有声音，而是表示所考察的声压和基准声压相等。

11.2.2　声强与声强级

声波作为一种波动形式，它具有一定的能量。因此也常用能量的大小来表征其强弱，即用声强（sound intensity）和声功率（sound power）来表示。声强是在传播方向上，单位时间内通过单位面积的声能量，以 I 表示，单位为 W/m^2（瓦/米²）。

在自由场中，与听阈声压相应的声强是 $I_0 = 10^{-12}W/m^2$，并以此值作为基准声强，取

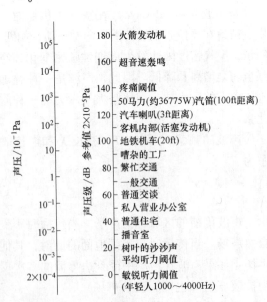

图 11-2　典型声压源的声压和声压级值

声强与基准声强 I_0 比值常用对数的 10 倍来表示，称为声强级 L_I (dB)，亦是一种无量纲量，定义为

$$L_I = 10\lg \frac{I}{I_0} \tag{11-3}$$

对于球形声源，假设声源在传播过程中没有受到任何阻碍，也不存在能量损失。两个任意距离声源 r_1 和 r_2 处的声强为 I_1 和 I_2，则有

$$I_1 4\pi r_1^2 = I_2 4\pi r_2^2 \quad （单位为 W） \tag{11-4}$$

即

$$\frac{I_1}{I_2} = \frac{r_2^2}{r_1^2} \tag{11-5}$$

这表明声强随着声源的距离的二次方而减小，也就是说，在距声源的不同距离的两点上的声强之比，等于这两个距离二次方的倒数之比。

11.2.3　声功率与声功率级

声功率是声源在单位时间内发射出的总能量，用 W 表示，单位为瓦。声功率 W 和基准声功率 W_0（取 10^{-12}W）的比值常用对数的 10 倍来表示声功率级 L_W（dB），定义为

$$L_W = 10\lg \frac{W}{W_0} \tag{11-6}$$

一般声功率不能直接测量，而要根据测量的声压级来换算确定。

表 11-1 列出了一些具有实际价值的声源输出功率的峰值，可作为实测的参考。如果把这些声源的声功率与一些常用的小型设备所消耗的能量进行比较，如荧光灯 40W、烘炉 500W、台式电风扇 60W、小搅拌器 100W、小手电筒 1W 等。显然可以看出，人的耳朵是一种灵敏度特别高的声音探测器。

表 11-1　通用语言与若干乐器输出声功率值的近似值

声　　源	峰值功率/W	声　　源	峰值功率/W
男生会话	2×10^{-3}	钢琴	27×10^{-2}
女生会话	4×10^{-3}	管乐器	31×10^{-2}
单簧管	5×10^{-2}	37in × 36in 的低音鼓	25.0
低音提琴	16×10^{-2}	75 件乐器的交响乐	70 ~ 100

11.2.4　级的合成

在现场环境中，噪声源往往不止一个。两个以上相互独立的声源，同时发出来的声功率和声强可以代数相加，即

$$W = W_1 + W_2 + W_3 + \cdots + W_n$$
$$I = I_1 + I_2 + I_3 + \cdots + I_n \tag{11-7}$$

若用声功率级表示，则总声功率级为

$$L_W = 10\lg \frac{W}{W_0} = 10\lg \left(\frac{W_1 + W_2 + \cdots + W_n}{W_0} \right)$$

总声强级为

$$L_1 = 10\lg \frac{I}{I_0} = 10\lg\left(\frac{I_1 + I_2 + \cdots + I_n}{I_0}\right) \tag{11-8}$$

式中，I_i、W_i 分别表示第 i 个声源的声强和声功率。

若考虑声压与声压级时，当两个以上的噪声同时存在时，若声压和声压级分别为 P_1，P_2，P_3，$\cdots$，P_n 和 L_{P1}，L_{P2}，$\cdots$，L_{Pn}，则

$$L_{P1} = 20\lg \frac{P_1}{P_0}, \; L_{P2} = 20\lg \frac{P_2}{P_0}, \; \cdots, \; L_{Pn} = 20\lg \frac{P_n}{P_0}$$

式中，P_1，P_2，$\cdots$，P_n 为声压的有效值。如果从 n 个声源发出的噪声（或是由同一声源发出的噪声频谱中的各频率成分）相互独立，则合成噪声的总声压 P 为

$$P = \sqrt{P_1^2 + P_2^2 + \cdots + P_n^2} \tag{11-9}$$

由此可得

$$L_P = 20\lg \frac{P}{P_0} = 20\lg\left(\frac{\sqrt{P_1^2 + P_2^2 + \cdots + P_n^2}}{P_0}\right)$$
$$= 10\lg\left(\frac{P_1^2 + P_2^2 + \cdots + P_n^2}{P_0^2}\right) \tag{11-10}$$

通常噪声的声压级简称为噪声级，n 个噪声级相同的声源，在离声源距离相同的一点所产生的总声压级为

$$L = 10\lg\left(\frac{P_1^2 + P_2^2 + \cdots + P_n^2}{P_0^2}\right) = 10\lg \frac{nP^2}{P_0^2} = 10\lg \frac{P^2}{P_0^2} + 10\lg n = L_1 + 10\lg n \tag{11-11}$$

若两个不同噪声级 L_1 和 L_2 同时作用，且 $L_1 > L_2$ 时，则从噪声级 L_1 到总噪声级 L 的增加值 ΔL 可由下式求得：

$$\Delta L = L - L_1 = 10\lg \frac{P_1^2 + P_2^2}{P_0^2} - 10\lg \frac{P_1^2}{P_0^2} = 10\lg \frac{P_1^2 + P_2^2}{P_1^2} = 10\lg\left(1 + \frac{P_2^2}{P_1^2}\right)$$

而

$$10\lg \frac{P_2^2}{P_1^2} = 10\lg \frac{P_2^2/P_0^2}{P_1^2/P_0^2} = 10\lg \frac{P_2^2}{P_0^2} - 10\lg \frac{P_1^2}{P_0^2} = L_2 - L_1$$

即

$$\frac{P_2^2}{P_1^2} = 10^{-(L_1 - L_2)/10}$$

故

$$\Delta L = L - L_1 = 10\lg\left(1 + 10^{-(L_1 - L_2)/10}\right)$$

或

$$L = L_1 + \Delta L \quad \text{（单位为 dB）} \tag{11-12}$$

式中，ΔL 为噪声合成时声级的增加值，是两噪声级差数的函数，可以计算或由表 11-2 查得。

如果两个噪声中的一个噪声级超出另一个噪声级的 $6 \sim 8\text{dB}$，则较弱声源的噪声可以不计，因为此时总噪声级附加值小于 1dB。

表 11-2 噪声合成时声级的增加值

噪声级差 $\Delta = L_1 - L_2/\text{dB}$	0	1	2	3	4	5	6	7	8	9	10	11	12	13	14	≥15
增加值 $\Delta L/\text{dB}$	3	2.5	2.1	1.8	1.5	1.2	1.0	0.8	0.6	0.5	0.4	0.3	0.3	0.2	0.2	0.1

【例 11-1】 若某点同时作用 3 个声压级：$L_1 = 85dB$、$L_2 = 90dB$、$L_3 = 80dB$，求该点的总声压级。

解： 先合成 80dB 和 85dB 两声压级。两者级差 $\Delta L_{1-3} = 85dB - 80dB = 5dB$，查表 12-2，合成时应增值 $\Delta L = 1.2dB$，故两者合成声压级 $L_{1-3} = 85dB + 1.2dB = 86.2dB$。

再合成 L_{1-3} 和 L_2。两者级差 $\Delta L_{2-(1-3)} = 90dB - 86.2dB = 3.8dB$，查表 11-2，合成时应增值 $\Delta L = 1.5dB$。总声压级为 $L = 90dB + 1.5dB = 91.5dB$。

11.3 噪声的频谱分析

为了消除噪声和研究噪声对周围的影响，需对噪声进行频谱分析，了解其频率组成及相应的能量的大小，从中找出噪声源，进而控制噪声。

声源做简谐振动所产生的声波为简谐波，其声压和时间关系为一正弦曲线，这种只有单频率的声音称为纯音，乐器可以发出纯音。而由许多频率纯音所组成的声音称为复音，组成复音的强度与频率的关系图称为声频谱（Sound Spectrum），简称为频谱。

由一系列分离频率成分所组成的声音，其频谱图为离散谱，如乐器频谱，其频谱中除有一个频率最低、声压最高的基频音外，还有与基频成整倍数的较高频率的泛音，或称陪音、谐频音，音乐的音调由基音决定，泛音的多少和强弱影响音色。不同的乐器可以有相同的基频，其主要区别在于音色。

而如锣声、鼓风机的声音频谱，既有连续的噪声谱，又有线谱，两者混合，形成有调噪声混合谱。分析有调噪声时，应特别注意频谱中较为突出的频率成分。噪声是由许多频率不同的成分组合而成，其频谱中声能连续分布在宽广的频率范围内，成为一条连续的曲线，称为连续谱。对于宽广连续的噪声谱，很难对每个频率成分进行分析，而是按倍频程和 1/3 倍频程等划分频带。此时的频谱是不同的倍频带与倍频带级即声级的关系。

噪声的频谱分析，是按一定宽度的频带来进行的，即分析各个频带对应的声压级。因此，讨论频带声压级时，除了指出参考声压外，还必须指明频带的宽度。在噪声研究中，常采用倍频程分析，有关倍频程概念参见 6.4 节滤波器的内容。两个频率相差一个倍频程，意味着其中心频率之比为 2，相差两个倍频程意味着其中心频率之比为 2^2，依此类推，相差 n 个倍频程时两个中心频率之间有关系式

$$\frac{f_2}{f_1} = 2^n$$

或

$$n = \log_2\left(\frac{f_2}{f_1}\right)$$

n 是任意正实数，其值越小，频程分得越细。常用的还有 1/3 倍频程，即在两个相距为 1 倍频程的频率之间插入两个频率，其 4 个频率成如下比例：$1:2^{\frac{1}{3}}:2^{\frac{2}{3}}:2$。

噪声频谱中最高声级分布在 350Hz 以下的称为低频噪声；最高声级分布在 350~1000Hz 之间的称为中频噪声；最高声级分布在 1000Hz 以上的称为高频噪声。机械噪声测量和分析项目中最主要的是噪声频谱，噪声频谱表示一定频带范围内声压级的分布情况，频谱中各峰值所对应的频率（带）就是某种声源产生的，找到了主要峰值声源，就为噪声控制提供了依据。

11.4 噪声的主观量与评价

可听声对人产生的总效果除了上面提到声压、声强、声频率之外，还有声音持续时间、听音人的主观情况等，人的耳朵对高频声波敏感，而对低频声波迟钝。为了把客观上存在的物理量和人耳感觉的主观量统一起来，引入一个综合声音强度量度——响度（Loundness）、响度级。

11.4.1 纯音的等响曲线、响度及响度级

听阈和痛阈的数值都是定义在 1000Hz 纯音条件下的量，当声音的频率发生变化时，听阈和痛阈的数值也将随着变化，为使在任何频率条件下主客观量都能统一，就需要在各种频率条件下对人的听力进行试验，这种试验得出的曲线称为等响曲线。经过大量实验测得纯音的等响曲线如图 11-3 所示，它表达了典型听者认为响度相同的纯音的声压级同频率的关系，图中纵坐标是声压级，横坐标是频率，两者是声音的客观物理量。因为频率不同时，人耳的主观感觉不同，所以对应每个频率都有各自的听阈声压级和痛阈声压级，把它们连接起来就能得到听阈曲线和痛阈曲线，两线之间按响度不同确定响度级，单位为方（phon），听阈线为零方响度级线，痛阈线为 120 方响度级线。凡在同一条曲线上的各点，虽然它们代表着不同频率和声压级，但其响度是相同的，故称为等响曲线。每条等响曲线所代表的响度级（方）的大小，

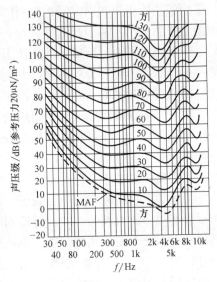

图 11-3 等响曲线

MAF—听阈曲线

由该曲线在 1000Hz 时的声压级的分贝值而定，即选取 1000Hz 纯音作为基准音，其噪声听起来与基准纯音一样响，则噪声的响度级就等于这个纯音的声压级（分贝数）。例如，噪声听起来与频率 1000Hz 的声压级 85dB 的基准音一样响，则该噪声的响度级就是 85 方。而普通人要感觉到 100Hz 时 30 方的响度级，需要 44dB 的声压级，9000Hz 时为 40dB。

响度级是一个相对量，有时需要用绝对值来表示，故引出响度单位宋（Sone）的概念。1 宋为 40 方的响度级，即 1 宋是声压 40dB、频率为 1000Hz 的纯音所产生的响度。响度与响度级的关系可由下式决定：

$$S = 2^{(L_S - 40)/10}$$

或

$$L_S = 40 + 10\log_2 S \qquad (11-13)$$

式中，S 为响度（宋）；L_S 为响度级（方）。

图 11-4 是按式（11-13）算出的响度级和响度间

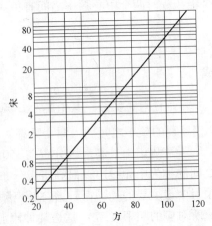

图 11-4 响度级和响度间的对应关系

的对应关系（方—宋关系）图。响度由 40 方开始，每增加 10 方，响度增加一倍，即 40 方为 1 宋，50 方为 2 宋，60 方为 4 宋，70 方为 8 宋。

响度可以叠加计算，如频率为 1300Hz 和 1200Hz、声压级均为 70dB 的两纯音合成，由图 11-3 曲线查得响度级均为 70 方，对应响度均为 8 宋，总响度为 8 宋 + 8 宋 = 16 宋，查图 11-4 得总响度级为 80 方，可见响度级不可以叠加。

11.4.2　宽带噪声的响度

纯音响度可以通过测量它的声压级和频率，按等响曲线来确定它的响度级，然后根据方—宋关系确定它的响度。但是，绝大多数的噪声是宽带声音，评价它的响度比较复杂，或者计算求得，或者通过计权网络由仪器直接测定。

噪声总响度的计算是以响度指数曲线（见图 11-5）为出发点，这些曲线是在大量试验的基础上并考虑了听觉某些方面的属性后得出的。频带中心频率对应的声压级，为频带声压级。计算时，先测出噪声的频带声压级，然后从响度指数曲线中查出各频带的响度指数，再按下式计算总响度：

$$S_{\mathrm{t}} = S_{\mathrm{m}} + F\left(\sum S_i - S_{\mathrm{m}}\right) \qquad (11\text{-}14)$$

式中，S_{t} 为总响度（宋）；S_{m} 为频带中最大的响度指数；$\sum S_i$ 为所有频带的响度指数之和；F 为常数，对倍频带、1/2 倍频带和 1/3 倍频带分析仪分别为 0.3、0.2 和 0.15。

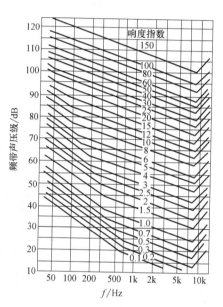

图 11-5　响度指数曲线

例如，用倍频带分析仪测量，其倍频带中心频率对应的声压级和响度指数见表 11-3。

表 11-3　倍频带中心频率对应的声压级和响度指数

中心频率/Hz	63	125	250	500	1000	2000	4000	8000
声压级/dB	42	40	47	54	60	58	59	72
响度指数	0.16	0.37	1.44	2.84	4.8	5.2	7.0	17.5

则总响度为

$$S_{\mathrm{t}} = S_{\mathrm{m}} + 0.3\left(\sum S_i - S_{\mathrm{m}}\right) = 17.5 \text{ 宋} + 0.3 \times 21.8 \text{ 宋} = 24 \text{ 宋}$$

再将总响度 24 宋，按式（11-13）或查图换算成响度级 86 方。

11.4.3　声级计的频率计权网络

从等响度曲线出发，在测量仪器上通过采用某些滤波器网络，对不同频率的声音信号实行不同程度的衰减，使得仪器的读数能近似地表达人对声音的响应，这种网络称为频率计权网络。就声级计而言，设立了 A、B、C 3 种计权网络，它们的频率特性如图 11-6 所示。

A 计权网络是效仿倍频程等响曲线中的 40 方曲线而设计的，它较好地模仿了人耳对低

频段（500Hz 以下）不敏感，而对于 1000 ~ 5000Hz
声敏感的特点。用 A 计权测量的声级来代表噪声的
大小，叫做 A 声级，记作 LA，单位为分贝（A）或
dB（A）。由于 A 声级是单一数值，容易直接测量，
并且是噪声的所有频率成分的综合反映，与主观反
映接近，故目前在噪声测量中得到广泛的应用，并
以它作为评价噪声的标准。但是 A 声级代替不了用
倍频程声压级表示其他噪声标准，因为 A 声级不能
全面地反映噪声的频谱特点，相同的 A 声级其频谱
特性可能有很大差异。

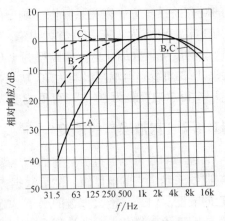

图 11-6　A、B、C 计权网络的衰减曲线

　　B 计权网络是效仿 70 方等响曲线，对低频有衰
减；C 计权网络是效仿 100 方等响曲线，在整个可听
频率范围内近于平直的特点，它让所用频率的声音近于一样程度的通过，基本上不衰减，因
此 C 计权网络表示总声压级。

　　经过计权网络测得的声压级分别为 A 声级（L_A）、B 声级（L_B）和 C 声级（L_C），其分
贝数分别标 dB（A）、dB（B）、dB（C）。

　　利用 A、B、C 3 档声级读数可初步了解噪声频谱特性，由图 11-6 中各种计权网络的衰
减曲线可以看出：当 $L_A = L_B = L_C$ 时，表明噪声的高频成分较突出；当 $L_C = L_B > L_A$ 时，表明
噪声的中频成分较多；当 $L_C > L_B > L_A$ 时，表明噪声有低频特性。

11.4.4　等效连续声级与噪声评价标准

　　考虑噪声对人们的危害程度，除了要注意噪声的强度和频率之外，还要注意作用的时
间。反映这三者作用效果的噪声量度叫做等效连续声级。

　　我国工业企业噪声检测规范（草案）规定：稳定噪声，测量 A 声级；不稳定噪声，测
量等效连续声级，或测量不同 A 声级下的暴露时间。计算等效连续声级，即用等效连续声
级作为评定间断的、脉动的或随时变化的不稳定噪声的大小。等效连续声级（dB）可表
示为

$$L_{eq} = 10\lg\left[\frac{1}{T}\int_0^T \frac{I(t)}{I_0}dt\right] = 10\lg\left(\frac{1}{T}\int_0^T 10^{0.1L}dt\right) \tag{11-15}$$

式中，$I(t)$ 为瞬时声强；I_0 为基准声强；T 为某段统计时间总和，$T = T_1 + T_2 + \cdots + T_n$；$L$
为某一间歇时间内的 A 声级。

　　由式（11-15）可知，某一段时间内的稳定噪声，就是等效连续声级。以每个工作日 8
小时为基础，低于 78dB 的不予考虑，则一天的等效声级（dB）可按下式近似计算：

$$L_{eq} = 80 + 10\lg\frac{\sum_n 10^{\frac{n-1}{2}}T_{nR}}{480} \tag{11-16}$$

式中，T_{nR} 为第 n 段声级 L_n 一个工作日的总暴露时间（min）。

　　如果一周工作 6 天，每周的等效连续声级（dB）可按下式近似计算：

$$L_{eq} = 80 + 10\lg\frac{\sum_n 10^{\frac{n-1}{2}}T_{nI}}{480 \times 6} \tag{11-17}$$

式中，T_{n1} 为第 n 段声级 L_n 一周的总暴露时间（min）。

根据测量数组，按声级的大小及持续时间进行整理，将 80~120dB 声级从小到大分成 8 段排列，每段相差 5dB，每段用中心声级表示，并统计出各段声级的暴露时间，可得表 11 - 4，然后将已知数据代入式（11 - 16）或式（11 - 17）即可求出一天或一周的等效连续声级。

表 11 - 4　中心声级与暴露时间

n（段）	1	2	3	4	5	6	7	8
中心声级 L_n/dB（A）	80	85	90	95	100	105	110	115
暴露时间 I_n/min	T_1	T_2	T_3	T_4	T_5	T_6	T_7	T_8

【例 11 - 2】　测量某车间的噪声。有 4 小时中心声级为 90dB（A），有 3 小时中心声级为 100dB（A），有 1 小时中心声级为 110dB（A），计算一天内等效连续声级。

解：将测量的数据代入式（11 - 15），则车间等效声级为

$$L_{eq} = 80\,\mathrm{dB(A)} + 10\lg\frac{10^{\frac{3-1}{2}} \times 240 + 10^{\frac{5-1}{2}} \times 180 + 10^{\frac{7-1}{2}} \times 60}{480}\,\mathrm{dB(A)} = 102\,\mathrm{dB(A)}$$

近年来，为了减少噪声的危害，提出了保护听力、保障生活和工作环境安静的噪声允许标准。国际标准化组织（ISO）1971 年提出采用噪声评价曲线，以确定噪声容许标准，图 11 - 7 为噪声评价曲线。图中每一条曲线均以一定的噪声评价数 NR 来表征。根据容许标准规定的声级 L_A 来确定容许的噪声评价数 NR，A 声级与噪声评价数 NR 的换算关系为 $NR = L_A - 5\,\mathrm{dB}$。若噪声的倍频程声压级没有超过该容许评价数所对应的评价曲线，则认为符合标准的规定。国际标准化组织建议，每天工作 8 小时，采用噪声评价曲线 $NR = 85$ 作为噪声允许标准，即允许连续噪声不得超过 90dB（A）。工作时间每减少一半，容许噪声提高 3dB（A），最坏不超过 115dB（A）。住宅区室外噪声允许标准为 35~45dB（A）；非住宅区内，如办公室、商店的室内允许噪声标准为 35dB（A）。

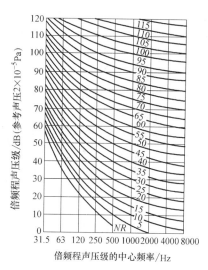

图 11 - 7　噪声评价曲线

11.5　噪声测量仪器

噪声的测量主要是声压级、声功率级及其噪声频谱的测量。一套声压级测量仪器包括传声器、声级计、频率分析仪和校准器等组成。声功率级不是直接由仪器测量出来的，而是在特定的条件下，由测量的声压级计算出来的。噪声的分析除利用声级计的滤波器进行简易频率分析外，还可以将声级计的输出接电平记录仪、示波器、磁带记录器进行波形分析，或接信号分析仪进行精密的频率分析。本节重点介绍传声器、声级计和校准器的原理和使用方法。

11.5.1　传声器

传声器（microphone）是将声波信号转换为相应的电信号的传感器，其原理是由声造成的空气压力，推动传声器的振动膜振动，进而经变换器将此机械振动变成电参数的变化。

根据变换器的形式不同，常用的传声器有电容式、动圈式、压电式和永电体式。

1. 电容式传声器

这是精密测量中最常用的一种传声器，在各种传声器中，这种传声器的稳定性、可靠性、耐振性以及频率特性均较好。图 11-8 为电容式传声器的结构，振膜是一张拉紧的金属薄膜，其厚度在 0.0025 ~ 0.05mm 之间，它在声压的作用下发生变形位移，起着可变电容器的动片作用。可变电容器的定片是背级，背级上有若干个经过特殊设计的阻尼孔。振膜运动时所造成的气流将通过这些小孔产生阻尼效应，以抑制振膜的共振振幅。壳体上开有毛细孔，用来平衡振膜两侧的静压力，以防止振膜的破裂。动态的应力变化（声压）很难通过毛细孔而作用于内腔，从而保证仅有振膜的外测受到声压的作用。其电路原理如图 11-8 所示，将传声器的可变电容和一个高阻值的电阻 R 与极化电压 e_0 串联，e_0 为电压源，e_t 为输出电压，当振膜受到声压作用而发生变形时，传声器的电容量发生变化从而使通过电阻 R 的电流也随之变化，其输出电压 e_t 也随之变化，根据需要对 e_t 再进行必要的中间变换。电容式传声器幅频特性平直部分的频率范围约为 10Hz ~ 20kHz。

2. 动圈式传声器

动圈式传声器的结构如图 11-9 所示，一个轻质振膜的中部有一个线圈，线圈放在永久磁场的气隙中，在声压的作用下，振膜和线圈移动并切割磁力线，产生感应电动势 e_t，e_t 和线圈的移动速度成正比。

这种扬声器精度较低，灵敏度也较低，体积大，其突出特点是输出阻抗小，所以接较长的电缆也不降低其灵敏度。此外，温度和湿度的变化对其灵敏度也没有大的影响。

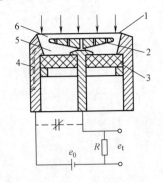

图 11-8　电容式传声器的结构

1—振膜　2—阻尼孔　3—绝缘体

4—毛隙孔　5—内腔　6—背极

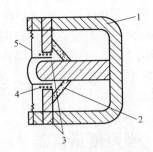

图 11-9　动圈式传声器的结构

1—壳体　2—阻尼罩　3—磁铁

4—动圈　5—振膜

3. 压电式传声器

图 11-10 为压电式传声器的原理图。图中，金属箔形膜片与双压电晶体弯曲梁相连，膜片受到声压作用而变位时，双压电元件则产生变形，在压电元件梁端面出现电荷，通过变

换电路便可以输出电信号。压电式传声器膜片较厚，其固有频率较低，灵敏度较高，频响曲线平坦，结构简单、价格便宜，广泛用于普通声级计中。

此外，还有永电体传声器（又称驻极体式），工作原理与电容式传声器相似。其特点是尺寸小、价格便宜，可用于高湿度的测量环境，可用于精密测量。

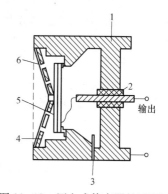

图 11 - 10　压电式传声器的原理图
1—壳体　2—绝缘材料
3—静压力平衡管　4—后板
5—双压电晶体弯曲梁　6—金属箔形膜片

11.5.2　声级计

声级计是噪声测量中测量声压级的主要仪器。它是用一定频率和时间计权来测量噪声的一套仪器。声级计的工作原理是：被测的声压信号通过传声器转换成电压信号，该电压信号经衰减器、放大器以及相应的计权网络、滤波器，或者输入记录仪器，或者经过方均根值检波器直接推动以分贝标定的指示表头。

声级计的框图如图 11 - 11 所示。可以由计权网络根据需要来选择，以完成声压级 L 和 A、B、C 3 种声级的测定。声级计还可以与适当的滤波器、记录器连用，以供对声波作进一步的分析，某些声级计有倍频程或者 1/3 倍频程滤波器，可以直接对噪声进行频谱分析。

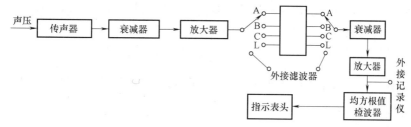

图 11 - 11　声级计框图

应当指出的是，为了保证噪声的测量精度和测量数据的可靠性，使用声级计测量声级时，必须经常校准，否则，将带来不同程度的误差。

声级计的种类很多，如调查用的声级计（三级）只有 A 计权网络；普通声级计（二级）具有 A、B、C 计权网络；精密声级计（一级）除了具有 A、B、C 计权网络外，还有外接滤波器插口，可进行倍频程或 1/3 倍频程滤波分析，另外还有脉冲声级计等。

11.5.3　声级计的校准

使用声级计测量声压时，必须经常校准，以确保声压计读数的准确度。某些行业的标准规定，每次测量开始和结束都必须进行校准，两次差值不得大于 1dB。目前常用的校准方法有以下几种：

1. 活塞发生器校准法

活塞发生器校准法是一种现场常用的精确、可靠且简便的方法，它主要适用于低频校准（几赫到几十赫），其原理如图 11 - 12 所示。由电池供电的电动机通过凸轮使活塞做正弦移动，造成空腔中气体体积的变化，使腔内产生标准的正弦变化的声压，被校的传声器置于空腔的一端。用活塞发生器可以标定精密的声级计,在频率 250Hz、声压级 124dB 时,其准确度可达 ±0.2dB,也可应用在低频情况下标定传声器。

2. 扬声器校准法

这是一种更为简单而便宜的校准方法。用一个精确标定过的扬声器,在一个声耦合空腔中产生 1000Hz 的精确给定声压级的声压,作为作用在传声器振膜上的标准信号。图 11-13 示出了扬声器校准法的原理。

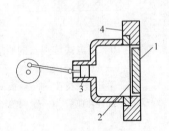

图 11-12　活塞发生器校准法的原理
1—后板　2—膜片　3—活塞　4—电容传声器

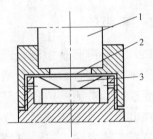

图 11-13　扬声器校准法的原理
1—传声器　2—耦合空腔　3—扬声器

3. 互易校准法

互易校准法适用于中频范围可听声的传声器校准,该方法准确度高,是最广泛采用的一种方法。互易校准法既可测定传声器的压力响应,也可以测定其自由场响应。把机器放在室外空旷无噪声干扰的地方或在消声室内,即自由声场中。

测量声压响应时,使用一个独立声源和两个传声器。校准的第一步是测定每个传声器在该声源作用下各自的开路输出电压 e_{y1} 和 e_{y2},从中得到每个传声器的灵敏度, $s_i = \dfrac{e_{yi}}{p}$, p 是声源所造成的声压。消去参数 p,得

$$\frac{s_1}{s_2} = \frac{e_{y1}}{e_{y2}} \qquad (11-18)$$

第二步,用一个很小的空腔将两个传声器耦合起来。其中,第二个传声器通以适当的电流 i_2 使它起着扬声器的作用,产生相应的声压 p'。测定 p' 在作用下第一个传声器的输出电压 e'_{y1}。根据互易原理,有

$$s_1 s_2 = \frac{e'_{y1}}{i_2} k \qquad (11-19)$$

式中, k 为与空腔的声学特性有关的参数。它取决于空腔的体积 V、大气压 p_0、空气的摩尔热容比 γ_0、声音的频率 ω。

由式 (11-18) 和式 (11-19) 解得

$$s_1 = \sqrt{\frac{e_{y1}}{e_{y2}} \frac{e'_{y1}}{i_2} k} \qquad (11-20)$$

使用互易法测定自由场响应的方法与测定压力响应方法相似。第一步是测定两个传声器在独立声源所形成的自由平面波场中的开路输出电压。第二步,仍然将第二个传声器作为"扬声器",而第一个传声器置于"扬声器"所形成的平面波声场中并测量传声器的输出电压 e'_{y1}。为此应使两个传声器之间的距离 d 大于传声器的尺寸。

4. 静电激励校准法

该方法适用于较高频率的传声器校准。它是将一个绝缘的栅状金属板置于传声器振膜之前,并使两者之间的距离尽量小。在栅状金属板和振膜之间加上高达 800V 的直流电压使两个金属板极化,从而使两者之间互相作用着一个稳定的静电力。另外再加上 30V 左右的交流电压使相互作用一个交变力,其值等于 1Pa 的声压。和电磁激振器一样,若没有直流电压以产生稳定的预加作用力,而直接加上交流电压,所产生的交变压力的频率就是交变电压频率的两倍。静电激振器产生的力和频率无关,因此,可用来测量电容传声器的响应。

5. 置换法

此方法是使用一个精确的而且频率响应(灵敏度)已经确知的标准声级计来校准被校准的声级计。先用标准声级计来测量声压,随之使用被校准的声级计来测量同一声压。最后用标准声级计再次测量声压,以校验试验过程有无变化或疏忽。从两个声级计测量结果的差别,可以确定被校准声级计的频率响应(灵敏度)。这种校准方法误差较大。

11.6　噪声测量技术

11.6.1　声功率的测量和计算

在一定的条件下,机器辐射的声功率是一个恒定的量,它能够客观地表征机器噪声源的特性。但声功率不是直接测出的,而是在特定的条件下,由所测得声压级计算出来的,其方法如下:

1. 自由场法

如前所述,自由声场是把机器放在室外空旷无噪声干扰的地方或在消声室内。测量以机械为中心的半球面上或半圆柱面上(长机械)若干均匀分布点的声压级,便可以求得声功率级 L_W(dB)为

$$L_W = \bar{L}_p + 10\lg S \tag{11-21}$$

式中,S 为测试球面或半圆柱面的面积(m^2);$\bar{L}_p$ 为 n 个测点的平均声压级

$$\bar{L}_p = 20\lg \frac{\bar{P}}{P_0}, \quad \bar{P} = \left(\frac{\sum P_i^2}{n^2}\right)^{\frac{1}{2}}$$

如果机械在消声室或其他较理想的自由场中,声源以球面波辐射,则式(11-21)可写为

$$L_W = \bar{L}_p + 10\lg 4\pi r^2 = \bar{L}_p + 20\lg r + 11 \tag{11-22}$$

如果机械放在室外坚硬的地面上,周围无反射,这时透声面积为 $2\pi r^2$,则式(11-22)可写为

$$L_W = \bar{L}_p + 10\lg(2\pi r^2) = \bar{L}_p + 20\lg r + 8 \tag{11-23}$$

在这种条件下,距离中心为 r_1 和 r_2 两点的声压级满足下列关系:

$$L_1 = L_2 + 20\lg \frac{r_2}{r_1} \tag{11-24}$$

2. 参考声源法

在有限吸声的房间(如工厂、车间)内测量噪声,自由场法要求的条件很难得到满足。

这时，可采用一个已知声功率级 L_p 的参考声源与被测的噪声源相比较来测定机器的声功率。在相同的条件下，噪声源的声功率级 L_W 可用下式表示：

$$L_W = L_p + \bar{L} - \bar{L}_r \qquad (11\text{-}25)$$

式中，$\bar{L}$ 为以机器为中心，半径为 r 的半球面上测出该噪声源的平均声压级；$\bar{L}_r$ 为关掉噪声源，参考声源置于噪声源的位置，在同样测点上测得的平均声压级。

用此法测量时，可以选用下述方法之一来进行：

1）替代法。把待测的噪声源移开，将参考声源置入原噪声源位置，测点相同。

2）并排法。若待测的噪声源不便移开，可将参考噪声源置于待测量的噪声源上部或旁边，测点相同。

3）比较法。若用并排法测量误差大，这时可用比较法，即将参考噪声源放在现场的另一点，周围反射的情况与待测量的噪声源的周围反射情况相似，然后用式（11-21）计算出待测噪声的功率级。

11.6.2　噪声测量应注意的问题

噪声的产生原因是各种各样的，噪声测量的环境和要求也不相同。精确的噪声性能数据，不但与测量方法、仪器有关系，而且与测量过程中的时间、环境、部位等也有关系，这里提出以下几点注意的问题。

1. 测量部位的选取

传声器与被测机械噪声源的相对位置对测量结果有显著影响，因而，在进行数据比较时，必须标明传声器离开噪声源的距离，测点一般按下列原则选取：

根据我国噪声测量规范，一般测点选在距机械表面 1.5m，并离地面 1.5m 的位置。若机械本身尺寸很小（如小于 0.25m），测点应距所测机械表面较近，如 0.5m，但应注意测点与测点周围反射面相距 3m 以上；机械噪声大，测点宜取在相距 5～10m 处，对于行驶的机动车辆，测点应距车体 7.5m，并高出地面 1.2m 处；相邻很近的两个噪声源，测点宜距噪声源很近，如 0.2m 或 0.1m。如果研究噪声对操作人员的影响，可把测点选在工作人员经常所在的位置，以人耳的高度为准选择若干个测点。

作为一般噪声源，测点应在所测机械规定表面的四周均布，且不少于 4 点。如相邻测点测出声级相差 5dB 以上，应在其间增加测点，机械的噪声级应取各测点的算术平均值。如果机械噪声不是均匀地向各个方向辐射，除了找出 A 声级最大的一点作为评价该机器噪声的主要依据外，同时还应当测出若干点（一般多于 5 点）作为评价的参考。

2. 测量时间的选取

当测量城市街道的环境噪声时，白天的理想测定时间为 16h，即从早上 6 点至晚上 10 点。测夜间的噪声，取 8h 为宜，即从晚上 10 点至早上 6 点，但有的国家也选取一天中最吵闹的 8h 作为测量的参考时间。有的进一步简化，确定高交通密度（即每小时通过机动车数量超过 1000 辆），测 15min 的平均值即可代表交通噪声值，如果交通密度整天都很小，取半小时的测量值，也是可靠的。

测量各种动态设备的噪声，当测量最大值时，应取起动开始时或工作条件变动时的噪声，当测量平均正常噪声时，应取平稳工作时的噪声，当周围环境的噪声很大时，应选择环境噪声最小时（比如深夜）测量。

3. 干扰的排除

噪声测量所用电子仪器的灵敏度，与供电电压有直接关系，电源电压如达不到规定范围，或者工作不稳定，将直接影响测量的准确性，这时就应当使用稳压器或者更换电源。

进行噪声测量时，要避免气流的影响。若在室外测量，最好选择无风的天气；风速超过四级以上时，可在传声器上戴上防风罩或包上一层绸布，在管道里测量时，在气流大的部位（如管壁口）也应如此；在空气动力设备排气口测量时，应避开风口和气流。

测量时，还应注意反射所造成的影响，应尽可能地减少或排除噪声源周围的障碍物，在不能排除时要注意选择点的位置。

用声级计进行测量时，其送话器取向不同，测量结果也有一定的误差，因而，各测点都要保持同样的入射方向。

11.6.3　噪声测量环境的影响及环境噪声的修正

为使噪声测量数据可靠，不仅要有精确的仪器，而且还需考虑外界因素对测量的影响。必须考虑的外界因素主要包括以下几个：

1. 大气压力

大气压力主要影响传声器的校准，活塞发生器在 $1.01 \times 10^5 Pa$ 时产生的声压级是 124dB（国外仪器有的是 118dB，有的是 114dB），而在 $0.9 \times 10^5 Pa$ 时则为 123dB。活塞发生器一般配有气压修正表，当大气压力改变时，可从厂商配有的气压修正表中直接读出相应的修正数值。

2. 温度

在现场测量系统中，典型的热敏元件是电池。温度的降低会使电池的使用寿命也随之降低，特别是 0℃ 以下的温度对电池使用寿命影响很大。

3. 风和气流

当有风和气流通过传声器时，在传声器顺流的一侧会产生湍流，使传声器的膜片压力变化而产生风噪声，风噪声的大小与风速成正比。为了检查有无风噪声的影响，可将有无防风罩时的噪声测量数据进行比较。如无差别说明无风噪声影响；反之则有影响。这时应以加防风罩时的数据为准。环境噪声的测量一般应在风速小于 5m/s 的条件下进行。防风罩一般用于室外风向不定的情况下。在通风管道内，气流方向是恒定的，这时应在传声器上安装防风鼻锥。

4. 湿度

当潮气进入电容式传声器并凝结时，就会使电容式传声器的极板与膜片之间发生放电现象，而产生"破裂"与"爆炸"的声响，影响测量结果。

5. 传声器的指向性

传声器在高频时具有较强的指向性。膜片越大，产生指向性的临界频率就越低。一般国产声级计，当在自由场（声波没有反射的空间）条件下测量时，传声器应指向声源。若声波是无规律入射的（声波反射很强的空间），则需要加上无规律入射校正器。环境噪声测试时，可将传声器指向上方。

6. 反射

在现场测量环境中，被测机器周围往往可能有许多物体，这些物体对声波的反射会影响测量结果。原则上，测点位置应离开反射面3.5m以上，但根据现有试验情况，一般控制在2m以上，反射声的影响就可以认为不用考虑。在无法远离反射面的情况下，也可以在反射噪声的物体表面铺设吸声材料。

7. 其他因素

除上述因素以外，在测量时还应避免受强电磁场的影响，并选择在设备处于正常状态（或合理状态）下进行测试。

8. 本底噪声影响与修正

所谓本底噪声，是指被测定的噪声源停止发声时，其周围环境的噪声。测量时，应当避免本底噪声对测量的影响。对被测对象进行噪声测量，所测得的总噪声级是被测对象噪声和本底噪声的合成。在存在本底噪声的环境里，被测对象的噪声无法直接测出，可由测到的合成噪声内减去本底噪声得到。本底噪声应低于所测机器噪声10dB以上，否则应在所测机器噪声中扣除环境噪声修正值ΔL，见表11-2。

11.7 机床噪声测量实例

11.7.1 机床的噪声源及噪声标准

1. 机床的噪声源

根据振源的属性，机床的噪声一般分为3类，即结构噪声、流体噪声和电磁噪声。

结构噪声由机床内各种运动部件，如齿轮、轴、轴承、离合器、传送带、凸轮等运动时的冲击、摩擦、不平衡运转所引起。箱体、罩壳等部件受激发也会产生二次空气声。

流体噪声是指机床中的液压、润滑、冷却系统和气动装置所产生的噪声。其原因是液体、气体的流量和压力的急剧变化所引起的冲击使管路、壳体等产生振动；液压系统的空穴和涡流现象引起的振动等。

电磁噪声是由于电动机嵌线槽数的组合不平衡，绕组节距、转子与定子间空隙不均匀以及电源的电压不稳定所产生的高次谐波；由于磁致伸缩效应所引起的铁心振动等。

2. 机床噪声标准

由于机床在各工业部门中使用广泛，加之机床朝着高速化、高效化、大功率强力切削和精密化方向发展，因此，机床噪声标准已成为各国关注的重要问题。

我国国家标准《金属切削机床 通用技术条件》（GB/T 9061—2006）把噪声列为金属切削机床质量检验指标之一。标准规定，机床在空载运转时，高精密机床的噪声声压级不得超过75dB（A）；对精密机床和普通机床，声压级在85dB（A）为合格品，83～85dB（A）为一等品，81～83dB（A）以下为优等品。对噪声级的测量方法，国家也制定了相应的专业标准。

世界上许多国家对机床的整机噪声标准一般都不作统一规定，而是由制造厂商与用户协商确定，以利于产品的竞争。国际标准化组织（ISO）从保护职工的听力出发，根据在噪声环境下工作的时间，规定了不同的噪声容许标准（ISO1999）。

11.7.2 机床噪声声压级测量

国家标准规定，测定机床总噪声水平以声压级测量为主，即按标准《金属切削机床噪声声压级测量方法》（GB/T 16769—2008）测量机床噪声的声压级 dB（A）。

1. 测点布置

测点位置和测点数的选择原则，是使所测得的声压级能客观地反映机床噪声给工作环境和操作者所带来的影响。各国标准的规定大同小异，参见 GB/T 16769—2008，测点布置如图 11 - 14 所示。

1）测量外迹距离机床外迹投影面 1m；若机床外形尺寸不足 1m 时，距离可缩短为 0.5m。

2）测量外迹应圈进各种辅助设施，如电气柜、液压箱、操作台等。辅助设施远离机床时应单独测量。

3）测点应在外迹上离地平面 1.5m 处，相当于人耳位置的高度。相邻测点间距为 1 ~ 1.5m。为了避免漏测噪声级最大的点和利于确定噪声的方向，测点数目应足够多，一般应多于 5 点。

4）测点应包括操作位置和操作者常到的位置。

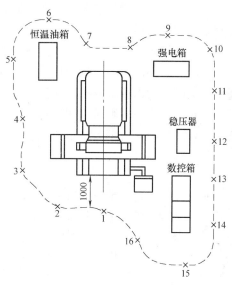

图 11 - 14　机床的测点布置

2. 测量条件

测量的环境条件和机床的工作状态，对机床噪声的测量结果都有影响。为此，一般对测量条件作如下规定：

1）为了减小反射声对测量结果的影响，要求机床外表面距四周声反射表面有一定的距离，一般不少于 2m。

2）应预先测量背景噪声，即包括仪器本身在内的周围环境噪声。各国都规定在机床噪声测量位置上测得的背景噪声应比机床噪声低 10dB（A），否则应适当进行修正。

3）机床应处于正常安装和使用状态。测量时，机床应由冷态逐步达到正常工作温度。应选择机床产生最大噪声时的切削参数或在规定的生产率状态下进行测量。

4）机床在空载运转、加载和切削状态下噪声级是不同的。我国规定，以机床空载运转时的测量值作为机床噪声水平。

3. 测量仪器使用要求

测量机床噪声的声压级应采用精密声级计 A 计权网络。

1）测量时，声级计的传声器在测点上应水平朝向机床噪声源。为了消除操作者身体引起的反射声影响，可利用三脚架支撑声级计。气流在传声器外壳上形成涡流，会产生附加噪声，可在传声器前安装防风装置以消除气流的影响。

2）测量前，应检查电源电压，并校准传声器的灵敏度和指针读数。测量结束后，必须重新校准传声器的指针读数。两次差值不得大于 1dB（A），否则所测数据无效。

4. 测量数据处理

声级计分快/慢两档。快档用于测量随时间波动较小的稳态噪声；慢档用于测量波动大于 4dB 的噪声。测量时，应读出表头指针的平均偏摆值。用慢档测量偏摆大于 4dB 的噪声时，观察时间不应少于 10s。读数值视不同情况分别处理：当指针偏摆在 3dB 以内时，读数值取上、下限的平均值；当指针偏摆在 3～10dB 时，平均声压级应按标准中给定的公式进行计算；当指针偏摆超过 10dB 时，应视为脉冲噪声，改用脉冲声级计测量。数显读数也应参照上述情况处理。

声压级的测量与被测机床的周围环境和测量距离密切相关。在不同环境下，测量结果会产生差异。采用声功率级测量可以克服这个缺点，因为声源辐射的声功率是一个恒量，能客观地表征机床噪声源的特性。我国相应也制定了声功率级测量方法的国家标准。近些年来，国外又在研究声强的测量方法，研制了相应的声强探头和测试仪器，以期取代较繁琐和需要特殊测量环境的声功率级测量方法。

习　题

11-1　评价噪声的主要技术参数是什么？各代表什么物理意义？

11-2　举例说明如何确定宽带噪声的总响度。

11-3　A、B、C 3 种不同计权网络在测试噪声中各有什么用途？

11-4　噪声测试中主要使用哪些仪器、仪表？

11-5　噪声测试中应注意哪些具体问题？

11-6　声级计的校准方法有几种？

11-7　什么是本底噪声？如何进行本底噪声修正？

第 12 章　位移与厚度测量

位移与厚度同属长度计量的范畴。两者在机械加工中关系密切，如铣刀的位移可改变零件厚度，接触式传感器通过自身位移测量零件厚度等。

位移（displacement）是线位移和角位移的统称。位移测量在机械工程中应用十分广泛，不仅在机械工程中经常要求精确地测量零部件的位移和位置，而且力、转矩、速度、加速度和流量等许多参数的测量，也以位移测量为基础。

位移是指物体上的某一点或某一射线在一定方向上的位置移动或转动，因此位移是矢量。一般情况下，应使测量方向与位移方向重合，这样才能真实地测量出位移的大小。如果测量方向与位移方向不重合，则测量结果仅是该位移在测量方向上的分量。

位移测量时，应当根据不同的测量对象，选择适当的测量点、测量方向和测量系统。位移测量系统是由位移传感器、相应的测量放大电路和终端显示装置组成。位移传感器的选择恰当与否，对测量精度影响很大，必须特别注意。

12.1　常用位移传感器

根据传感器的变换原理，常用的位移测量传感器可分为电阻式、电感式、电容式、磁电式和光电式等。针对位移测量的应用场合，可采用不同用途的位移传感器。表 12 - 1 列出了常见位移传感器的主要特点和使用性能。

表 12 - 1　常见位移传感器的主要特点和使用性能

型	式		测量范围	精确度	直线性	特 点
电阻式	变阻器	线位移	$1 \sim 1000 mm$[①]	±0.5%	±0.5%	结构牢固，寿命长，但分辨力差，电噪声大
		角位移	$0 \sim 60 r$	±0.5%	±0.5%	
	应变式	非粘贴	±0.15%应变	±0.1%	±1%	不牢固
		粘贴	±0.3%应变	±（2% ~3%）		使用方便，需温度补偿
		半导体	±0.25%应变	±（2% ~3%）	满量程 ±20%	输出幅值大，温度灵敏性高
电感式	自感式	变气隙型	±0.2mm	±1%	±3%	只宜用于微小位移测量
		螺管型	$1.5 \sim 2mm$			测量范围较变气隙型宽，使用方便可靠，动态性能较差
		特大型	$300 \sim 2000mm$		0.15% ~1%	
	互感式	旋转变压器	±60°[①]	±1%	±0.1%	非线性误差与变压比和测量范围有关
		差动变压器	$±0.08 \sim 75mm$[①]	±0.5%	±0.5%	分辨力好，受到磁场干扰时需屏蔽
		感应同步器 直线式	$10^{-3} \sim 10^{4} mm$[①]	10μm/1m		模拟和数字混合测量系统，数字显示（直线式同步器的分辨力可达 1μm）
		旋转式	$0 \sim 360°$	±0.5		

（续）

型 式			测量范围	精确度	直线性	特 点
电感式	互感式	磁尺 长磁尺	$10^{-3} \sim 10^4 mm^①$	$5\mu m/1m$		测量时工作速度可达12m/min
		磁尺 圆磁尺	$0 \sim 360°$	$\pm 1''$		
	涡流式		$\pm 2.5 \sim 250 mm^①$	$\pm 1\% \sim 3\%$	$< 3\%$	分辨力好，受被测物材料、形状影响
电容式	变面积		$10^{-3} \sim 10^3 mm^①$	$\pm 0.005\%$	$\pm 1\%$	受介电常数随温度和湿度变化的影响
	变极距		$10^{-3} \sim 10 mm^①$	0.1%		分辨力很好，但线性测量范围小
磁电式	霍尔元件		$\pm 1.5 mm$	0.5%		结构简单，动态特性好
光电式	遮光式	计量光栅 长光栅	$10^{-3} \sim 10^3 mm^①$	$0.2 \sim 1\mu m/1m$		模拟和数字混合测量系统，数字显示（长光栅利用干涉技术，可分辨1pm）
		计量光栅 圆光栅	$0 \sim 360°$	$\pm 0.5''$		
	反射式	激光干涉仪	几十米^①	$10^{-8} \sim 10^{-7}$		分辨率可达0.1pm以下
	吸收式	射线物位计	$0.1 \sim 100 mm^{①②}$	0.5%		可测高温、高压及腐蚀性容器内物位
	超声波（测距、测厚）		$0.1 \sim 400 mm^{①②}$	$45\mu m/mm$		抗光电磁干扰，可测透明、抛光体
编码器	光电式		$0 \sim 360°$	$10^{-6}r$		分辨力好，可靠性高
	接触式		$0 \sim 360°$	$10^{-6}r$		

① 指这种传感器形式能够达到的最大可测范围，但每种规格的传感器都有其一定的远小于此范围的量程。
② 指这种传感器的测量范围，受被测物的材料或力学性质影响较大，表中数据为钢材的测量范围。

12.2 光栅式传感器

光栅式传感器在线位移和角位移的测量中均有广泛的应用。光栅作为一种检测元件，还可以用于振动、速度、加速度、应力和应变等测量。另外，它还可以用于特殊零件或特殊环境下的轮廓测量，如热轧钢板在热状态下的平面度、飞机机翼及涡轮叶片形状等。

光栅传感器具有如下特点：

1）精度高。光栅传感器在大量程测长或直线位移方面的精度仅低于激光干涉传感器，长光栅测量精度可达$0.5 \sim 3\mu m/3000mm$，分辨率可达$0.05\mu m$；而圆分度和角位移测量方面精度最高，精度可达$0.15''$，分辨率可达$0.1''$，甚至更小。

2）兼有高分辨率和大量程两种特性。感应同步器也具有大量程测量的特点，但分辨率和精度都不如光栅传感器。

3）可实现数字化动态测量，易于实现测量和数据处理的自动化。

4）具有较强的抗干扰能力。它不仅可以用于实验室条件，也可以应用在精密加工车间中的数控机床。

5）制造高精度的光栅尺价格较贵，其成本比感应同步器高。

6）制造量程大于1m的光栅尚有困难，但可以接长。

7）采用增量式测量，与编码盘等绝对式测量相比，在高速工作时易产生误差。

12.2.1 光栅式传感器的基本原理和分类

1. 光栅式传感器的组成和结构

光栅（grating）是在基体上刻有均匀分布条纹的光学元件。在光栅上的刻线称为栅线，若不透光的栅线宽度为 a，能够透光的缝隙宽度为 b，则 $W = a + b$ 称为光栅的栅距（也称光栅常数或光栅节距），它是光栅的重要参数，如图 12-1 所示。通常 $a = b$ 或 $a{:}b = 11{:}9$。常用的线纹密度一般为 100 线/mm、50 线/mm、25 线/mm 和 10 线/mm。

光栅式传感器主要由标尺光栅、指示光栅和光学系统组成。如图 12-2 所示，两块栅距相同的光栅，其中较长的光栅类似于长刻线尺，称为标尺光栅（也称主光栅），通常安装在活动部件（工作台）上，其有效长度即为测量范围；另一块光栅很短，称为指示光栅，它通常与光学系统等组成读数头，安装在固定部件上。两光栅刻线面相对叠合，中间留很小的间隙 d，便组成了光栅副。为获得较强反差，指示光栅应位于标尺光栅的菲涅耳（Fresnel）焦平面上，即取

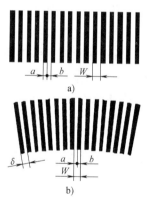

图 12-1 栅线放大

a）长光栅刻线示意 b）圆光栅刻线示意

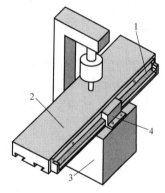

图 12-2 光栅式传感器安装示例

1—标尺光栅 2—工作台 3—基座
4—指示光栅和光学系统（被遮盖）

$$d = W^2 / \lambda \tag{12-1}$$

式中，λ 为有效光波长。

如图 12-3 所示，将光栅副置于由点光源和凸透镜形成的平行光束的光路中，使其中一片光栅（通常为指示光栅）固定，另一片光栅（通常为标尺光栅）随着被测物体移动，则通过两光栅的光线强度也随之变化。用光电元件接收此光线强度信号，经电路处理后，用计数器可得标尺光栅移过的距离。

2. 莫尔条纹现象

（1）莫尔条纹的几何光学原理 光栅式传感器利用光栅的莫尔条纹现象进行测量。如图 12-4a 所示，若标尺光栅与指示光栅栅线之间有很小的夹角 θ，则在近似垂直于栅线的

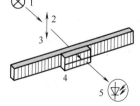

图 12-3 光栅传感器的结构

1—电光源 2—凸透镜 3—标尺光栅
4—指示光栅 5—光电元件

方向上可显示出比栅距 W 宽得很多的明暗相间的条纹，这些条纹称为"莫尔条纹"，其信号光强分布如图 12-4b 所示，也表现为明暗相间。法语"莫尔（Moire）"的原意为丝绸的波纹花样，两光栅可产生类似的花样。当标尺光栅沿垂直于栅线的 x 方向每移动一个栅距 W 时，莫尔条纹沿近似栅线方向移过一个条纹间距。

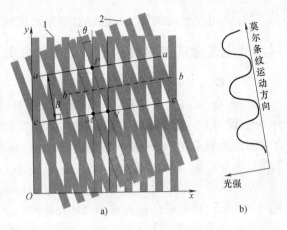

图 12-4　莫尔条纹
a) 莫尔条纹的形成　b) 光强信号
1—标尺光栅　2—指示光栅

莫尔条纹的形成实质上是光在通过光栅副时衍射和干涉的结果，但对于栅距较大的黑白光栅，则可按照光直线传播的几何光学原理，利用光栅栅线的遮光效应，来解释莫尔条纹的形成，并求得光栅副结构参数与莫尔条纹几何图案之间的关系。如图 12-4a 所示，在 $a-a$ 线上两光栅的栅线相交重叠，光线透过缝隙形成亮带；在 $b-b$ 线上两光栅的栅线彼此错开，互相挡住缝隙，光线透不过，形成暗带；而在 $c-c$ 线上又形成亮带。这就是前面提到的比栅距 W 宽得多的莫尔条纹，在两个亮带之间的距离 B 为莫尔条纹的宽度。栅线的形状和排列方向不同，能够形成各种形状的莫尔条纹。

若两片光栅的栅距相同，PQ 为图 12-4a 中等腰三角形 MNP 底边上的高，如图 12-5 所示，则 PQ 的长度为莫尔条纹的宽度 B，PQ 平分 $\angle MPN$，即

$$\beta = \theta/2 \tag{12-2}$$

且 PQ 垂直平分线段 MN，即

$$l = W/2 \tag{12-3}$$

于是，莫尔条纹的宽度为

$$B = \frac{l}{\sin\beta} = \frac{W/2}{\sin(\theta/2)} \tag{12-4}$$

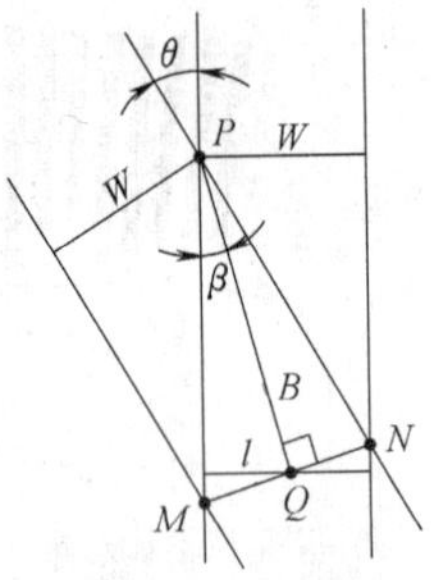

图 12-5　莫尔条纹
宽度计算

式中，W 为光栅常数；θ 为两片光栅栅线的夹角。

（2）莫尔条纹的特性

1）运动对应关系。莫尔条纹的移动量和移动方向与标尺光栅相对于指示光栅的位移量和位移方向有严格的对应关系。从图 12-4 中可以看出，当标尺光栅向右运动一个栅距 W 时，莫尔条纹向下移动一个条纹间距 B；如果标尺光栅向左运动，则莫尔条纹向上移动。光栅传感器在测量时，可以根据莫尔条纹的移动量和移动方向判定标尺光栅（或指示光栅）的位移量和位移方向。

2）位移放大作用。光栅副中，由于 θ 很小（$\sin(\theta/2) \approx \theta/2$），由式（12-4）可得近似关系

$$B \approx W/\theta \tag{12-5}$$

明显看出莫尔条纹具有放大作用，其放大倍数为 $K = B/W \approx 1/\theta$。一般角 θ 很小，W 可以做到约 0.01mm，而 B 可以到 6~8mm。采用特殊电子电路可以区分出 $B/4$ 的大小，因此可以

分辨出 $W/4$ 的位移量。

3）误差均化效应。莫尔条纹是由光栅的大量栅线（常为数百条）共同形成的，对光栅的刻划误差有均化作用。因此，莫尔条纹能在很大程度上消除栅距的局部误差和短周期误差的影响，个别栅线的栅距误差、断线及疵病对莫尔条纹的影响很微小。若单根栅线的位置误差的标准差为 σ，则 n 条栅线形成的莫尔条纹的位置误差的标准差为 $\sigma_n = \sigma/\sqrt{n}$。这说明莫尔条纹的位置准确性很高，进而测量精度也很高。

（3）莫尔条纹信号的质量指标 影响莫尔条纹信号质量的因素包括光栅本身的质量（如光栅尺坯质量、光栅尺的刻划质量）、光栅副的工作条件等。莫尔条纹的原始质量对于光栅系统能否正常工作以及电子细分精度有重要的影响。目前常用的评定莫尔条纹信号质量的指标有如下几项：

1）信号的正弦性。莫尔条纹的输出信号是基波条纹和各次谐波条纹的叠加。正弦性用各次谐波含量大小表示，谐波含量越小越好，细分精度可越高。

2）输出信号的直流电平漂移。在光电转换输出的电压信号中，既有交流分量，又有直流分量。直流分量在全量程范围内的变动，称为直流电平漂移。引起漂移的原因是光栅透光度的变化、光电器件本身的直流漂移和光强的变化等。在电路中，常由全量程所有正弦波的平均过零电平调整整形电路的触发电平确定。但就某一测试位置，输出信号的直流分量不一定正好等于平均过零电平。直流电平的漂移会带来细分误差，应该使漂移最小。

3）输出信号的对比度。为表示莫尔条纹明暗的反衬程度（称为反衬度或反差），常用对比度 C 和调制度 M 表示，如图 12-6 所示。对比度为

$$C = \frac{u_{max} - u_{min}}{u_{max}} \qquad (12-6)$$

式中，u_{max} 为输出信号基波最大值；u_{min} 为输出信号基波最小值。

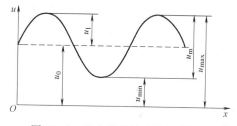

图 12-6 光电器件输出的基波信号

若用调制度表示，则有

$$M = u_1/u_0 \qquad (12-7)$$

式中，u_1 为输出信号基波的幅值；u_0 为输出信号的直流分量。

影响输出信号对比度的主要因素有光源单色性、光强稳定性、光源尺寸、接收窗口尺寸、光栅的衍射作用、光栅质量及光栅副间隙等。如果对比度太低，说明输出信号太小，易被噪声淹没，使电路处理困难。

4）输出信号幅度的稳定性。输出信号幅度的稳定性是指在全量程范围内，输出信号的基波幅值 u_1 的波动量。光强不稳定和光栅运动速度不均匀，会使 u_1 值波动，影响输出信号的稳定性。

5）输出信号的正交性和等幅性。实际使用中，常用两个或 4 个光电转换器件同时接收同一莫尔条纹信号。为使相邻输出信号之间相位差成 90°，转换器件置于不同处。多相输出信号依次相差 90° 称为输出信号的正交性。其偏差大小用基波相位偏离各信号理想位置的数值表示。各基波的幅值之差表示多相输出信号的一致程度，称为输出信号的等幅性。光栅栅距误差和栅线夹角误差都会影响正交性。输出信号的正交性偏差和等幅性差值都会带来细分误差。

12.2.2　光栅的光学系统

光栅的光学系统是指形成莫尔条纹的光学系统（包括产生和拾取莫尔条纹信号的光源、光电接收元件和电路），它的作用是把标尺光栅的位移转换为电信号。

在光栅式传感器中，用来照明和接收莫尔条纹信号的光学系统有直读式光学系统、影像式光学系统、分光式光学系统、粗细栅距组合式光学系统和相位调制式光学系统等多种形式。由于采用不同形式的光栅，光学系统也各不相同。

一般的透射直读式光学系统如图 12 - 7 所示。点光源发射的光经透镜后变成平行光束，垂直投射到标尺光栅上，它和指示光栅形成的莫尔条纹信号直接由 4 个光电元件接收。每当标尺光栅移动一个栅距，每个光电元件都输出一个周期的电信号。

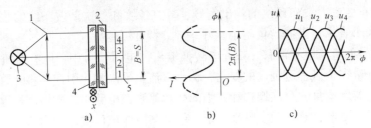

图 12 - 7　透射直读式光学系统

a）光学系统的结构　b）各位置光强　c）四相电信号的波形

1—凸透镜　2—指示光栅　3—点光源　4—标尺光栅　5—光电元件

采用这种光学系统，传感器结构简单、紧凑，调整方便，故在光栅式传感器中得到了广泛的应用，它适用于粗栅距的黑白透射光栅。

莫尔条纹移动时，输出电压信号的幅值为光栅位移量 x 的函数，近似为

$$u = u_0 + u_m \sin(2\pi x/W) \tag{12 - 8}$$

式中，u_0 为输出信号中的直流分量；u_m 为输出信号中波动部分的幅值；x 为两光栅间的瞬时相对位移。

将该电压信号放大、整形使其变为方波，经微分电路转换成脉冲信号，再经过辨向电路和可逆计数器计数，则可在显示器上以数字形式实时地显示出位移大小。位移为脉冲数与栅距的乘积。当栅距为单位长度时，所显示的脉冲数则直接表示出位移大小。

为判别标尺光栅的位移方向以进行可逆计数，为补偿直流电平漂移对测量精度的影响以及以后的电子细分、提高分辨率等，常需要输出多相信号，可把透射直读式系统调整成四相型系统。因此，图 12 - 7a 中的光电元件常采用四极硅光电池，对于横向条纹，把莫尔条纹的宽度 B 调整到等于四极硅光电池的总宽度 S。如图 12 - 7b 所示，$I - \phi$ 关系曲线表示莫尔条纹在宽度方向上的光强 I 的分布，由于每极硅光电池的宽度相当于 $B/4$，它们的位置就把莫尔条纹的宽度均匀地分成 4 部分，这样当各极电池将莫尔条纹转换成电信号时，在相位上自然就依次相差 90°。当标尺光栅移动一个栅距 W 时，莫尔条纹移动一个宽度 B，不妨设莫尔条纹移动的方向为向上，四极硅光电池所输出的四相电信号的波形如图 12 - 7c 所示，其横坐标 ϕ 表示在标尺光栅移动时，莫尔条纹周期变化的相位角。当光栅移动位移 x 时，莫尔条纹相应变化的相位角为 $2\pi x/W$。因此，硅光电池 1、2、3、4 所输出的四相信号波动部分

可表示为

$$u_1 = E\sin(2\pi x/W - 0°) = E\sin(2\pi x/W)$$
$$u_2 = E\sin(2\pi x/W - 90°) = -E\cos(2\pi x/W)$$
$$u_3 = E\sin(2\pi x/W - 180°) = -E\sin(2\pi x/W)$$
$$u_4 = E\sin(2\pi x/W - 270°) = E\cos(2\pi x/W)$$

$$(12-9)$$

式中，E 为电信号的幅值。

这四相信号相当于对莫尔条纹进行了四细分。由于是用四极硅光电池的安放位置直接得到的细分，故称为位置细分或直接细分。要得到更多倍数的细分，可将四相信号送到专门的细分电路中完成。

注意到无论可动光栅片是向左或向右移动，在一固定点观察时，莫尔条纹同样都是作明暗交替的变化，后面的数字电路都将发生同样的计数脉冲，从而无法判别光栅移动的方向，也不能正确测量出有往复移动时位移的大小，因而必须在测量电路中加入辨向电路。若标尺光栅反向运动，则莫尔条纹向下移动，四极光电池所接收的光信号的相位次序则与上述情况相反，这样的信号通过辨向电路就可以判别光栅的运动方向。

图 12-8 为辨向的工作原理及其逻辑电路。两个相隔 1/4 莫尔条纹间距的光敏元件，将各自得到相差 $\pi/2$ 的电信号 u_1 和 u_2。它们经整形转换成两个方波信号 u_1' 和 u_2'，u_1' 再经非门可得 $\overline{u_1'}$（$\overline{u_1'}$ 也可看做由 u_1 的反相 $\overline{u_1} = -u_1$ 经整形所得）。再将 u_1' 和 $\overline{u_1'}$ 经过由电阻和电容组成的微分电路，得 u_1'' 和 $\overline{u_1''}$。实际的 u_1'' 和 $\overline{u_1''}$ 应含有负脉冲，但由于负脉冲在与门中可看做低电平，为分析方便，可将负脉冲用零电平代替。由于微分运算的结果与标尺光栅的运动方向有关，图中用填充和中空的箭头和脉冲，分别表示标尺光栅移动的 A 和 $\overline{A}$ 方向、莫尔条纹对应移动的 B 和 $\overline{B}$ 方向及对应的信号 u_1'' 和 $\overline{u_1''}$ 中的脉冲。

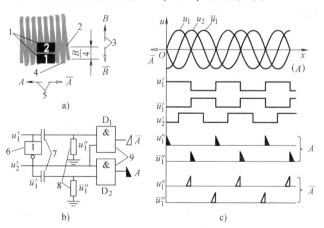

图 12-8　辨向的工作原理及其逻辑电路

a）光电元件布置　b）辨向逻辑电路　c）光栅信号及其处理

1—光电元件　2—指示光栅　3—莫尔条纹移动方向　4—标尺光栅

5—标尺光栅移动方向　6—非门　7—电容　8—电阻　9—与门

标尺光栅移动的方向不同，莫尔条纹的移动方向及 u_1'' 与 $\overline{u_1''}$ 中脉冲的发生时刻也随之改变。u_2' 的电平状态实际上是与门的控制信号，与脉冲的发生时刻配合，使脉冲能够根据标尺移动的方向来选择输出路线。当标尺光栅沿 A 方向移动时，u''_1 中的脉冲正好发生在 u'_2 处于"0"电平时，与门 D_1 被阻塞，因而经 D_1 无脉冲输出；而 $\overline{u''_1}$ 中的脉冲与 u'_2 的"1"电平相遇，因而经 D_2 输出一个计数脉冲。当光栅沿 $\overline{A}$ 方向移动时，u''_1 中的脉冲发生在 u'_2 为"1"电平时，与门 D_1 输出一个计数脉冲；而 $\overline{u''_1}$ 中的脉冲则发生在 u'_2 的"0"电平时，与门 D_2 无脉冲输出。于是根据标尺光栅的运动方向，可在不同的线路给出加计数脉冲和减计数脉冲，再将其输入可逆计数器，即可实时显示出相对于某个参考点的位移量。

若以移过的莫尔条纹的数来确定位移量，则光栅的分辨力为其栅距。为了提高分辨力和测得比栅距更小的位移量，可采用细分技术。它是在莫尔条纹信号变化的一个周期内，给出若干个计数脉冲来减小脉冲当量的方法。细分方法有机械细分和电子细分两类。电子细分法中常用四倍频细分法。在辨向原理中已知，在相差 $B/4$ 位置上安装两个光电元件，得到两个相位相差 $\pi/2$ 的电信号。若将这两个信号反相就可以得到 4 个依次相差 $\pi/2$ 的信号，从而可以在移动一个栅距的周期内得到 4 个计数脉冲，实现四倍频细分，也可以在相差 $B/4$ 位置上安放 4 只光电元件来实现四倍频细分。这种方法对莫尔条纹产生的信号波形没有严格要求，并且安装更多的光电元件可得到高的细分数。

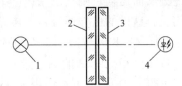

图 12-9 为一种适用于一般精度的小型直读式光栅系统。光源采用砷化镓（GaAs）红外发光二极管，直接照明由标尺光栅和指示光栅组成的光栅副，莫尔条纹信号由光敏三极管（或光敏二极管）直接接收。这种系统结构紧凑，体积小，能方便地安装在机床或其他检测仪器上。

图 12-9 小型直读式光栅系统
1—光源 2—标尺光栅
3—指示光栅 4—光电元件

12.2.3 计量光栅的种类

用于位移测量的光栅称为计量光栅。在几何量精密测量领域内，光栅按其用途分为两类：测量长度或线位移的光栅称为长光栅（也称直光栅或光栅尺），测量角度或角位移的光栅称为圆光栅（也称光栅盘）。长（直）光栅栅线疏密（即栅距 W 的大小）常用每毫米长度内的栅线数（称为栅线密度）表示。如 $W = 0.02\text{mm}$，其栅线密度为 50 线/mm。圆光栅的参数除栅距 W 外，还较多地使用栅距角 δ（也称节距角），它是指圆光栅相邻两条栅线所夹的角度，如图 12-1b 所示。长光栅的莫尔条纹有横向条纹、光闸条纹、纵向条纹和斜向条纹等，圆光栅的莫尔条纹则比较复杂，有圆弧形莫尔条纹、光闸条纹、环形莫尔条纹和辐射莫尔条纹等。

按调制内容不同，长（直）光栅分为黑白光栅和闪耀光栅。黑白光栅只对入射光波的振幅或光强进行调制，所以也称为振幅光栅；闪耀光栅只对入射光波的相位进行调制，所以也称为相位光栅。

按光的传播方式，长（直）光栅又可分为透射式和反射式两种。前者将栅线刻于透明材料上，常用光学玻璃或制版玻璃，使光线通过光栅后产生明暗条纹；后者将栅线刻于有强反射能力的金属（如不锈钢）或玻璃镀金属膜（如铝膜）上，也可刻制在钢带上再粘贴在尺基上，反射光线并使之产生明暗条纹。

根据栅线刻划方向，圆光栅分为径向光栅和切向光栅。切向光栅用于精度要求较高的场合，这两种光栅一般在整圆内刻划 5400~64800 条线。此外还有一种在特殊场合使用的环形光栅，栅线是一族等间距的同心圆。

圆光栅只有透射光栅。

计量光栅的分类可归纳为图 12-10 所示的框图。

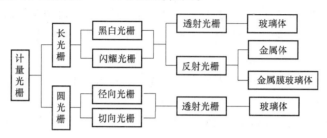

图 12-10　计量光栅的分类

12.3　光电盘传感器和编码盘传感器

12.3.1　光电盘传感器

光电盘传感器是一种最简单的光电式转角测量元件。光电盘测量系统的结构和工作原理如图 12-11 所示，由光源、凸透镜、光电盘、光阑板、光电管、整形放大电路和数字显示装置等组成。

光电盘和光阑板可用玻璃研磨抛光制成，经真空镀铬后用照相腐蚀法在镀铬层上制成透光的狭缝，狭缝的数量可为几百条或几千条。也可用精制的金属圆盘在其圆周上开出一定数量的等分槽缝，或在一定半径的圆周上钻出一定数量的小孔，使圆盘形成相等数量的透明和不透明区域。光阑板上有两条透光的狭缝，缝距等于光电盘槽距或孔距的 1/4，每条缝后面放一只光电管。

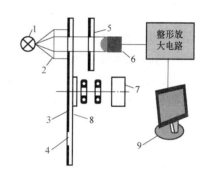

图 12-11　光电盘测量系统
的结构和工作原理
1—光源　2—凸透镜　3—铬层　4—狭缝
5—光阑板　6—光敏管　7—齿轮箱
8—光电盘　9—数字显示装置

光电盘装在回转轴上，回转轴的另一端装有齿轮，该齿轮与驱动齿轮或齿条啮合时，可带动光电盘旋转。回转轴也可以直接被主轴或丝杠驱动。光电盘置于光源和光电管之间，当光电盘转动时，光电管把通过光电盘和光阑板射来的忽明忽暗的光信号转换为电脉冲信号，经整形、放大、分频、计数和译码后输出或显示。由于光电盘每转发生的脉冲数不变，故由脉冲数即可测出回转轴的转角或转速。也可根据传动装置的减速比，换算出直线运动机构的直线位移。根据光阑板上两条狭缝中信号的先后顺序，可以判别光电盘的旋转方向。

由于光电盘传感器制造精度较低，只能测增量值，易受环境干扰，所以多用在简易型和经济型数控设备上。

12.3.2 编码盘传感器

编码盘（binary shaft encoder）传感器是一种得到广泛应用的编码式数字传感器，把被测角位移直接转换成相应代码的检测元件。它将被测角位移转换为预设的数字编码信号输出，又被称为绝对编码盘或码盘式编码器。从结构上看它是一种机械式模–数编码器，不同位置的角位移状态与编码盘输出的数字编码一一对应。编码盘有光电式、接触式和电磁式3种。

此外，还有一种增量编码盘也用于角位移的测量。但它已经没有编码功能，因此，不属于严格意义上的编码盘传感器。

1. 光电式编码盘传感器的基本原理

目前使用最多并且性能价格比最好的编码盘是光电式编码盘。光电式编码盘传感器由编码盘与光电读出装置两部分组成。

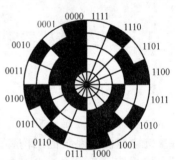

图 12-12 4 位二进制编码盘

编码盘为刻有一定规律的码形圆盘形装置，4 位二进制数码的编码盘如图 12-12 所示。编码盘上各圆圆环分别代表 1 位二进制的数字码道，在同一个码道上印制黑白等间隔图案，形成一套编码。黑色不透光区（简称为暗区）和白色透光区（简称为亮区）分别代表二进制的 "0" 和 "1"。在一个 4 位光电码盘上，有 4 圈数字码道，每圈各有一个环形码道，从最内圈算起分别记为 C_4、C_3、C_2 和 C_1。每个码道上亮区与暗区等分总数为 2^1、2^2、2^3 和 2^4。在最外圈分成 16 个角度方位：0、1、2、…、15，每个角度方位对应由各码道组合而成的二进制编码 $[C_4C_3C_2C_1]$。如零方位对应为 0000；第 12 方位对应为 1100，其对应关系见表 12-2。

表 12-2　4 位二进制码与十进制数、循环码对照

十进制数	二进制码	循环码	十进制数	二进制码	循环码
0	0000	0000	8	1000	1100
1	0001	0001	9	1001	1101
2	0010	0011	10	1010	1111
3	0011	0010	11	1011	1110
4	0100	0110	12	1100	1010
5	0101	0111	13	1101	1011
6	0110	0101	14	1110	1001
7	0111	0100	15	1111	1000

编码盘的材料有玻璃、金属和塑料。玻璃编码盘是在玻璃上沉积很薄的刻线，其热稳定性好，精度高。金属码盘直接以通和不通刻成镂空的码形，不易碎，但由于金属有一定的厚度，精度就有限制，其热稳定性就要比玻璃的差一个数量级。塑料码盘是经济型的，其成本

低，但精度、热稳定性、寿命均要差一些。

工作时，编码盘的一侧放置光源，另一侧光电接收装置，如光敏二极管、光敏三极管等光电转换元件，每个码道都对应有一个光敏管及放大、整形电路。编码盘转到不同位置，光电元件通过狭缝接收各个码道在同一直线上的光信号，并转成相应的电信号，经放大整形后，成为相应数码电信号。

编码盘以不同的二进制数表示 1 周的各个位置，即对其采用绝对的机械位置进行编码。因此，它属于绝对式位移传感器，与以光栅为代表的增量式位移传感器相比，在安装、测量和信号输出等方面有显著的区别，见表 12 - 3。

表 12 - 3　绝对式与增量式位移传感器比较

分类		增量式位移传感器	绝对式位移传感器
安装	测线位移	只需确保每个运动位置均有增量可以输出	小量程传感器零点位置应尽量与测量零点（或设备零点）对齐，否则将浪费量程或在两零点间的位置测出很大的数值；大量程传感器只需中部任意一点与测量零点（或设备零点）对齐
	测角位移	任意位置安装	
测量	计数器	需要使用计数器记忆	无需使用计数器记忆，可靠性高
	静止	无信号输出，靠计数器记忆	大多数可输出当前位置（带判位触发读数的编码器等除外）
	断电/启动	需要调零	无需调零，传感器自动记录真实位置
	误差	因误读累积误差	无累积误差，精度高
输出方式		单向或双向脉冲输出	多位数字输出，并行所需电路较多或串行传输时间较长

2. 提高编码盘传感器分辨率的措施

二进制码盘有 2^n 种不同编码（n 为码道数，称其容量为 2^n）；二进制码盘所能分辨的旋转角度，即码盘的分辨率为

$$\alpha = 360°/2^n$$

因此，4 位码，$n=4$，$\alpha_4 = 360°/2^4 = 22.5°$；五位码，$n=5$，$\alpha_5 = 360°/2^5 = 11.25°$。显然，位数越多，码道数越多，能分辨的角度越小。增加码盘的码道数即可提高角位移的分辨率，但要受到制作工艺的限制，通常采用多级码盘来解决。

利用钟表齿轮机械的原理，在一个编码盘的基础上再级联一个（或多个）编码盘，可提高编码器的分辨率，也可扩大编码器的测量范围。当被测轴直接驱动的中心编码盘旋转一个最小分度时，通过齿轮传动使二级编码盘转动一周，用同样的方法可使三级编码盘的一周代表二级编码盘的一个最小分度，中心码盘经二、三级编码盘细分，可提高编码器分辨率。同理，保持上述编码盘的传动关系和传动比，使被测轴直接驱动三级编码盘，则二级编码盘成为其旋转周数的计数器，中心编码盘成为二级编码盘旋转周数的计数器，即可扩大测量范围。

3. 避免非单值性误差

各码道刻线位置不准，使一个或一些码道上的亮区或暗区相对其余码道提前或滞后改变，进而导致数码误读。再有，由于光电管和狭缝的安装有一定的误差，当编码盘回转在两个编码交替过程中，可能有一个或一些光电管越过分界线，而另一些尚未越过，同样导致读数误差。例如，当码盘顺时针方向旋转，由位置 0111 变为 1000 时，这 4 位数要同时都变

化，由于码道刻线和光电管位置偏离的情况不可预知，可能将数码误读成 16 种代码中的任意一种，如 1111、1011、1101、…、0000 等，产生无法估计的误差，这种误差称为非单值性误差（或粗误差）。图 12-13 为 4 位编码盘的展开图，如图 12-13a 所示，当读数狭缝处于 AA 位置时，正确读数为 0111；但由于码道 C_4 暗区做得太短，就会误读为 1111。反之，如图 12-13b 所示，C_4 暗区太长，当读数狭缝处于 BB 位置，就会将 1000 误读成 0000。其原因是刻划误差所致。

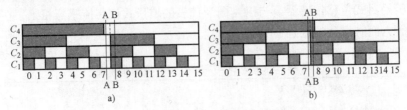

图 12-13 二进制码盘的非单值性误差

a）刻线偏左 b）刻线偏右

如上所述，非单值性误差的产生需要两个条件同时成立：①两个或两个以上码道同时改变；②在错误的位置读数。因此，如果改变码道的形状使任何两个码道都不同时改变，或确保读数位置正确，即可避免非单值性误差。

（1）循环码盘可避免非单值性误差 循环码又称为格雷码（Gray code），1880 年由法国工程师 Jean - Maurice - Emlle Baudot 发明，由贝尔实验室的 Frank Gray 在 20 世纪 40 年代提出，并取得美国专利。它是一种无权二状态多位编码，它的每一位码只有"0"和"1"两种状态，但码位没有确定的权值。它的编码方式不唯一，图 12-14 是最常用的一种 4 位循环码盘。十进制、二进制及 4 位循环码对照表见表 12-2。

循环码中任意相邻的两个代码间只有 1 位有变化，在两相邻代码变换过程中，因光电管安装不准等产生的读数误差，最多不超过"1"，只可能读成相邻两个数中的一个数。所以，格雷码属于可靠性编码，是一种错误最小化的编码方式，也是消除非单值性误差的一种有效方法。

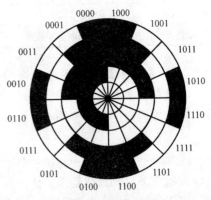

图 12-14 4 位循环码盘

但循环码不是权重码，每一位码没有确定的大小，不能直接进行比较大小或算术运算。其设置可由二进制码转换，循环码盘的输出也需要转换成二进制码。

二进制码转换成循环码的法则是：将二进制码与其本身右移一位并舍去末位后的数码作按位异或运算（不进位加法），即可得到循环码。若用 R 表示循环码，用 C 表示二进制码，则转换方法的一般形式为

$$\begin{array}{cccccl} C_n & C_{n-1} & C_{n-2} & \cdots & C_1 & \text{二进制码} \\ \oplus & C_n & C_{n-1} & \cdots & C_2 & \text{右移一位并舍去末位} \\ \hline R_n & R_{n-1} & R_{n-2} & \cdots & R_1 & \text{循环码} \end{array}$$

式中，$\oplus$ 表示按位异或运算。

由此可得

$$\begin{cases} R_n = C_n \oplus 0 = C_n \\ R_i = C_i \oplus C_{i+1} \qquad 1 \le i < n \end{cases} \tag{12-10}$$

例如，二进制码 1000 所对应的循环码为 1100。

因为加法的次序可以改变，所以不进位加法的次序同样可以改变。由式（12-10）得

$$R_i \oplus C_{i+1} = C_i \oplus C_{i+1} \oplus C_{i+1} = C_i \oplus (C_{i+1} \oplus C_{i+1}) = C_i \oplus 0 = C_i$$

于是，可得循环码转换二进制码的关系式

$$\begin{cases} C_n = R_n \\ C_i = R_i \oplus C_{i+1} \qquad 1 \le i < n，且已计算出 C_{i+1} \end{cases} \tag{12-11}$$

循环码盘输出的循环码是通过电路转换为二进制码的。图 12-15a 是用异或门构成的并行循环码/二进制码转换器，利用异或门的不进位加法运算实现码制转换。实际上，C_i 的结果要在 C_{i+1} 计算完成后才能开始计算，因此不属于严格意义上的并行。它的优点是转换速度快，缺点是使用元件较多。图 12-15b 是串行循环码/二进制码转换器，它是一个 JK 触发器。每次开始之前，先利用

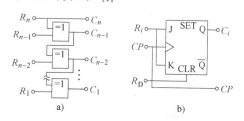

图 12-15　二进制码转换器
a）并行转换器　b）串行转换器

R_D 将输出端置零，$Q = 0$，因为最高位 C_n 可看成 R_n 与 0 作异或运算的结果，如式（12-11）所示。此后，每个时钟脉冲（CP）将第 i 个循环码 R_i 同时送入 J 端和 K 端：若 $J = K = R_i = 1$，则时钟脉冲后，$Q = \overline{C_{i+1}}$；若 $J = K = R_i = 0$，则时钟脉冲后，$Q = C_{i+1}$。这一逻辑关系可写成

$$Q = C_i = R_i \overline{C_{i+1}} + \overline{R_i} C_{i+1} = R_i \oplus C_{i+1} \tag{12-12}$$

该转换器结构简单，但转换速度慢。实际上，除时钟脉冲需附加晶振电路或引入脉冲外，循环码 R_i 通常由多个光电器件同时采集，转为顺序输入也需额外增加电路和运算时间。

（2）在正确位置读数，可避免最小分度误差　格雷码只是避免了非单值性误差，但刻线位置误差等还可使其产生一个最小分度的误差。这种误差在单级码盘中只影响其最小的分辨率，如果多级编码盘中的二级码盘采用格雷码，则其误差最大可能导致中心码盘一周的误差。在正确位置读数可避免这种情况的发生。

1）带判位光电装置的二进制码盘。这种码盘是在二进制码盘或循环码盘的最低位（最外侧）的码道上增加一圈信号位构成的。如图 12-16 所示，该码盘最外圈上的信号位的位置正好与状态交线错开，只有信号位处的光电元件有信号才能读数，这样就不会产生非单值性误差，同时也保证了原最低位的分辨率。

由于在最外圈码道无信号时不读数，也就不能提供当前的位置信息。此种编码器存在机械上的部分"失忆"状态，在意外断电重启或作为多级编码盘中的二、三级码盘工作时，需要增加额外的操作和电气元件。真正的编码盘应该在其转到任意

图 12-16　带判位光电装置的二进制码盘

位置时都能正确读数。

2）双读数法。在二进制编码中，除最低位 C_1 外，其他各位 C_i 数值的变化（由 0 到 1 或由 1 到 0）必发生在其较低位 C_{i-1} 进位（即由 1 到 0）时，如由 0111 到 1000（$i=4$）；而当较低位 C_{i-1} 不进位变化（即由 0 到 1）时，较高位 C_i 的数值一定不变，如 0011 到 0100（$i=4$）。因此，除 C_1 码道外，其他各码道 C_i 的变化都发生在其较低级码道 C_{i-1} 由亮区到暗区变化时，如图 12-17a 中的空心圆所在的位置；而当较低位 C_{i-1} 由暗区到亮区变化时，较高位 C_i 一定不变，如图 12-17a 中的实心（涂黑）圆所在的位置。其规律如图 12-17b 所示，当 C_{i-1} 码道在暗区读数，即 $C_{i-1}=0$（C_{i-1} 刚刚进位）时，较高位 C_i 的亮暗区变更线应在当前位置的左侧，此时，读 C_i 的狭缝向右偏移一定的距离也能正确读数；同理，当 C_{i-1} 码道为在亮区读数，即 $C_{i-1}=1$（C_{i-1} 将要进位）时，较高位 C_i 的黑白变更线应在当前位置的右侧，此时，读 C_i 的狭缝向左偏移一定的距离也能正确读数。

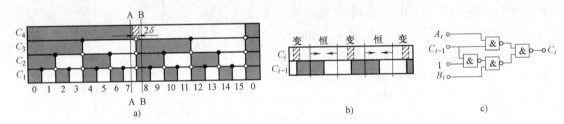

图 12-17　双读数法消除非单值性系统误差

a）进位/不进位区域分布　b）恒/变值区域规律　c）辨别电路

因此，对于高位码道变化的区域，可根据其较低位码道当前的状态（亮区或暗区），来选择较"安全"的区域读数，即图 12-17a 中的双读数方法。两条读数狭缝 AA 与 BB 分别对应两组光敏器件。允许各码道亮暗区分界线有一定误差（$\pm\delta$），但单侧误差 δ 不能超过 AA 线与 BB 线间距的一半。读数方法是：C_1 码道只从 AA 读数，其余各码道按其较低位码道当前的状态决定从 AA 或 BB 读数。若 C_{i-1} 码道读数为 1（亮区），则 C_i 码道从左侧的 AA 线读数。反之，若 C_{i-1} 码道读数为 0（暗区），则 C_i 码道从右侧的 BB 线读数。其逻辑关系为

$$C_i = A_i C_{i-1} + B_i \overline{C_{i-1}} \tag{12-13}$$

将其变换成只有"与非"运算的逻辑

$$C_i = A_i C_{i-1} + B_i \overline{C_{i-1}} = \overline{\overline{A_i C_{i-1}} \cdot \overline{B_i \overline{C_{i-1}}}} = \overline{\overline{A_i C_{i-1}} \cdot \overline{B_i \overline{C_{i-1}} \cdot 1}}$$

可在一个含有 4 个与非门的芯片上，按图 12-17c 所示电路实现。

双读数法根据低位码道的先验知识，可避开刻线存在误差的区域，而在非"正对"但相对"安全"的区域读数。因此，它完全避免了非单值性误差，并且在任何时刻都能正确读数，其误差为最低码道上的刻线误差。若将其作为多级编码盘中的二级编码盘使用，则可根据与其匹配的中心编码盘的最内侧码道的状态，判断二级编码盘最外侧码道的读数方向。同理，此方法也可用于三级及更高级码道。这也是多级编码盘级联时，避免慢速编码盘被误读一周的基本原理。

如图 12-18a 所示，刻线误差的区域大小在同一码盘的各码道上基本相同；而安全的区域随码道号的增大而增大。因此，可按图 12-18a、b 所示的折线 A 和 B 来放置光电元件和

狭缝，以减少由光电器件增加一倍导致的放置困难。这种方法通常又称为 V 形扫描（读数）逻辑。

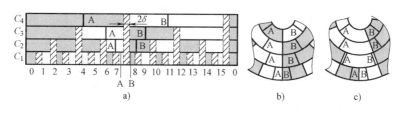

图 12 - 18   V 形扫描（读数）逻辑
a）展开图   b）实际空间位置   c）读数误差

由式（12-13）知：C_i 码道的状态一定在 C_{i-1} 码道的状态确定之后才能得出，因此，它也不是严格意义上的并行处理。实际上，C_i 码道向左或向右读，也可由比它低的所有码道的状态决定。其读数规律与相邻码道关系类似，只是 C_i 码道 AA 线和 BB 线间的距离要受到判别码道上亮暗区的宽度的限制，即随判别码道号的降低而减小，否则易误读。如图 12-18c 中，C_4 码道按 C_3 或 C_2 的状态可从稍左的 A 线正常读数；但 C_1 码道为暗区，若据此从 C_4 码道稍右的 B 线读数，将产生非单值性误差。但若 C_4 码道 AB 两线靠近一些，即可避免此误差，即 C_1 码道亮暗区的宽度限制了 C_4 码道 AB 两线的距离。因此，时间的并行处理要受到空间的限制。

4. 旋转编码器的机械安装

旋转编码器的机械安装有高速端安装、低速端安装和辅助机械装置安装等多种形式。

（1）高速端安装   安装于电动机转轴端（或齿轮连接），此方法优点是分辨率高，由于多级编码器的量程较大，电动机转动范围通常在此量程范围内，可充分利用足量程而提高分辨率，缺点是运动物体经过减速齿轮传动后，来回程有齿轮间隙误差，一般用于单向高精度控制定位，例如轧钢的辊缝控制。另外，编码器直接安装于高速端，电动机抖动需较小，不易损坏编码器。

（2）低速端安装   安装于减速齿轮后，如卷扬钢丝绳卷筒的轴端或最后一节减速齿轮轴端，此方法可避免齿轮来回程间隙，测量较直接，精度较高，但如果运动的范围小，则浪费了量程。因此，该方法一般用于长距离定位，例如各种提升设备、送料小车定位等。

（3）辅助机械安装   常用的有齿轮齿条、链条皮带、摩擦转轮和收绳机械等。

12.4   感应同步器

感应同步器（inductosyn）由两个平面印刷绕组构成，绕组间保持均匀的气隙。其基本原理为：两绕组相对平行移动时，其互感随位置的变化而改变。按用途可分为两大类：直线感应同步器和圆感应同步器，两者分别用于直线位移和角位移的测量。

感应同步器具有精度高、分辨力高、抗干扰能力强、使用寿命长、可靠性高和维护简单等优点，因此它被广泛应用于大位移的静、动态测量。

12.4.1 感应同步器的结构

1. 直线感应同步器

直线感应同步器由滑尺和定尺组成，如图 12 - 19 所示，定尺和滑尺上均做成印刷电路绕组。绕组空间上的一个周期称为节距，如图 12 - 20 所示，定尺和滑尺的节距为

$$W_{1,2} = 2(a_{1,2} + b_{1,2}) \qquad (12 - 14)$$

式中，$a_{1,2}$ 为定尺和滑尺的导电片宽；$b_{1,2}$ 为定尺和滑尺的导电片间隔。

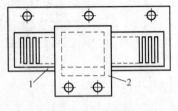

图 12 - 19　直线感应同步器
1—定尺　2—滑尺

定尺通常固定在仪器的基座上，其绕组是连续的，如图 12 - 20a 所示。滑尺安装在仪器的可动部件上，其绕组为分段绕组，分为正弦绕组和余弦绕组两部分。绕组可做成 m 形或 n 形，如图 12 - 20b、c 所示。两绕组节距相等，并且在空间上错开 90°相位交替排列，为此其中心线间距离 l 还应满足 $l = (k/2 + 1/4) W_1$，k 为整数。

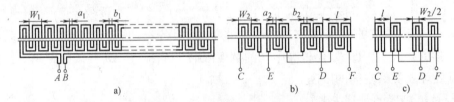

图 12 - 20　直线感应同步器的绕组结构
a）定尺绕组　b）m 形滑尺绕组　c）n 形滑尺绕组

定尺和滑尺的截面结构如图 12 - 21 所示。基体通常采用厚度为 10mm 的钢板或铸铁制成，以减小机床与同步器的温度误差，这对直线感应同步器尤为重要。平面绕组为铜箔，通常采用 0.05 ~ 0.07mm 的紫铜片，腐蚀成所需绕组形式，然后用酚醛玻璃环氧丝布和聚乙烯醇缩丁醛胶或采用聚酰胺做固化剂的环氧树脂热压粘接而成，其粘附力强，绝缘性好，粘接厚度一般小于 0.1mm。

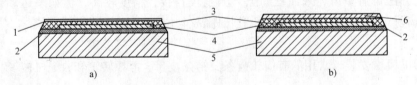

图 12 - 21　定尺和滑尺的截面结构
a）定尺　b）滑尺
1—切削液保护层　2—绝缘层　3—平面绕组　4—绝缘粘结剂　5—基体　6—屏蔽层

通常在定尺绕组表面上涂一层耐切削液的绝缘清漆涂层。在滑尺绕组表面上贴一层带塑料薄膜的铝箔，其厚度为 0.04mm 左右，以屏蔽在感应绕组中因静电产生的附加容性电动势。将滑尺用螺钉安装在机械设备上时，铝箔起着自然接地的作用。它应足够薄，以免产生较大涡流，不但损耗功率，而且影响电磁耦合。

2. 圆感应同步器

圆感应同步器又称为旋转式感应同步器,其结构如图 12 - 22 所示,其转子和定子分别相当于直线感应同步器的定尺和滑尺。目前按圆感应同步器直径,大致可分为 302mm、178mm、76mm 和 50mm 这 4 种。其径向导线数(也称为极数)有 360、720、1080 和 512 极,如节距为 2° 的圆感应同步器转子的连续绕组由夹角为 1° 的 360 条导线组成。一般说来,在极数相同的情况下,圆感应同步器的直径越大,越容易做得准确,精度也就越高。

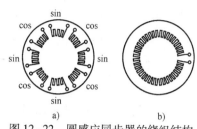

图 12 - 22 圆感应同步器的绕组结构
a)定子绕组 b)转子绕组

12. 4. 2 感应同步器的基本工作原理

1. 利用互感位置的变化改变感应电动势

如图 12 - 23 所示,当滑尺绕组用正弦电压励磁时,产生同频率的交变磁通。交变磁通与定尺绕组耦合,便在定尺绕组上感生出同频率的交变电动势。当两个绕组相对位置固定在图示位置时,由电磁感应原理知,定尺绕组的感应电动势 E 的大小与滑尺绕组中励磁电流 i 的关系为

$$E = M \frac{\mathrm{d}i}{\mathrm{d}t} \qquad (12 - 15)$$

式中,M 为两绕组的互感系数;t 为时间。

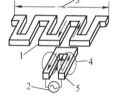

图 12 - 23 感应电动势
1—定尺绕组 2—励磁电源
3—感应电动势 4—磁通
5—滑尺绕组

两绕组处在磁导率为 μ_0 的空气环境中,在通常所采用的工作频率(1 ~ 20kHz)下,励磁绕组的电阻值为感抗值的几十倍,所以可将滑尺绕组的阻抗看做纯电阻 R。于是,励磁绕组中的励磁电流 i 与励磁电压 V 的关系为 $i = V/R$。进而,式(12 - 15)可改写为

$$E = M \frac{\mathrm{d}i}{\mathrm{d}t} = M \frac{\mathrm{d}(V/R)}{\mathrm{d}t} = \frac{M}{R} \frac{\mathrm{d}V}{\mathrm{d}t} = K \frac{\mathrm{d}V}{\mathrm{d}t} \qquad (12 - 16)$$

式中,K 为电磁耦合系数,$K = M/R$。

由于感应电动势是电磁耦合的结果,它应与感应同步器中两绕组的相对位移 x 有关,如图 12 - 24 所示。当滑尺的正弦绕组 S 与定尺绕组完全重合时,$x = 0$,通过定尺绕组的耦合磁通最大,进而感应电动势也最大。平移滑尺,感应电动势将逐渐减小。当 $x = W_1/4$ 时,定尺绕组中的感应电动势相互抵消,总电动势为零。当 $x = W_1/2$ 时,感应电动势与初始位置($x = 0$ 处)大小相等、方向相反。当 $x = 3W_1/4$ 时,感应电动势又变为零。当 $x = W_1$ 时,又恢复到与初始位置($x = 0$ 处)完全相同的耦合状态,感应电动势也完全相同。即:由正弦绕组 S 励磁时,定尺绕组的感应电动势 E_S 随与滑尺的相对位移呈周期性变化,其规律近似为余弦函数,即图 12 - 24 中的曲线 E_S。同理可推出由滑尺的余弦绕组 C 励磁时,定尺中的感应电动势 E_C 的变化规律,如图 12 - 24 中的曲线 E_C。

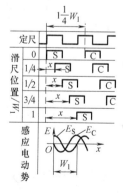

图 12 - 24 感应电动势与滑尺位置的关系

综上，定尺绕组中的感应电动势 $E = E_S + E_C$。再由式（12 - 16）得

$$E_S = K\cos\theta \frac{\mathrm{d}V_S}{\mathrm{d}t} \tag{12 - 17}$$

$$E_C = -K\sin\theta \frac{\mathrm{d}V_C}{\mathrm{d}t} \tag{12 - 18}$$

式中，K 为电磁耦合系数；θ 为两绕组间相对位移 x 所对应的空间相位角，$\theta = 2\pi x / W_1$；V_S、V_C 为滑尺正、余弦绕组的励磁电压。

2. 利用幅值或相位同步测量位置变化

每当两个绕组的相对位移 x 变化了一个节距 W_1，感应电动势就按正余弦规律变化一个周期。因此，感应电动势变化的周期数，反映了 x 变化的节距数。节距一般不便做得很小，通常取 $W_1 = 2\text{mm}$，为了测量微小的机械量，可采用幅值或相位同步的方法。

适当设置滑尺中两绕组的励磁电压，使两绕组间位移的变化 Δx，能引起定尺中感应电动势 E 的幅值或相位变化一定的数值 ΔE 或 $\Delta\varphi$。ΔE 或 $\Delta\varphi$ 通过特定的电路产生一定数量的双向计数脉冲序列。该脉冲序列一方面输入可逆计数器并显示结果；另一方面，改变励磁电压或改变同步跟随相位角 φ，使 ΔE 或 $\Delta\varphi$ 重新变为零。这就是利用幅值或相位同步的方法，将两绕组间位移的变化记录并显示输出的过程。

12.4.3 输出信号的处理方式

对于由感应同步器组成的检测系统，可采取不同的励磁方式，并可对输出信号采取不同的处理方式。

感应同步器的励磁方式可分为两类：一类是以滑尺（或定子）励磁，由定尺（或转子）取出感应电动势信号；另一类是以定尺（或转子）励磁，由滑尺（或定子）取出感应电动势信号。目前，在实用中多数采用前一种励磁方式，现以直线感应同步器为例说明。

1. 鉴幅方式

图 12 - 25 为鉴幅型测量系统的原理图。其主要组成部分的功能为：正弦振荡器产生正弦电压。此正弦电压一路经时钟脉冲发生器产生脉冲信号，再经与门控制，适时地发送给转换计数器和可逆计数器。可逆计数器的计数结果经译码器译码后，送到显示器显示。正弦电压的另一路经数 - 模转换器，产生幅值为 $V_m\sin\varphi$ 和 $V_m\cos\varphi$ 的励磁电压。此电压的相位角 φ 受到转换计数器的控制。励磁电压再经匹配变压器分别输入感应同步器滑尺的正、余弦绕组，即

$$V_S = V_m\sin\varphi\sin\omega t$$

$$V_C = V_m\cos\varphi\sin\omega t$$

式中，φ 为给定相位角。

因此，它们在定尺中的感应电动势分别为

$$E_S = K\omega V_m\sin\varphi\cos\omega t\cos\theta$$

$$E_C = -K\omega V_m\cos\varphi\cos\omega t\sin\theta$$

定尺中总的感应电动势为

$$E = E_S + E_C = K\omega V_m\sin\varphi\cos\omega t\cos\theta - K\omega V_m\cos\varphi\cos\omega t\sin\theta$$

$$= K\omega V_m\cos\omega t(\sin\varphi\cos\theta - \cos\varphi\sin\theta) = K\omega V_m\cos\omega t\sin(\varphi - \theta) \tag{12 - 19}$$

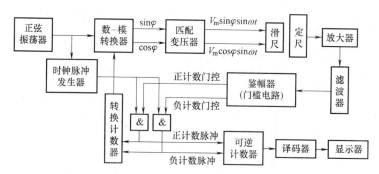

图 12-25　感应同步器鉴幅型测量系统的原理

定尺绕组的电压信号较弱，且有谐波分量，因此需经滤波放大后，送入鉴幅器或门槛电路。鉴幅器的门槛电平根据位移脉冲当量设置，如脉冲当量为 0.01mm/脉冲，对于节距 W_1 = 2mm 的定尺，相当于变化相位角 $\Delta\theta = 2\pi\Delta x/W_1 = 360° \times 0.01/2 = 1.8°$，由此可确定门槛电平的量值。

假定开始系统处于平衡状态，即 $\varphi = \theta$，则定尺绕组输出电压 $E = 0$。当滑尺相对定尺移动超过 0.01mm 时，定尺信号经放大滤波后超过门槛电平。鉴幅器根据定尺位移信号的符号，决定正负计数门控之一有效，打开相应与门使时钟脉冲通过。正负计数脉冲使可逆计数器改变计数并译码显示。同时，正负计数脉冲送至转换计数器，控制数-模转换器修改励磁电压的幅值 $V_m\sin\varphi$ 和 $V_m\cos\varphi$，使 φ 同步跟随 θ，直至 $\varphi = \theta$ 或两者之差小于 1.8°。此时，定尺的感应电压 $E = 0$ 或经放大滤波后小于门槛电平，于是鉴幅器关闭与门，可逆计数器和转换计数器均无脉冲输入。此时，系统更新了显示的数值和同步跟随的电压相位角 φ，并恢复至平衡状态。

2. 鉴相方式

图 12-26 为鉴相型测量系统的原理图。正弦振荡器产生正弦电压，经时钟脉冲发生器产生脉冲信号。此脉冲信号的一路经与门控制，适时地发送给脉冲相移器和可逆计数器。可逆计数器的计数结果经译码器译码后，送到显示器显示。脉冲相移器根据与门的移相命令，将时钟脉冲发生器送来的脉冲信号分频并移相，得到可与定尺相位信息比较的相对相位基准，即周期为 $2\pi/\omega$ 且相位为 φ 的方波，并送至鉴相器。另一路脉冲信号经分频器，产生绝对相位基准，再经励磁供电线路产生励磁电压 $V_m\sin\omega t$ 和 $V_m\cos\omega t$，分别输入感应同步器滑尺的正、余弦绕组，即

$$V_S = V_m\sin\omega t$$
$$V_C = V_m\cos\omega t$$

因此，它们在定尺中的感应电动势分别为

$$E_S = K\omega V_m\cos\omega t\cos\theta$$
$$E_C = K\omega V_m\sin\omega t\sin\theta$$

定尺中总的感应电动势为

$$E = E_S + E_C = K\omega V_m\cos\omega t\cos\theta + K\omega V_m\sin\omega t\sin\theta$$
$$= K\omega V_m(\cos\omega t\cos\theta + \sin\omega t\sin\theta) = K\omega V_m\cos(\omega t - \theta) \quad (12-20)$$

与鉴幅型测量系统相似，定尺绕组的电压信号也是有谐波分量的弱信号，因此也需放大

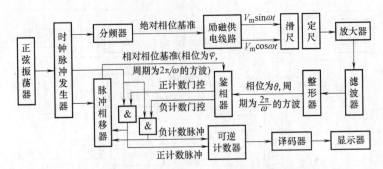

图 12-26 感应同步器鉴相型测量系统的原理

滤波操作。此外，为了便于比较相位，还将滤波后的信号整形成方波，送入鉴相器与相对相位基准比较。鉴相器可比较两个周期相同（均为 $2\pi/\omega$）方波的相位，相位差（$\theta-\varphi$）的符号控制与门开启的线路，进而控制移相和计数的方向；相位差的大小控制与门开启的时间，进而控制了通过与门的脉冲数量。与鉴幅器类似，鉴相器的门槛相差也根据位移脉冲当量设置，如脉冲当量为 $0.01\text{mm}/$脉冲，对于节距 $W_1 = 2\text{mm}$ 的定尺，相当于变化相位角 $\Delta\theta = 2\pi\Delta x/W_1 = 360° \times 0.01/2 = 1.8°$，由此可确定门槛相差的量值。

假定开始系统处于平衡状态，即定尺输出的相位 θ 等于相对相位基准 φ，鉴相器无输出。当滑尺相对定尺移动超过 0.01mm 时，$|\theta-\varphi| > 1.8°$。鉴相器相差的符号，决定正、负计数门控之一有效，打开相应与门使一定数量的脉冲信号通过，然后关闭与门。计数脉冲使可逆计数器改变计数并译码显示。同时，计数脉冲送至脉冲移相器，控制其修改 φ，使 φ 同步跟随 θ，直至 $\varphi=\theta$ 或 $|\theta-\varphi| < 1.8°$。此时，鉴相器停止工作，并且系统更新了显示的数值和同步跟随的相对相位基准 φ，并恢复至平衡状态。

12.4.4 感应同步器的参数分析

1. 尺寸参数

(1) 确保电磁耦合良好 为了确保电磁耦合良好，两个绕组的尺寸和位置关系都有一定的要求。

1) 两个绕组间的气隙不能太大，通常为（0.25 ± 0.05）mm。

2) 绕组的有效导片应有一定的长度，以减小端部横线段的不对称的电磁耦合。励磁绕组（如滑尺）的导片长度应大于感应绕组（如定尺）的导片长度，使励磁绕组在上、下方向要完全覆盖感应绕组。为此，前者一般为 48mm，后者一般为 39mm。

3) 绕组应有多个节距耦合，相当于变压器应有一定的线圈匝数。目前感应同步器单块定尺和滑尺的长度一般分别为 250mm 和 100mm，因此，一块定尺的有效工作长度只有 150mm，超出此量限时，可将数块定尺接长。

(2) 消除高次谐波 若励磁绕组与感应绕组的节距相同，即 $W_2 = W_1$，则感应绕组中的感应电动势将含有很多高次谐波，使输出电动势波形产生畸变，进而影响测量精度。如图 12-27 所示，3 次谐波的空间周期为基波的 $1/3$，n 次谐波的空间周期为基波的 $1/n$。由 3 次谐波磁场感应的电动势，在图中 P 点和任意一个 Q_i 点处（$i = 1$，2，3…）完全相同。若在此布置相邻的电导片，使 3 次谐波的感应电动势反向接入，则可相互抵消。由图 12-27 所示位置可知，W_2 满足

$$\frac{W_2}{2} = \frac{m}{3}W_1 \Rightarrow W_2 = 2mW_1/3$$

时，可消除 3 次谐波。当 W_2 满足下列条件时，可消除 n 次谐波。

$$W_2 = 2mW_1/n \tag{12-21}$$

式中，m 为任意正整数。

同理，若绕组的片宽为 W_1/n 的整数倍，则可使同一导体内的 n 次谐波的磁通量总为零。a_1 和 a_2 应满足

$$a_1 = m_1 W_1/n$$
$$a_2 = m_2 W_1/n \tag{12-22}$$

式中，m_1、m_2 为任意正整数。此时，可消除 n 次谐波。

当然，W_2、a_1 和 a_2 是否适用，还应考虑工艺和绕组电阻值等因素。

2. 感应绕组布置参数

由于感应绕组（如滑尺）中的同名（sin 或 cos）绕组间通常采用串行连接，所以它们的电流相同。如图 12-28 所示，为了消除 n 形绕组横向段部分产生的环流电动势，两个同名相邻绕组要反向串行接线，这样它们产生的磁场可部分抵消。同名相邻绕组由于反向串行接线，其中心线应在空间上错开 180°相位，为此，其中心线距离 l' 应满足 $l' = (k+1/2)W_1$，k 为整数。

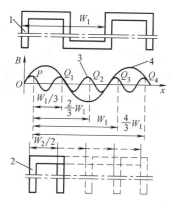

图 12-27　高次感应谐波的消除
1—定尺　2—滑尺　3—3 次谐波　4—基波

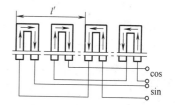

图 12-28　感应绕组的布置和接线

由于定尺和滑尺的工作面不平行或两绕组间的气隙不均匀，将引起在定尺各处的两绕组耦合系数不一致。为减小此误差，应将正、余弦绕组交替排列，可使耦合系数局部的不一致对相应的感应电动势 E_S 和 E_C 的影响程度相同，因而不改变总感应电动势 E 各成分的比例。

3. 励磁电动势

励磁电动势主要有两个参数需要慎重考虑：幅值和频率。励磁电动势的幅值主要影响感应电动势的幅值；励磁电动势的频率主要影响感应电动势的幅值和波形，并限制感应同步器的测量速度。

由式（12-19）和式（12-20）可知：增大励磁电动势的幅值，可提高感应电动势的幅值。但由于绕组的感抗和阻抗值都很小，励磁电动势过高将引起过大的励磁电流，使温度升高而造成较高的温度误差，以致不能正常工作。励磁电动势一般为 1~2V。

由式（12-19）和式（12-20）亦可知：感应电动势的幅值与励磁电动势的频率 ω 成正比。当励磁电动势含有一定的高次谐波成分时，谐波成分对基波电动势成分的比值，经两绕组耦合后，在感应电动势中将与谐波次数成正比地增大，进而产生较大的输出失真。励磁电动势的频率一般为 $1 \sim 20kHz$。

再有，励磁电动势的频率越高，允许的最大测量速度 v_{max} 也最大。但励磁频率过高，使两个绕组的感抗过高，导致测量精度下降。此外，v_{max} 还与输出信号的处理装置有关。如某些处理装置，产生一个计数脉冲，需要励磁电动势变化一个周期。因此，若脉冲当量为 q，则 $v_{max} < \omega q / (2\pi)$。

4. 扩大测量范围

由于滑尺（或定子）采用正、余弦绕组与定尺（或转子）绕组同时耦合，普通感应同步器可以在一个节距内进行绝对坐标检测。但对于超出一个节距的位置则无法区别，而必须采用计数电路来记忆位置。若由于停电事故使计数消失，当重新启动时，感应同步器只能确定一个节距内的相对数值，而整个被测长度数值无法保留。为此，可采用类似级联的方法，即三重型感应同步器。

图12-29 为三重型感应同步器的定尺，它由粗、中、细3个绕组组成。细绕组与普通感应同步器定尺绕组相同，节距为 W_1。粗、中绕组中导片的距离与细绕组相同，均为 W_1，但其导片不垂直于位移方向，而是相对于位移方向倾斜一定的角度 θ，如图 12-30 所示。若滑尺的某导片也倾斜 θ 角并与定尺导片1重合，则必须移动 $L = W/\sin\theta$ 的距离后才能与定尺的下一个同向导片2重合，于是该绕组的节距为 L。若令 $W = 2mm$、中绕组按 $\sin\theta = 0.02$、粗绕组按 $\sin\theta = 0.0005$ 刻制，即得到节距分别为 $100mm$ 和 $4000mm$ 的中、粗绕组。粗、中、细3个绕组组成3个独立的电气通道，检测过程中，细绕组确定 $2mm$ 以内的位置状态；中绕组确定 $2 \sim 100mm$ 内的位置状态；粗绕组确定 $100 \sim 4000mm$ 内的位置状态。3个电气通道采用适当的脉冲当量，即可建立级联式的测量系统。

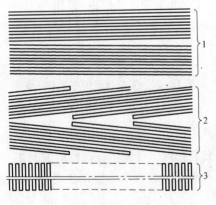

图 12-29 三重型感应同步器的定尺

1—粗绕组 2—中绕组 3—细绕组

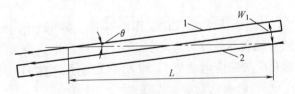

图 12-30 三重型感应同步器原理

1—导片 1 2—导片 2

12.5 激光干涉仪

激光是 20 世纪 60 年代出现的重大科学技术成就之一。它的出现深化了人们对光的认识，扩展了为人类服务的范围。自它问世以来，虽然历史不长，却发展很快，激光已在工业生产、军事、医学和科学研究等方面得到广泛应用。在工业检测领域内，激光可以用来检测长度、位移、速度、转速、振动以及检查工件表面缺陷等。

激光与普通光相比，具有 4 个重要的特殊性能。而激光检测也正是利用了这些特性。

1）高相干性。相干波是指两个具有相同方向、相同频率和相位差恒定的波。普通光源是自发辐射光，是非相干光，所以普通光源是非相干光源。激光是受激辐射光（处在高能级上的原子，在外来光的激发下而发光），激光器发出的光是相干光，所以激光具有高度的相干性。

2）高方向性。高方向性就是高平行度，即激光器发出的激光光束的发散角很小，几乎与激光器的反射镜面垂直。激光可以集中在狭窄的范围内向特定的方向发射。例如，方向性很好的探照灯，它的光束在几公里以外也要扩散到几十米的范围，而激光束在几公里外扩散范围不到几厘米。如果配置适当的光学准直系统，其发射角可小到 10^{-4} rad 以下，几乎是一束平行光。普通光向四面八方发光。

3）高单色性。从光的色散考虑，太阳光等复色光能够分解为红、橙、黄、绿、青、蓝、紫等单色光，不同颜色的光，只是波长不同。普通光源的光包含许多波长，所以具有多种颜色。如太阳光，其相应波长为 760～380nm。激光是谱线宽度很窄的一段光波。用 λ 表示光波的波长，$\Delta\lambda$ 表示谱线宽度，$\Delta\lambda$ 越小，单色性越好。除激光器外，最好的单色光源是氪（Kr^{86}）灯，其 $\lambda = 605.7$nm，$\Delta\lambda = 0.00047$nm；而氦氖（He – Ne）激光器所产生的激光，其 $\lambda = 632.8$nm，$\Delta\lambda < 10^{-8}$nm。因此，激光是最好的单色光。

4）高亮度。由于激光器发出的激光光束发散角很小，光在空间高度集中，所以有效功率和照度特别高，比太阳表面高二百亿倍以上。

因此，激光广泛应用于长距离、高精度的位移测量。

12.5.1　基本工作原理

激光干涉仪（laser interferometer）主要有单频激光干涉仪和双频激光干涉仪两种，其基本工作原理都是光的干涉。

只有两束频率相同、相位差恒定、振动方向一致或夹角很小的光相互交叠，才能产生光的干涉。图 12 - 31 为迈克尔逊（A. A. Michelson）双光束干涉系统，由激光器发射的激光经分光镜分成反射光束 S_1 和透射光束 S_2。两光束分别由固定反射镜 M_1 和可动反射镜 M_2 反射回来，并在分光镜处汇合成相干光束。若两列光 S_1 和 S_2 的路程差为 $N\lambda$（λ 为波长，N 为整数），则合成的相干光束的振幅是两个分振幅之和，光强最大；若 S_1 和 S_2 的路程差为 $(N + 1/2)\lambda$ 时，则相干光束的振幅和为零，此时光强最小。

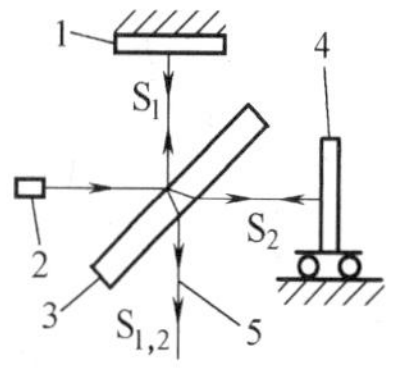

图 12 - 31　迈克尔逊
双光束干涉系统
1—固定反射镜 M_1　2—激光器
3—分光镜　4—可动反射镜 M_2
5—相干光束

单频激光干涉仪就是利用这一原理，使反射镜 M_2 的移动转换为相干光束明暗相间的光强变化，由光电转换元件接收并转换为电信号，经处理后由计数器计数，从而实现对位移量的检测。由于激光的波长极短，特别是激光的单色性好，其波长值很准确，所以利用干涉法测距的分辨率至少为 $\lambda/2$，利用现代电子技术还可测定 0.01 个光干涉条纹。如采用稳频单模氦氖激光器测 10m 长，可达 $0.5\mu m$

精度。因此，用激光干涉法测距的精度极高。

但单频激光干涉仪对环境条件要求高、抗干扰（如空气湍流和热波动等）能力差，因此主要用于环境条件较好的实验室以及被测距离不太大的情况下。

12.5.2 双频激光干涉仪

双频激光干涉仪采用双频氦氖激光器作为光源，其精度高，抗干扰能力强，空气湍流和热波动等影响很小，因此降低了对环境条件的要求，它不仅能用于实验室，还可在车间对较大距离进行测量。

1. 基本原理

双频激光干涉仪的基本原理与单频激光干涉仪不同，它利用频率测量技术进行长度测量。它使两束频率相近的激光产生干涉，其频率分别为 f_1 和 f_2（不妨设 $f_1 > f_2$），干涉结果由光电元件转换为以 $f_1 - f_2$ 为频率的交流电信号。测量时，可动棱镜的移动使原有的交流信号产生多普勒频差 Δf，结果仍为交流信号。通过测量 Δf，得到可动棱镜的移动距离。

（1）两束频率相近的激光的干涉——拍　双频激光干涉仪的光源可产生两束传播方向相同、振幅相同、频率相近且振动方向相互垂直的线偏振光 S_1 和 S_2，如图 12-32 所示。其电矢量 E_1 和 E_2 的振动方程分别为

$$E_1 = A\cos(2\pi f_1 t + \varphi_1)$$
$$E_2 = A\cos(2\pi f_2 t + \varphi_2) \tag{12-23}$$

式中，f_1、f_2 为 S_1、S_2 的频率，约为 $4.74 \times 10^{14} \mathrm{Hz}$；$\varphi_1$、$\varphi_2$ 为 S_1、S_2 的初相位；A 为 S_1、S_2 的电矢量振幅；t 为时间。

由于 S_1 和 S_2 的频率差 $f_基 = f_1 - f_2$ 约为（$1.2 \sim 1.8$）$\times 10^6 \mathrm{Hz}$，与 f_1 或 f_2 相比很小，因此，这两种波长（或频率）稍有差异的激光也能相干，这种特殊的干涉称做"拍"。在 S_1 和 S_2 的光路中放置一个与其传播方向垂直的偏振片，并且使该偏振片的偏振化方向与两偏振光的振动方向都成 45° 角。偏振片将 S_1 和 S_2 的振动方向引导至偏振片的偏振化方向，根据马吕斯定律，S_1 和 S_2 通过偏振片的合成光的电矢量 E 的振动方程为

$$E = E_1\cos45° + E_2\cos45° = \sqrt{2}A\cos[\pi(f_1 - f_2)t + (\varphi_1 - \varphi_2)/2]$$
$$\cos[\pi(f_1 + f_2)t + (\varphi_1 + \varphi_2)/2] \tag{12-24}$$

由于 $f_1 - f_2$ 远小于 $f_1 + f_2$，电矢量 E 可看做低频信号 $\sqrt{2}A\cos[\pi(f_1 - f_2)t + (\varphi_1 - \varphi_2)/2]$ 被高频信号 $\cos[\pi(f_1 + f_2)t + (\varphi_1 + \varphi_2)/2]$ 调制的结果，合成拍频波形如图 12-33 所示。高频部分变化迅速，低频部分变化缓慢，它们的半周期分别为

$$T_{高,低}/2 = \pi/\omega_{高,低} = \pi/[\pi(f_1 \pm f_2)] = 1/(f_1 \pm f_2) \tag{12-25}$$

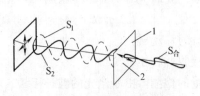

图 12-32　线偏振光的合成
1—偏振片　2—偏振化方向

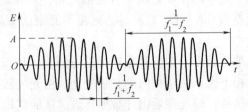

图 12-33　合成拍频波形示意

高频部分的频率在微观上可表征单个光子的能量，宏观上体现为光的颜色；低频部分的幅值在微观上可表征光子的数量，宏观上体现为光的亮度（强度）。由于光子的个数正比于光的强度 I，光的强度可表示为低频电矢量幅值的平方，即

$$
\begin{aligned}
I &= \left\{ \sqrt{2}A\cos\left[\pi(f_1 - f_2)t + (\varphi_1 - \varphi_2)/2\right] \right\}^2 \\
&= A^2\left\{1 + \cos\left[2\pi(f_1 - f_2)t + (\varphi_1 - \varphi_2)\right]\right\}
\end{aligned}
\tag{12-26}
$$

根据光电效应，单个光子的能量只决定了它是否能使金属表面溢出电子，而与溢出电子的数量无关；当金属表面有自由电子溢出且偏置电压足够时，溢出自由电子的数量与合成光的光子数相同。因此，若用光电元件接收上述合成光，其光电流也正比于 I。于是，利用光电元件将拍频信号转换为以其低频 $f_1 - f_2$ 为频率的交流电信号，即实现了包络检波。

（2）光波的多普勒效应　当光源与光电元件有相对运动时，光的波长与频率均发生改变，但两者的乘积（即光速）保持不变，改变后的频率称为多普勒频率。当光源与光电元件的相对靠近的速度 v 远小于光速 c 时，多普勒频率 f' 比原频率 f 增加了 Δf，得

$$
\Delta f = f' - f = fv/c = v/\lambda
$$

即

$$
v = \lambda \Delta f \tag{12-27}
$$

式中，λ 为当光频率是 f 时的波长。

将频差 Δf 转化为脉冲信号，则 Δf 就是单位时间内的脉冲个数。因此，在 $t_0 \sim t_1$ 时间内，光源与光电元件在棱镜中的像间的相对距离变化 s（相互靠近为正）可表示为

$$
s = \int_{t_0}^{t_1} v\,\mathrm{d}t = \int_{t_0}^{t_1} \lambda \Delta f\,\mathrm{d}t = \lambda \int_{t_0}^{t_1} \Delta f\,\mathrm{d}t = \lambda N \tag{12-28}
$$

式中，N 为脉冲信号在 $t_0 \sim t_1$ 时间内的脉冲个数。

2. 主要组成部分及其功能

双频激光干涉仪的主要组成部分如图 12-34 所示，其主要功能如下：

（1）光源　包括双频氦氖激光器和透镜组，能产生两束可进行拍频干涉的激光。

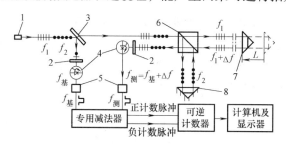

图 12-34　双频激光干涉仪的主要组成部分

1—光源　2—偏振片　3—分光镜　4—光电元件　5—放大整形电路
6—偏振分光镜　7—可动角锥棱镜　8—固定角锥棱镜

（2）分光镜　将两束光都进行透射和反射，透射光与反射光均含有两个频率成分的光。

（3）偏振分光镜　它可将不同振动方向的光分开或汇合：将振动方向平行于入射平面（入射光、法线、反射光及透射光所形成的平面）的光（用短竖线表示）S_1 全部透射，将振动方向垂直于入射平面的光（用小圆点表示）S_2 全部反射。

（4）角锥棱镜　其各反射面互相垂直，对各方向的入射光都能平行反射回去，避免了

平面镜安装角度偏差引起的反射光方向变化。另外，平面镜使反射光与入射光重合，不利于反射光接收；角锥棱镜可使两光线分离。

（5）偏振片　将光的振动矢量向偏振片的偏振化方向投影，这里可使 S_1 和 S_2 的振动方向重合，进而产生干涉。

（6）光电元件　形式上，将信号载体由光波转换为电流，以利于信号传输；内容上，去掉了信号的高频成分，实现了包络检波。

（7）放大整形电路　将信号进行交流放大并整形后，形成只有频率信息的标准电平脉冲信号。

（8）专用减法器　设计专门的电路，将两个标准电平脉冲信号中的脉冲按其数量相互抵消，即实现了频率相减，输出的两路脉冲的数量代表了两信号的频率差。

（9）可逆计数器　利用正负脉冲信号对频率差进行累积计数。

（10）计算机及显示器　将频率差的累积结果，实时转换为一定当量的长度信息并显示。

3. 基本工作过程

如图 12-34 所示，光源产生两束频率分别为 f_1 和 f_2 的激光 S_1 和 S_2，经分光镜分光分为两束光。反射光经偏振片合成后，被光电元件吸收并转换为频率为 $f_{基} = f_1 - f_2$ 的光电流，再经放大整形电路后，成为频率为 $f_{基}$ 的脉冲信号。

分光镜的透射光进入偏振分光镜后，S_1 完全透射，S_2 完全反射，再分别经可动或固定角锥棱镜反射后，回到偏振分光镜。若可动角锥棱镜随工作台移动了距离 L，则 S_1 的光程变化为

$$s = 2L \tag{12-29}$$

频率增加 Δf。此时，仍是 S_1 完全透射，S_2 完全反射，于是 S_1 和 S_2 汇聚在一起。经偏振片合成后，被光电元件吸收并转换成频率为

$$f_{测} = f_1 + \Delta f - f_2 = f_1 - f_2 + \Delta f = f_{基} + \Delta f \tag{12-30}$$

的光电流，再经放大整形电路后，成为频率为 $f_{测}$ 的脉冲信号。

频率分别为 $f_{基}$ 和 $f_{测}$ 的两脉冲信号输入专用减法器进行频率相减，得到 Δf 的正负计数脉冲，经可逆计数器转换为 Δf 的累加计数 N，再由计算机实时转换为一定当量的长度信息，并由显示器显示。N 与可动棱镜的运动距离 L 之间的关系，可由式（12-28）和式（12-29）得到

$$L = s/2 = \lambda N/2 \tag{12-31}$$

4. 特点及应用

与单频激光干涉仪比较，双频激光干涉仪的主要特点是利用了双频干涉产生了交流信号。当可动角锥棱镜不动时，前者的干涉信号为介于最亮与最暗间的某个直流光强，后者的干涉信号为频率 $f_{基} = (1.2 \sim 1.8) \times 10^6 \mathrm{Hz}$ 的交流信号；当可动角锥棱镜移动时，前者的干涉信号为光强在最亮与最暗间的缓慢变化的信号（变化的频率与棱镜移动的速度有关），后者使原有交流信号的频率增加了 Δf，结果仍为交流信号。于是，可采用增益较大的交流放大器进行放大：

1）远距测量时，光强即使衰减 90%，仍可得到合适的信号。

2）避免了直流放大器的零点漂移等问题。

3）空气湍流和热波动等使光信号缓变的因素，对测量精度的影响较小。

由于需要采用交流放大器，测量信号的频率 $f_{测}=f_{基}+\Delta f$ 应在一定的频率范围内，进而 Δf 也受到了一定的限制。若 v 为光源与光电元件在棱镜中的像间的运动速度，则当 $\Delta f_{max}=10^6\,Hz$，$\lambda=0.6328\times10^{-6}\,m$，棱镜以 $v_M=v/2$ 的速度运动时，由式（12-27）得棱镜的最大运动速度 v_{Mmax} 为

$$V_{Mmax}=v_{max}/2=\lambda\Delta f_{max}/2=0.6328\times10^{-6}\,m\times10^6\,Hz/2=0.3164\,m/s$$

单频激光干涉仪原则上不受这一速度的限制。

用激光干涉仪作为机床的测量系统可以提高机床的精度和效率。起初仅用于高精度的磨床、镗床和坐标测量机上，以后又用于加工中心的定位系统中。但由于在一般机床上使用感应同步器和光栅通常能达到精度要求，而激光仪器的抗振性和抗环境的干扰性能差，且价格较贵，目前在机械加工现场使用较少。

12.6　厚度测量

厚度（thickness）的检测包括对金属或非金属带材或箔材之厚度、漆层、涂层厚度等测量。虽然厚度也可理解为一种位移，而且大多数检测方法同位移的检测并无本质区别，所用的传感器也基本相同；但厚度检测方法也存在某些独特性。例如，在带材轧制生产中，要对产品厚度进行控制，首先就要精确且连续地测出带材的厚度。厚度测量有接触测厚和非接触测厚两种方式。

12.6.1　非接触式测厚仪

非接触式测厚仪的种类很多，目前常用的是 X 射线测厚仪和放射性同位素测厚仪，它们统称为射线测厚仪。

（1）X 射线测厚仪　X 射线测厚仪的射线机和检测器分别置于被测带材的上、下方，其原理如图 12-35 所示。当射线穿过被测物体时，一部分射线被物体衰减；另一部分则穿透被测物体进入检测器，被检测器吸收。对于发散角较小的窄束射线，在其穿透被测物体后，射线强度的衰减规律为

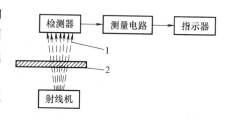

图 12-35　X 射线测厚的基本原理
1—射线　2—被测带材

$$I=I_0 e^{-\mu h} \tag{12-32}$$

式中，I_0 为入射射线强度；μ 为衰减系数，与被测物体的原子序数有关；h 为被测物体的厚度。

若 I_0 和 μ 一定，则 I 仅仅是板厚 h 的函数。所以，测出 I 就可以知道厚度 h，即

$$h=-\frac{1}{\mu}\ln\frac{I}{I_0} \tag{12-33}$$

但是由于被测物体材料不同，即使对于相同厚度的物体，其衰减系数也不同。为此要调整射线的剂量、穿透力及检测器的增益，甚至需要改用不同的检测器来检测穿透被测物体的射线，将其转换成电量，经过放大后用专用仪表指示。射线对人体有害，因而使用射线要经过有关部门许可。

  X 射线（X‑ray）是电子经高压电场加速后，撞击阳极靶而产生的高能电磁波。由于采用高压电场加速电子，因而具有以下特征：

  1）易获得稳定且较高的 X 射线剂量（单位时间内的光子数），使短时间内有足够的射线光子到达检测器，可提高信号质量。

  2）对于大多数射线机而言，切断电源即可停止 X 射线发射，安全性能较高。

  3）射线机产生和维持高压电场的成本较高。

  4）一般的 X 射线光子能量和穿透能力较低。

  5）射线机不便于单人携带，不利于野外测量作业。

  （2）γ 射线测厚仪 γ 射线测厚仪利用放射性同位素辐射出来的 γ 射线（gamma‑ray）测厚，测量原理与 X 射线测厚仪相同。γ 射线测厚仪有以下特征：

  1）射线源剂量稳定，但一般不高，需长时间曝光来提高信号质量。

  2）为使剂量稳定，通常选择半衰期较长的放射性同位素作为射线源，因此射线不停发射，不用时，发射口通常用铅或钨等金属遮挡。

  3）作为射线源比 X 射线价廉。

  4）通常比 X 射线光子有更高的能量和穿透力。

  5）射线源便于单人携带，适于野外测量作业。

  γ 射线剂量低，遮蔽容易，可用于冷轧线的小型测厚仪。

  根据使用的放射线同位素不同，射线测厚仪分为锔测厚仪和铯测厚仪。锔测厚仪使用 60keV 的 γ 射线，主要用于薄板的中低速生产线。

  （3）散射测厚 当射线穿过物体时，被物质衰减的射线中的一部分被物质吸收，另一部分发生散射。散射的重要形式之一是背散射。背散射的大小取决于被测板的厚度和性质。

$$J = J_{\max}(1 - e^{-kh}) \tag{12-34}$$

式中，J 为被测板厚是 h 时，射线背散射的强度；$J_{\max}$ 为 h 无穷大时的背散射强度；k 为背散射系数。

  J 随 h 的增大而增大，但当 h 达到一定值时，J 趋于饱和，称为饱和厚度。图 12‑36 为背散射原理测厚的示意图。随着被测物体原子序数的增大，背散射加剧。

  背散射不但可以测量物体的厚度，还可测量基体表面镀层物质的厚度。例如有一电镀金属板，其镀层材料的原子序数与基体材料不同，选择 β 辐射源，得到背散射强度。β 射线（beta‑ray）是高速运动的电子流，其背散射强度（β 粒子的数目）取决于基体与镀层的材料和厚度。为便于测量判定，基体厚度应不小于其饱和厚度 d_0，而镀层厚度应小于其饱和厚度 d_{S} 的 15%。测量不同的试件背散射的强度 J 的步骤如下：先对无镀层基体的厚度逐渐增加至 d_{A}（$d_{\mathrm{A}} > d_0$），然后在厚度为 d_{A} 的基体上镀以镀层并逐渐增加镀层厚度至 d_{S}，可得曲线如图 12‑37 所示。当基体与镀层材料的厚度分别大于 d_0 和 d_{S} 时，其单独对 β 射线的背散射强度分别为 J_0 和 J_{S}，则在饱和厚度基体上的镀层材料的厚度 d 与待测试件的总背散射强度 J 的关系为

$$d = L\left(\ln \frac{J_{\mathrm{S}} - J_0}{J_{\mathrm{S}} - J}\right)^{D} \tag{12-35}$$

式中，L 由镀层材料对射线的衰减系数决定；D 与辐射源的能量有关。两者与 J_0 和 J_{S} 均可由实验测得。据此，即可由 J 确定 d。若基体与镀层材料的原子序数接近，则 J_{S} 与 J_0 的差

值较小，易产生较大误差，因此要求两者原子序数至少应相差 3。

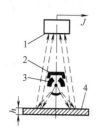

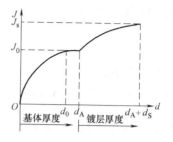

图 12-36　利用射线的散射原理测厚
1—探测器　2—屏蔽罩　3—辐射源　4—待测物

图 12-37　β 射线的背散射强度曲线

（4）特征 X 射线荧光测厚　除直接应用 β 射线外，还可通过测量 β、γ 或 X 射线在镀层中激发出来的特征 X 射线荧光的强度来测量镀层的厚度。其最大优点是可在基体与镀层材料的原子序数接近时测量，因为不同的材料有不同的特征 X 射线。按具体原理不同，又可分为两种测量方法：

一种是根据衰减原理，测量由基体产生的 X 射线经镀层后的衰减程度。例如镀锡的钢板被能量为 25keV 的 X 射线照射，基体铁的特征 X 射线由于其能量（6.4keV）小于辐射源的能量而被激发，但镀层锡的特征 X 射线由于其能量（29.6keV）大于辐射源的能量而未被激发。铁的特征辐射通过镀锡层后将被衰减，衰减值取决于锡的厚度，据此可测得镀层的厚度。

另一种是根据发射原理，即测量镀层产生的特征 X 射线。例如用一个镅 241γ 射线辐射源（60keV）来测镀锌铁板的锌层厚度。辐射源既能激发铁的特征 X 射线，又能激发锌的特征 X 射线（能量为 8.65keV）。选择合适的滤波器（例如镍板，其特征 X 射线能量为 8.33keV），将铁的特征 X 射线衰减，锌的特征 X 射线被分析处理，并得出锌层厚度，此测量结构如图 12-38 所示。

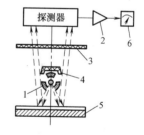

图 12-38　发射原理测镀
层厚的测量结构
1—辐射源　2—放大器　3—滤波器
4—屏蔽罩　5—待测物　6—指示表

（5）射线探测器和其他非接触测厚系统　工业应用中，最重要的探测器有电离室、计数管和闪烁计等。每个射到探测器上的粒子，在电离作用下产生一个电脉冲，可以对脉冲计数或对电流积分，其结果对应于被测射线强度。

除射线测厚外，非接触测厚系统还有电容传感器测厚系统、电涡流传感器测厚系统、微波测厚系统、红外线测厚系统和超声波测厚系统等。

12.6.2　接触式测厚仪

如图 12-39 所示，在带钢上、下各装一个位移传感器（如差动变压器式传感器），由 C 形架固定，左、右各装一对随动导辊，以保证在测量时带钢与传感器垂直。当带钢厚度改变时，与带钢接触的上、下位移传感器同时测出位移变化量，从而形成厚度偏差信号

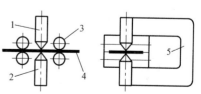

图 12-39　接触式测厚原理图
1—上传感器　2—下传感器　3—导辊
4—被测带材　5—C 形架

输出。

为了增强位移传感器测量头的耐磨性,一般采用金刚石接触测量。

习　题

12-1　选用位移传感器应注意哪些问题?

12-2　简述光栅式传感器的基本原理。

12-3　莫尔条纹有哪些重要特性?

12-4　计量光栅的种类有哪些?

12-5　二进制码转换成循环码的法则是什么?

12-6　感应同步器输出信号的处理方式有哪些?

12-7　激光与普通光相比,具有哪些重要的特殊性能?

12-8　试述单频激光干涉仪的原理。

12-9　厚度测量有哪两种方式?

第 13 章　温度的测量

温度是表征物体冷热程度的物理量。由热力学可知，处在同一热平衡状态的所有系统都具有一个共同的宏观特性，这一宏观特性就定义为温度。

温度是描述系统不同自由度之间能量分布状况的基本物理量。温度是决定系统是否与其他系统处于热平衡的条件，其特征在于所有热平衡的系统都具有相同的温度。温度的测量就是建立在热平衡基础上的。

13.1　温度标准与测量方法

13.1.1　温度和温标

温度是表征物体冷热程度的物理量。温度概念的建立和温度的测量都是以热平衡现象为基础的。为了判断温度的高低，只能借助于某种物质的某种特性（如体积、长度和电阻等）随温度变化的一定规律来测量，因此就出现各种类型的温度计。但是，迄今为止，还没有适应整个温度范围用的温度计（或物质）。

温标是温度的数值表示方法，是用来衡定物体温度的尺度。它规定了温度读数的起点（零点）和测量温度的单位，各种温度计的分度值均由温标确定。常用的有摄氏温标、华氏温标、热力学温标（国际温标）。

1. 摄氏温标（℃）

摄氏温标的物理基础是规定水银温度变化与体积膨胀呈线性关系。分度方法是把标准大气压下水的冰点定为 0 摄氏度（0℃），把水的沸点定为 100 摄氏度（100℃），用这两个固定点分度玻璃水银温度计，在这两个固定点间划分 100 等分，每一等分为 1 摄氏度，记为 1℃。

2. 华氏温标（℉）

它规定标准大气压下冰的融点为 32 华氏度（32℉），水的沸点为 212 华氏度（212℉）。中间划分为 180 等分，每一等分称为 1 华氏度，记为 1℉。

3. 热力学温标（开氏温标、国际温标）（K）

热力学温标是一种与工作介质无关的温标，它以热力学第二定律为基础，已由国际计量大会采纳作为国际统一的基本温标。热力学温标所确定的温度数值称为热力学温度（单位为 K）。

第一个国际温标是 1927 年第七届国际计量大会决定采用的温标，称为"1927 年国际温标"，记为 ITS – 27。此后大约每隔 20 年进行一次重大修改。目前，国际上通用的国际温标是 1989 年 7 月第 77 届国际计量委员会（CIPM）批准的新温标 ITS – 90，我国从 1994 年 1 月 1 日起实行新温标。

ITS – 90 的热力学温度仍记作 T，为了区别以前的温标，用"T_{90}"代表新温标的热力学

温度，其单位仍然是 K。与此共用的摄氏温度记为 t_{90}，其单位是"℃"。它们之间的关系为

$$t_{90} = T_{90} - 273.15 \qquad (13 - 1)$$

13.1.2　温度测量方法

温度这一参数是不能直接测量的，一般根据物质的某些特性参数与温度之间的函数关系，通过对这些特性参数的测量而间接获取。根据测温传感器的使用方式，测温方法大致分为接触式和非接触式两种。

接触式测温是使被测物体与温度计的感温元件直接接触，使其温度相同，便可以得到被测物体的温度。接触式测温时，由于温度计的感温元件与被测物体相接触，吸收被测物体的热量，往往容易使被测物体的热平衡受到破坏。对感温元件的结构要求苛刻，这是接触法测温的缺点，因此不适于小物体的温度测量。

非接触式测温是温度计的感温元件不直接与被测物体相接触，而是利用物体的热辐射原理或电磁原理得到被测物体的温度。非接触法测温时，温度计的感温元件与被测物体有一定的距离，靠接收被测物体的辐射能实现测温，所以基本不会破坏被测物体的热平衡状态，具有较好的动态响应，但非接触测量的精度较低。表 13-1 列出了两种测温方法的比较。

表 13-1　接触式与非接触式测温方法比较

类　型	接触式	非接触式
必要条件	感温元件必须与被测物体相接触，被测物体的温度不变	感温元件能接收到物体的辐射能
特　点	不适宜热容量小的物体温度测量 不适宜动态温度测量 便于多点、集中测量和自动控制	被测物体温度不变 适宜动态温度测量 适宜表面温度测量
测量范围	适宜 1000℃ 以下的温度测量	适宜高温测量
测温精度	测量范围的 1% 左右	一般在 10℃ 左右
滞　后	较大	较小

13.2　接触式测温传感器

13.2.1　热电偶

热电偶（thermocouple）是目前温度测量中应用极为广泛的一种温度测量系统。其工作原理是基于物体的热电效应。

1. 热电效应

由 A、B 两种不同的导体两端相互紧密地接在一起，组成一个闭合回路，如图 13-1 所示。当 1、2 两接点的温度不等（$T > T_0$）时，回路中就会产生电动势，从而形成电流，串接在回路中的电流表指针将发生偏转，这一现象称为温差电效应，通常称为热电效应。

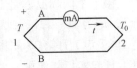

图 13-1　热电效应

相应的电动势称为温差电动势，通常称为热电动势。接点 1 称为工作端或热端（T），测量时，将其置于被测的温度场中。接点 2 称为自由端或冷端（T_0），测量时，其温度应保持恒定。

这种由两种不同导体组合并将温度转换成热电动势的传感器叫做热电偶。热电偶产生的热电动势 E_{AB}（T，T_0）是由两种导体的接触电动势 E_{AB} 和单一导体的温差电动势 E_A 和 E_B 所形成。

（1）接触电动势　不同的导体材料，其电子的密度是不同的。当两种不同材料的导体 A、B 连接在一起时，在连接点 1、2 两处，分别会发生电子扩散，电子扩散的速率与自由电子的密度以及导体的温度成正比。

设导体 A、B 中的自由电子密度分别为 n_A 和 n_B，且 $n_A > n_B$，则在单位时间内，导体 A 扩散到导体 B 的电子数要大于从导体 B 向导体 A 扩散的电子数，因此，导体 A 因失去电子而带正电，导体 B 因得到电子而带负电，于是，在接触处便形成了电位差，即接触电动势，如图 13-2a 所示。在接触处所形成的接触电动势将阻碍电子的进一步扩散。当电子扩散能力与电场的阻力达到相对平衡时，接触电动势就达到了一个相对稳定值，其数量级一般为 $10^{-3} \sim 10^{-2}$V。

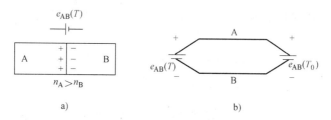

图 13-2　接触电动势

a）电子扩散　b）等效电路

由物理学可知，导体 A、B 在接触点 1、2 的接触电动势 e_{AB}（T）和 e_{AB}（T_0）分别为

$$e_{AB}(T) = \frac{KT}{e}\ln\frac{n_A}{n_B}$$
$$e_{AB}(T_0) = \frac{KT_0}{e}\ln\frac{n_A}{n_B}$$

（13-2）

式中，K 为玻耳兹曼常数，$K = 1.38 \times 10^{-23}$J·K^{-1}；T，T_0 为接触点 1、2 的热力学温度；n_A、n_B 分别为导体 A、B 的自由电子密度；e 为电子电荷量，$e = 1.6021892 \times 10^{-19}$C。

由图 13-2b 可以得出回路中总的接触电动势为

$$e_{AB}(T) - e_{AB}(T_0) = \frac{K}{e}(T - T_0)\ln\frac{n_A}{n_B}$$

（13-3）

由此不难看出，热电偶回路中的接触电动势只与导体 A、B 的性质和两接触点的温差有关。当 $T = T_0$ 时，尽管两接触点处都存在接触电动势，但回路中总接触电动势等于零。

（2）单一导体的温差电动势　在一个均匀的导体材料中，如果其两端的温度不等，则在导体内也会产生电动势，这种电动势称为温差电动势，如图 13-3 所示。由于高温端电子的能量要大于低温端电子的能量，因此，由高温端向低温端扩散的电子数量要大于由低温端向高温端扩散的电子数量，这样，由于高温端失去电子而带正电，低温端得到电子而带负电，于是在导体两端便形成电位差，称之为单一导体温差电动势。该电动势将阻止电子从高温端向低温端扩散，当电子运动达到动平衡时，温差电动势达到一个相对稳态值。同接触电动势相比，温差电动势要小得多，一般约为 10^{-5} V。

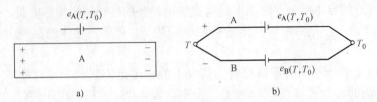

图 13-3　单一导体温差电动势
a）电子扩散　b）等效电路

当导体 A、B 两端的温度分别为 T 和 T_0，且 $T > T_0$ 时，导体 A、B 各自的温差电动势分别为

$$e_A(T, T_0) = \int_{T_0}^{T} \sigma_A \mathrm{d}T$$
$$e_B(T, T_0) = \int_{T_0}^{T} \sigma_B \mathrm{d}T \tag{13-4}$$

式中，σ_A，σ_B 分别为汤姆逊系数，其含义是单一导体两端温度差为 1℃ 时所产生的温差电动势。

由导体 A、B 所组成的回路总的温差电动势为

$$e_A(T, T_0) - e_B(T, T_0) = \int_{T_0}^{T} (\sigma_A - \sigma_B) \mathrm{d}T \tag{13-5}$$

由此可以得出由导体 A、B 组成的热电偶回路总的热电动势为

$$E_{AB}(T, T_0) = [e_{AB}(T) - e_{AB}(T_0)] - [e_A(T, T_0) - e_B(T, T_0)]$$
$$= \frac{k}{e}(T - T_0) \ln \frac{n_A}{n_B} - \int_{T_0}^{T} (\sigma_A - \sigma_B) \mathrm{d}T$$

或

$$E_{AB}(T, T_0) = \left[e_{AB}(T) - \int_{T_0}^{T} (\sigma_A - \sigma_B) \mathrm{d}T \right] - \left[e_{AB}(T_0) - \int_{0}^{T_0} (\sigma_A - \sigma_B) \mathrm{d}T \right]$$
$$= E_{AB}(T) - E_{AB}(T_0) \tag{13-6}$$

式中，$E_{AB}(T)$ 为热端热电动势，$E_{AB}(T) = e_{AB}(T) - \int_{0}^{T} (\sigma_A - \sigma_B) \mathrm{d}T$；$E_{AB}(T_0)$ 为冷端热电动势，$E_{AB}(T_0) = e_{AB}(T_0) - \int_{0}^{T_0} (\sigma_A - \sigma_B) \mathrm{d}T$。

由此可知，只有当热电偶的两个电极材料不同，且两个接点的温度也不同时，才会产生电动势，热电偶才能进行温度测量。当热电偶的两个不同的电极材料确定后，热电动势便与两个接点温度 T、T_0 有关，即回路的热电动势是两个接点的温度函数之差。

$$E_{AB}(T, T_0) = f(T) - f(T_0) \tag{13-7}$$

当自由端温度 T_0 固定不变时，即 $f(T_0) = C$（常数），有

$$E_{AB}(T, T_0) = f(T) - C = \phi(T) \tag{13-8}$$

由此可见，电动势 $E_{AB}(T, T_0)$ 和工作端温度 T 是单值的函数关系，这就是热电偶测温的基本公式。由此制定出标准的热电偶分度表，该表是将自由端温度保持为 0℃，通过实验

建立起来的热电动势与温度之间的数值关系。热电偶测温就是以此为基础，根据一些基本的定律来确定被测温度值。

2. 热电偶的基本定律

（1）中间温度定律　由前面的分析可知，热电偶的热电动势只取决于构成热电偶的两个电极 A、B 的材料性质以及 A、B 两个接点的温度值 T、T_0，而与温度热电极的分布以及热电极的尺寸和形状无关。

热电偶的中间温度定律是指当热电偶两个接点的温度分别为 T 和 T_0 时，所产生的热电动势等于该热电偶两接点温度为（T，T_n）与（T_n，T_0）时所产生的热电动势的代数和，即

$$E_{AB}(T,T_0) = E_{AB}(T,T_n) + E_{AB}(T_n,T_0) \tag{13-9}$$

式中，T_n 为中间温度。

中间温度定律在热电偶测温中应用极为广泛。根据该定律，人们可以在冷端温度为任一恒定值时，利用热电偶分度表求出工作端的被测温度值。

例如，用镍铬—镍硅热电偶测量炉温时，当冷端温度 $T_0 = 30℃$ 时，测得热电动势 $E(T, T_0) = 39.17mV$，求实际炉温。

由 $T_0 = 30℃$ 查分度表得 $E(30，0) = 1.2mV$，根据中间温度定律得

$$E(T,0) = E(T,30) + E(30,0) = 39.17mV + 1.2mV = 40.37mV$$

则查表得炉温 $T = 946℃$。

（2）中间导体定律　在热电偶测温回路中，通常要接入导线和测量仪表。中间导体定律指出，在热电偶回路中，只要接入的第三导体两端温度相同，则对回路的总的热电动势没有影响。对图 13-4a，有

$$E_{ABC}(T,T_0) = E_{AB}(T,T_0) \tag{13-10}$$

图 13-4b 所示的接法，也同样满足

$$E_{ABC}(T,T_0,T_1) = E_{AB}(T,T_0) \tag{13-11}$$

若在热电偶回路中接入多种导体，只要每种导体两端的温度相同，也可以得到相同的结论。

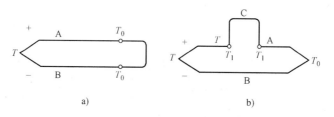

图 13-4　热电偶接入中间导体的回路

a）中间导体定律第三导体接入方法一　b）中间导体定律第三导体接入方法二

（3）标准电极定律　如果已知热电偶的两个电极 A、B 分别与另一电极 C 组成的热电偶的热电动势为 $E_{AC}(T, T_0)$ 和 $E_{BC}(T, T_0)$，则在相同接点温度（T，T_0）下，由 A、B 电极组成的热电偶的热电动势 $E_{AB}(T, T_0)$ 为

$$E_{AB}(T,T_0) = E_{AC}(T,T_0) - E_{BC}(T,T_0) \tag{13-12}$$

这一规律称为标准电极定律，电极 C 称为标准电极。

在工程测量中，由于纯铂丝的物理化学性能稳定，熔点较高，易提纯，所以目前常将纯

铂丝作为标准电极。标准电极定律使得热电偶电极的选配提供了方便。

例如，铂铑$_{30}$—铂热电偶的 $E(1084.5，0) = 13.976\text{mV}$，铂铑$_6$—铂热电偶的 $E(1084.5，0) = 8.354\text{mV}$，根据标准电极定律，铂铑$_{30}$—铂铑$_6$热电偶的 $E(1084.5，0) = 13.976\text{mV} - 8.354\text{mV} = 5.613\text{mV}$。

3. **标准化热电偶**

按照工业标准，热电偶可分为标准化热电偶和非标准化热电偶。

标准化电热偶在目前工业生产中大批量生产和使用，这些热电偶性能优良、稳定，批量生产后，同一型号具有互换性，具有统一的分度。

常用标准化热电偶的特点如下：

1）铂铑$_{10}$—铂热电偶。性能稳定，准确度高，可用于基准和标准热电偶。热电动势较低，价格昂贵，不能用于金属蒸气和还原性气体中。

2）铂铑$_{30}$—铂铑$_6$热电偶。较铂铑$_{10}$—铂热电偶更具较高的稳定性和机械强度，最高测量温度可达1800℃，室温下热电动势较低，可作标准热电偶，一般情况下，不需要进行补偿和修正处理。由于其热电动势较低，需要采用高灵敏度和高精度的仪表。

3）镍铬—镍硅或镍铬—镍铝热电偶。热电动势较高，热电特性具有较好的线性、良好的化学稳定性，具有较强的抗氧化性和抗腐蚀性，但稳定性稍差，测量精度不高。

4）镍铬—康铜热电偶。热电动势较高，价格低，高温下易氧化，适于低温和超低温测量。

4. **热电偶冷端的温度补偿**

根据热电偶的测温原理，只有当热电偶的参考端的温度保持不变时，热电动势才是被测温度的单值函数。经常使用的分度表及显示仪表，都是以热电偶参考端为0℃作为先决条件的。但在实际使用中，因热电偶长度受到一定限制，参考端温度直接受到被测介质与环境温度的影响，不仅难于保持0℃，而且往往是波动的，无法进行参考端温度修正。因此，要把变化很大的参考端温度恒定下来，通常采用参考端温度恒定法和冷端补偿法。

（1）参考端温度恒定法　采用参考端温度恒定法时，参考端的形式和用途见表13 - 2，图13 - 5为冰点式参考端工作示意图。当参考端温度恒定不变或变化很小又不为0℃时，还必须用热电动势修正法进行修正。

表 13 - 2　参考端的形式和用途

参考端	形　　成	用　　途
冰点式参考端	常用的冰点瓶是在保温瓶内盛满冰水混混物	用于校正标准热电偶等高精度温度测量
电子式参考端	利用半导体制冷的原理，冷却密封的水槽，从而把参考端温度保持在0℃。体积小，操作简单	用于热电温度计的温度测量
恒温槽式参考端	利用温度调节器将参考端温度保持恒定。如果它的温度不是0℃，要用其他温度计测出其温度并进行修正	
室温式参考端	无参考端温度恒定装置，或将参考端置于油中，利用油的惰性使参考端温度保持一致及接近室温	用于精度不太高的温度测量

（2）冷端补偿法 在大多数情况下，显示仪表是通过补偿导线将热电偶的参考端引至恒温或温度波动较小的地方应用的，采用某两种导线组成的热电偶补偿导线，在一定温度范围内（0～100℃）具有与所连接的热电偶相同的热电性能，称为补偿导线法。图13-6为补偿导线法在测温回路中的连接。必须指出的是，不同的热电偶要配接不同的导线，不能用错。

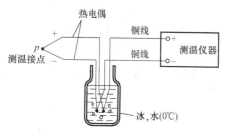

图13-5 冰点式参考端工作示意图

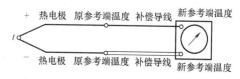

图13-6 补偿导线法

另一种冷端补偿法是补偿电桥法，如图13-7所示。将热电偶冷端与电桥置于同一环境中，电阻 R_H 是由温度系数较大的镍丝制成，而其余电阻则由温度系数很小的锰丝制成。在某一温度下，调整电桥平衡，当冷端温度变化时，R_H 随温度改变，破坏了电桥平衡，电桥输出为 Δe，用 Δe 来补偿由于冷端温度改变而产生的热电动势变化量。

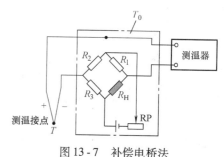

图13-7 补偿电桥法

13.2.2 热电阻温度计

热电阻温度计是利用金属导体或半导体的感温电阻，把温度的变化转换成电阻值变化的传感器。工业上被广泛地用于低温及中温（-200～500℃）范围内的温度测量。

目前应用较为广泛的热电阻材料为铂和铜。为适应低温需要，还研制出铟、锰和碳等作为热电阻材料。

1. 常用的热电阻

（1）铂热电阻 铂是一种贵重金属，由于其物理、化学性能非常稳定，而且在1200℃时，还表现了良好的稳定性，是目前制造热电阻的最好材料。因此，它主要用于制作标准的电阻温度计。它长时间稳定的复现性可达 $10^{-4}K$，优于所有用其他材料制作的温度计。

铂电阻的电阻比是表征其性能一个非常重要的指标，通常用 $W(100)$ 表示。即

$$W(100) = \frac{R_{100}}{R_0} \tag{13-13}$$

式中，R_{100} 为水沸点（100℃）时的电阻值；R_0 为水冰点（0℃）时的电阻值。

$W(100)$ 的值越高，表示铂丝的纯度越高，国际实用温标规定，作为基准器的铂电阻，其 $W(100)$ 值不得小于1.3925。目前的工艺水平可以达到 $W(100)$ =1.3939，与其相对应的铂的纯度为99.9995%。工程中常用的铂电阻的 $W(100)$ 一般为1.387～1.390。

当 t 为0～650.755℃时，铂丝的电阻值与温度之间的关系为

$$R_t = R_0(1 + At + Bt^2) \tag{13-14}$$

当 t 为 $-200 \sim 0℃$ 时，铂丝的电阻值与温度之间的关系为

$$R_t = R_0 \left[1 + At + Bt^2 + C(t-100)t^3 \right] \tag{13-15}$$

式中，A、B、C 分别为常数。

当 $W(100) = 1.391$ 时，$A = 3.9684 \times 10^{-3}/℃$，$B = -5.847 \times 10^{-7}/℃^2$，$C = -4.22 \times 10^{-12}/℃^4$；

当 $W(100) = 1.389$ 时，$A = 3.9485 \times 10^{-3}/℃$，$B = -5.85 \times 10^{-7}/℃^2$，$C = -4.04 \times 10^{-12}/℃^4$。

由此可见，铂丝在 $0℃$ 以上，其电阻值与温度之间具有较好的线性度。

（2）铜热电阻　相对铂来说，铜的价格要便宜很多，同时，铜还易于提纯，其复制性能较好。另外，由于其电阻温度系数 $\alpha = (4.25 \sim 4.28) \times 10^{-3}℃^{-1}$，具有较高灵敏度。其缺点是电阻率较低，易氧化，因而在工程中，主要用铜来制作 $-50 \sim 150℃$ 范围内的电阻温度计，并且只应用于较低温度及没有水分和侵蚀性的介质中。

铜热电阻的阻值和温度的关系为

$$R_t = R_{t_0} \left[1 + \alpha_0 (t - t_0) \right] \tag{13-16}$$

由此可见，铜热电阻的线性主要取决于温度 t_0 时的电阻温度系数 α_0，所以其线性较好。

2. 热电阻的特点与应用举例

工业上广泛应用热电阻作为 $-200 \sim 500℃$ 范围的温度测量。它的特点是精度高，性能稳定，适于测低温；缺点是热惯性大，需辅助电源。值得注意的是，流过热电阻丝的电流不要过大，否则会产生较大的热量，影响测量精度，此电流值一般不宜超过 6mA。

下面介绍一种利用热电阻测量真空度的例子。把铂丝装于与被测介质相连通的玻璃管内，铂电阻丝由较大的恒定电流加热，在环境温度与玻璃管内介质的导热系数恒定情况下，当铂电阻所产生的热量和玻璃管内介质导热而散失的热量相平衡时，铂丝就有一定的平衡温度，相对应就有一定电阻值。被测介质的真空度升高时，玻璃管内的气体变得稀薄，气体分子间碰撞进行热传递的能力降低，即导热系数减少，铂丝的平衡温度及其电阻值随即增大，其大小反映了被测介质真空度的高低。这种真空度测量方法对环境温度变化比较敏感，实际应用中附加有恒温或温度补偿装置。

13.2.3　热敏电阻和集成温度传感器

1. 热敏电阻

热敏电阻（thermistor）是利用半导体的电阻值随温度显著变化这一特性制成的一种热敏元件。它是根据产品性能不同，由某些金属氧化物（主要是钴、锰、镍等氧化物），采用不同比例配方，经高温烧结而成的。

半导体热敏电阻与金属热电阻相比较，具有灵敏度高、体积小、热惯性小和响应速度快等优点，但目前它存在的主要缺点是互换性和稳定性较差，非线性严重，且不能在高温下使用，所以限制了其应用领域。

（1）热敏电阻分类　半导体热敏电阻包括正温度系数（PTC）热敏电阻、负温度系数（NTC）热敏电阻、临界温度系数（CTR）热敏电阻等几类。

PTC 热敏电阻：当温度超过某一数值时，其电阻值向正的方向快速变化，主要用于彩电消磁、各种电器设备的过热保护、发热源的定温控制等。

NTC 热敏电阻：具有很高的负电阻温度系数，广泛地应用在自动控制及电子电路的热补偿电路中，特别适于 $-100 \sim 300℃$ 温度范围的测量。

CTR 热敏电阻：在某个温度值上电阻值急剧变化，主要用于制作温度开关。

（2）NTC 热敏电阻的温度特性　温度特性是热敏电阻的基本特性，反映了其阻值与温度之间关系这一基本性质。在工作温度范围内，应在微小工作电流条件下，使之不存在自身加热现象，此时 NTC 热敏电阻与温度之间的关系近似符合指数函数规律，如图 13 - 8 所示，即

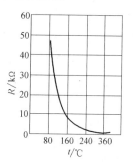

$$R_T = R_0 e^{B\left(\frac{1}{T} - \frac{1}{T_0}\right)} \tag{13 - 17}$$

式中，T 为被测温度（K）；T_0 为参考温度（K）；R_T、R_0 是温度分别为 T 和 T_0 时的热敏电阻值；B 为热敏电阻的材料常数，通常可由实验获得，一般 B 的范围为 2000 ~ 6000K，在高温下使用时，B 值将增大。

图 13 - 8　NTC 热敏电阻的温度特性

热电特性的一个重要指标是热敏电阻的温度系数，即热敏电阻在其本身温度变化 1℃时电阻值的相对变化量，用 α_T 表示，即

$$\alpha_T = \frac{1}{R_T} \frac{dR_T}{dT} = -\frac{B}{T^2} \tag{13 - 18}$$

热敏电阻的温度系数比金属丝的高很多，所以它的灵敏度较高。

（3）热敏电阻的应用　热敏电阻的应用很广泛，可用于温度测量、温度控制、温度补偿以及其他应用实例，如过负荷保护，利用热敏电阻的耗散原理测量流量、真空度等。

2. 集成温度传感器

集成温度传感器是将温敏晶体管及其辅助电路集成在同一芯片上的传感器，它能直接给出正比于热力学温度的理想线性输出，一般用于 - 50 ~ 150℃之间测量，它与传统的热敏电阻、热电阻、双金属片等其他温度传感器相比，具有测温精度高、复现性好、线性优良、体积小、热容量小、稳定性好、输出电信号大、成本低和使用方便等优点，因此广泛应用于温度检测、控制和许多温度补偿电路中。

集成温度传感器按输出形式可分为电压型、电流型和频率型 3 类，其中电压型、电流型应用广泛。电压型的温度系数为 10mV/℃，电流型的温度系数为 1μA/℃，它们还具有热力学温度零度时输出电量为零的特性。

因为温敏晶体管的 u_{be}（基极—发射极电压）与绝对温度的关系并非绝对的线性关系，加之在同一批同型号的产品中，u_{be} 值也可能有 ±100mV 的离散性，所以集成温度传感器采用一对非常匹配的差分对晶体管作为温度敏感元件，采用图 13 - 9 所示的电路形式，使其直接给出正比于热力学温度的严格的线性输出。其中 VT$_1$ 和 VT$_2$ 是结构和性能完全相同的晶体管，都处于正向工作状态，集电极电流分别为 I_1 和 I_2。由图 13 - 9 可见，电阻 R_1 上的电压降 Δu_{be} 为两管的基极—发射极电压降之差，即

$$\Delta u_{be} = u_{be1} - u_{be2} = \frac{kT}{q}\ln\frac{I_1}{I_{es1}} - \frac{kT}{q}\ln\frac{I_2}{I_{es2}} = \frac{kT}{q}\ln\frac{I_1}{I_2} \cdot \frac{I_{es2}}{I_{es1}} \tag{13 - 19}$$

式中，k 为核系数；q 为电荷数；I_{es1}、I_{es2} 为 VT$_1$ 和 VT$_2$ 晶体管的发射极反向饱和电流；I_1、I_2 为集电极电流。

若 A_{e1}、A_{e2} 为 VT$_1$ 和 VT$_2$ 晶体管发射极面积。而 $I_{es2}/I_{es1} = A_{e2}/A_{e1}$，通过设计可以使 VT$_1$ 和 VT$_2$ 发射极面积之比 $\gamma = A_{e2}/A_{e1}$ 是与温度无关的常数，故只要在电路设计中能保证 I_1/I_2

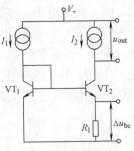

是常数，则式中 Δu_{be} 就是温度 T 的理想的线性函数，这就是集成温度传感器的基本原理，图 13 - 9 电路常称为正比于热力学温度（Proportional To Absolute Temperature，PTAT）的原理电路。

图 13 - 9　集成温度传感器的电路图

（1）电流型集成温度传感器　电流型集成温度传感器电路如图 13 - 10 所示，该电路被称为电流镜 PTAT 核心电路。该电路是在差分对晶体管电路的基础上，用两只 PNP 晶体管分别与 VT$_1$ 和 VT$_2$ 串联组成所谓的电流镜，两只 PNP 晶体管 VT$_3$、VT$_4$ 具有完全相同的结构和性能，且发射极偏压相同，VT$_3$ 与 VT$_4$ 组成恒流源，且两者集电极电流相同，因此流过 VT$_1$ 和 VT$_2$ 的集电极电流在任何温度下始终相等。R 上的电压降 Δu_{be} 可表示为

$$\Delta u_{\text{be}} = \frac{kT}{q}\ln\gamma \tag{13-20}$$

则 R 上的电流为

$$I_1' = \frac{kT}{qR_1}\ln\gamma \tag{13-21}$$

电路的总电流为

$$I_{\text{T}} = 2I_1 = 2I_2 = \frac{2kT}{qR}\ln\gamma \tag{13-22}$$

美国 AD 公司生产的 AD590、我国生产的 SD590 都是典型的电流型集成温度传感器，它们的基本电路与图 13 - 10 相似，只是增加了一些附加电路以提高其性能。AD590 的电流—温度特性曲线如图 13 - 11 所示。

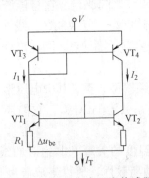

图 13 - 10　电流型集成温度传感器电路

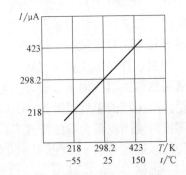

图 13 - 11　AD590 的电流—温度特性曲线

（2）电压型集成温度传感器　电压型集成温度传感器是指输出电压与温度成正比的温度传感器。其核心电路如图 13 - 12 所示。图中，VT$_3$、VT$_4$、VT$_5$ 是结构和性能完全相同的 PNP 晶体管，发射极偏压又相同，VT$_3$ 与 VT$_4$ 组成恒流源，且两者集电极电流相同（称为电流镜），与电流型集成温度传感器相同，R_1 上的电压降 Δu_{be} 可表示为

$$\Delta u_{\text{be}} = \frac{kT}{q}\ln\gamma \tag{13-23}$$

则 R_1 上的电流为

$$I_1' = \frac{kT}{qR_1}\ln\gamma \tag{13-24}$$

因为 VT_5 与 VT_3、VT_4 完全相同，且发射极电压与 VT_3、VT_4 相同，又具有相同的发射极面积，于是通过 VT_5 和 R_2 支路的电流与另两个支路电流相等，所以输出电压为

$$u_o = \frac{R_2}{R_1}\frac{kT}{q}\ln\gamma \tag{13-25}$$

其温度系数为

$$\alpha_T = \frac{\mathrm{d}u_o}{\mathrm{d}T} = \frac{R_2}{R_1}\frac{k}{q}\ln\gamma \tag{13-26}$$

可见，只要两个电阻比为常数，就可得到正比于热力学温度的输出电压，而输出电压的温度灵敏度即温度系数，可由电阻比值 R_2/R_1 和 VT_1、VT_2 的发射极面积比来调整。若取 $R_1 = 940\Omega$，$R_2 = 30\mathrm{k}\Omega$，$\gamma = 37$，则 α_T 可以调整为 $10\mathrm{mV/K}$。

常用的电压型集成温度传感器为四端输出型，代表性的型号有 SL616、LX5600/5700、LM3911、UP515/610A—C 和 UP3911 等。其电路由基准电压、温度传感器和运算放大器 3 部分组成。温度传感器是核心电路，原理是输出电压与温度成正比，即满足式 (13-25)。

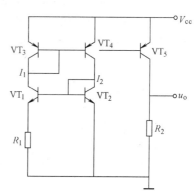

图 13-12　电压型集成
温度传感器的电路图

13.2.4　机械温度传感器

双金属温度计属于机械温度传感器，它是由两种线膨胀系数不同的金属薄片焊接在一起制成的。它是一种固体膨胀式温度计。其结构简单、牢固，又可将温度变化转换成机械量变化，不仅用于测量温度，而且还用于温度控制装置（尤其是开关的"通—断"控制），其使用范围相当广泛。

如图 13-13 所示，将其一端固定，如果温度升高，下面的金属 B（例如黄铜）因热膨胀而伸长，上面的金属 A（例如因瓦合金）却几乎不变，致使双金属片向上翘。温度越高则产生的线膨胀差越大，引起的弯曲角度越大。图 13-14 为双金属温度计的结构。它的感温元件通常绕成螺旋形，一端固定，另一端连接指针轴。温度变化时，双金属片因受热或冷却的作用，使感温元件的弯曲率发生变化，并通过指针轴带动指针偏转，在刻度盘上直接显示出温度的变化。

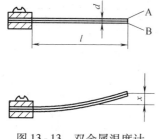

图 13-13　双金属温度计
的工作原理

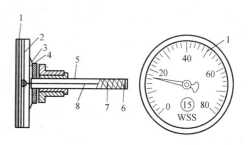

图 13-14　双金属温度计的结构
1—仪表　2—指针　3—表壳　4—刻度盘　5—金属保护管
6—固定端　7—双金属感温元件　8—指针轴

13.3 非接触式测温

温度的测量方法很多，前面所述的主要是以接触式为主的，但由于接触式测温对被测温度场有一定影响，同时在高温情况下，有些被测物对传感器有一定的腐蚀作用等，因而在高温测量中常采用非接触测量方法。

非接触式测温计种类很多，其基本原理是基于物体的热辐射。当物体受热后将有一部分热能转变为辐射能，辐射能以电磁波的形式向四周辐射，温度越高，辐射的能量越大。辐射式温度计就是利用受热物体的辐射能大小与温度有一定的关系的原理，来确定被测物体的温度的。

13.3.1 热辐射原理

热辐射理论是辐射式测温仪表的理论依据。任何受热物体都有一部分热能转化为辐射能，并以电磁波的形式向外辐射。不同的物体是由不同的原子组成的，因此能发出不同波长的波，其辐射波长的范围可以从 γ 射线一直到无线电波，其中能被其他物体吸收并重新转化为热能的有波长在 $0.4 \sim 0.77 \mu m$ 的可见光和波长在 $0.77 \sim 40 \mu m$ 的红外线，这部分射线称为热射线，传递的过程称为热辐射。物体发射辐射能的多少与物体温度有一定的关系，所以热辐射现象可以用来测温。

物体不仅具有热辐射的能力，还有吸收外界热辐射的能力。若物体能够吸收落在该物体表面上的全部热辐射能，没有任何透射和反射，则该物体被称之为黑体。物体的辐射能力与其吸收能力成正比，因此黑体具有全波长辐射能力。根据斯蒂蕾—玻耳兹曼定律，黑体的全辐射能量与其热力学温度的 4 次方成正比，这个结论称之为"全辐射定律"。辐射式测温仪上应用的材料，一般都为非黑体，它们只能辐射和吸收部分波长的辐射能，但仍然遵循全辐射定律。因此，在实际测温时要考虑黑体修正。

根据热辐射与波长的关系，常把它分成全辐射（简称为辐射）和光谱辐射（又称为单色辐射）。辐射式测温仪表可分为两大类：一类以某一波长下的光谱辐射（又称为单色辐射）理论为基础，包括光学高温计、光电高温计、红外测温仪及比色高温计等；另一类以全辐射理论为基础，有全辐射高温计及部分辐射高温计。

辐射式测温计的类型及性能见表 13 - 3。

表 13 - 3　辐射式测温计的类型及性能

辐射式测温计类型	测温原理	敏感元件	工作波长/μm	响应时间/s	测温范围/(℃)	准确度（%）
光学高温计	测量单色辐射亮度	人眼	0.6 ~ 0.7 (0.66)	取决于操作者	800 ~ 3200	± (0.5 ~ 1.5)
光电高温计		光电倍增管	0.3 ~ 1.2 0.4 ~ 1.1 0.6 ~ 3.0	<3 (<1)	400 ~ 2000	± (0.5 ~ 1.5)
比色高温计	测量两个单色辐射的亮度比值	光电池	0.4 ~ 1.1	<3	400 ~ 2000	± (1 ~ 1.5)

（续）

辐射式测温计类型	测温原理	敏感元件	工作波长/μm	响应时间/s	测温范围/（℃）	准确度（％）
全辐射高温计	测量全辐射能量	热电堆	0.4 ~ 14（0 ~ ∞）	0.5 ~ 4	600 ~ 2500	±（1.5 ~ 2）
部分辐射（红外）高温计	测量部分辐射能量	光电池 热敏电阻 热释电元件 硫化铅光敏电阻	0.4 ~ 1.1 0.2 ~ 40 4 ~ 200 0.6 ~ 3.0	< 1	− 50 ~ 3000	± 1

13.3.2　红外测温

红外测温技术在生产过程中，在产品质量控制和监测、设备在线故障诊断和安全保护以及节约能源等方面发挥着重要作用。近 20 年来，非接触红外测温仪在技术上得到迅速发展，性能不断完善，功能不断增强，品种不断增多，适用范围也不断扩大，市场占有率逐年增长。比起接触式测温方法，红外测温有着响应时间快、非接触、使用安全及使用寿命长等优点。红外测温仪器主要有两种类型，分别为红外测温仪（点温仪）和红外热像仪。

1. 红外测温仪（点温仪）

红外测温仪（infrared radiation thermometer）由光学系统、光电探测器、信号放大器及信号处理和显示输出等部分组成。光学系统汇集其视场内的目标红外辐射能量，视场的大小由测温仪的光学零件以及位置决定。红外能量聚焦在光电探测仪上并转变为相应的电信号。该信号经过放大器和信号处理电路按照仪器内部的算法和目标发射率校正后转变为被测目标的温度值。红外测温仪的工作原理如图 13 - 15 所示。

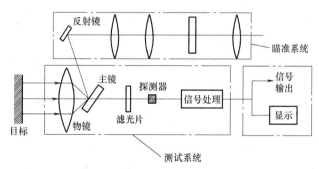

图 13 - 15　红外测温仪的工作原理

红外测温仪根据其原理、功能、用途、显示方式和使用的红外探测器等不同，可以有不同的分类方法。按测温范围可分为高温测温仪（700 ~ 3200℃）、中温测温仪（100 ~ 700℃）和低温测温仪（100℃以下）。按成像特性可分为望远型（测量远距离目标的温度）、一般型（测量 1 ~ 5m 处目标的温度）和显微型（用于测量微小物体的温度）。

红外测温仪的一些主要技术参数有：测温范围、工作波段、测温准确度、最小可分辨温差、读数重复一致性、响应时间、焦点处目标尺寸、距离系数、实际工作距离和辐射率调整范围等。

选择红外测温仪考虑参数可分为 3 个方面：

1）性能指标方面。如温度范围、光斑尺寸、工作波长、测量精度、窗口、显示和输出、响应时间、保护附件等。

2）环境和工作条件方面。如环境温度、窗口、显示和输出、保护附件等。

3）其他选择方面。如使用方便、维修和校准性能以及价格等，也对测温仪的选择产生一定的影响。

2. 红外热像仪

红外热像仪（thermal infrared imager）是基于被测物体的红外热辐射来测温的。它能在一定宽温域对被测物体做不接触、无害的、实时的、连续的测量。由于被测物体温度分布不同，而使红外辐射能量分布不同，形成人眼看不见的红外热能图形，红外热像仪是利用红外探测器、光学成像物镜和光机扫描系统（目前先进的焦平面技术则省去了光机扫描系统）接收被测目标的红外辐射能量分布图形反映到红外探测器的光敏元上，再进一步转化为可见的电视图像或照片，其工作原理如图 13-16 所示。光学系统将辐射线收集起来，经滤波处理后将景物图形聚集在探测器上，光学机械扫描包括两个扫描镜组：垂直扫描和水平扫描。扫描器位于光学系统和探测器之间，当镜子摆动时，从物体到达探测器的光束也随之移动，形成物点与物像互相对应。然后探测器将光学系统逐点扫描所依次搜集的景物温度空间分布信息，变为按时序排列的电信号，经过信号处理后，由显示器显示出可见图像——物体温度的空间分布情况。

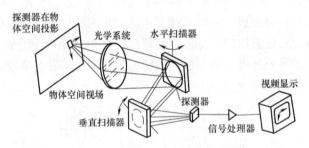

图 13-16　红外热像仪的工作原理

热像仪除了具有红外测温仪的各种优点外，还具有以下特点：

1）可以显示物体表面温度场。红外测温仪只能显示物体上某一点的温度值，而热像仪则可以同时显示物体表面各点温度的高低，并以图像的形式显示出来。这样，被测物体各部分的温度高低，观察者一目了然，非常直观。

2）分辨温度的能力强。使用红外测温仪测温时，由于各种综合误差的影响，很难判断出温差较小两点温度的高低，而热像仪由于可以同时显示出两点温度的高低，因而能准确区分很小的温度差别，现代的热像仪可以分辨 0.11℃ 的温差，甚至温度相同的两个物体，也可以根据其辐射率的不同分辨出来。

3）可以采用多种显示方式。热像仪输出的视频信号，经过不同的处理，可以用多种方式显示。比如对视频信号进行假彩色处理，可以在荧光屏上看到以不同颜色显示的不同温度的热像。如果把视频信号进行模-数转换，可以用数字显示的方式指示出各点的温度值。

4）可以进行数据存储和计算机运算。热像仪输出的视频信号，可以存储在数字存储器中，或记录在电视录像磁带上，这样，既可以长期保存，又可以通过接口与微型计算机相接，进行各种运算处理。

热像仪的不足之处有以下几点：

1）为了提高灵敏度和降低噪声，目前大多数热像仪还需要用液氮制冷、氩气制冷或热电制冷，使它的红外探测器在低温下工作。这不仅使热像仪结构复杂，而且使用也不方便。

2）热像仪的光学—机械扫描装置转速高、结构精密复杂，因此操作使用较困难，维修也不方便。

3）价格高。目前一台光学机械扫描型热像仪的价格大约是一台红外测温仪价格的10倍。

红外热像仪可以以不同方式分类。从扫描速度分类，可以分为低速扫描热像仪（显示每帧热像时间在 1s 以上）、中速扫描热像仪（显示每帧热像时间在 0.1～1s 之间）和高速扫描热像仪（显示每帧热像时间小于 0.1s）。根据热像仪的光学系统分类，可以分为显示一般距离目标的热像的普通热像仪（视场角为 10°～30°）、显示远距离目标热像的望远型热像仪和显示微小目标的表面温度分布场的显微型热像仪。从使用探测器的类型划分，有使用一个红外探测器的单一探测热像仪和使用多个单元探测器组的探测器阵列，以提高热像仪的灵敏度和简化结构的多元探测热像仪两种。根据工作波段的不同，红外热像仪又可划分为短波段热像仪和长波段热像仪。前者的工作波段为 3～5μm，后者的工作波段为 8～14μm，也有不少热像仪可以工作在这两个波段上。现有热成像技术基本分成两类，即光机扫描热像仪和非机械扫描热像仪（例如红外变像管、红外摄像管、热释电摄像管等直接成像系统）。现阶段是以光机扫描热像仪为主。

热像仪的主要参数有：

1）工作波段。工作波段是指红外热像仪中所选择的红外探测器的响应波长区域，一般是 3～5μm 或 8～12μm。

2）探测器类型。探测器类型是指使用的一种红外器件，是采用单元或多元（元数为 8、10、16、23、48、55、60、120、180 等）光电导或光伏红外探测器，其采用的元素有硫化铅（PbS）、硒化铅（PnSe）、碲化铟（InSb）、碲镉汞（HgCdTe）、碲锡铅（PbSnTe）、锗掺杂（Ge：X）和硅掺杂（Si：X）等。

3）扫描制式。一般为我国标准电视制式、PAL 制式。

4）显示方式。指屏幕显示是黑白显示还是伪彩显示。

5）温度测定范围。指测定温度的最低限与最高限的温度值的范围。

6）测温准确度。

7）最大工作时间。红外热像仪允许连续的工作时间。

目前许多国家有热像仪的产品。例如日本的 JTG—1A 型热像仪，温度分辨率为 0.2℃，视场为 20°×25°，其测温范围为 0～1500℃，并分为 3 个测量段：0～180℃，适于测量机床温度场；100～500℃和 300～1500℃，适于测量工件或刀具的温度场。瑞典的 AGA680 型热像仪、美国 Barnes 公司的 74C 型热像仪都达到较高的水平。我国研制的红外热像仪已用于机械设备的热变形的研究中。

13.3.3　全辐射温度计

全辐射温度计（radiation pyrometer）由辐射感温器、显示仪表及辅助装置构成。其工作原理如图 13-17 所示。被测物体的热辐射能量，经物镜聚集在热电堆（由一组微细的热电偶串联而成）上并转换成热电动势输出，其值与被测物体的表面温度成正比，用显示仪表进行指示记录。图中，补偿光阑由双金属片控制，当环境温度变化时，光阑相应调节照射在热电堆上的热辐射能量，以补偿因温度变化影响热电动势数值而引起的误差。绝对黑体的热辐射能量与温度之间的关系为 $E_0 = \sigma T^4$（单位为 W/m）。但所有物体的比辐射率 ε_T 均小于 1，则其辐射能量与

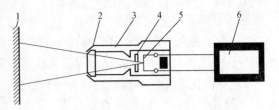

图 13-17　全辐射温度计的工作原理
1—被测物体　2—物镜　3—辐射感温器
4—补偿光阑　5—热电堆　6—显示仪表

温度之间的关系表示为 $E_0 = \varepsilon_T \sigma T^4$（单位为 W/m）。一般全辐射温度计选择黑体作为标准体来分度仪表，此时所测的是物体的辐射温度，即相当于黑体的某一温度 T_b。在辐射感温器的工作谱段内，当表面温度为 T_b 的黑体之积分辐射能量和表面温度为 T 的物体之积分辐射能量相等时，即 $\sigma T_b^4 = \varepsilon_T \sigma T^4$，则物体的真实温度为

$$T = T_b^4 \sqrt{1/\varepsilon_T} \tag{13-27}$$

因此，当已知物体的比辐射率 ε_T 和辐射温度计指示的辐射温度 T_b 时，就可算出被测物体的真实表面温度 T。

13.3.4　光学高温计

光学高温计（optical pyrometer）是发展最早、应用最广的非接触式温度计之一。它的结构简单、使用方便、测温范围广（700~3200℃），在一般情况下，可满足工业测温的准确度要求。目前广泛用来测量高温熔体、炉窑的温度，是冶金、陶瓷等工业部门十分重要的高温仪表。

光学高温计利用受热物体的单色辐射强度随温度升高而增加的原理制成，由于它采用单一波长进行亮度比较，也称单色辐射温度计。物体在高温下会发光，也就是具有一定的亮度。物体的亮度 B_λ 与其辐射强度 E_λ 成正比，即 $B_\lambda = CE_\lambda$（C 为比例系数），所以受热物体的亮度反映物体的温度。通常，先得到被测物体的亮度，然后转化为物体的真实温度。

光学高温计的缺点是肉眼观察，并需要手动平衡，因此不能实现快速测量和自动记录，并且使测量结果带有主观性。目前，由于光电探测器、干涉滤光片及单色器的发展，使光学高温计在工业测量中的地位逐渐下降，被更灵敏、准确的光学高温计代替。

光学高温计由光学系统与电气系统两部分组成。光学系统包括物镜、目镜、灯泡、红色滤光片、灰色吸收玻璃等。物镜和目镜均可移动、调整。移动物镜可把被测物体的成像落在灯丝所在平面上；移动目镜是为了使人眼同时清晰地看到被测物体与灯丝的成像，以比较两者的亮度。红色滤光片的作用是与人眼构成单色器，以保证在一定波长下比较两者的光谱辐射亮度。灰色吸收玻璃只有在需扩展测温量程时才插入使用。电气系统包括灯泡、电源、调整电阻及测量电路。最常用的光学高温计是隐丝式光学高温计。测量方法有两种。第一种是调节电阻 R 以改变灯丝亮度，当它与待测光源像的亮度相等时，灯丝在光源的像上消失，这时由电表 G 上读出物体的亮度温度；或用补偿法由电位差计测量电流的精确值，再通过计算求出亮度温度，后一方法适用于精密测量温度。第二种是保持灯丝亮度为某一恒定值，旋转一块厚度随角度改变的吸收玻璃，当物体像的亮度与灯丝亮度相同，由吸收玻璃的转角

可读取物体的亮度温度值。图 13-18 所示为隐丝式光学高温计的结构简图。

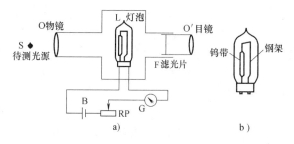

图 13-18　隐丝式光学高温计的结构简图

a）原理图　b）标准温度灯

使用光学高温计时，人眼看到的图像如图 13-19 所示。在被测对象的背景上有一根灯丝，如看到的是暗的背景上亮的灯丝（见图 13-19a）说明灯丝亮度高于被测物体，应调整灯丝电流使其亮度降低，如背景亮而灯丝发黑（见图 13-19b），则灯丝亮度比对象低，应调整增高灯丝亮度，直到灯丝隐灭而看不清（即灯丝顶部与对象分不清，见图 13-19c），则说明两者亮度相等，即可读取测量结果了。

在光学高温计基础上发展起来的光电高温计用光敏元件代替人眼，实现了光电自动测量。它的灵敏度和准确度高；使用波长范围不受限制，可见光与红外范围均可，其测温下限可向低温扩展；响应时间短；便于自动测量和控制，能自动记录和远距离传送。

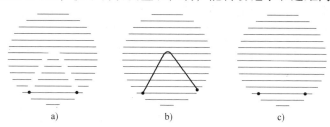

图 13-19　灯丝与物像亮度比较

a）灯丝亮度偏高　b）灯丝亮度偏低　c）灯丝与物像亮度一致

13.3.5　比色高温计

比色高温计（color comparator pyrometer）又称比率高温计或双色高温计，是测量物体色温度的高温计。当非黑体的两个确定波长 λ_1 和 λ_2 的光谱辐射度之比 $L(\lambda_1)/L(\lambda_2)$ 等于某一温度下黑体的同样两个波长的光谱辐射度之比时，则黑体的温度就称为此非黑体的色温度。

常用的双色比色高温计的原理如图 13-20 所示，由滤光片取得蓝光波长 $\lambda_1 = 0.450\mu m$ 及红光波长 $\lambda_2 = 0.650\mu m$。硅光电池 E_1 和 E_2 分别接收到波长为 λ_1 与 λ_2 的辐射能量后，将在它们的负载电阻上产生电压 U_1 与 U_2。根据硅光电池

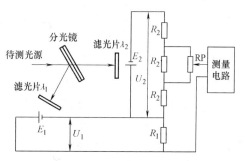

图 13-20　双色比色高温计原理图

的特性有 $U_1/U_2 = L(\lambda_1)/L(\lambda_2)$。调节电位器 RP 使测量电路的指示达到平衡，则电位器 RP 上指示的位置与比值 U_1/U_2 对应。利用黑体辐射源可对电位器 RP 直接分度所指示的温度值即待测物体的色温度。

比色高温计的测量范围为 800～2000℃，测量精度可接近量程上限的 ±0.5%。比色高温计的优点是测量的色温度值很接近真实温度。在有烟雾、灰尘或水蒸气等环境中使用时，由于这些媒质对 λ_1 及 λ_2 的光波吸收特性差别不大，所以由媒质吸收所引起的误差很小。对于光谱发射率与波长无关的物体（灰体）可直接测出其真实温度。上述优点都是其他类型的光测高温计所没有的。由于比色高温计使用方便，在冶金和其他工业中的应用仍较广泛。

13.4 温度测量实例

13.4.1 机床的温升测量

机床在加工过程中，所消耗的能量大部分转变为热能，分布到工件、刀具、切削及机床的各个部位上。由于热源分布不均匀和机床结构的复杂性，在机床中将形成各部位温升不均匀的温度场，从而引起机床的热变形。统计表明，在现代机床加工工件的制造误差中，由热变形引起的误差比例高达50%以上。因此，对高精度机床、自动机床及数控机床来说，机床的热稳定性显得非常重要。测量机床温升及其分布，可以帮助找出主要热源，以便采取散热措施或提供改进机床设计的依据。

测量机床温升时，应先初步估计机床的主要热源，以主要热源所在部位以及对机床精度影响较大的热变形部件作为实测对象。例如，卧式车床的主轴箱是主要热源，主轴箱与床身的热变形对机床几何精度影响较大，因此，测温点主要选在这两个部件上。

对机床箱体、床身等外表面的测温点，可手持半导体点温计进行测量；也可以用热电偶检测，将热电偶的热端用各种焊、粘或加压方法固定到测温点处，使其与表面等温部分紧密接触。

对机床内部的测温点，可预先埋置热电偶或其他热敏元件进行测量，测温点应尽量选在静止部件上，并注意连线的保护和绝缘。对有些内部测点，如主轴轴承、摩擦离合器等，还可以采用光纤辐射测温技术，用光导纤维将热辐射信号引出机外送入探测器中进行测量。对回转体温度的测量，则需要采用一些专门的方法将热电动势从回转体上引出，如可以采用遥测发射装置、集电环与电刷装置、旋转变压器等。

多点测量时，应在测温点处标注编号并绘制相应的记录草图。测量时，采用多路转换开关依次对各点进行测量。一种多点数字电压表可以巡回检测40路0～60V电压，并以数字输出至打印机打印出结果。40路巡回检测一次，仅需8s的时间。微机测温系统在机床测温中也得到了应用，以微处理器为中心，配以多路转换开关电路、A-D转换电路、数据处理软件和采样控制软件等，就可组成一套微机测温系统。

对机床各部位的温升分布情况，通常可用温度场来描述。机床在升温过程中，各点的温度是随时间而变化的，在此期间内实测的温度场称为不稳定温度场。当热源的发热量与散热量达到动态平衡时，各部位便停止升温，这时的温度场称为稳定温度场。此时，机床热变形达到某一稳定值，称为热平衡状态。机床达到热态稳定所需的时间称为热平衡时间。一般认为，如果机床温升低、温度分布均匀、热平衡时间短，则该机床的热态特性好。

　　测量从机床的冷态开始，采用空运转方式升温。测量的时间间隔通常为 1min ~ 1h，一般在测量开始时间隔短些。可预先估计被测机床的热平衡时间，并作为观测时间，测量工作至无显著温升时结束。根据测量数据，可以绘制出各测点的温升—时间关系曲线和机床热平衡时的等温曲线图。图 13-21 为某机床在 600r/min 的转速下，运转 4h 后各测点的温升及根据插入法画出的等温曲线。从等温曲线图中可以清楚地看到，主轴的前轴承为主要热源，温升达 40.3℃；后轴承为次要热源，温升为 25.6℃。

　　车床主轴箱和床身的温度场还可直接用热像仪进行测量和显示。

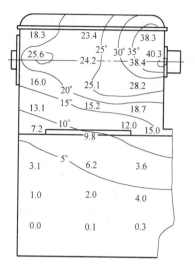

图 13-21　某机床的温升
和等温曲线

13.4.2　切削温度测量

　　切削或磨削产生的大量热能除了引起机床和工件的热变形外，还会导致工件表层金相组织发生变化，产生烧伤、裂纹；使刀具温度升高，使用寿命下降，产生加工误差。因此，对切削温度进行测量和监控是必要的。此外，通过切削温度的测量，还可以对切削热的产生机理、切削温度的分布规律进行研究。

　　1. 用热电偶法测量切削温度

　　用热电偶测量切削温度是一种常用的方法，根据热电偶电极的构成方式，可分为人工热电偶法、半人工热电偶法和自然热电偶法。

　　人工热电偶法是直接将热电偶热端埋入工件表面层或埋入刀具切削刃附近的刀面进行测量。这种方法可以用来测量工件、刀具的温度分布，但有一定的测量误差。

　　半人工热电偶法是利用一种金属丝与工件构成热电偶或用金属丝与刀具构成热电偶。将金属丝埋入工件或刀具的测温点处，可以测量工件或刀具的温度分布情况。

　　自然热电偶法是直接将刀具和工件作为热电偶的两极，用来测量刀具与切削接触处的平均温度。图 13-22 表示了用自然热电偶法测量车削温度的一种装置。从旋转的工件上引出热电动势需要采用集流环装置。由于用碳刷和铜环组成的固体集流环会产生附加热电动势和增加接触电阻，图 13-22 所示装置采用了水银槽集流和带有水银槽的回转顶尖。水银槽集流可以减少发热和接触电阻，但水银蒸气有毒，应注意密封。

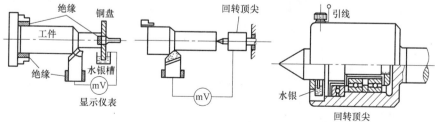

图 13-22　用自然热电偶法测车削温度

2. 用红外测温技术测量磨削温度

为了测量磨削温度，以往的做法是在工件表面预埋热电偶来测量。这种方法不但操作困难，而且测量结果只能表达磨削区的平均温度，不能得到磨削交界面的最高温度。现在，用红外测温技术可以很方便地解决磨削测温问题。

图 13-23 所示为用具有光子探测器的红外测温仪直接测量磨削火花的温度。由于磨削火花温度与磨削区的温度之间存在着密切的联系，两者随磨削条件改变的变化规律也是一致的，因此，可以用火花温度信号对磨削温度进行在线测量和对工件表面的磨削质量进行在线监控。

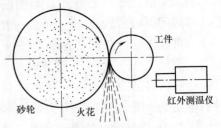

图 13-23 用红外测温技术
直接测量磨削温度

习 题

13-1 目前国际上使用哪几种温标？试列举这些温标并写出它们的单位。

13-2 接触法测温和非接触法测温各有什么特点？

13-3 为什么热电偶要进行冷端补偿？常用的冷端补偿方法有哪些？

13-4 标准电极定律有何实际意义？已知在某特定条件下材料 A 与铂电阻配对的热电动势为 13.967mV，材料 B 与铂配对的热电动势为 8.345mV，求出在此条件下材料 A 与材料 B 配对后的热电动势。

13-5 欲测量迅速变化的 200℃ 的温度应选用何种传感器？测量 2000℃ 的高温又应选用何种传感器？

13-6 简述全辐射温度测量原理和红外测温原理。

第14章　流体参数的测量

流体参数的测量在许多机械工程中有着重要作用。其中，压力、流量和流速是表征流体（液体或气体）状态的重要物理参数。另外，液位和流体成分的检测在工业生产过程中也具有非常重要的意义。

14.1　压力的测量

14.1.1　压力测量原理

流体压力是流体介质作用于单位面积上的力。根据物理学知识，压力可用下式表示：

$$p = \frac{F}{A} \tag{14-1}$$

式中，F 为垂直作用力；A 为流体作用面积。

在国际单位制中，压力的单位名称为"帕斯卡"，简称"帕"，符号为"Pa"，$1Pa = 1N/m^2 = 10^{-5}bar$，即 $1Pa$ 为 $1N$ 力垂直作用在面积上 $1m^2$ 所形成的压力，$1atm$（标准大气压）$= 101325Pa = 1.033kg \cdot f/cm^2$（工程大气压）。

过去采用的压力单位"工程大气压"（$kg \cdot f/cm^2$）、"毫米汞柱"（mmHg）、"毫米水柱"（mmH_2O）等，均应换算为帕（Pa），其换算关系：工程大气压 $1kgf/cm^2 = 9.81 \times 10^4 Pa$；毫米汞柱 $1mmHg = 1.33 \times 10^2 Pa$；毫米水柱 $1mmH_2O = 9.81Pa$。

压力单位及换算关系见表 14-1。

表 14-1　压力单位及换算关系

单位名称及符号	帕（Pa）	巴（bar）	毫米水柱（mmH_2O）	毫米汞柱（mmHg）	标准大气压（atm）	工程大气压（$kg \cdot f/cm^2$）	磅力每平方英寸（lbf/in^2）	托（torr）
帕（Pa）	1	1×10^{-5}	1.01972×10^{-1}	7.5006×10^{-3}	9.86923×10^{-6}	1.01972×10^{-5}	1.4504×10^{-4}	7.5062×10^{-3}
巴（bar）	1×10^5	1	1.01972×10^4	7.5006×10^2	9.86923×10^{-1}	1.01972	1.4504×10^1	7.5062×10^2
毫米水柱（mmH_2O）	9.80665	9.80665×10^{-5}	1	7.3555×10^{-2}	9.6784×10^{-5}	1×10^{-4}	1.42226×10^{-3}	7.361×10^{-2}
毫米汞柱（mmHg）	1.333224×10^2	1.333224×10^{-3}	1.35951×10	1	1.316×10^{-3}	1.35951×10^{-3}	1.934×10^{-2}	1
标准大气压（atm）	1.01325×10^5	1.01325	1.01332×10^4	7.69999×10^2	1	1.01332	1.46959×10	7.6056×10^2
工程大气压（$kg \cdot f/cm^2$）	9.80665×10^4	9.80665×10^{-1}	1×10^4	7.3555×10^2	9.6784×10^{-1}	1	1.42235×10	7.3610×10^2
磅力每平方英寸（lbf/in^2）	6.89476×10^3	6.89476×10^{-2}	7.0306×10^2	5.171×10	6.8046×10^{-2}	7.0306×10^{-2}	1	5.1753×10
托（torr）	103322×10^2	103322×10^{-3}	1.3585×10	1	1.3159×10^{-3}	1.3585×10^{-3}	1.93368×10^{-2}	1

　　物理学中所讲的流体的压强系指绝对压力 p，而在工程技术中往往采用表压力 p_c，即超出当地大气压力 p_{amb} 的压力值，也就是一般压力计所指示的数值。它们之间的关系为

$$p = p_c + p_{amb} \qquad (14-2)$$

或

$$p = p_{amb} - p_c$$

　　垂直作用在单位面积上的力称为压力（压强）。压力测量一般用于液体、蒸汽或气体等流体。在工程测量中，压力可以用绝对压力、正表压力、负表压力来表示。绝对压力 p 是指流体垂直作用在单位面积上的全部压力；压力表显示的数值是绝对压力 p 和大气压力 p_{amb} 的差值，称为表压力 p_c；表压力为正值时称为正表压力，简称为压力，表压力为负值时称为负表压力，简称为负压，有时也称为疏空压力；小于大气压力的绝对压力称为真空度。在工业生产和科学研究中，绝大多数都是测量被测对象的表压力或疏空，通常所谓的压力测量就是表压的测量。图 14-1 是绝对压力、表压力、真空度的关系。

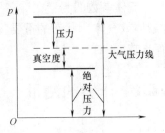

图 14-1　绝对压力、表压力、真空度的关系

　　在差压计中，把压力高的一侧叫正压，压力低的一侧叫负压，这个负压不一定低于当地大气压。

　　测量压力的仪表有多种型式，一般可分为液柱式压力计、弹性式压力计、活塞式压力计及压力变送器等。根据压力范围、准确度和环境条件等使用要求的不同，需要采用不同型式的压力仪表。

14.1.2　压力测量传感器

1. 弹性元件压力传感器

　　各种压力计和压力传感器多采用弹性变形法，即将压力先转换为位移（或应变），利用元件的弹性变形直接推动一个机械结构以指示读数，或者用传感器把机械运动转变成电信号以供显示或控制。主要有波登管、膜片、膜盒和波纹管等类型。

　　（1）波登管　波登管（Bourdon tube；Bourden tube）是利用管的曲率变化或扭转变形将压力变化转换为位移量。图 14-2a 所示为各种结构形式的波登管，其横截面都是椭圆形或扁圆形的空心金属管。当管的固定端通入有一定压力的流体时，由于管内外的压力差（管外一般为大气压力），迫使管子截面产生趋向于圆形变化的变形，这种变形导致 C 形、螺线形和螺旋形波登管的自由端产生变位，而对于扭转型波登管来说，其输出运动则是自由端的角位移。自由端位移与作用压力在一定范围内呈线性关系。不同材料的波登管适用于不同的被测压力和被测流体介质。当压力低于 20MPa 时，一般采用磷铜；当压力高于 20MPa 时，则采用不锈钢或高强度合金钢。

　　波登管横截面的纵横直径比越大，灵敏度越高。通常 C 形灵敏度低，可测几百兆帕的压力；螺线形、螺旋形灵敏度高，可测 7MPa 以下的压力。扭转型的自由端，因具有交叉稳定结构，使径向刚度增大，限制了径向位移，减小了冲击和振动干扰；切向为柔性刚度，流体压力造成自由端的转动，可用来测 20MPa 以下的压力。波登管虽有较高的测量精度，但因尺寸和质量较大，固有频率较低，且有明显滞后，故不宜做动态压力测量。

　　（2）膜片　如图 14-2b 所示，膜片是用弹塑性材料制成的圆形薄片式压力传感器，主

要型式有平膜片、波形膜片和悬链式膜片。应用时，膜片的边缘刚性固定作为腔体的密封元件，在流体压力作用下，膜片的中心产生位移，可以用位移传感器测量位移；或在膜片表面粘贴应变片测量应变。周边固定的圆形平膜片受流体压力作用时

$$p = \frac{16Eh^4}{3r_1^4(1-\mu^4)}\left[\frac{r_c}{h} + 0.488\left(\frac{r_c}{h}\right)^3\right] \tag{14-3}$$

式中，p 为膜片两侧的压力差（Pa）；E 为材料的弹性模量（Pa）；μ 为材料的泊松比；h 为膜片厚度（m）；r_1 为膜片半径（m）；r_c 为膜片中心位移（m）。

当 $r_c/h < 1/3$ 时，$(r_c/h)^3 \ll (r_c/h)$，故高次项可忽略，p 与 r_c 近似呈线性关系。

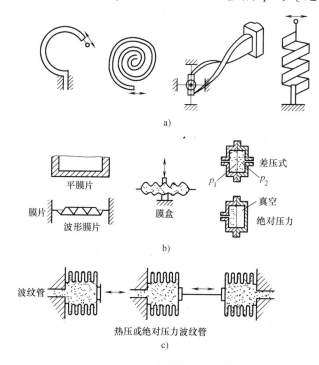

图 14-2　压力测量弹性元件

a）各种结构型式的波登管　b）膜片式压力传感器　c）波纹管

（3）波纹管　如图 14-2c 所示，波纹管是一种表面上有许多同心环状波纹的薄壁圆筒。波纹管作为压力敏感元件，使用时应将开口端焊接于固定基座上并将被测流体通入管内。在流体压力的作用下，密封的自由端会产生一定的位移。在波纹管的弹性范围内，自由端的位移与作用压力呈线性关系。

2. 应变式压力传感器

膜片应变式压力传感器（diaphragm strain pressure transducer）如图 14-3 所示，平膜片表面任意位置的应力、应变和被测流体压力同样，也有类似关系。

$$\sigma_r = \frac{3p}{8h^2}[r_1^2(1+\mu) - r^2(3+\mu)] \tag{14-4}$$

$$\sigma_t = \frac{3p}{8h^2}[r_1^2(1+\mu) - r^2(1+3\mu)] \tag{14-5}$$

$$\varepsilon_r = \frac{1}{E}(\sigma_r - \mu\sigma_t) = \frac{3p(1-\mu^2)}{8Eh^2}(r_1^2 - 3r^2) \qquad (14-6)$$

$$\varepsilon_t = \frac{1}{E}(\sigma_t - \mu\sigma_r) = \frac{3p(1-\mu^2)}{8Eh^2}(r_1^2 - r^2) \qquad (14-7)$$

式中，σ_r、σ_t 为径向、切向应力（Pa）；ε_r、ε_t 为径向、切向应变；p 为被测流体压力（Pa）；E 为材料弹性模量（Pa）；μ 为材料泊松比；h 为膜片厚度（m）；r_1 为膜片半径（m）；r 为膜片任意位置的半径（m）。

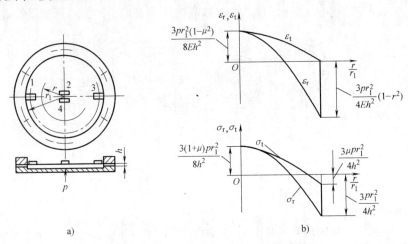

图 14-3　膜片应变式压力传感器

a) 应变测量组桥　b) 膜片应力、应变沿径向分布曲线

　　膜片的应力、应变沿径向分布曲线如图 14-3b 所示。在膜片中心处（$r=0$），切向应力与径向应力相等，切向应变与径向应变也相等，且为正向最大值。在膜片边缘处（$r=r_1$），切向应力、径向应力及径向应变都达到负向最大值，而切向应变为零。值得注意的是，在膜片中心和边缘径向应变为正负极值，因此应变测量可以采用如图 14-3a 所示方法布片组桥，或者以压力测量专用的应变花进行测量。

　　从膜片的应力、应变关系式可知，应力和应变与 $(r_1/h)^2$ 成正比，因此按比例减少 r_1 和 h，膜片灵敏度可保持不变；但其固有频率与 h/r_1^2 成正比，若按比例减小 r_1 和 h，则固有频率将大幅度提高，有利于高频压力测量。

　　利用集成电路的扩散工艺，可以制成含有半导体应变片的特殊膜片，利用压阻效应工作。压阻式压力传感器，常用做局部区域（如油路、气路中的某部位）压力测量，这种特殊膜片灵敏度高、体积小、动态响应快。膜片直径甚至可以小到零点几毫米，频率特性可以达到几十千赫。但温度对膜片性能影响较大，流体温度变化会改变膜片弹性模量及泊松比，会引起附加应变和应力，会改变工作状态和灵敏度。

　　3. 电容式压力传感器

　　电容式压力传感器是将压力转换成电容的变化，经电路变换成电量输出，图 14-4 所示为电容式压力传感器的结构图。

　　图 14-4a 是测量低压的单电容压力传感器，其膜片作为电容器一个极板，在压力 p 作用

下产生位移，改变了与球形极板之间的距离，从而引起电容 C 的变化。图 14-4b 是用于测量压差的差动式电容压力传感器，膜片与镀在球形玻璃表面的金属层形成一个差动电容传感器，在压力差 $\Delta p = p_1 - p_2$ 作用下，膜片向压力小的方向移动，引起电容 C 的变化。

4. 压电式压力传感器

压电式压力传感器利用了某些具有压电效应的压电晶体（如石英、云母等）而制成的。图 14-5 所示为活塞压电式压力传感器的结构图。它主要由本体、砧盘、晶片、导电片、引出导线等组成。传感器在装配时用顶螺钉给晶片组件一定的预紧力，从而保证活塞、砧盘、晶片、导电片之间压紧，避免受冲击时因有间隙而损坏晶片，并可提高传感器的固有频率。

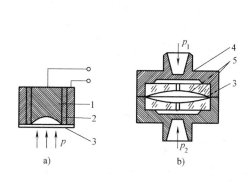

图 14-4　电容式压力传感器

a）单电容压力传感器　b）差动式电容压力传感器

1—绝缘体　2—球形极板　3—膜片
4—过滤器　5—电镀金属表面

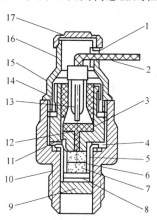

图 14-5　压电式压力传感器

1—绝缘体　2—引出导线　3—支撑环　4—橡皮垫片
5—绝缘导向器　6—导电片　7—压电晶片　8—砧盘
9—活塞　10—本体　11—顶螺钉　12—定位销　13—夹头
14—绝缘套　15—压紧螺钉　16—壳套　17—盖

压电式压力传感器对温度变化较为敏感，因此必须采取补偿措施。目前常用的办法有两种：一种是水冷的办法以防止温度的影响，另一种是在晶片的前面安装一块金属片，选用线膨胀系数大的如纯铝等金属，当温度变化时补偿片的线膨胀可以弥补晶体与金属线膨胀之间的差值，以保证预紧力的稳定。这两种办法常同时使用。压电式压力传感器具有灵敏度高、线性好、刚度大、频率范围宽和稳定性好等特点。

14.1.3　测压传感器的标定

为了准确测试，对压力测试传感器需进行标定。对于静态测试，只需做静态标定。对有动态响应要求的压力传感器，还需进行动态标定。

1. 静态标定

静态标定是指标定系统在静态压力的作用下，确定压力传感器输出量与输入量之间的对应关系，并确定反映传感器准确度的有关指标。

为了获得较好的标定准确度，作为标定基准仪器的准确度比被标定传感器的准确度至少要高出一个数量级。一般静态标定的加载方法有砝码、杠杆 - 砝码机构、标准测力环或力传感器、标准测力机等。

2. 动态标定

动态标定的目的是确定压力传感器的动态特性，即频率或脉冲响应，从而确定传感器的工作频率范围及动态误差大小。

动态标定既可用正弦响应法，又可用瞬态响应法。前者是利用正弦激振器对传感器输入激振信号，获得正弦响应。正弦激振器的装置形式很多，常见的有活塞缸正弦压力发生器、凸轮—喷嘴正弦压力发生器，如图14-6、图14-7所示。后者是通过专用设备来获得一个已知变化规律的瞬变力，以激励传感器，获得瞬态响应曲线，然后根据试验记录数据，用近似方法求得频率特性。

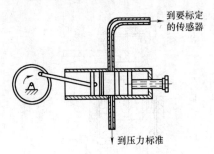

图14-6　活塞缸正弦压力发生器

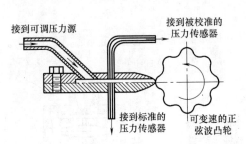

图14-7　凸轮—喷嘴正弦压力发生器

图14-6为活塞缸正弦压力发生器的结构图。活塞的行程是固定的，调整缸体的容积可以改变输出压力的幅值，故其输出压力的幅值和频率调整范围与活塞装置的结构参数有关。

图14-7为凸轮—喷嘴正弦压力发生器的结构图。凸轮表面轮廓为正弦波形，喷嘴的气阻随着转动的凸轮表面形状的变化而改变，因而可产生压力信号。

瞬态响应使用于幅值较高、频率范围较宽的条件下，确定压力传感器的动态响应。对高速响应的压力传感器，可采用激波管装置，如图14-8所示为利用激波管对传感器进行动态标定的原理。在工程实践中，由于激波管制造精度要求高、设备复杂，因此有时选用冲击力法测试传感器的动态特性。冲击力法是指机械装置撞击被标传感器，产生一个瞬时撞击力，记录数据，求得压力传感器的动态特性。冲击力法结构简单、使用方便，但误差较大。

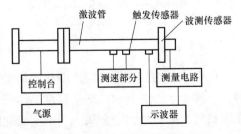

图14-8　激波管法工作原理

14.2　流量的测量

流量是单位时间内流体流过一定截面的数量，该数量用质量表示，称为质量流量；用体积表示，称为体积流量。流量不随时间而变化的流动称为定常流，流量随时间而变化的流动称为非定常流。

若流体流过一定截面的质量为m，流体流过该截面的时间为t，则质量流量q_m(kg/s)为

$$q_m = \frac{\mathrm{d}m}{\mathrm{d}t}$$

(14-8)

若以 V 表示流体流过一定管道截面的体积，则体积流量 q_V（m^3/s）为

$$q_V = \frac{dV}{dt} \tag{14-9}$$

q_m、q_V 为常量时，为定常流；否则为非定常流。

上述两种流量的关系为

$$q_m = \rho q_V \tag{14-10}$$

式中，ρ 为流体密度（kg/m^3）。

质量流量的单位换算系数表见表 14-2，体积流量的单位换算系数表见表 14-3。

表 14-2　质量流量单位换算系数表

吨/时(t/h)	千克/时(kg/h)	千克/秒(kg/s)	磅/时(lb/h)	磅/分(lb/min)	磅/秒(lb/s)
1	10^3	0.277778	2.20462×10^3	36.7437	0.612395
10^{-3}	1	2.78×10^{-4}	2.20462	0.0367437	6.12395×10^{-4}
3.6	3600	1	7.93663×10^{-3}	132.277	2.20462
4.53592×10^{-4}	0.453592	1.25998×10^{-4}	1	0.0166667	2.77778×10^{-4}
0.0272155	27.2155	7.55986×10^{-3}	60	1	0.0166667
1.63293	1632.93	0.453592	3600	60	1

表 14-3　体积流量单位换算系数表

升/秒 (l/s)	米³/时 (m^3/h)	米³/秒 (m^3/s)	英加仑/分 (Imp. gal/min)	美加仑/分 (U. S. gal/min)	英尺³/时 (ft^3/h)	英尺³/秒 (ft^3/s)
1	3.6	10^{-3}	13.197	15.8514	127.14	0.03632
0.2778	1	0.000277	3.6658	4.4032	35.317	0.008801
10^3	3600	1	13197	15851	127150	35.8165
0.07577	0.2728	0.000075	1	1.2011	9.6342	0.00267
0.06309	0.2271	0.000063	0.8325	1	8.0208	0.00222
0.00780	0.02832	0.000007	0.1033	0.1247	1	0.00277
28.3153	101.935	0.02832	373.672	448.833	3600	1

以上所述的流量均为单位时间内流过的流体数量，是瞬时流量。在工程应用上，常常要测量一段时间内通过管道截面的流体总量，该总量称为累积流量。若流体通过管道的时间间隔为 $t_1 \sim t_2$，则累积流量和瞬时流量之间的关系为

流体质量累积流量（kg）

$$Q_m = \int_{t_1}^{t_2} q_m dt \tag{14-11}$$

流体体积累积流量（m^3）

$$Q_V = \int_{t_1}^{t_2} q_V dt \tag{14-12}$$

从上面关系式可以看出，累积流量的测量就是对流体的质量或体积的测量。累积流量除以流体流过的时间间隔，即平均流量为

$$q'_m = \frac{m}{t} = \rho Av \quad 或 \quad q'_V = \frac{V}{t} = Av \tag{14-13}$$

式中，A 为管道横截面积；v 为流体流过截面积的平均流速。

若管道中有节流装置或阻挡物，被测流束产生局部收缩，流速加快，静压降低，从而在阻挡物前后产生压力差。由流体力学知，流量 q 与压力差 Δp 有如下关系式：

$$q = Kg \sqrt{\Delta p} \tag{14-14}$$

式中，K 为常数。

式（14-13）、式（14-14）表明，流量与体积、流速或压力差等参数有确定的关系式。因此，流量的测量可通过中间机械量将流量转换为压差、转速、容积、位移或力等参量，由相应的传感器将这些中间机械量转换为电量，从而得到与流量成一定函数关系的电量输出。

在工业中，可采用各种各样的方法进行流量的测量。通常按测量原理不同，将流量测量方法分为 4 类：用伯努利方程设计节流装置来测量流量，以节流装置输出流体差压信号来反映流量的方法称为节流式流量测量法；通过直接测量流速来得出流量的称为速度式流量测量法；连续测量标准小容积的测量流量的方法称为容积式测量法；以测量流体质量为目的的流量测量方法称为质量测量法。

14.2.1 节流变压降式流量计

节流变压降式流量计简称为节流式流量计或差压式流量计，它由节流装置、导压管路及差压计等部分组成，其原理结构如图 14-9 所示。

1. 节流变压降式流量计的工作原理及计算公式

节流变压降式流量计的工作原理是：在管道中设置节流元件，使流体在流过节流元件时产生节流现象，在节流元件两侧形成压力差，通过测此差压信号来实现对流量的测量。流体流经节流元件时的压力、速度变化情况如图 14-10 所示。从图中可看出，当流体到达 A 截面之后，流束开始收缩。由于流动有惯性，流束收缩到最小截面的位置不在节流元件处，而在节流元件后的 B 截面处（此位置随流量大小而变），此处的流速 v_B 最大，压力 p_B 最低。B 截面后，流束逐渐扩大。在 C 截面处，流束充满管道，流体速度恢复到节流前的速度（$v_A = v_C$）。由于流体流经节流元件时产生的漩涡及沿程的摩擦阻力等造成能量损失，因此压力 p_C 不能恢复到原来的数值 p_A。p_A 与 p_C 的差值 δp 称为流体流经节流元件的压力损失。

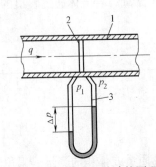

图 14-9 节流变压降流量计的原理结构

1—圆截面管道 2—节流件 3—差压计

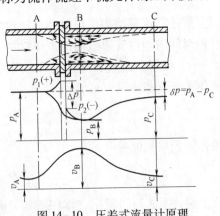

图 14-10 压差式流量计原理
与压力分布情况

流体经过节流元件时，流束受到节流元件的阻挡，在节流元件前后形成涡流，有一部分动能被转化为压力能，使节流元件入口侧管壁压力 p_1、出口侧管壁压力 p_2（见图 14-10 实线）均比管道中心处（见图 14-10 点画线）的压力高。由于 $p_1 > p_2$，因此常把 p_1 称为高压或正压，以"＋"标记；p_2 称为低压或负压，以"－"标记。这里的正、负压并不一定高于或低于大气压力，只是相对压力高低的习惯叫法。

为了明确节流元件前后的差压与流量之间的关系，下面讨论节流式流量计的基本流量计算公式。

设管道中流过的流体为不可压缩流体，并忽略压力损失，则对截面 A 和 B 可写出下列伯努利方程及流体连续性方程（能量守恒与质量守恒方程）：

$$\frac{p_A}{\rho} + \frac{v_A^2}{2} = \frac{p_B}{\rho} + \frac{v_B^2}{2} \tag{14-15}$$

$$\frac{\pi}{4}D^2\rho v_A = \frac{\pi}{4}d'^2\rho v_B \tag{14-16}$$

式中，p_A、p_B 分别为 A、B 截面处流束中心静压力；v_A、v_B 分别为 A、B 截面处流体的平均流速；D、d' 分别为 A、B 截面处流束直径；ρ 为流体密度，对于不可压缩流体，其值可视为常数。

流体流过截面 B 的质量流量为

$$q_m = \frac{\pi}{4}d'^2\rho v_B \tag{14-17}$$

将式（14-3）、式（14-4）代入式（14-5），经整理后得

$$q_m = \sqrt{\frac{1}{1-\left(\frac{d'}{D}\right)^4}}\frac{\pi}{4}d'^2\sqrt{2\rho(p_A-p_B)} \tag{14-18}$$

由式（14-18）可见，流量 q_m 与差压（p_A-p_B）的二次方根成正比。在推导上述公式时，压力 p_A、p_B 是管道中心处静压力，不易测得，且 B 截面的位置是变化的；流束收缩最小截面 d' 难以确定；也没有考虑压力损失。而在实际测量中，用节流件前、后的管壁压力 p_1、p_2 分别替代 p_A、p_B；用节流件开孔直径 d 替代 d'；并考虑到压力损失。为此，经引入流出系数 C 对式（14-18）进行修正后，得到实际的流量公式为

$$q_m = \frac{C}{\sqrt{1-\left(\frac{d}{D}\right)^4}}\frac{\pi}{4}d^2\sqrt{2\rho(p_1-p_2)} \tag{14-19}$$

通常以 β 表示节流孔与管道的直径比（$\beta=\frac{d}{D}$）；以 Δp 表示节流件前后管壁的静压力差（$\Delta p = p_1-p_2$），则式（14-19）变为

$$q_m = \frac{C}{\sqrt{1-\beta^4}}\frac{\pi}{4}d^2\sqrt{2\rho\Delta p} \tag{14-20}$$

设 $\alpha = \frac{C}{\sqrt{1-\beta^4}}$，$\alpha$ 称为流量系数，它与流出系数 C 的关系为

$$\alpha = EC \tag{14-21}$$

式中，E 为渐近速度系数，$E = \dfrac{1}{\sqrt{1 - \beta^4}}$。

将式（14-21）代入式（14-20），则得

$$q_m = \alpha \frac{\pi}{4} d^2 \sqrt{2\rho\Delta p} \tag{14-22}$$

考虑到节流过程中流体密度的变化，引入流体可膨胀性系数 ε，对可压缩流体的流量计算公式进行修正，由此得出其基本流量公式为

$$q_m = \frac{C}{\sqrt{1 - \beta^4}} \varepsilon \frac{\pi}{4} d^2 \sqrt{2\rho_1 \Delta p} \tag{14-23}$$

或

$$q_m = \alpha \varepsilon \frac{\pi}{4} d^2 \sqrt{2\rho_1 \Delta p} \tag{14-24}$$

式中，ρ_1 为节流件上游侧的流体密度；ε 为流体可膨胀性系数。

式（14-8）或式（14-9）用于不可压缩流体时，$\varepsilon = 1$；用于可压缩性流体时，$\varepsilon < 1$。

基本流量公式中的流出系数 C（或流量系数 α）是节流装置最为重要的系数，它与节流件型式、取压方式、孔径比及流体的流动状态（雷诺数）等因素有关。由于其影响因素复杂，一般只能通过实验确定。

测可压缩流体时用的可膨胀系数 ε 也是一个影响因素十分复杂的参数，实验表明，ε 与雷诺数无关；对于给定的节流装置，ε 的数值可由 β、p_1/p_2 及被测介质等的熵指数 k 决定。

2. 标准节流装置

标准节流装置是指节流件的结构型式、技术要求等均已标准化，同时还规定了相应的取压方式、取压装置以及对节流件前后直管段的要求。满足这些标准规定要求的节流装置即称为"标准节流装置"。

标准规定了节流装置中的孔板（orifice-meter）、喷嘴（flow nozzle）和文丘里管（venturi tube）的结构形式、技术要求以及节流装置的使用方法、安装和工作条件、检验规则和检验方法。同时标准中还给出了计算流量及其有关不确定度等方面的必需资料。标准适用于管道公称通径 D 为 50~1200mm，管道中流体雷诺数 $Re_D \geq 3150$，取压方式为角接取压、法兰取压、D 和 $D/2$ 取压，节流件为孔板、喷嘴和文丘里管的节流装置。每一种节流装置只能在规定的使用极限之内。凡按此标准设计、制造和安装的节流装置，不必经过逐个标定即可应用，其测量的真值可按置信概率95%进行估算，能满足一般工程上的要求。

常用的节流装置有标准孔板，喷嘴和文丘里管等，如图14-11所示。流体通过节流装置时，因为摩擦阻力和在节流装置后形成漩涡要消耗一定的能量，所以通过节流装置后有一部分静压力不能恢复，从而造成压力损失即所谓净压力损失 δp（见图14-10）。

各种节流装置的净压力损失 δp 的值不同。孔板的 δp 最大，文丘里管由于内

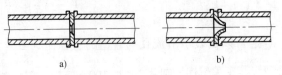
a) b)

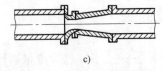
c)

图14-11 常用的节流装置
a) 孔板 b) 喷嘴 c) 文丘里管

表面呈流线形与流束趋向一致，所以净压损失 δp 最小，而喷嘴的 δp 值介于两者之间。因此，允许的净压力损失 δp 较小时，可以采用喷嘴或文丘里管。在加工、安装方面以孔板最方便也最便宜，而文丘里管最复杂价格也贵。所以在一般情况下，都采用孔板。标准节流装置都有规格产品，可以根据实际需要选用。

14.2.2　阻力式流量计

1. 转子流量计

转子流量计（rotameter）（又称为浮子流量计）是工业生产过程中和实验室内最常用的一种流量计。它也是利用流体流动的节流原理工作的流量测量装置。它具有结构简单、直观、压力损失小和维修方便等特点，适用于直径 $D < 150\text{mm}$ 管道的流体流量测量，也可以测量腐蚀性介质的流量，其测量准确度为 2% 左右。使用时流量计必须安装在垂直走向的管段上，流体介质自下而上地通过转子流量计。

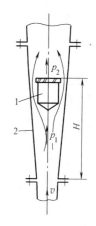

图 14 - 12　转子流量计
1—转子　2—锥形管

（1）流量测量原理和计算　转子流量计是由一根自下向上直径逐渐扩大的垂直锥管及管内的转子组成，如图 14 - 12 所示。

当流体自下而上流经锥形管时，由于受到流体的冲击，转子被托起并向上运动。随着转子的上移，转子与锥形管之间的环形流通面积增大，此处流体流速减低，直到转子在流体中的重力与流体作用在转子上的力相平衡时，转子停在某一高度，保持平衡。当流量变化时，转子便会移到新的平衡位置。由此可见，转子在锥形管中的不同高度代表着不同的流量。将锥形管的高度用流量值刻度，转子上边缘处对应的位置即为被测流量值。

根据流体的连续性方程和伯努利方程，可导出转子流量计的计算公式，即

$$q_V = \alpha A_0 \sqrt{\frac{2\Delta p}{\rho}} \tag{14-25}$$

式中，A_0 为转子与锥管内壁间的环形流通面积；α 为流量系数；Δp 为节流差压，$\Delta p = p_1 - p_2$；ρ 为流体密度。

当转子位置不变时，依据受力平衡原理，可求出转子下面和上面的节流差压 Δp 的大小

$$A_\mathrm{f}\Delta p = V_\mathrm{f}(\rho_\mathrm{f} - \rho)g \tag{14-26}$$

$$\Delta p = \frac{V_\mathrm{f}}{A_\mathrm{f}}(\rho_\mathrm{f} - \rho)g \tag{14-27}$$

式中，A_f、V_f 为转子的横截面积及体积；ρ_f、ρ 为转子材料的密度及流体密度。

转子与锥形管之间的环形流通截面积 A_0 与转子上升高度 H 有确定的几何关系，一般转子直径与锥管标尺零点处直径 d_0 相同，由此得出

$$A_0 = \frac{\pi}{4}\left[(d_0 + nH)^2 - d_0^2 \right] = \frac{\pi}{4}(2d_0 nH + n^2H^2) \tag{14-28}$$

式中，n 为锥形管的锥度。

将 Δp 及 A_0 代入式（14-25），可得

$$q_V = \alpha \, \frac{\pi}{4} (2d_0 nH + n^2 H^2) \sqrt{\frac{2gV_f(\rho_f - \rho)}{\rho A_f}} \qquad (14\text{-}29)$$

由式（14-29）可看出，被测流量与转子高度的关系并非线性的。但由于圆锥角一般很小，故锥度 n 值很小，n^2 数值就更小，可忽略 n^2 项，所以

$$q_V = \alpha \, \frac{\pi}{2} d_0 nH \sqrt{\frac{2gV_f(\rho_f - \rho)}{\rho A_f}} \qquad (14\text{-}30)$$

此时，q_V 与 H 有近似线性关系。由式（14-30）可见，当被测介质一定时，q_V 与 H 的关系取决于流量系数 α。α 与转子形状、流体的流动状态及其物理性质有关。转子流量计在实际使用时，采用了即使流动状态和流体的性质变化，而 α 值几乎不变的浮子形状。一般来说，α 可认为是雷诺数的函数，其中流体黏度是影响 α 的主要因素。实验证明，当被测流体黏度超过一定界限值，致使雷诺数低于一定值时，流量系数 α 不为常数。这样 q_V 与 H 就不呈线性关系，从而影响测量准确度。所以，对于转子流量计测量的流体，其黏度规定了严格的范围。

（2）转子流量计的刻度换算　转子流量计出厂时，对于测量气体流量的仪表，是以空气标定流量的；对于测量液体流量的仪表，是以水标定流量的，因此当流量计用于其他气体及液体的流量测量时，应根据实际流体进行密度修正，其修正关系为

$$q_V' = q_V \sqrt{\frac{(\rho_f - \rho')\rho}{(\rho_f - \rho)\rho'}} \qquad (14\text{-}31)$$

式中，q_V、q_V' 分别为修正前及修正后的流量；ρ、ρ' 分别为标定流体及实际流体的密度；ρ_f 为转子材料的密度。

此外，对于测气体流量的仪表，即使所测流体与标定流体相同，但其温度、压力与标定状态参数不同时，亦应修正。其修正关系为

$$q_V' = q_V \sqrt{\frac{p'T}{pT'}} \qquad (14\text{-}32)$$

式中，p、p' 分别为标定流体的绝对压力和被测气体的绝对压力；T、T' 分别为标定流体的热力学温度和被测气体的热力学温度。

如果测量流体和标定流体相同，但需要改变量程时，可以通过改变转子材料，即改变转子密度来实现。

为了使流量计工作时转子能稳定在锥管中心，在转子上边缘刻有均匀分布的斜槽，在流体的冲动下，转子将产生水平方向的旋转，以保持其稳定在锥管中心线上。

2. 靶式流量计

靶式流量计（target meter）是以管内流动的流体给予插入管中的靶的推力 F 来测量流量的一种测量装置。它的结构原理如图 14-13 所示。当被测流体通过装有圆靶的管道时，流体冲击圆靶使其受推力 F 的作用，经杠杆将力传递给粘有应变片的悬臂梁（也可采用其他形式的力传感器）。这样应变电桥就输出与力 F

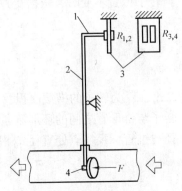

图 14-13　靶式流量计
1—推杆　2—传力杠杆　3—悬臂块　4—靶

成正比的电压。由测得的 F 值就可根据下述关系确定流量的大小。

　　流体流动给予靶的作用力大体可分成 3 个方面：靶对流体流动的节流作用所产生的静压差 $\Delta p = p_1 - p_2$；流体流动的动压力 $\rho v^2 / 2$；流体的黏性摩擦力，这一项对于目前大多采用圆靶而言，可略去不计。所以，推力 F 主要由静压力差 Δp 和动压力 $\rho v^2 / 2$ 所组成，即

$$F = A\left(\Delta p + \frac{\rho v^2}{2}\right) = A\left(k_1 \frac{\rho v^2}{2} + k_2 \frac{\rho v^2}{2}\right) = KA\frac{\rho v^2}{2} \qquad (14\text{-}33)$$

式中，A 为靶的受力面积（m^2）；ρ 为流体的密度（kg/m^3）；v 为流体的流速（m/s）；k_1，k_2 分别为比例系数；$K = k_1 + k_2$，靶上推力的比例系数。

　　由此得流速 v

$$v = \sqrt{\frac{2F}{KA\rho}} \qquad (14\text{-}34)$$

则通过管道流体的流量为

$$q_V = A_0 v = A_0\sqrt{\frac{2F}{KA\rho}} \qquad (14\text{-}35)$$

式中，A_0 为靶和管壁间的环形间隙面积（m^2），$A_0 = \frac{\pi}{4}(D^2 - d^2)$；$D$ 为管道内径（m）；d 为圆板靶外径（m）。

　　则有

$$q_V = K_\alpha \frac{D^2 - d^2}{d}\sqrt{\frac{\pi}{2}}\sqrt{\frac{F}{\rho}} \approx 1.25 D\left(\frac{1}{\beta} - \beta\right)\sqrt{\frac{F}{\rho}} \qquad (14\text{-}36)$$

式中，$K_\alpha = \sqrt{\dfrac{1}{K}}$ 为靶式流量计的流量系数；$\beta = \dfrac{d}{D}$ 为靶的结构参数。

　　由式（14-35）可知，在已知 ρ、D、d 及 K_α 的情况下，只要测得靶推力 F 的大小，便可确定被测介质的体积流量。

　　流量系数 K_α 与 β、D 及流体流动的雷诺数 Re 有关，它的数值由实验确定。例如，当圆靶 $D = 53mm$ 时，对于结构系数分别为 $\beta = 0.7$ 和 $\beta = 0.8$ 的 $K_\alpha - \beta - Re$ 实验曲线如图 14-14 所示。由图可知，当 Re 值较大时，K_α 趋于某一常数，而当 Re 较小时，K_α 随 Re 的减小而显著减小。在流量计的测量范围内，一般总希望 K_α 值能基本上保持常数，以保证流量计的测量误差不致超过允许值。另外，这种流量计与差压式流量计相比，它的流量

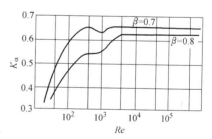

图 14-14　$K_\alpha - \beta - Re$ 实验曲线

系数 K_α 趋于常数的临界雷诺数较小，因此适于测量黏度较大的流体。靶式流量计的测量精度约为 $2\% \sim 3\%$。

14.2.3　涡轮流量计

　　涡轮流量计（revolving flowmeter 或 turbine flowmeter）的理论基础是动量矩守恒原理，通常由涡轮流量变送器和显示仪表两部分组成，如图 14-15 所示。

图 14-15 涡轮流量计原理方框图

涡轮流量计是一种速度式流量计,如图 14-16 所示,将一个涡轮置于被测流体中,流体冲涡轮叶片转动,涡轮转速随体积流量的变化而变化,所以由涡轮的转速即可求出体积流量。涡轮转速的测量有磁电法、光电法和霍尔效应法等。目前我国生产的涡轮流量计一般采用非接触式磁电转速传感器。它主要由涡轮、导流器、壳体和磁电传感器等组成,涡轮转轴的轴承由固定在壳体上的导流器所支撑。壳体由不导磁的不锈钢制成,涡轮为导磁的不锈钢,它通常有 4~8 片螺旋形叶片。其原理为:用铁磁材料制成的叶片旋转,使固定在壳体上的永久磁铁磁路中的磁阻发生周期性变化,在永久磁铁外部的线圈便感应出交流电脉冲信号,测出该脉冲信号的频率 f,就可得到流量信号。现具体分析其工作原理。

当叶轮处于匀速转动的平衡状态,并忽略涡轮上的所有阻力矩时,由图 14-17 可得到涡轮运动的稳态公式为

$$\omega = \frac{\overline{v_0} \tan \beta}{r} \qquad (14-37)$$

式中,ω 为涡轮的角速度;v_0 为流体流过涡轮叶片时的轴向平均速度;r 为涡轮叶片的平均半径;β 为涡轮叶片与涡轮轴线的夹角。

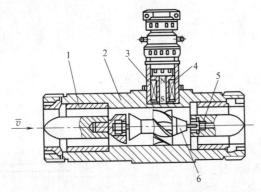

图 14-16 涡轮流量计结构
1—导流器 2—壳体 3—感应线圈
4—永久磁铁 5—支承 6—涡轮

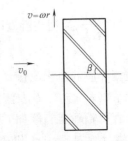

图 14-17 涡轮运动示意图

此时检测线圈感应出的电脉冲信号频率为

$$f = nz = \frac{\omega}{2\pi}z = \frac{z\overline{v_0}\tan \beta}{2\pi r} \qquad (14-38)$$

式中,n 为涡轮转速;z 为涡轮叶片数。

管道内流体的体积流量为

$$q_V = A\overline{v_0} \qquad (14-39)$$

式中,A 为流通截面。

将式(14-39)代入式(14-38),得

$$f = \frac{z\tan\beta}{2\pi rA}q_V = \xi q_V \text{ 或 } q_V = \frac{f}{\xi} \tag{14-40}$$

式中，ξ 为仪表常数，与仪表结构有关，$\xi = \frac{z\tan\beta}{2\pi rA}$。

仪表常数 ξ 反映涡轮流量计的工作特性。在实际测量中，需考虑涡轮上所有阻力矩的影响，其中包括机械摩擦阻力矩、流体阻力矩和电磁阻力矩。所以以仪表常数 ξ 不仅与仪表结构有关，还与被测介质的流动状态及所采用的频率检测方法有关，在使用时需根据实际情况对 ξ 值进行修正。$\xi - q_V$ 特性曲线如图 14-18 所示。由图中可以看出，在小流量下，由于存在的阻力矩相对比较大，故仪表常数 ξ 急剧上升；在从层流到紊流的过渡区中，由于层流时的流体黏滞阻力矩比紊流时要小，故在特性曲线上

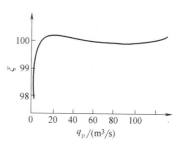

图 14-18　涡轮流量计特性曲线

出现 ξ 的峰值（通常处在上限流量的 20% ~ 30% 处）；当流量再大时，转动力矩大大超过阻力矩，因此特性曲线近于水平线。通常仪表允许使用在特性曲线的水平部分，要求 ξ 的线性度在 ±0.5% 以内，复现性在 ±0.1% 以内。

流体温度变化也影响 ξ 值，流体温度升高时，流量计本身要膨胀，内径会增大，流速就会降低，因此 ξ 值也就减小。反之，温度下降 ξ 值增大，一般每 10℃，ξ 值变化约为 0.05%。同时温度升高使流体黏度减小 ξ 值要增大。ξ 值随温度变化主要是这两个因素的综合影响，因此，可以测定所选用的液体在各种温度下输出信号频率 f 与 ξ 值的关系，得出一组 f—ξ 的特性曲线供测量时使用。

14.2.4　容积式流量计

1. 椭圆齿轮流量计

（1）结构和工作原理　椭圆齿轮流量计属于容积式流量测量仪表。其主要部分是壳体和装在壳体内的一对相互啮合的椭圆齿轮，它们与盖板构成了一个密闭的流体计量空间，流体的进出口分别位于两个椭圆齿轮轴线构成平面的两侧壳体上，如图 14-19 所示。

流体进入流量计时，进出口压力差 $\Delta p = p_1 - p_2$ 的存在，使得椭圆齿轮受到力矩的作用而转动。在图 14-19a 所示位置时，由于 $p_1 > p_2$，在 p_1 和 p_2 所产生的合力矩作用下，使齿轮 A 与壳体所形成的计量空间内的流体排至出口，并带动齿轮 B 顺时针方向转动，这时 A 为主动轮、B 为从动轮；在图 14-19b 所示位置上，A 与 B 两轮都产生转矩，两轮继续转动，并逐渐将流体封入 B 轮和壳体所形成的计量空间内；当继续转到如图 14-19c 所示的位置时，p_1 和 p_2 作用在 A 轮上的转矩为零，而 B 轮入口压力大于出口压力，产生转矩，使 B 轮成为主动轮并继续做顺时针转动，同时把 B 轮与壳体所形成的计量空间内的流体排至出口。如此往复循环，A、B 两轮交替带动，以椭圆齿轮与壳体间固定的月牙形计量空间为计量单位，不断地把入口处的流体送到出口。图 14-19 所示仅为椭圆齿轮转动 1/4 周的情况，相应排出的流体量为一个月牙形空腔容积。所以，椭圆齿轮每转一周所排流体的容积为固定的月牙形计量空间容积 V_0 的 4 倍。若椭圆齿轮的转数为 n，则通过椭圆齿轮流量计的流量为

$$Q = 4V_0 n = qn \tag{14-41}$$

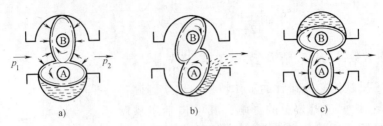

图 14-19　椭圆齿轮流量计的工作原理

由此可知，已知排量 q 值的椭圆齿轮流量计，只要测量出转数 n，便可确定通过流量计的流量大小。

（2）工作特性　椭圆齿轮流量计是借助于固定的容积来计量流量的，与流体的流动状态及黏度无关。但是，黏度变化会引起泄漏量的变化，泄漏过大将影响测量精度。椭圆齿轮流量计只要保证加工精度，保证各运动部件的配合紧密，保证使用中不腐蚀和磨损，便可得到很高的测量精度，一般情况下为 0.5% ~1%，较好时可达 0.2%。

值得注意的是，当通过流量计的流量为恒定时，椭圆齿轮在一周的转速是变化的，但每周的平均角速度是不变的。在椭圆齿轮的短轴与长轴之比为 0.5 的情况下，转动角速度的脉动率接近 0.65。由于角速度的脉动，测量瞬时转速并不能表示瞬时流量，而只能测量整数圈的平均转速来确定平均流量。

椭圆齿轮流量计的外伸轴一般带有机械计数器，由它的读数便可确定流量计的总流量。这种流量计同秒表配合，可测出平均流量。但由于用秒表测量的人为误差大，因此测量精度较低。现在大多数椭圆齿轮流量计的外伸轴都带有测速发电机或光电测速盘。再同二次仪表相连，可准确地显示出平均流量和累积流量。

2. 腰轮转子流量计（positive - displacement flowmeter）

（1）结构和工作原理　腰轮转子流量计对流体的计量过程，和椭圆齿轮流量计相类似，是通过腰轮（转子）与壳体之间所形成的固定计量空间来实现的。每当腰轮转过一圈，便排出 4 个固定计量体积的流体，只要记下腰轮的转动转数，就可得到被测流体的体积流量。腰轮的转动也是靠流体的入口和出口的压差 $\Delta p = p_1 - p_2$ 来实现的。其工作过程如图 14-20 所示。

在图 14-20a 所示位置时，腰轮 A 的表面上承受均匀分布的入口和出口压力 p_1、p_2。由于腰轮的几何形状完全对称，由压力 p_1 和 p_2 作用在腰轮表面所产生的力对转轴 O_2 的合力矩为零，故腰轮 A 在此位置时不能转动。对于腰轮 B，由入口压力 p_1 作用产生的对转轴 O_1 的力矩要大于出口压力 p_2 产生的力矩，将使腰轮 B 顺时针转动，此时腰轮 B 为主动轮、A 为从动轮，并将腰轮 B 与壳体间的流体排出。在图 14-20b 所示位置时，腰轮 A 和腰轮 B 都受有转动力矩的作用，腰轮 B 继续顺时针转动，腰轮 A 继续逆时针转动，但此时，腰轮 B 的驱动力矩将减小，腰轮 A 的驱动力矩逐渐增加，同时把被测流体封入腰轮 A 与壳体间所形成的计量空间中。在图 14-20c 位置时，腰轮 B 的驱动力矩为零，腰轮 A 变为主动，并继续作逆时针转动，把腰轮 A 与壳体间所形成计量空间的流体排出。如此往复循环，腰轮 A、腰轮 B 两轮交替带动，其流量的计算公式与式（14-41）相同。

（2）工作特性　腰轮转子流量计中，对两个腰轮转子的加工精度和表面粗糙度要求较高，安装时必须要保证两个腰轮轴线的平行度要求。普通腰轮流量计，随着流量的增大，转子角速度的波动现象较严重，脉冲率约为 0.22 左右。对大流量的计量，往往都采用 45°角

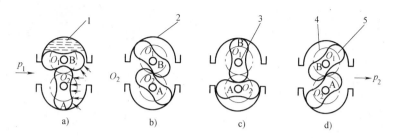

图 14-20　腰轮流量计的工作原理

1—计量室　2—壳体　3—轴　4—驱动齿轮　5—腰轮

组合腰轮，可大大减小转子角速度的波动，脉冲率可减小到 0.027 左右。此种流量计具有结构简单，使用寿命长，适用性强等特点，对于不同黏度的流体，均能够保证精确的计量，一般精度可达 ±0.2%。

14.2.5　质量流量计

前面介绍的流量计都是用来测量体积流量的，但在许多应用场合，需要测量质量流量，如飞机或液体燃料火箭的航程就是与质量流量有关。

目前常用来测量质量流量的方法有两种：直接测量质量流量和间接测量质量流量。直接测量质量流量是敏感元件直接感受流体的质量流量，如角动量式质量流量计、热式质量流量计等。间接测量质量流量是通过测量体积流量、流体密度或流体压力和温度计算出质量流量。

1. 热式质量流量计（Thermal mass flowmeter）

在管道中放置一热电阻，如果管道中流体不流动，且热电阻的加热电流保持恒定，则热电阻的阻值亦为恒定值。当流体流动时，引起对流热交换，热电阻的温度下降。若忽略热电阻通过固定件的热传导损失，则热电阻的热平衡为

$$I^2R = K\alpha S_k(t_k - t_f) \tag{14-42}$$

式中，I 为热电阻的加热电流；R 为热电阻的阻值；K 为热电转的换系数；S_k 为热电阻的换热表面积；t_k 为热电阻的温度；t_f 为流体温度；α 为对流热交换系数，当流体流速 $v < 25\text{m/s}$ 时。

$$\alpha = C_0 + C_1\sqrt{\rho v} \tag{14-43}$$

式中，C_0、C_1 为系数；ρ 为流体密度。

将式（14-43）代入式（14-42）得

$$I^2R = (A + B\sqrt{\rho v})(t_k - t_f) \tag{14-44}$$

式中，A、B 为系数，由实验确定。

由式（14-44）可见，ρv 是加热电流 I 和热电阻温度的函数。当管道截面积一定时，由 ρv 就可得质量流量。因此可以使加热电流不变，而通过测量热电阻的阻值来测量质量流量或保持热电阻的阻值不变，而通过测量加热电流 I 来测量质量流量。

2. 间接测量质量流量

（1）体积流量计加密度计　利用体积流量计测出体积流量，利用密度计测量流体密度，计算得质量流量。

节流式流量计压力差和靶式流量计的受力都与 ρq_V^2 成正比，而质量流量可以写为

$$q_m = \rho q_V = \sqrt{\rho(\rho q_V^2)} \tag{14-45}$$

所以用密度计测量出流体密度，再用式（14-45）即可计算出质量流量。

利用速度式流量计测出体积流量，再用密度计测量流体密度，两个参数相乘可以计算出质量流量。

利用节流式流量计或靶式流量计测量出 ρq_V^2，再用速度式流量计测量出体积流量 q_V，然后使两个参数相除得 $(\rho q_V^2)/q_V$，同样可以得到质量流量。

（2）体积流量加温度压力补偿　质量流量为密度和体积流量的乘积。对于不可压缩的液体来说，它的体积几乎不随压力的变化而变化，但却随温度的升高而膨胀。密度和温度间的关系为

$$\rho = \rho_0 [1 - \beta(T - T_0)] \qquad (14-46)$$

式中，ρ 为温度为 T 时液体的密度；ρ_0 为温度为 T_0 时液体的密度；β 为被测流体的体积膨胀系数。

因此质量流量为

$$q_m = q_V \rho_0 [1 - \beta(T - T_0)] \qquad (14-47)$$

所以，测量出体积流量和温度差，按式（14-47）计算就可以得到质量流量。

对气体来说，它的体积随压力、温度变化而变化，气体密度的变化，可按理想气体状态方程计算，即

$$\rho = \rho_0 \frac{pT_0}{p_0 T} \qquad (14-48)$$

式中，ρ 为压力为 p、温度为 T 时气体的密度；ρ_0 为压力为 p_0、温度为 T_0 时气体的密度。

因此，质量流量为

$$q_m = q_V \rho_0 \frac{pT_0}{p_0 T} = \rho_0 \frac{T_0}{p_0} \frac{p}{T} q_V \qquad (14-49)$$

所以，测量出气体的压力、温度和体积流量即可计算出质量流量。

14.2.6　流量计的标定

流量计在出厂前都要逐个标定。但在实际使用中，为了保证测试的准确性，有时需再次进行标定。流量计的标定与计时器、计量器相关。一般情况下，计时器可选用电子秒表，计量器有基准容器、基准秤、基准体积管和基准表等。它们的特性比较列于表14-4。

表14-4　基准器的特性比较表

	基准容器	基准体积管	基准秤	基准表
误差	0.2% ~0.5%	0.03% ~0.5%	0.02% ~0.03%	0.1% ~0.5%
检定期限	5 年	3 年	3 年	水表1年、油位计2年
设置场所	大	大	大	小
操作	复杂	简单	较复杂	简单
设备费	高	高	较高	一般
连续计量	否	可以	否	可以
测量范围	广泛	广泛	广泛	小
黏度影响	没有	没有	没有	略有
温度影响	有	有	无	略有
压力限制	有	没有	有	略有
气密性	差	好	差	好
重质油测定	必须良好介质	可以	可以	可以

14.3　流速测量系统

流动速度是描述流动现象的主要参数。流动速度涉及许多科学技术领域，不仅流体力学、空气动力学、水力学、热工学、农业科学、林业科学、气象学、化学、地质学、医学、生态学，而且环境保护工程、水利工程、航空工程、航天工程等都需要测量流动速度。

作为流速测量的代表性仪器，有早期的皮托管，后来的热线、热膜风速计，以及近期出现的激光流速计。这 3 种仪器代表了 3 种不同的测速原理，反映了科学技术发展的不同侧面。皮托管是建立在一维管道流理论基础上的，是通过测量压力来测量流速的，它反映了机械力学的发展状况；热线风速计（Hot Wire Anemometer，HWA）是建立在热交换原理基础上的，它反映了热力学理论和电子技术的发展状况；激光多普勒流速计（Laser Doppler Velocimeter，LDV）则是建立在激光多普勒频移原理基础上的，是通过测量频率来测量流动速度的，它反映了新技术迅猛发展的时代特点。

皮托管和热线、热膜风速计属于接触式测量工具，在测量的同时会干扰和破坏流场，而激光流速计则为非接触式测量工具，它本身不会干扰破坏流场，因而特别适用于窄小流场、易变流场和有害流场的测量。这 3 种测量工具互相补充、互为校核。

14.3.1　皮托管流速计

皮托管流速计包括两部分：一部分是皮托管，另一部分是微差压计。使用时，将皮托管插入要测量的流场，然后将皮托管根部的两个输出接头用橡皮管与微差压计连接，这样就可以从微差压计的指示来求得流速了，图 14-21 为皮托管测速计（pitot static probe）的原理图。

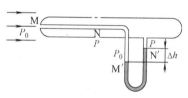

图 14-21　皮托管测速计的原理图

1. 皮托管测速原理

在皮托管头部的顶端，迎着来流开有一个小孔 M，小孔平面与流体流动的方向垂直。在皮托管头部靠下游的地方，环绕管壁的侧面又开了多个小孔 N，这些小孔与顶端的小孔 M 不同，流体流动的方向与这些小孔的孔面相切。需要注意的是，小孔 M 和小孔 N 分别与两条互不相通的管路相连，分别接到微差压计的两端。如果这两条通路之间漏气或者有通路堵塞，那么这根皮托管就不能使用了。在这两条通路中，一条充满从小孔 M 流入的流体，另一条充满从小孔 N 进入的流体。这两部分流体虽然都处于静止状态，但它们传到微差压计两端的压力是不相等的。因为小孔 M 迎着来流的冲击，进入 MM' 的流体除了它本身原有的压力外，还包含流体被滞止后由动能转变来的那一部分压力。小孔 N 则不同，它并不受流体的冲击，从此处进来的流体压力比 MM' 内的压力要小得多。因此，微差压计将出现压差指示。

2. 总压和静压之差与流速的关系

对于理想流体，即忽略流体的黏性、压缩性，并假设流动是不随时间变化的定常流动。由流体力学可知，皮托管顶端的 M 点和下游 N 点是同一流线上的两点，因此根据理想不可压缩流体的伯努利（D. Bernoulli）方程有以下关系

$$\frac{p_0}{\rho} = \frac{v^2}{2} + \frac{p}{\rho} \qquad (14-50)$$

由式（14-50）可得

$$v = \sqrt{\frac{2(p_0 - p)}{\rho}} = \sqrt{\frac{2}{\rho}\Delta p} \qquad (14-51)$$

这就是皮托管测速的理论公式。式（14-51）虽然是在理想条件下得到的，但它反映了皮托管测量流速的主要本质，即皮托管的作用是把流速转变成差压。它顶端的小孔 M 是用来检测总压 p_0 的，下游侧壁的小孔 N 是用来检测静压 p 的。

实际应用中，由于被测流体黏性、总压孔和静压孔的位置不一致、流体停止过程中造成的能量损失、皮托管对流体运动的干扰以及弯管加工准确度的影响，必须引入皮托管系数，对实际流速进行修正，修正后的流速公式为

$$v = \alpha \sqrt{\frac{2}{\rho}\Delta p} \qquad (14-52)$$

式中，α 为皮托管系数，其值由实验确定，一般取 $\alpha = 0.98$。如果皮托管外形尺寸很小，且弯管弯头端加工特别精细，又近似于流线形，在驻点处以后不产生流体漩涡，则修正系数 α 近似等于 1。

对于可压缩流体，考虑到压缩性的影响，实际流速计算公式为

$$v = \alpha(1 - \varepsilon)\sqrt{\frac{2}{\rho}\Delta p} \qquad (14-53)$$

式中，$1 - \varepsilon$ 为流体可压缩性修正系数，对不可压缩流体，$\varepsilon = 0$。

14.3.2　热线和热膜风速计

1. 概述

热线风速计就是放置在流场中具有加热电流的细金属丝（直径为 $1 \sim 10\mu m$）来测量风速的仪器。由于金属丝中通过了加热电流，因而当风速变化时，金属丝的温度就随之而变，从而产生了电信号。因为电信号和风速之间具有一一对应的关系，因此测出这个电信号就等于测出了风速。

热线风速计是建立在热平衡原理基础上的。由热平衡原理可知，任何时候金属丝中由温度升高所保留的热量应该等于风速降低所积累的热量；反之，任何时候金属丝中由温度降低所损失的热量应该等于风速上升耗散掉的热量。当然这里假定排除了风速以外的所有其他影响因素。

在热平衡过程中，涉及风速、加热电流、线温度（或线电阻）3 个基本量，它们之间具有一定的内在联系。当加热电流保持恒定时，线温（或线阻）和风速之间建立了确定的函数关系，利用这个关系测量风速的方法称之为恒流法。当线温（或线阻）保持恒定时，线电流和风速之间建立了确定的函数关系，利用这个关系测量风速的方法称之为恒温法。根据上述两种不同的原理构成的仪器，分别称之为恒流式热线风速计和恒温式热线风速计。

2. 敏感元件

（1）热线敏感元件　典型的热线敏感元件是具有 $0.5 \sim 10\mu m$ 直径、$0.1 \sim 2mm$ 长的金属丝。金属丝的材料和尺寸的选择取决于灵敏度、空间分辨率和强度等方面的综合要求。

由于风速计是根据金属丝电加热，再由流体"制冷"的原理制成的，因此要求金属丝的电阻温度系数要高。又由于金属丝要经受流速的冲击，因而希望机械强度要好。这是两个最突出的要求。

一般常用的热线敏感元件有钨丝、铂丝和镀铂钨丝。钨丝的电阻温度系数高、机械强度好，其可利用直径已达 2.5μm。但钨丝容易氧化，过热比不能太大，最高可用温度为300℃。铂丝的电阻温度系数也很高，最高可用温度达 800℃。但铂丝的机械强度较差，抗拉强度仅为钨丝的 5% 左右。

作为上述两种材料的一个综合结果，就是镀铂钨丝。这是由钨丝表面镀上一层极薄的铂金构成的。这种丝既能防止钨丝的高温氧化，又可利用钨丝抗拉强度好的特点，效果较好。通常铂的镀层仅占总质量的 5% 左右。

除上述外，有时也被选用铂铑（Pt - Rh）、铂铱（Pt - Ir）合金丝。但它们的电阻温度系数较低，只有在温度较高的流场中才被偶然使用。典型的几种金属丝的材料性能见表 14 - 5。

表 14 - 5　典型的几种金属丝的材料性能

材料/单位	钨	铂	铂铑	铂铱
成分/%	100	100	90 ~ 10	80 ~ 20
电阻温度系数/℃$^{-1}$	0.0035	0.0036	0.0016	0.0008
最大可用温度/℃	300	800	850	750
抗拉强度/kg·f/mm²	420	24.6		100
典型的可用直径/μm	5	0.5 ~ 1	10	10
电阻率/(10^{-6}Ω·cm)	5.5	10	18.4	32
热传导率/[W/(m·K)]	178	69	50.1	25.5

一般来说，对热线材料的理想要求为电阻温度系数高、机械强度好、电阻率大、热传导率小、最大可用温度高。

金属丝的长短则取决于两个矛盾的要求：最大可能的长度直径比和最好的空间分辨率。从减少终端损耗的角度来说，长度直径比越大越好；但在丝径一定的条件下，长度直径比越大，空间分辨率越小，因而只能选取某一适中值以调和两者的要求。对于 2.5 ~ 5μm 粗的金属丝来说，长度直径比一般选为 100 ~ 200 之间，此时空间分辨率为 0.5 ~ 1mm。

将金属丝的两端焊接到两根叉杆上，叉杆的另一端接上引出线，再加上保护罩并且在保护罩和叉杆之间装以绝缘填料，就构成了热线探针（hot wire probe）。常见的热线探针结构如图 14 - 22 所示。

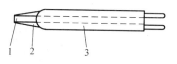

图 14 - 22　热线探针的结构
1—金属丝　2—叉杆　3—保护罩

一个合格的探针必须保证满足以下几个要求：第一，金属丝和叉杆的尖部必须紧密地粘合在一起；第二，叉杆之间的金属丝既不能拉得太紧，也不能拉得太松，太紧了就会有内应力，从而降低了抗拉强度；太松了又会随流体而摆动，从而增加了误差源；第三，焊点不能太大，叉尖必须很小，以便尽可能减少热传导。

探针可以由 1 根、2 根或 3 根金属丝组成，它们分别测量 1 维、2 维、3 维流动。

（2）热膜敏感元件　热膜敏感元件是 20 世纪 60 年代发展起来的新型敏感元件。如图 14-23 是一种常见的圆锥形热膜探针（hot film probe）。

图 14-23　圆锥形热膜探针结构
1—圆锥形热膜　2—硼硅玻璃　3—连接线

热膜探针由热膜、衬底、绝缘层和导线几部分构成。所谓热膜就是喷溅在衬底上的一层很薄的铂金膜，其上加有加热电流。铂金膜的厚度通常只有 $10^{-7} \sim 10^{-6}$ m。衬底通常为石英或硼硅玻璃做成的圆柱体、锥形头圆柱体，或者圆锥形头圆柱体。后两种热膜探针具有不容易聚集尘埃微粒的优点。

热膜探针的特点如下：

1）频率响应范围比热线窄。通常高频上限约为 100kHz。这是因为热膜探针的衬底和金属膜之间接触面积较大，影响频率响应的因素多，热滞后常数比热线要大的缘故。

2）工作温度较低。特别是用于液体中测量的热膜，通常只比环境温度高 20℃ 左右。这是因为过高的工作温度会在热膜表面产生气泡，从而影响正常的工作。而热线的工作温度一般都在 300℃ 左右，并且仅受金属丝的结构特性和热线的非线性特性所限。

3）工艺复杂，制造困难。厚度难以均匀控制，损坏后不好修复。成本造价比热线高好几倍，市场价格一般要贵两、三倍。

4）机械强度比热线高。有的还能在某些恶劣流场中（导电流场、污染流场）工作。这是因为热膜探针表面可以涂上石英涂层，能够避免探针和流体之间的导电作用，并且还可以把衬底形状设计得不容易让尘埃微粒沉积在探针表面。

5）受振动的影响小。不存在内应力问题。

6）阻值可以由控制热膜厚度来调节，容易和放大器做到阻抗匹配，因而信噪比较高。

7）既可用于气体，也可用于液体。特别是在液体中，热膜探针的使用价值很高。高速流场中的使用价值也比热线高。

8）热传导损失较小。这是因为衬底的热传导性较小。

热线的主要优点是可以利用极细的金属丝做成具有较大长度直径比的探针，以便既减少热传导的影响，又具有相当好的空间分辨率。可是这样做的结果却增加了线的易碎性。这是热线探针无法克服的技术难题。热膜的诞生解决了热线发展中的上述技术难题。

3. 工作原理

根据热平衡原理，热线中热的产生应该等于热的耗散。也就是说，在金属丝没有热传导的情况下，加热电流在金属丝中所产生的热量应该等于流体所带走的热量。因为热线产生的热量可由焦耳定律计算，而流体所带走的热量可由热耗散规律计算。

根据焦耳定律有

$$Q_1 = I^2 R$$

根据耗散理论有

$$Q_2 = (T - T_e)(A + B\sqrt{v})$$

由于 $Q_1 = Q_2$，可得

$$I^2 R = (T - T_e)(A + B\sqrt{v}) \tag{14-54}$$

式中，I 为热线加热电流；R 为热线工作电阻，$R = R_0[1 + \alpha_c(T - T_c)]$；$R_0$ 为热线温度为 T_c 时的热线电阻；α_c 为热线温度为 T_c 时的热线电阻温度系数；T 为热线的温度；T_c 为流体温度；A、B 为一定条件下的常数；v 为流体流动速度。

将 $T - T_c = \dfrac{R - R_0}{\alpha_c R_0}$ 代入式（14 - 54），得

$$\frac{I^2 \alpha_c R_0 R}{R - R_0} = A + B\sqrt{v} \qquad (14 - 55)$$

1）恒流工作方式。I 为常数，有

$$R = \frac{-R_0(A + B\sqrt{v})}{I^2 \alpha_c R_0 - (A + B\sqrt{v})} \qquad (14 - 56)$$

2）恒温工作方式。R 为常数，有

$$I = \sqrt{\frac{(R - R_0)(A + B\sqrt{v})}{\alpha_c R_0 R}} \qquad (14 - 57)$$

14.3.3 利用激光多普勒效应的流速测量

激光测量流速是利用运动微粒散射光的多普勒频移来获得速度信息。由于流体分子的散射光很弱，为了得到足够的光强，必须在流体中散播适当尺寸和浓度的微粒作为示踪粒子。因此，它实际上测得的是微粒的运动速度，同流体的速度并不完全一样。幸运的是，大多数的自然微粒（如空气中的尘埃、自来水中的悬浮粒子）一般都能够较好地跟随流动。如需要人工播粒，则微米数量级的粒子也是可以兼顾到流动跟随性和激光多普勒测速计的测量要求。

1. 激光多普勒测速计的组成

如图 14 - 24 所示，激光多普勒流速计通常由激光器、入射光学单元、接收光学单元、多普勒信号处理器和数据处理系统组成。

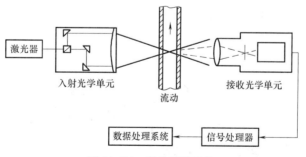

图 14 - 24 激光测速系统

（1）激光器 它是单色相干光的光源。为了满足长时间测量的要求，一般都采用连续气体激光器，如小功率的氦—氖（He - Ne）激光器（功率几至几十毫瓦）和大功率的氩（Ar）离子激光器（功率为 1 ~ 5W）。

（2）入射光学单元 它的作用是将激光束按照一定的要求分成多束互相平行的照射光束，通过聚焦透镜汇聚到测量点。

（3）接收光学单元 它的功能是收集运动微粒通过测量体时向四周发出的散射光，在

经过光学外差和光电转换过程得到多普勒频移频率的光电信号。

（4）多普勒信号处理器　由于粒子到达测量体的时刻和位置以及粒子尺寸和浓度的随机性，光电流信号的振幅也是随机变化的。此外，流速本身的脉动所产生的频率变化以及频率加宽和多粒子叠加引起的相位噪声等混杂在一起，更增加了电信号形式的复杂性。采用通用的频率分析仪是难以满足要求的。现在已经有多种多普勒信号处理器，即频率跟踪器、计数式处理器和光子相关器，它们分别适用于不同的流动场合。

（5）数据处理系统　由于激光多普勒测速计信号的特殊性，通常难以在很宽的速度范围内用一台信号处理器就得到各种流动信息。因此，大多数信号处理器的任务是将多普勒频率量转换成与其成正比例的模拟量或数字量，然后再用模拟式仪表或数字数据处理系统进行二次处理，得到各种流动参数。

激光多普勒测速的优点在于非接触测量、线性特性、较高的空间分辨率和快速动态响应，可以实现二维、三维等流动的测量，并获得各种复杂流动结构的定量信息。但它也有局限性，如测量区必须是光线可及的，而且要存在适当的散射微粒。

2. 激光多普勒测速计的工作原理

激光多普勒测速计是利用激光多普勒效应来测量流体运动速度的。

当一束具有单一频率的激光照射到一个运动的微粒上时，微粒接收到的光波频率与光源频率会有差异，其增减的大小同微粒运动速度的大小以及照射光与速度方向之间的夹角有关，这就是激光多普勒效应。

如果用一个静止的光检测器（如光电倍增管）来接收运动微粒的散射光，那么观察到的光波频率就经历了两次多普勒效应。下面就推导其多普勒总频移量的关系式。

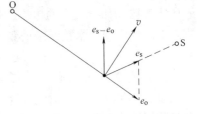

设光源 O、运动微粒 P 和静止的光检测器 S 之间的相对位置如图 14-25 所示。照射光的频率为 f_0，粒子 P 的运动速度为 v。根据相对论变换公式，经多普勒效应后粒子接收到的光波频率为

图 14-25　多普勒测速原理图

$$f' = f_0 \frac{1 - \frac{ve_o}{c}}{\sqrt{1 - \left(\frac{ve_o}{c}\right)^2}} \tag{14-58}$$

式中，e_o 为入射光单位向量；c 为介质中的光速。

当 $ve_o \ll c$ 时，式（14-58）可以简化为

$$f' = f_0\left(1 - \frac{ve_o}{c}\right) \tag{14-59}$$

这就是在静止的光源和运动的粒子条件下，经过一次多普勒效应的频率关系式。

运动的微粒被静止的光源照射，就如同一个新的光源一样向四周发出散射光。当静止的观察者（或光检测器）从某一方向上观察粒子的散射光时，由于它们之间又有相对运动，接收到的散射光又会同粒子所接收到的不同，其大小为

$$f_S = f'\left(1 + \frac{ve_s}{c}\right) \tag{14-60}$$

式中，e_s 为粒子散射光单位向量；取 "+" 号是因为选择 e_s 向量由粒子朝向光检测器。

将式（14-59）代入式（14-60），忽略高阶项，可以得到经历两次多普勒效应后的频率关系式

$$f_D = f_s - f_0 = \frac{1}{\lambda}|v(e_s - e_o)| \tag{14-61}$$

式中，λ 为介质中的激光波长。

在许多情况下，速度的方向常常是已知的（例如风洞、管流）。要是将入射光、散射光和粒子速度方向布置成如图 14-26 所示的形式，就可以得到更为简单形式的多普勒频移表达式

$$f_D = \frac{2\sin\kappa}{\lambda}|v_Y| \tag{14-62}$$

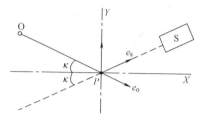

图 14-26 入射光、散射光和离子速度方向的布置

式中，v_Y 为速度在 Y 轴的分量；κ 为入射光和散射光向量间半角。

习　题

14-1 什么叫绝对压力、大气压力、表压力及真空度？它们的相互关系是怎样的？

14-2 压力传感器的灵敏度为 2.5mV/MPa，传感器的输出阻抗为 250Ω，现把它与内阻为 660Ω 的微安表串联，已知微安表的灵敏度是 10 格/A，求当微安表指示 80 格时，被测压力是多少？

14-3 椭圆齿轮流量计的排量 $q = 8 \times 10^{-6}\text{m}^3/\text{r}$，若齿轮转速 $n = 80\text{r/s}$，每小时流体的排量是多少？

14-4 分析椭圆齿轮流量计的测量误差及造成误差的原因。为了减小误差，测量时应注意什么？

14-5 水以 1.417m/s 的速度流动，用皮托管和装有相对密度为 1.25 液体的 U 形管压力计来测量。问压力计液体高度差是多少？

14-6 试述热线风速计的测量原理。

参 考 文 献

[1] 张洪亭，王明赞．测试技术 [M]．沈阳：东北大学出版社，2005.

[2] 钱显毅．传感器原理与应用 [M]．南京：东南大学出版社，2008.

[3] 赵天池．传感器和探测器的物理原理与应用 [M]．北京：科学出版社，2008.

[4] 张淼．机械工程测试技术 [M]．北京：高等教育出版社，2008.

[5] 张洪润，张亚凡，邓洪敏．传感器原理与应用 [M]．北京：清华大学出版社，2008.

[6] 黄长艺，严普强．机械工程测试技术基础 [M]．北京：机械工业出版社，1995.

[7] 黄长艺，卢文祥，熊诗波．机械工程测量与试验技术 [M]．北京：机械工业出版社，2000.

[8] 曾光奇，胡均安．工程测试技术基础 [M]．武汉：华中科技大学出版社，2002.

[9] 王伯雄，王雪，陈非凡．工程测试技术 [M]．北京：清华大学出版社，2006.

[10] 范云霄，隋秀华．测试技术与信号处理 [M]．北京：中国计量出版社，2006.

[11] 赵庆海．测试技术与工程应用 [M]．北京：化学工业出版社，2005.

[12] 贾民平，张洪亭，周剑英．测试技术 [M]．北京：高等教育出版社，2001.

[13] 陈花玲．机械工程测试技术 [M]．2 版．北京：机械工业出版社，2008.

[14] 秦树人，张明洪，罗德扬．机械工程测试原理与技术 [M]．重庆：重庆大学出版社，2002.

[15] 蔡共宣，林富生．工程测试与信号处理 [M]．武汉：华中科技大学出版社，2006.

[16] 施文康，余晓芬．检测技术 [M]．北京：机械工业出版社，2000.

[17] 杜维，张宏建，乐家华．过程检测技术及仪表 [M]．北京：化学工业出版社，1998.

[18] 张国忠，赵家贵．检测技术 [M]．北京：中国计量出版社，1998.

[19] 周杏鹏．现代检测技术 [M]．北京：高等教育出版社，2002.

[20] 刘君华．现代检测技术与测试系统设计 [M]．西安：西安交通大学出版社，1999.

[21] 侯念林．过程控制与自动化仪表 [M]．北京：机械工业出版社，2000.

[22] 张曙光，等．检测技术 [M]．北京：中国水利水电出版让，2002.

[23] 童敏明，唐守峰．检测与转换技术 [M]．北京：中国矿业大学出版社，2008.

[24] 潘宏侠．机械工程测试技术 [M]．北京：国防工业出版社，2009.

[25] 余成波，胡新宇，赵勇．传感器与自动检测技术 [M]．北京：高等教育出版社，2004.

[26] 林玉池，曾周末．现代传感技术与系统 [M]．北京：机械工业出版社，2009.

[27] 熊诗波．机械工程测试技术基础 [M]．3 版．北京：机械工业出版社，2006.

[28] 林洪桦．测量误差与不确定度评估 [M]．北京：机械工业出版社，2010.

[29] 于渤，杨孝仁，刘智敏，等．国际通用计量学基本名词 [M]．北京：计量出版社，1985.

[30] International Organization for Standardization. International vocabulary of basic and general terms in metrology (VIM) [S]. 3rd ed. ISO 2004.

[31] 谢里阳，何雪宏，李佳．机电系统可靠性与安全性设计 [M]．哈尔滨：哈尔滨工业大学出版社，2006.

[32] 张建志．数字显示测量仪表 [M]．北京：中国计量出版社，2003.

[33] 陈明义．电子技术课程设计实用教程 [M]．长沙：中南大学出版社，2002.

[34] 杜维，张宏建，乐家华．过程检测技术及仪表 [M]．北京：化学工业出版社，1998.

[35] 许同乐．机械工程测试技术 [M]．北京：机械工业出版社，2010.

[36] 刘晓彤．测试技术 [M]．北京：科学出版社，2008.

[37] 黎景全．轧制工艺参数参数测试技术 [M]．3 版．北京：冶金工业出版社，2007.

［38］杨凤珍. 动力机械测试技术［M］. 大连：大连理工大学出版社，2005.

［39］封士彩. 测试技术学习指导及习题详解［M］. 北京：北京大学出版社，2009.

［40］王明赞. 测试技术习题汇编［M］. 深圳：中国教育文化出版社，2007.

［41］寇惠，韩庆大. 故障诊断的振动测试技术［M］. 北京：冶金工业出版社，1989.

［42］李家伟，陈积懋，等. 无损检测手册［M］. 北京：机械工业出版社，2002.

［43］施文康，徐锡林，等. 测试技术［M］. 上海：上海交通大学出版社，1996.

［44］杨帆. 传感器技术［M］. 西安：西安电子科技大学出版社，2008.

［45］关信安，袁树忠，刘玉照. 双频激光干涉仪［M］. 北京：中国计量出版社，1987.

［46］张琢. 激光干涉测试技术及应用［M］. 北京：机械工业出版社，1998.

［47］张喜成. 涂层厚度的无损测量［J］. 兵器材料科学与工程，1988（12）：36 – 46.

［48］刘成伟. 反向散射测厚技术的原理与方法［J］. 电镀与环保，1985（2）：24 – 29.

［49］丁建英. 反散射镀层测厚仪及其在镀层测量方面的应用［J］. 机电元件，1990，10（1）：18 – 25.

［50］陈艳，罗岚，时龙兴. 一种基于 SCL 结构的高精度差分型 PFD 的设计［J］. 电子工程师，2004，30（3）：29 – 32.

［51］潘汪杰，文群英. 热工测量及仪表［M］. 北京：中国电力出版社，2009.

［52］严兆大. 热能与动力工程测试技术［M］. 北京：机械工业出版社，2010.

［53］高魁明. 热工测量仪表［M］. 2 版. 北京：冶金工业出版社，1993.

［54］吕崇德. 热工参数测量与处理［M］. 2 版. 北京：清华大学出版社，2001.

［55］张秀彬. 热工测量原理及其现代技术［M］. 上海：上海交通大学出版社，1995.

［56］吴用生，方可人. 热工测量及仪表［M］. 2 版. 北京：水利电力出版社，1995.

［57］周庆，于磊，R. Haa. 实用流量仪表的原理及其应用［M］. 北京：国防工业出版社，2003.

［58］梁国伟，蔡武昌. 流量测量技术及仪表［M］. 北京：机械工业出版杜，2002.

［59］孙淮清，王建中. 流量测量节流装置设计手册［M］. 北京：化学工业出版杜，2000.

［60］蔡武昌，孙淮治，纪纲. 流量测量方法和仪表的选用［M］. 北京：化学工业出版杜，2001.

［61］杨振顺. 流量仪表的性能与选用［M］. 北京：中国计量出版杜，1996.

［62］周继明，江世明. 传感技术与应用［M］. 2 版. 长沙：中南大学出版社，2009. 1.

［63］Bentley，John P. *Principles of measurement systems*［M］. London and New York：Longman，1983.

［64］Anthony J. Whddler，Ahmad R. Gaojj. *Introduction to Engineering Experimentation*［M］. New Jersey：Prentice Hall，1996.

读者信息反馈表

尊敬的老师：

　　您好！感谢您多年来对机械工业出版社的支持和厚爱！为了进一步提高我社教材的出版质量，更好地为我国高等教育发展服务，欢迎您对我社的教材多提宝贵意见和建议。另外，如果您在教学中选用了本书，欢迎您对本书提出修改建议和意见。

　　机械工业出版社教材服务网网址：http://www.cmpedu.com

一、基本信息

姓名：_____ 性别：_____ 职称：_____ 职务：_____

邮编：_____ 地址：_____

任教课程：_____ 电话：_____—_____（H）_____（O）

电子邮件：_____ 手机：_____

二、您对本书的意见和建议

（欢迎您指出本书的疏误之处）

三、您对我们的其他意见和建议

请与我们联系：

100037　机械工业出版社·高等教育分社　刘小慧　收

Tel：010 – 88379712，88379715，68994030（Fax）

E-mail：lxh9592@126.com